普通高等教育土建类系列教材

建筑力学

王秀芳 李国华 编
董 军 主审

机械工业出版社

本书是北京建筑大学教材建设项目资助出版物。本书在确保建筑力学课程教学内容完整的基础上，引入了大量建筑工程实例及与工程相关的例题和习题，以达到强化学生工程概念的目的。本书具有较强的应用性，能够满足新工科土木建筑类人才培养的需要。全书共4篇19章，第1篇（第1章）为建筑力学总论部分；第2篇（第2~5章）为工程静力学基础知识部分，包括工程静力学的基本概念、平面汇交力系、平面任意力系、空间力系；第3篇（第6~13章）为材料力学部分，包括材料力学基本概念、轴向拉伸或压缩、剪切与挤压、扭转、平面弯曲、应力状态与强度理论、组合变形、压杆稳定；第4篇（第14~19章）为结构力学部分，包括平面杆件体系的几何组成分析、静定结构的内力分析、静定结构的位移计算、力法、位移法与力矩分配法、影响线及其应用。

本书可作为高等学校土木建筑类专业学生的教材，也可作为土木建筑工程相关从业者的参考书。

图书在版编目（CIP）数据

建筑力学/王秀芳，李国华编．—北京：机械工业出版社，2020.5
（2023.7重印）
普通高等教育土建类系列教材
ISBN 978-7-111-65280-9

Ⅰ.①建⋯　Ⅱ.①王⋯　②李⋯　Ⅲ.①建筑科学-力学-高等学校-教材　Ⅳ.①TU311

中国版本图书馆CIP数据核字（2020）第063222号

机械工业出版社（北京市百万庄大街22号　邮政编码100037）
策划编辑：林　辉　　责任编辑：林　辉　任正一
责任校对：张　薇　　封面设计：严娅萍
责任印制：单爱军
北京虎彩文化传播有限公司印刷
2023年7月第1版第4次印刷
184mm×260mm・18印张・474千字
标准书号：ISBN 978-7-111-65280-9
定价：48.00元

电话服务　　　　　　　　　网络服务
客服电话：010-88361066　　机　工　官　网：www.cmpbook.com
　　　　　010-88379833　　机　工　官　博：weibo.com/cmp1952
　　　　　010-68326294　　金　书　网：www.golden-book.com
封底无防伪标均为盗版　　　机工教育服务网：www.cmpedu.com

前言 PREFACE

本书由北京建筑大学教材建设项目资助出版。

为深入落实《加快推进教育现代化实施方案（2018—2022年）》精神，充分发挥教材育人功能，本书结合新工科人才培养的需要，根据土木建筑学科专业建设、课程建设和教学内容、方法的改革要求，在内容符合教学基本要求的基础上，突出基础理论知识的典型工程应用。

在全国普通高等学校新一轮培养计划中，压缩了力学类课程的教学学时。为了让学生在有限的学时内能够掌握建筑力学的基本知识，建立建筑工程的基本力学概念，编写团队对原有建筑力学课程的教学内容、课程体系做了进一步分析和研究，在确保基本教学知识单元和知识点完整的前提下，删去了一些偏难、偏深的内容。与同类教材相比，本书加强了对学生工程概念的培养，降低了编写深度，引入了大量典型工程案例及与工程有关的例题和习题，更方便学生了解和掌握建筑力学的基本内容。同时，本书注意了课程之间的衔接，避免了脱节和不必要的重复，以求能够为后续专业课程的学习打下良好的力学基础。

本书内容共分4篇19章，主要包括：绪论、工程静力学的基本概念、平面汇交力系、平面任意力系、空间力系、材料力学基本概念、轴向拉伸或压缩、剪切与挤压、扭转、平面弯曲、应力状态与强度理论、组合变形、压杆稳定、平面杆件体系的几何组成分析、静定结构的内力分析、静定结构的位移计算、力法、位移法与力矩分配法、影响线及其应用。为便于学生学习，主要章后附有思考题与习题。限于篇幅，与本书配套的电子版练习册及答案、免费教师课件等均以附属资源的形式提供给读者，读者可登录机械工业出版社教育服务网（www.cmpedu.com）

下载。

  本书在编写过程中，参考了许多国内外建筑力学及相关教材，在此谨向这些教材的编著者表示感谢。本书承蒙北京建筑大学土木与交通工程学院董军教授审阅，董教授提出了许多精辟而中肯的建议，在此对其表示衷心感谢。

  由于编者水平有限，书中难免存在一些不足之处，敬请读者批评指正。

编 者

CONTENTS

前言

第1篇 建筑力学总论

第1章 绪论 ········ 2
学习目标 ········ 2
1.1 建筑力学的研究对象 ········ 2
1.2 建筑力学的研究任务 ········ 3
1.3 建筑力学的学习内容 ········ 4

第2篇 工程静力学基础知识

第2章 工程静力学的基本概念 ········ 6
学习目标 ········ 6
2.1 平衡、刚体和力的概念 ········ 6
2.2 静力学的基本公理 ········ 7
2.3 约束与约束反力 ········ 9
2.4 物体的受力分析与受力图 ········ 13
思考题与习题 ········ 16

第3章 平面汇交力系 ········ 19
学习目标 ········ 19
3.1 平面汇交力系合成与平衡的几何法 ········ 19
3.2 平面汇交力系合成与平衡的解析法 ········ 21
思考题与习题 ········ 25

第4章 平面任意力系 ········ 28
学习目标 ········ 28
4.1 力对点的矩 ········ 29
4.2 力偶、力偶矩 ········ 30
4.3 力的平移定理 ········ 34
4.4 平面任意力系向作用面内任意一点简化 ········ 35

4.5 简化结果分析及合力矩定理 …… 36
4.6 平面任意力系的平衡 …… 38
4.7 静定和超静定问题及物体系统的平衡 …… 41
4.8 考虑摩擦时物体的平衡 …… 44
思考题与习题 …… 46

第5章 空间力系 …… 51
学习目标 …… 51
5.1 力的投影与分解 …… 51
5.2 力对轴的矩 …… 53
5.3 空间力系的平衡 …… 54
5.4 物体的重心 …… 57
思考题与习题 …… 59

第3篇 材料力学

第6章 材料力学基本概念 …… 62
学习目标 …… 62
6.1 变形固体的概念及基本假设 …… 62
6.2 内力与截面法 …… 63
6.3 应力与应变 …… 64
6.4 杆件的基本受力与变形形式 …… 65
思考题与习题 …… 66

第7章 轴向拉伸或压缩 …… 67
学习目标 …… 67
7.1 轴向拉伸或压缩时的内力分析 …… 67
7.2 轴向拉伸或压缩时的应力分析 …… 70
7.3 轴向拉伸或压缩时的变形 …… 71
7.4 材料在轴向拉伸与压缩时的力学性能 …… 73
7.5 轴向拉伸或压缩时的强度计算 …… 77
7.6 应力集中的概念 …… 79
思考题与习题 …… 80

第8章 剪切与挤压 …… 82
学习目标 …… 82
8.1 剪切与挤压的概念 …… 82
8.2 剪切的实用计算 …… 83
8.3 挤压的实用计算 …… 83
思考题与习题 …… 86

第9章 扭转 …… 87
学习目标 …… 87
9.1 扭转的概念 …… 87
9.2 圆轴扭转时横截面上的内力 …… 87

9.3　圆轴扭转时的应力分布规律与强度条件 …………………… 89
9.4　圆轴扭转的变形与刚度计算 …………………… 92
9.5　薄壁圆筒的扭转与切应力互等定理 …………………… 94
思考题与习题 …………………… 95

第10章　平面弯曲

学习目标 …………………… 98
10.1　平面弯曲的概念及梁的计算简图 …………………… 98
10.2　梁的内力、剪力图和弯矩图 …………………… 98
10.3　梁横截面上的正应力与正应力强度条件 …………………… 105
10.4　梁横截面上的切应力与切应力强度条件 …………………… 109
10.5　梁的合理设计 …………………… 111
10.6　梁的挠度及转角 …………………… 112
10.7　梁的挠曲线近似微分方程 …………………… 112
10.8　按叠加法计算梁的挠度和转角 …………………… 113
10.9　提高梁弯曲强度与刚度的措施 …………………… 114
思考题与习题 …………………… 115

第11章　应力状态与强度理论

学习目标 …………………… 118
11.1　应力状态的概念 …………………… 118
11.2　平面应力状态 …………………… 119
11.3　强度理论 …………………… 126
思考题与习题 …………………… 130

第12章　组合变形

学习目标 …………………… 132
12.1　组合变形的概念 …………………… 132
12.2　弯曲与拉伸（或压缩）组合变形 …………………… 132
12.3　偏心压缩（拉伸） …………………… 134
12.4　截面核心 …………………… 135
思考题与习题 …………………… 136

第13章　压杆稳定

学习目标 …………………… 138
13.1　压杆稳定的概念 …………………… 138
13.2　细长中心受压直杆临界力的欧拉公式 …………………… 139
13.3　临界应力 …………………… 141
13.4　压杆的稳定计算 …………………… 144
思考题与习题 …………………… 146

第4篇　结构力学

第14章　平面杆件体系的几何组成分析

学习目标 …………………… 150
第14章　平面杆件体系的几何组成分析 …………………… 150

14.1	几何组成分析的基本概念	150
14.2	几何不变体系的基本组成规则	153
14.3	平面杆件体系几何组成分析应用	156
14.4	体系的几何构造与静定性	157
	思考题与习题	158

第15章 静定结构的内力分析 — 159

学习目标 — 159

15.1	静定梁	159
15.2	静定平面刚架	165
15.3	静定平面桁架	170
15.4	静定结构的一般性质	176
	思考题与习题	177

第16章 静定结构的位移计算 — 180

学习目标 — 180

16.1	概述	180
16.2	变形体虚功原理	181
16.3	荷载作用下的位移计算	183
16.4	图乘法	188
16.5	温度变化及支座位移作用下的位移计算	192
16.6	线弹性体系的互等定理	193
	思考题与习题	196

第17章 力法 — 198

学习目标 — 198

17.1	概述	198
17.2	力法的基本原理	200
17.3	力法的典型方程及其应用	204
17.4	对称性的利用	207
17.5	超静定结构的位移计算及内力图校核	210
17.6	温度变化及支座位移时超静定结构的计算	212
17.7	超静定结构的特性	214
	思考题与习题	215

第18章 位移法与力矩分配法 — 217

学习目标 — 217

18.1	位移法	217
18.2	等截面直杆的转角位移方程	218
18.3	位移法的基本未知量和基本结构	223
18.4	位移法的典型方程及其应用	224
18.5	直接由平衡条件建立位移法基本方程	228
18.6	力矩分配法	228
	思考题与习题	236

第 19 章　影响线及其应用 …………………………………………………… 237
　学习目标 ………………………………………………………………… 237
　19.1　移动荷载和影响线的概念 ………………………………………… 237
　19.2　静力法作单跨静定梁的影响线 …………………………………… 238
　19.3　间接荷载作用下的影响线 ………………………………………… 242
　19.4　静力法作桁架结构的影响线 ……………………………………… 244
　19.5　机动法作单跨静定梁的影响线 …………………………………… 247
　19.6　利用影响线计算量值 ……………………………………………… 250
　19.7　确定最不利荷载位置 ……………………………………………… 252
　思考题与习题 …………………………………………………………… 257
附录 ……………………………………………………………………………… 259
　附录 A　截面的几何性质 ……………………………………………… 259
　附录 B　几种常用梁在简单载荷作用下的变形 ……………………… 263
　附录 C　型钢表（GB/T706—2016） …………………………………… 264
参考文献 ………………………………………………………………………… 275

第1篇
建筑力学总论

第1章

绪　论

学习目标

正确认识建筑力学的研究对象，掌握结构和构件的概念；了解建筑力学的学习内容及学习方法；明确建筑力学的主要任务，掌握构件强度、刚度、稳定性的概念。

1.1 建筑力学的研究对象

建筑工程结构中的各类建筑物，都是由许多构件组合而成的。在建造之前，都要由工程设计人员对其组成的构件进行受力分析，通过计算来确定构件的材料选择、尺寸大小、排列位置等。

建筑物在建造和使用过程中都会受到各种外部作用，包括荷载作用（恒载、活载、风载、水压力、土压力等）、变形作用（地基不均匀沉降、材料胀缩变形、温度变化引起的变形、地震引起的地面变形等）、环境作用（阳光、风化、环境污染引起的腐蚀、火灾等）。在建筑物中，承受并传递外部作用的骨架部分称为结构。建筑结构中的每个基本组成部分称为构件。实际工程中的结构一般都是由多个构件通过各种方式连接起来所组成的。例如，板、梁、柱等构件组成了常见的混凝土和钢框架结构，如图1-1所示。屋面板、屋架、柱、基础等构件组成了单层厂房排架结构，如图1-2所示。

a)　　　　b)

图　1-1

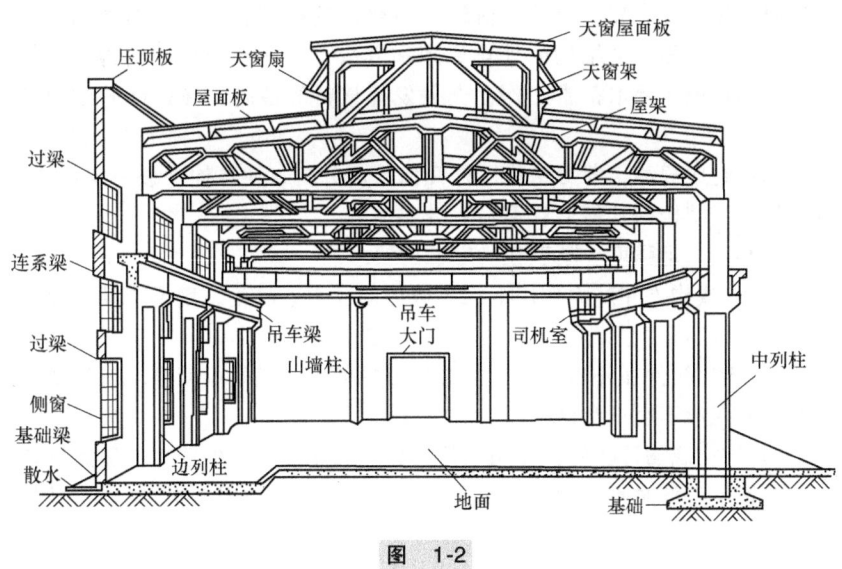

图 1-2

1.2 建筑力学的研究任务

随着城市现代化进程的加快和新材料、新技术、新工艺的不断涌现，新型建筑工程设计理念和结构形式不断创新，如大跨桥梁（图1-3）、新型体育馆建筑（图1-4）、大型水利工程（图1-5）、高层建筑（图1-6）等，还有核电站、新能源工程、大海港以及海洋工程等。这些现代建筑工程成为人类社会现代文明的重要组成部分，也对建筑力学分析提出了新的课题和更高的要求。这些工程课题的研究成果在促进工程建设发展的同时，也扩展了力学的研究领域。

图 1-3

图 1-4

图 1-5

图 1-6

建筑力学的研究任务是研究结构的几何组成规律以及在荷载作用下结构和构件的强度、刚度和稳定性问题，研究平面杆系结构的计算原理和方法，以设计合理的结构形式。建筑力学研究的目的是保证结构按设计要求正常工作，充分发挥材料的性能，使设计的结构既安全可靠又经济合理。

研究结构的几何组成规律，即对结构进行几何组成分析，使各构件按一定的规律组成结构，以确保在荷载的作用下结构的几何形状不发生变化。

结构正常工作必须满足强度、刚度和稳定性的要求。

1) 强度是指结构或构件在外力作用下抵抗破坏的能力。满足强度要求就是要求结构的构件在正常工作时不发生破坏。

2) 刚度是指结构或构件在外力作用下抵抗变形的能力。满足刚度要求就是要求结构的构件在正常工作时产生的变形不超过允许范围。

3) 稳定性是指结构或构件在外力作用下保持原有的平衡状态的能力。满足稳定性要求就是要求结构的构件在正常工作时不突然改变原有的平衡状态，以免因变形过大而破坏。

1.3　建筑力学的学习内容

建筑力学课程主要研究建筑工程结构的力学性能。它依据知识的内在连续性和相关性将理论力学课程中的静力学基础知识与材料力学、结构力学等课程中的主要内容重新组织而形成的知识体系。

按教学要求，建筑力学主要讲授以下几个部分的内容。

1) 静力学基础。这是建筑力学的重要基础理论，包括物体的受力分析、力系的简化与平衡等刚体静力学基础理论。

2) 杆件的承载能力计算。这部分是计算结构承载能力计算的实质，包括基础变形杆件的内力分析和强度、刚度计算，压杆稳定和组合变形杆件的强度、刚度计算。

3) 静定结构的内力计算。这部分是静定结构承载能力计算和超静定结构计算的基础，它包括研究的组成规律、静定结构的内力分析和位移计算等。

4) 超静定结构的内力分析。这部分是超静定结构的强度和刚度问题的基础，包括力法、位移法、力矩分配法和矩阵位移法等求解超静定结构内力的基础方法。

值得注意的是，在本书第 2 篇工程静力学基础知识中，各章中的矢量用黑体表示，而在本书第 3 篇材料力学和第 4 篇结构力学部分中，计算为标量计算，故物理量全部用明体表示。

第 2 篇
工程静力学基础知识

第 2 章

工程静力学的基本概念

学习目标

掌握静力学的公理和推论，具有应用静力学基本公理分析力学简单问题的能力；掌握力矩、力偶的概念及基本性质，能够正确判定力和力偶的不同性质及作用效果；掌握常见约束的种类及确定约束反力的方法，能正确分析工程结构中的约束反力；掌握建筑工程结构的简化方法并能够正确绘制计算简图；掌握绘制单个物体及物体系统的受力图。

2.1 平衡、刚体和力的概念

1. 平衡

静力学是研究物体的平衡问题的科学，主要讨论作用在物体上的力系的简化和平衡两大问题。**平衡**，在工程上是指物体相对于地球保持静止或匀速直线运动状态，它是物体机械运动的一种特殊形式。

2. 刚体的概念

任何物体受到力的作用都会产生变形，即使有的变形很微小，用肉眼观察不到，我们也能用各种测试手段测出变形是客观存在的。但是，在我们研究物体机械运动规律时，通常广泛遇到这种情况：物体受到力的作用时产生的变形很小，对所研究的问题影响甚微，可以忽略不计，为使研究的问题得到简化，可以略去这微小的变形，近似把所研究的物体看成是不变形的物体，即刚体。**刚体是指在力的作用下，物体内任意两点之间的距离始终保持不变，或形状和尺寸始终保持不变的物体。**

刚体在自然界中是不存在的。工程实际中的许多物体，在力的作用下，它们的变形一般很微小，对平衡问题影响也很小，为了简化分析，我们视其为刚体。静力学的研究对象仅限于刚体，所以又称为刚体静力学。在后续的材料力学内容中，将进一步研究物体的变形问题。

3. 力的概念

力的概念是人们在长期的生产劳动和生活实践中逐步形成的，通过归纳、概括和科学的抽象而建立的。**力是物体之间相互的机械作用，这种作用使物体的机械运动状态发生改变，或使物体产生变形。**力使物体的运动状态发生改变的效应称为运动效应（又称外效应），而使物体发生变形的效应称为变形效应（又称内效应）。刚体只考虑外效应，变形固体还要研究内效应。经验表明力对物体作用的效应完全取决于力的大小、力的方向和力的作用位置这三个要素。

1）力的大小，是指物体相互作用的强弱程度。在国际单位制中，力的单位用牛顿（N）或千牛顿（kN）表示，$1kN = 10^3 N$。

2）力的方向，包含力的方位和指向两方面的含义。例如，重力的方向是竖直向下。"竖直"是力作用线的方位，"向下"是力的指向。

3）力的作用位置，是指物体上承受力的位置。一般来说，力的作用位置是一块面积或体积，这样的力称为分布力；而有些分布力的作用面积很小，可以近似看作一个点，这样的力称为集中力。

如果改变了力的三要素中的任一要素，也就改变了力对物体的作用效应。

既然力是有大小和方向的量，所以力是矢量。可以用带箭头的线段来表示，如图2-1所示，线段 AB 长度按一定的比例尺表示力 F 的大小，线段的方位和箭头的指向表示力的方向，线段的起点 A 或终点 B 表示力的作用点，线段 AB 的延长线（图中虚线）表示力的作用线。

本书用黑体字母或字母上面加矢量符号表示矢量，用对应字母表示矢量的大小。

一般来说，作用在刚体上的力不止一个，我们把作用于物体上的一群力称为**力系**。如果一个力系作用于物体的

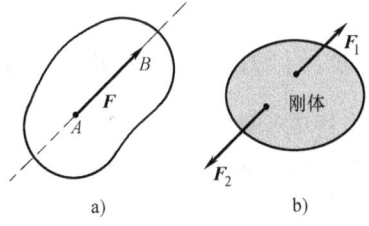

图 2-1

效果与另一个力系作用于该物体的效果相同，则两个力系互为**等效力系**。一个力系与零力系等效，称为**平衡力系**。如果一个力与一个力系等效，则称此力为该力系的**合力**，这个过程称力的合成；而力系中的各个力称此合力的**分力**，将合力代换成分力的过程为力的分解。在研究力学问题时，为方便地显示各种力系对物体作用的总体效应，用一个简单的等效力系（或一个力）代替一个复杂力系的过程称为力系的简化。力系的简化是刚体静力学的基本方法之一。

2.2 静力学的基本公理

公理是人类经过长期实践和经验而得到的结论，它被反复的实践所验证，是无须证明而为人们所公认的结论。静力学公理是静力学全部理论的基础。

公理一：二力平衡公理

作用于同一刚体上的两个力平衡的必要与充分条件是：力的大小相等，方向相反，作用在同一直线上。可以表示为：$F_1 = -F_2$ 或 $F_1 + F_2 = 0$，如图 2-1b 所示。

此公理给出了作用于刚体上的最简力系平衡时所必须满足的条件，是推证其他力系平衡条件的基础。只在两个力作用下处于平衡的物体称为二力体，若物体是构件或杆件，也称二力构件或二力杆件（二力杆）。

公理二：加减平衡力系公理

在作用于刚体的任意力系上，加上或减去任一平衡力系，并不改变原力系对刚体的作用效应。

推论一：力的可传性原理

作用于刚体上某点的力，可以沿着它的作用线移到刚体内任意一点，并不改变该力对刚体的作用效应。

证明：设力 F 作用于刚体上的点 A，如图2-2所示。在力 F 作用线上任选一点 B，在点 B 上加一对平衡力 F_1 和 F_2，使

$$F_1 = -F_2 = F$$

则 F_1、F_2、F 构成的力系与 F 等效。将平衡力系 F、F_2 减去，则 F_1 与 F 等效。此时，相当于力 F 已由点 A 沿作用线移到了点 B。

由此可知，作用于刚体上的力是滑移矢量。因此，作用于刚体上力的三要素也可表述为力的大小、力的方向和力的作用线。

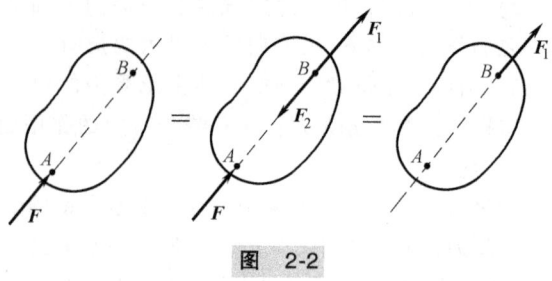

图 2-2

公理三：力的平行四边形法则

作用在物体上同一点的两个力，可以合成为一个合力。合力的作用点也在该点，合力的大小和方向由以这两个力为边所构成的平行四边形的对角线确定。如图 2-3a 所示，以 F_R 表示力 F_1 和力 F_2 的合力，即作用于物体上同一点两个力的合力等于这两个力的矢量合。表示方法为：$F_R = F_1 + F_2$。

在求共点两个力的合力时，我们常采用**力的三角形法则**：如图 2-3b 所示，从刚体外任选一点 a 作矢量 $\overrightarrow{ab}$ 代表力 F_1，然后从 b 的终点作 $\overrightarrow{bc}$ 代表力 F_2，最后连起点 a 与终点 c 得到矢量 $\overrightarrow{ac}$，则 $\overrightarrow{ac}$ 就代表合力矢 F_R。分力矢与合力矢所构成的三角形 abc 称为力的三角形。

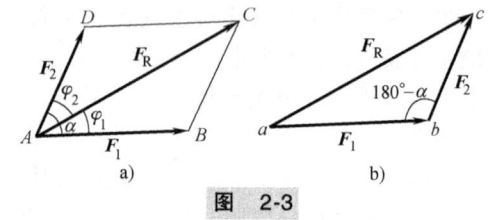

图 2-3

推论二：三力平衡汇交定理

作用于刚体上三个相互平衡的力，若其中两个力的作用线汇交于一点，则此三力必在同一平面内（共面），且第三个力的作用线通过汇交点（汇交）。

证明： 如图 2-4 所示，设在刚体上三点 A、B、C 分别作用有力 F_1、F_2、F_3，其互不平行，且为平衡力系，根据力的可传性，将力 F_1 和 F_2 移至汇交点 O，根据力的可传性公理，得合力 F_{R1}，则力 F_3 与 F_{R1} 平衡，由公理一知，F_3 与 F_{R1} 必共线，所以力 F_1 的作用线必过点 O。

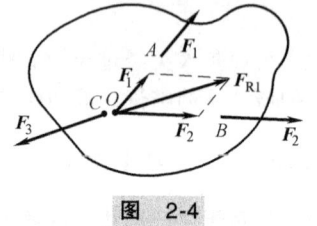

图 2-4

公理四：作用与反作用公理

两物体间的相互作用力总是同时存在，且其大小相等、方向相反、沿同一直线，作用在相互作用的两个物体上。

物体间的作用力与反作用力总是同时出现，同时消失。可见，自然界中的力总是成对地存在，而且同时分别作用在相互作用的两个物体上。这个公理概括了任何两物体间的相互作用的关系，不论对刚体或变形体，不管物体是静止的还是运动的都适用。应该注意，作用力与反作用力虽然等值、反向、共线，但它们不能平衡，因为它们分别作用在两个物体上，不可与二力平衡公理混淆起来。

公理五：刚化原理

变形体在某一力系作用下处于平衡，如将此变形体刚化为刚体，其平衡状态保持不变。

此原理建立了刚体平衡条件与变形体平衡条件之间的关系，即关于刚体的平衡条件，对于变形体的平衡来说，也必须满足。但是，满足了刚体的平衡条件，变形体不一定平衡。例如，图 2-5 所示的一段软绳，在两个大小相等，方向相反的拉力作用下处于平衡，若将软绳变成刚杆，平衡保持不变。反过来，一段刚杆在两个大小相等、方向相反的压力作用下处于平衡，而绳索在此压力下则不能平衡。可见，刚体的平衡条件对于变形体的平衡来说只是必要条件而不是充分条件。公理 5 可解释为：处于平衡状态的变形体，可用静力学的刚体平衡理论。

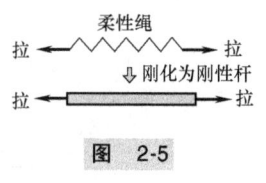

图 2-5

2.3 约束与约束反力

可以在空间做任意运动的物体称为自由体，如飞机、火箭等。受到其他物体的限制，沿着某些方向不能运动的物体称为非自由体。例如，悬挂的重物因受到绳索的限制，使其在竖直方向不能运动而成为非自由体。这种阻碍物体运动的限制被称为约束。约束通常是通过物体间的直接接触形成的。

既然约束阻碍物体沿某些方向运动，那么当物体沿着约束所阻碍的运动方向运动或有运动趋势时，约束对其必然有力的作用，以限制其运动，这种力被称为约束反力，简称反力。约束反力的方向总是与约束所能阻碍的物体的运动或运动趋势的方向相反。约束反力的作用点就在约束与被约束物体的接触点。约束反力的大小可以通过计算求得。

工程上通常把能使物体主动产生运动或运动趋势的力称为主动力，如重力、风力、水压力等。通常主动力是已知的，约束反力是未知的。约束反力不仅与主动力的情况有关，同时也与约束类型有关。下面介绍工程实际中常见的几种约束类型及其约束反力的特性。

1. 柔性约束

绳索、链条、皮带等属于柔索约束。理想化条件：柔索绝对柔软、无重力、无粗细、不可伸长或缩短。由于柔索只能承受拉力，所以**柔索的约束反力作用于接触点，方向沿柔索的中心线而背离物体，为拉力**，如图 2-6 和图 2-7 所示。

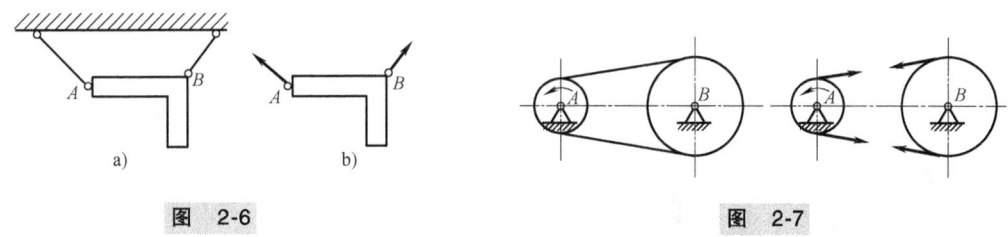

图 2-6　　　　　　　　　　图 2-7

2. 光滑接触面约束

当两个物体接触面上的摩擦力可以忽略时，可将该接触面看作光滑接触面。这时两个物体可以脱离开，也可以沿光滑接触面相对滑动，但沿接触面法线且指向接触面方向的位移受到限制。所以，**光滑接触面约束反力作用于接触点，方向沿接触面的公法线且指向物体，为压力**，如图 2-8 所示。

3. 光滑铰链约束

工程上常用销钉来连接构件或零件，这类约束只限制相对移动不限制转动，且忽略销钉与

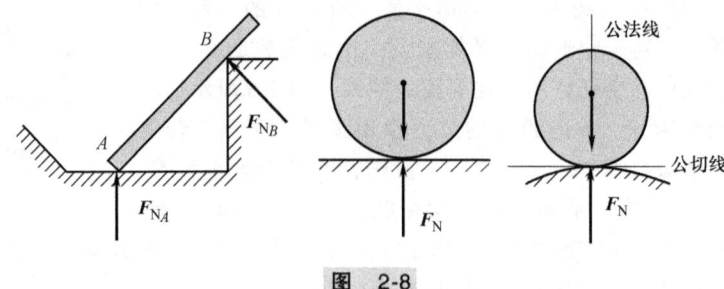

图 2-8

构件间的摩擦。若两个构件用销钉连接起来,这种约束称为铰链约束,简称铰连接或中间铰,如图 2-9a 所示。图 2-9b 所示为计算简图。铰链约束只能限制物体在垂直于销钉轴线的平面内相对移动,但不能限制物体绕销钉轴线相对转动。如图 2-9c 所示,铰链约束的约束反力作用在销钉与物体的接触点 D,沿接触面的公法线方向,使被约束物体受压力。但由于销钉与销钉孔壁接触点与被约束物体所受的主动力有关,一般不能预先确定,所以约束反力 F_C 的方向也不能确定。因此,其约束反力作用在垂直于销钉轴线平面内,通过销钉中心,方向不定。为计算方便,铰链约束的约束反力常用过铰链中心两个大小未知的正交分力 F_{Cx}、F_{Cy} 来表示,如图 2-9d 所示。两个分力的指向可以假设。

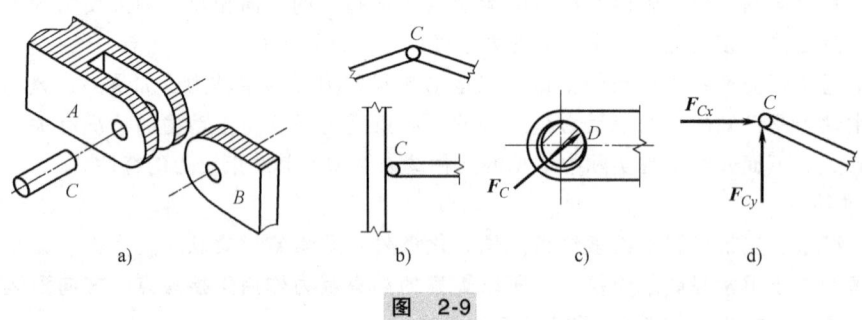

图 2-9

4. 固定铰支座

将结构物或构件用销钉与地面或机座连接就构成了固定铰支座,如图 2-10a、b 所示。固定铰支座的约束与铰链约束完全相同,其简化记号和约束反力如图 2-10c、d 所示。

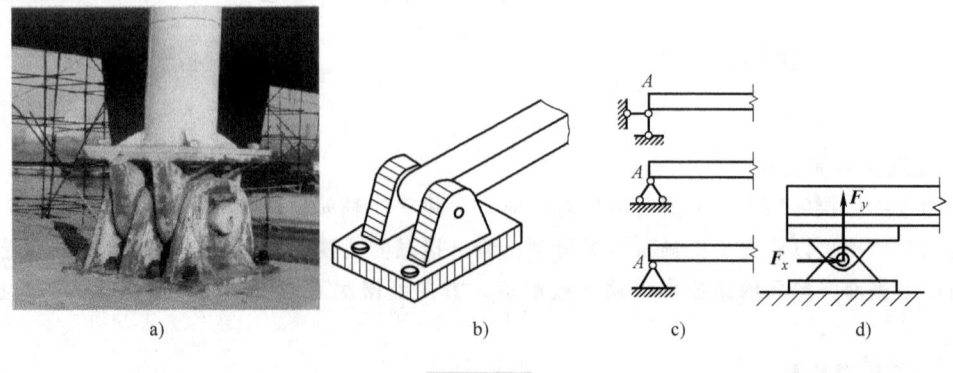

图 2-10

5. 辊轴支座

在固定铰支座和支承面间装有辊轴，就构成了辊轴支座，又称活动铰支座，如图 2-11a 所示。这种约束只能限制物体沿支承面法线方向的运动，而不能限制物体沿支承面的移动和相对于销钉轴线的转动。所以，其约束反力垂直于支承面并通过销钉中心，约束反力的指向可假设，如图 2-11b、c 所示。辊轴支座的常用表示方法如图 2-11d~i 所示。

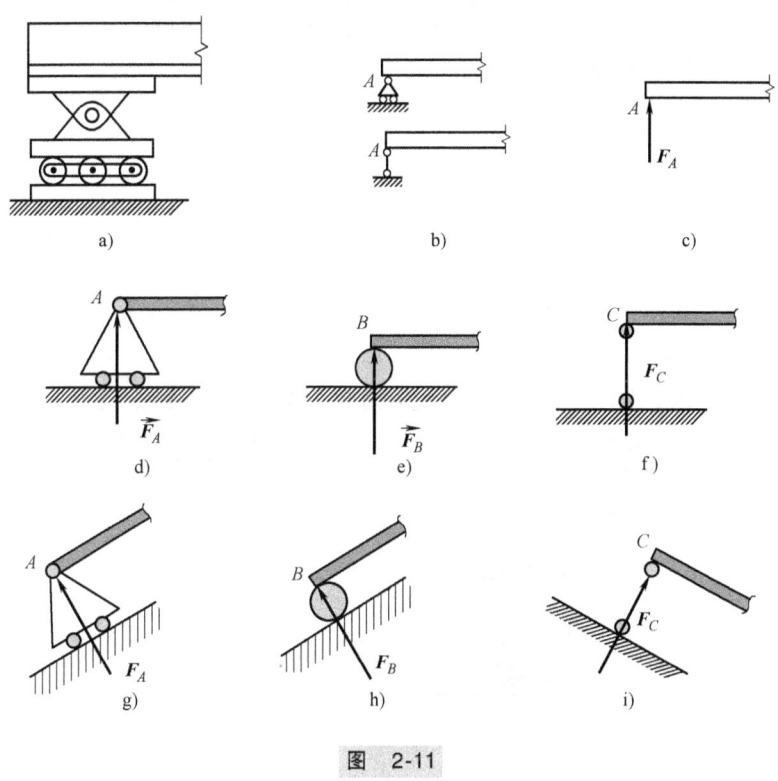

图 2-11

6. 链杆约束

两端以铰链与其他物体连接，中间不受力且不计自重的刚性直杆称为链杆，如图 2-12a 所示。链杆的约束反力只能限制物体沿链杆轴线方向的运动。因此，链杆的约束反力沿着链杆两端中心连线方向，为拉力或压力，如图 2-12b、c 所示。链杆属于二力杆的一种特殊情形。

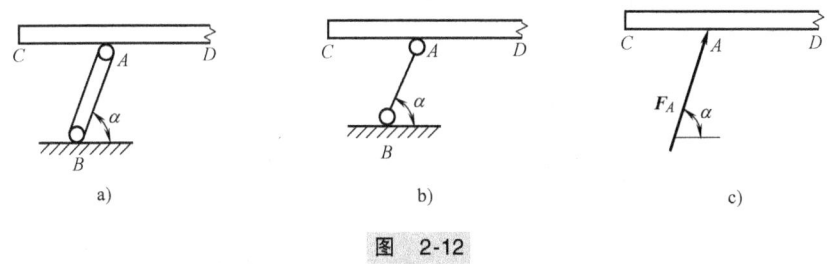

图 2-12

7. 固定端约束

将构件的一端插入一固定物体（如墙）中，就构成了固定端约束。固定端约束在连接处具有较大的刚性，被约束的物体在该处被完全固定，既不允许相对移动也不可转动。固定端的约束反力，一般用两个正交分力和一个约束反力偶来代替，如图 2-13 所示。

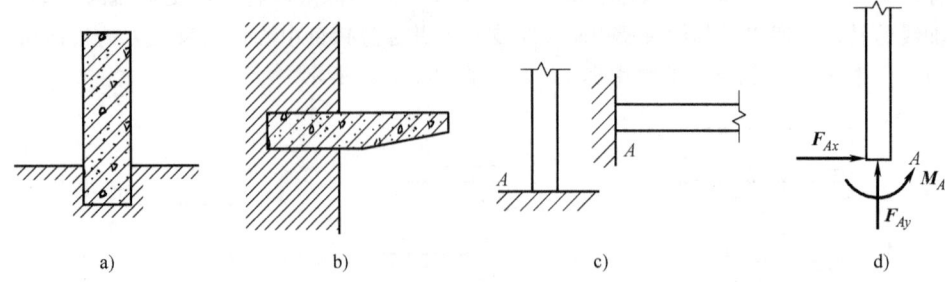

图 2-13

8. 球铰支座

球铰支座是通过球与球壳将构件连接，构件可以绕球心任意转动，但构件与球心不能有任何移动。当忽略摩擦时，球与球座也是光滑约束问题。球铰支座的约束反力通过接触点，并指向球心，是一个不能预先确定的空间力，可用三个正交分力表示，如图 2-14 所示。

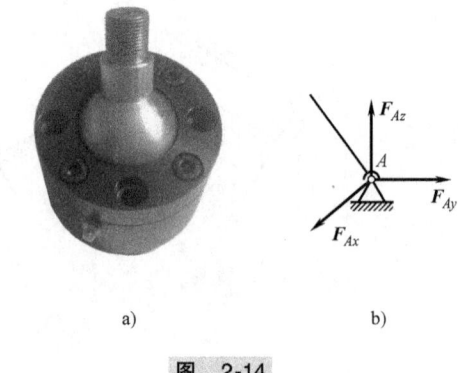

图 2-14

9. 止推轴承

止推轴承比径向轴承多一个轴向的位移限制，比径向轴承多一个轴向的约束力，即止推轴承有三个正交分力，如图 2-15 所示。

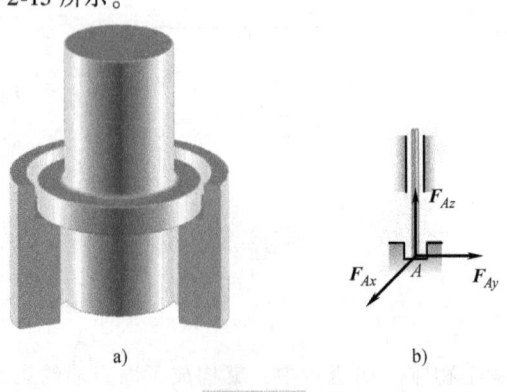

图 2-15

2.4 物体的受力分析与受力图

静力学问题大多是受一定约束的非自由刚体的平衡问题，解决此类问题的关键是找出主动力与约束反力之间的关系。因此，必须对物体的受力情况做全面的分析，即物体的受力分析，它是力学计算的前提和关键。

物体受力分析的基本方法如下：首先将该物体从与它相联系的周围物体中分离出来，解除全部约束，单独画出该物体的图形，该过程称为取分离体；然后在分离体上依次画出全部主动力和约束反力，该过程称为画受力图。

下面举例说明物体受力分析与受力图绘制的方法。

【例 2-1】 如图 2-16a 所示，起吊架由杆件 AB 和杆件 CD 组成，起吊重物的重力为 W。不计杆件自重，试绘制杆件 AB 的受力图。

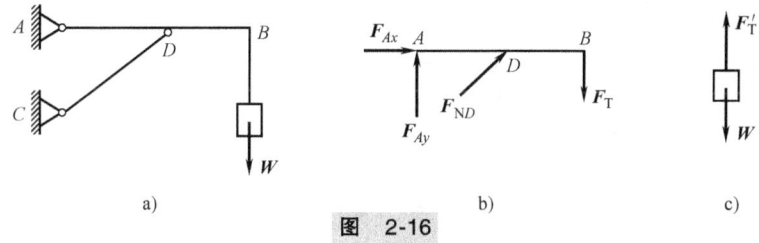

图 2-16

【解】 取杆件 AB 为分离体，画出其分离体图，如图 2-16b 所示。杆件 AB 上没有荷载，只有约束反力。

A 端为固定铰支座，约束反力用两个垂直分力 F_{Ax} 和 F_{Ay} 表示，二者的指向是假定的。

D 点用铰链与杆件 CD 连接，因为杆件 CD 为二力杆，所以铰 D 反力的作用线沿 C、D 两点连线，以 F_{ND} 表示，图中 F_{ND} 的指向也是假定的。

B 点与绳索连接，绳索作用给 B 点的约束反力 F_T 沿绳索、垂直于杆件 AB。

图 2-16b 所示为杆件 AB 的受力图。

应该注意，图 2-16b 中的力 F_T 不是起吊重物的重力 W。力 F_T 是绳索对杆件 AB 的作用力，而力 W 是地球对重物的作用力，这两个力的施力物体和受力物体是完全不同的。在重物的受力图（图 2-16c）上，作用有力 F_T 的反作用力 F'_T 和重力 W。由二力平衡条件，力 F'_T 与力 W 是反向、等值的；由作用反作用定律，力 F_T 与 F'_T 是反向、等值的。所以力 F_T 与力 W 大小相等，方向相同。

【例 2-2】 如图 2-17 所示，水平梁 AB 用斜杆 CD 支撑，A、C、D 三处均为光滑铰链连接，

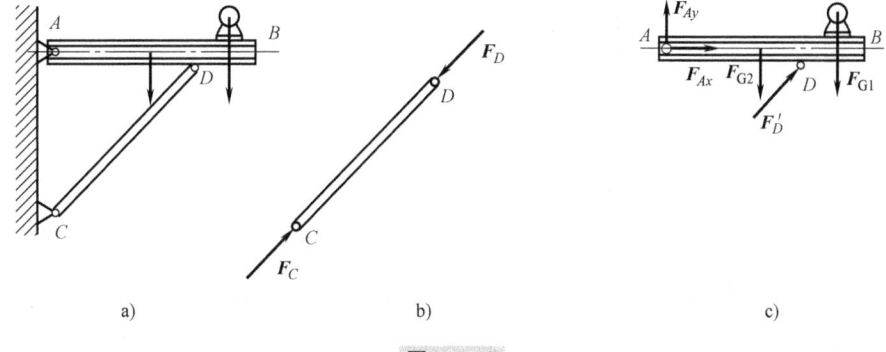

图 2-17

梁上放置一重为 F_{G1} 的电动机。已知梁重为 F_{G2}，不计斜杆 CD 的自重，试分别画出杆 CD 和梁 AB 的受力图。

【解】 1) 取斜杆 CD 为研究对象。由于不计斜杆 CD 的自重，只在杆的两端分别受有铰链的约束反力 F_C 和 F_D 的作用，由此判断斜杆 CD 为二力杆。根据公理一，F_C 和 F_D 两力大小相等、沿铰链中心连线 CD 方向且指向相反。斜杆 CD 的受力图如图 2-17b 所示。

2) 取梁 AB（包括电动机）为研究对象。它受 F_{G1}、F_{G2} 两个主动力的作用；梁在铰链 D 处受二力杆 CD 给它的约束反力 F'_D 的作用，根据公理四，$F'_D = -F_D$；梁在 A 处受固定铰支座的约束反力，由于方向未知，可用两个大小未知的正交分力 F_{Ax} 和 F_{Ay} 表示。梁 AB 的受力图如图 2-17c 所示。

【例 2-3】 如图 2-18 所示，简支梁两端分别为固定铰支座和可动铰支座，在 C 处作用一集中荷载 F_P，梁重不计，试画梁 AB 的受力图。

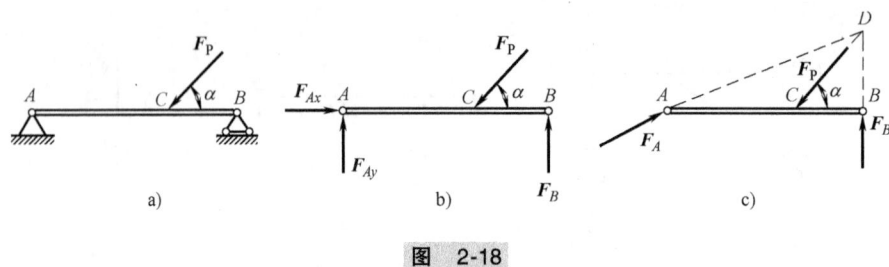

图 2-18

【解】 取梁 AB 为研究对象。作用于梁上的力有集中荷载 F_P，可动铰支座 B 的反力 F_B，铅垂向上，固定铰支座 A 的反力用过点 A 的两个正交分力 F_{Ax} 和 F_{Ay} 表示。受力图如图 2-18b 所示。由于梁 AB 受三个力作用而平衡，故可由推论二确定 F_A 的方向。用点 D 表示力 F_P 和 F_B 的作用线交点。F_A 的作用线必过交点 D，如图 2-18c 所示。

【例 2-4】 三铰拱桥由左右两拱铰接而成，如图 2-19a 所示。设各拱自重为 W_1 和 W_2，在拱 AB 上作用荷载 F。试分别画出拱 AB 和拱 BC 的受力图及整体受力图。

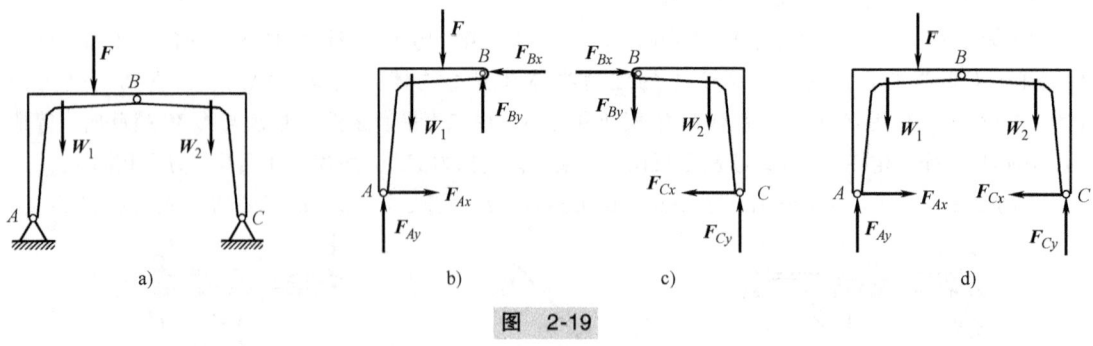

图 2-19

【解】 1) 取拱 AB 连同销钉 B 为研究对象。由于自重为 W_1，主动力有荷载 F 和重力 W_1；点 B 受铰约束施加的约束反力 F_{Bx} 和 F_{By}；点 A 处的约束反力可分解为 F_{Ax} 和 F_{Ay}。拱 AB 的受力图如图 2-19b 所示。

2) 取拱 BC 为研究对象。由于拱自重为 W_2，且在 B、C 处受到铰约束。在铰链中心 B 受拱 AB 施加的约束反力 F'_{Bx} 和 F'_{By} 的作用，且 $F'_{Bx} = -F'_{Bx}$，$F'_{By} = -F_{By}$，点 C 处的约束反力可分解为 F_{Cx}

和 F_{Cy}。拱 BC 的受力图如图 2-19c 所示。

3) 取整体为研究对象。主动力有荷载 F、重力 W_1 和 W_2，且在 A、C 处受到铰约束。在点 A 处的约束反力可分解为 F_{Ax} 和 F_{Ay}，点 C 处的约束反力可分解为 F_{Cx} 和 F_{Cy}。整体的受力图如图 2-19d 所示。

【例 2-5】 如图 2-20a 所示，系统中物体 F 重 F_G，其他构件不计自重。试分别做出下列受力图：(1) 系统整体的受力图；(2) AB 杆的受力图；(3) BE 杆的受力图；(4) 杆 CD、轮、绳及重物 F 所组成的系统的受力图。

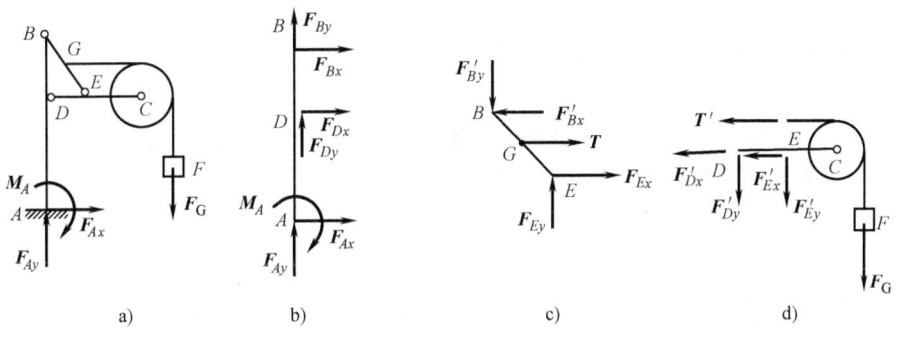

图 2-20

【解】 整体受力图如图 2-20a 所示。固定支座 A 自有两个垂直反力和一个约束反力偶。铰 C、D、E 和 G 点这四处的约束反力对整体来说是内力，受力图上不应画出。

杆件 AB 的受力图如图 2-20b 所示。对杆件 AB 来说，铰 B、D 的反力是外力，应画出。

杆件 BE 的受力图如图 2-20c 所示。BE 上 B 点的反力 F'_{Bx} 和 F'_{By} 是 AB 上 F_{Bx} 和 F_{By} 反作用力，必须等值、反向的画出。

杆件 CD、轮 C、绳和重物 F 所组成的系统的受力图如图 2-20d 所示。其上的约束反力分别是图 2-20b 和图 2-20c 上相应力的反作用力，它们的指向分别与相应力的指向相反。如 F'_{Ex} 是图 2-20c 上 F_{Ex} 的反作用力，力 F'_{Ex} 的指向应与力 F_{Ex} 的指向相反，不能再随意假定。铰 C 的反力为内力，受力图上不应画出。

在画受力图时应注意如下几个问题：

1) 明确研究对象并取出脱离体。
2) 要先画出全部的主动力。
3) 明确约束反力的个数。凡是研究对象与周围物体相接触的地方，都一定有约束反力，不可随意增加或减少。
4) 要根据约束的类型画约束反力。即按约束的性质确定约束反力的作用位置和方向，不能主观臆断。
5) 二力杆要优先分析。
6) 对物体系统进行分析时注意同一力，在不同受力图上的画法要完全一致；在分析两个相互作用的力时，应遵循作用和反作用关系，作用力方向一经确定，则反作用力必与之相反，不可再假设指向。
7) 内力不必画出。

思考题与习题

一、选择题

1. 如果力 F_R 是 F_1、F_2 两力的合力，用矢量方程表示为 $F_R = F_1 + F_2$，则三力大小之间的关系为（　　）。
   A. 必有 $F_R = F_1 + F_2$　　　B. 不可能有 $F_R = F_1 + F_2$
   C. 必有 $F_R > F_1$，$F_R > F_2$　　D. 可能有 $F_R < F_1$，$F_R < F_2$

2. 刚体受三力作用而处于平衡状态，则此三力的作用线（　　）。
   A. 必交汇于一点　　　　B. 必相互平行
   C. 必不在同一平面内　　D. 必位于同一平面内

二、简答题

1. 力的可传性原理的适用条件是什么？如图 2-21 所示，能否根据力的可传性原理，将作用于杆 AC 上的力 F 沿其作用线移至杆 BC 上而成力 F′？

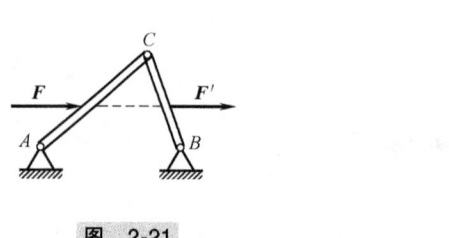

图 2-21

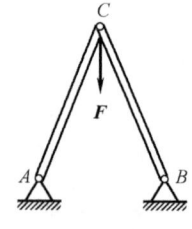

图 2-22

2. 作用于刚体上大小相等、方向相同的两个力对刚体的作用是否等效？

3. 物体受汇交于一点的三个力作用而处于平衡，此三力是否一定共面？为什么？

4. 图 2-22 中力 F 作用在销钉 C 上，试问销钉 C 对 AC 的力与销钉 C 对 BC 的力是否等值、反向、共线？为什么？

5. 图 2-23 中各物体受力图是否正确？若有错误试改正。

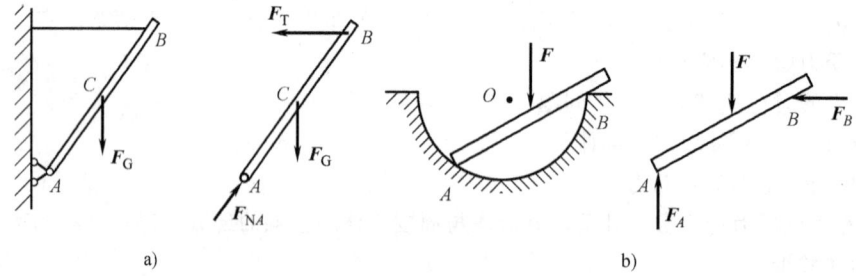

图 2-23

三、判断题

1. 作用在同一刚体上的两个力，使刚体处于平衡的必要和充分的条件是：这两个力大小相等、方向相反、沿同一条直线。　　　　　　　　　　　　　　　　　　　　　　　　（　　）

2. 静力学公理中，二力平衡公理和加减平衡力系公理适用于刚体。　　　　　（　　）

3. 静力学公理中，作用力与反作用力公理和力的平行四边形公理适用于任何物体。（ ）
4. 二力构件是指两端用铰链连接并且只受两个力作用的构件。（ ）

四、填空题

1. 力对物体的作用效应一般分为_____效应和_____效应。
2. 对非自由体的运动所预加的限制条件称为_____；约束力的方向总是与约束所能阻止的物体的运动趋势的方向_____；约束力由_____力引起，且随其改变而改变。

五、绘图题

1. 画出图 2-24 中指定物体的受力图。凡没有特别注明的，物体的自重均不计，且所有的接触面都是光滑的。

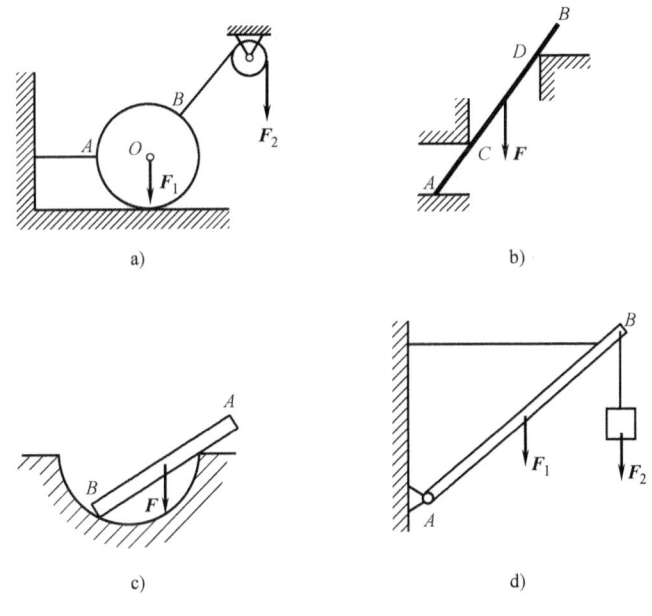

图 2-24

2. 画出图 2-25 中各杆件的受力图。未画重力的物体的重力均不计，所有接触处均为光滑接触。

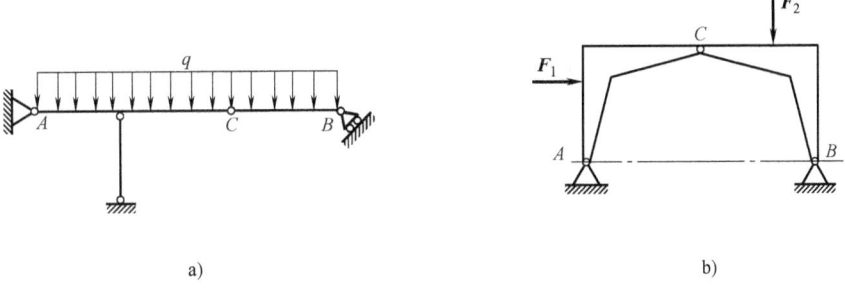

图 2-25

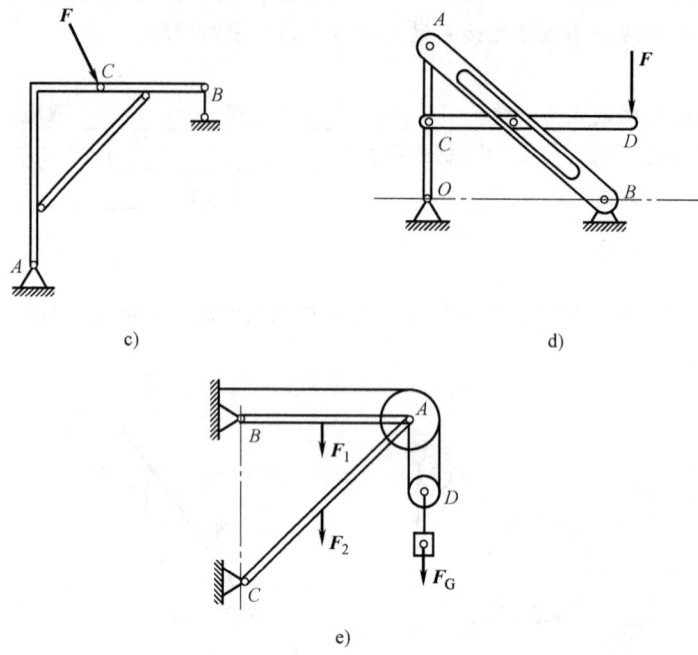

图 2-25（续）

第 3 章

平面汇交力系

学习目标

理解平面汇交力系的合成与平衡；掌握平面汇交力系合成的几何法和解析法；理解力在直角坐标系的投影，能熟练计算力在直角坐标轴上的投影。

根据力系中各力作用线的位置，力系可分为平面力系和空间力系。各力的作用线都在同一平面内的力系称为平面力系。在平面力系中又可以分为平面汇交力系、平面平行力系、平面力偶系和平面任意力系。在平面力系中，各力作用线汇交于一点的力系称平面汇交力系。本章讨论平面汇交力系的合成与平衡问题。

3.1 平面汇交力系合成与平衡的几何法

1. 平面汇交力系合成的几何法

设在某刚体上作用有由力 F_1、F_2、F_3、F_4 组成的平面汇交力系，各力的作用线交于点 A，如图 3-1a 所示。由力的可传性，将力的作用线移至汇交点 A；然后由力的合成三角形法则将各力依次合成，即从任意点 a 作矢量 $\overrightarrow{ab}$ 代表力矢 F_1，在其末端 b 作矢量 $\overrightarrow{bc}$ 代表力矢 F_2，则矢量 $\overrightarrow{ac}$ 表示力矢 F_1 和 F_2 的合力矢 F_{R1}；再从点 c 作矢量 $\overrightarrow{cd}$ 代表力矢 F_3，则 $\overrightarrow{ad}$ 表示 F_R 和 F_3 的合力矢 F_{R2}；最后从点 d 作 $\overrightarrow{de}$ 代表力矢 F_4，则 $\overrightarrow{ae}$ 代表力矢 F_{R2} 与 F_4 的合力矢，即力 F_1、F_2、F_3、F_4 的合力矢 F_R，其大小和方向如图 3-1b 所示，其作用线通过汇交点 A。

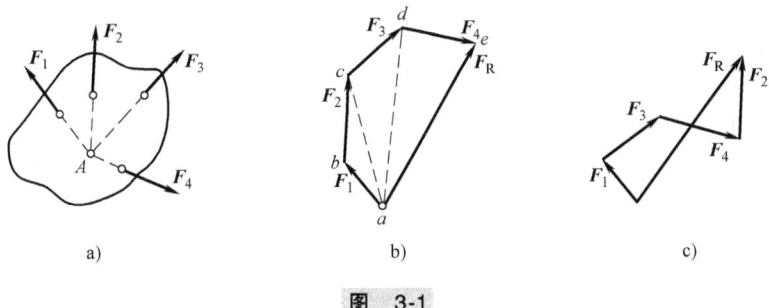

图 3-1

作图 3-1b 时，虚线 ac 和 ad 不必画出，只需把各力矢首尾相连，得折线 $abcd$，则第一个力

矢 F_1 的起点 a 向最后一个力矢 F_4 的终点 e 作 $\overrightarrow{ae}$，即得合力矢 F_R。各分力矢与合力矢构成的多边形称为力的多边形，表示合力矢的边 ae 称为力的多边形的逆封边。这种求合力的方法称为力的多边形法则。

若改变各力矢的绘图顺序，所得的力的多边形的形状则不同，但是这并不影响最后所得的逆封边的大小和方向，如图 3-1c 所示。但应注意，各分力矢必须首尾相连，且环绕力多边形周边的同一方向，而合力矢则指向最后一个分力矢，从而封闭力多边形。

上述方法可以推广到由 n 个力 F_1、F_2、…、F_n 组成的平面汇交力系，即**平面汇交力系合成的结果是一个合力，合力的作用线过力系的汇交点，合力等于原力系中所有各力的矢量和**。

平面汇交力系的合成可用矢量式表示为

$$F_R = F_1 + F_2 + \cdots + F_n = \sum F_i \tag{3-1}$$

【例 3-1】 同一平面的三根钢索连接在一固定环上，如图 3-2a 所示，已知三钢索的拉力分别为：$F_1 = 300\text{N}$，$F_2 = 600\text{N}$，$F_3 = 1200\text{N}$。试用几何作图法求三根钢索在环上作用的合力。

【解】 首先定力的比例尺如图 3-2 所示。然后将各分力乘以比例尺得到各力的长度，最后做出力多边形如图 3-2b 所示，量得代表合力矢的长度。则 F_R 的实际值为

$$F_R = 1620\text{N}$$

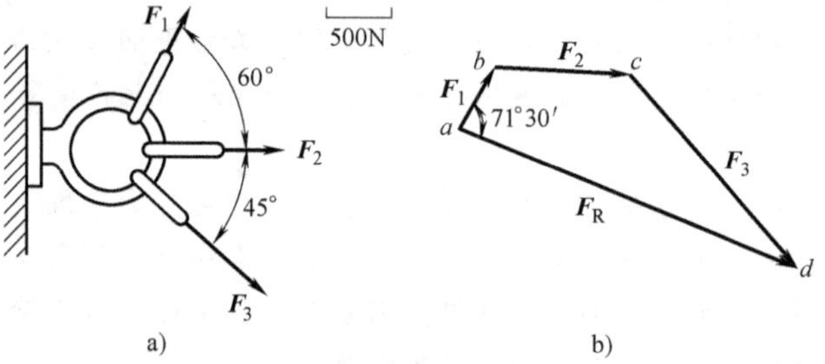

F_R 的方向可由力的多边形图直接量出，F_R 与 F_1 的夹角为 $71°30'$。

2. 平面汇交力系平衡的几何条件

如图 3-3a 所示，平面汇交力系 F_1、F_2、F_3、F_4 合成为一合力 F_R，若在该力系中再加一个与 F_R 等值、反向、共线的力 F_5，根据二力平衡公理知物体处于平衡状态。力系 F_1、F_2、F_3、F_4、F_5 即为平衡力系。对该力系作力的多边形时，得出一个闭合的力多边形，即最后一个力矢的末端与第一个力矢的始端相重合，亦即该力系的合力为零。因此，**平面汇交力系的平衡的必要与充分的几何条件是：力的多边形自行封闭，或各力矢的矢量和等于零**。用矢量表示为

$$F_R = \sum F_i = 0 \tag{3-2}$$

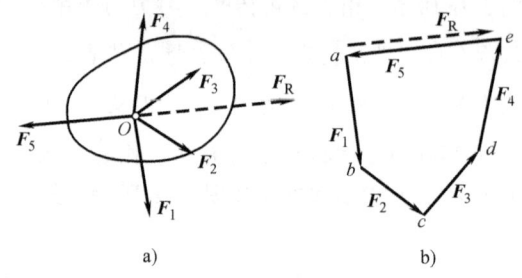

图 3-2

图 3-3

【例 3-2】 如图 3-4a 所示，A、B 为铰链支座，C 为圆柱铰链。斜撑杆 BC 与水平杆 AC 的夹角为 $30°$。在支架的 C 处用绳子吊着重 $G = 30\text{kN}$ 的重物。不计杆件的自重，试求各杆所受的力。

【解】 水平杆 AC 和斜撑杆 BC 均为二力杆，其受力如图 3-4b 所示。取圆柱铰链 C 为研究对象，作用在它上面的力有：绳子的拉力 F_T（$F_T = G$），水平杆 AC 和斜撑杆 BC 对圆柱铰链 C 的作用力 F_{CA} 和 F_{CB}，如图 3-4 所示，这三个力为一平面汇交力系。

根据平面汇交力系平衡的几何条件，F_T、F_{CA} 和 F_{CB} 应组成闭合的力三角形。选取比例尺如

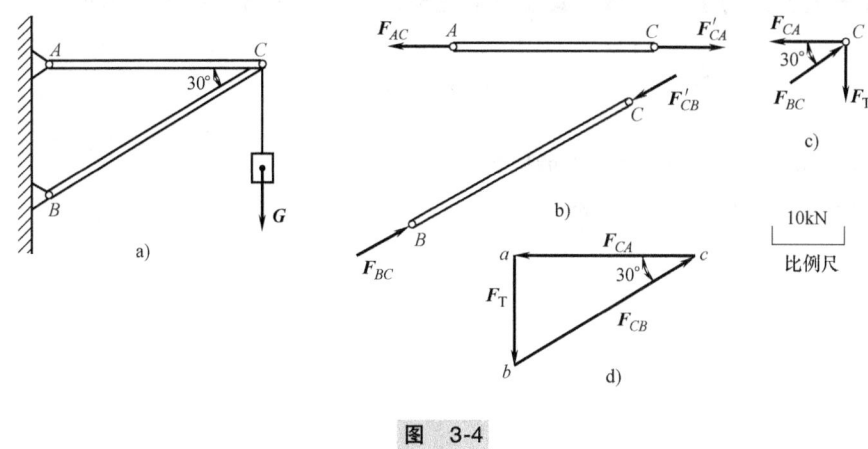

图 3-4

图 3-4 所示,先画已知力 $F_T = |\vec{ab}| = 30\text{kN}$,过 a、b 两点分别做直线平行于 F_{CA} 和 F_{CB} 得交点 c,于是得力三角形 abc,顺着 abc 的方向标出箭头,使其首尾相连,则矢量 $\vec{ca}$ 和 $\vec{bc}$ 就分别表示力 F_{CA} 和 F_{CB} 的大小和方向。用同样的比例尺量得

$$F_{CA} = 51.96\text{kN}$$
$$F_{CB} = 60\text{kN}$$

或由图中几何关系求解出两未知力大小为

$$F_{CA} = G\cot30° = 51.96\text{kN}$$
$$F_{CB} = G/\sin30° = 60\text{kN}$$

几何法解平衡问题的主要步骤如下:

1)选取研究对象。选取适当的平衡物体为研究对象,并画出其简图。

2)画受力图。在研究对象上画出它所受的全部已知力和未知力。

3)选择适当的比例尺,做出自行封闭的力多边形。必须注意,作图时总是从已知力开始,根据首尾相接规则和自行封闭的特点,就可以确定了未知力的指向。

4)求出未知量。按照比例尺来确定未知量,根据几何关系用三角公式计算。

3.2 平面汇交力系合成与平衡的解析法

求解平面汇交力系问题的几何法,具有直观简捷的优点,但是作图时的误差难以避免。因此,工程中多用解析法来求解力系的合成和平衡问题。解析法是以力在坐标轴上的投影为基础的。

1. 力在坐标轴上的投影

如图 3-5 所示,设力 F 作用于刚体上的 A 点,在力作用的平面内建立坐标系 Oxy,由力 F 的起点和终点分别向 x 轴作垂线,得垂足 a_1 和 b_1,则线段 a_1b_1 冠以相应的正负号称为力 F 在 x 轴上的投影,用 F_x 表示,即 $F_x = \pm a_1b_1$;同理,力 F 在 y 轴上的投影用 F_y 表示,即 $F_y = \pm a_2b_2$。

力在坐标轴上的投影是代数量,正负号规定:力的投影

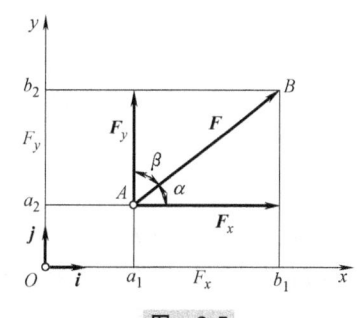

图 3-5

由始端到末端与坐标轴正向一致,其投影取正号,反之取负号。投影与力的大小及方向有关,即

$$\begin{cases} F_x = F\cos\alpha \\ F_y = F\cos\beta \end{cases} \quad (3-3)$$

式中 α、β——F 与 x、y 轴正向所夹的锐角。

反之,若已知力 F 在坐标轴上的投影 F_x、F_y,则该力的大小及方向余弦为

$$\begin{cases} F = \sqrt{F_x^2 + F_y^2} \\ \cos\alpha = \dfrac{F_x}{F} \\ \cos\beta = \dfrac{F_y}{F} \end{cases} \quad (3-4)$$

应当注意,力的投影和力的分量是两个不同的概念。投影是代数量,而分力是矢量;投影无所谓作用点,而分力作用点必须作用在原力的作用点上。另外仅在直角坐标系中在坐标上的投影的绝对值和力沿该轴的分量的大小相等。

2. 合力投影定理

设一平面汇交力系由 F_1、F_2、F_3 和 F_4 作用于刚体上,其力的多边形 $abcde$ 如图 3-6 所示,封闭边 ae 表示该力系的合力矢 F_R,在力的多边形所在平面内取一直角坐标系 Oxy,将所有的力矢都投影到 x 轴和 y 轴上。得

$$F_{Rx} = a_1 e_1,\ F_{x1} = a_1 b_1,\ F_{x2} = b_1 c_1,\ F_{x3} = c_1 d_1,\ F_{x4} = d_1 e_1$$

由图 3-6 几何图可知

$$a_1 e_1 = a_1 b_1 + b_1 c_1 + c_1 d_1 + d_1 e_1$$

即

$$F_{Rx} = F_{x1} + F_{x2} + F_{x3} + F_{x4}$$

同理 $F_{Ry} = F_{y1} + F_{y2} + F_{y3} + F_{y4}$

将上述关系式推广到任意平面汇交力系的情形,得

$$\begin{cases} F_{Rx} = F_{x1} + F_{x2} + \cdots + F_{xn} = \sum F_{xi} \\ F_{Ry} = F_{y1} + F_{y2} + \cdots + F_{yn} = \sum F_{yi} \end{cases} \quad (3-5)$$

式 (3-5) 可表述为:**合力在任一轴上的投影,等于各分力在同一轴上投影的代数和,这就是合力投影定理。**

3. 平面汇交力系合成的解析法

用解析法求平面汇交力系的合成时,首先在其所在的平面内选定坐标系 Oxy。求出力系中各力在 x 轴和 y 轴上的投影,由合力投影定理得

$$\begin{cases} F_R = \sqrt{F_x^2 + F_y^2} = \sqrt{(\sum F_{xi})^2 + (\sum F_{yi})^2} \\ \cos\alpha = \cos(F_R, i) = \dfrac{F_x}{F_R} = \dfrac{\sum F_{xi}}{F_R} \\ \cos\beta = \cos(F_R, j) = \dfrac{F_y}{F_R} = \dfrac{\sum F_{yi}}{F_R} \end{cases} \quad (3-6)$$

式中 α、β——合力 F_R 与 x、y 轴正向所夹的锐角。

【例 3-3】 如图 3-7 所求,固定圆环作用有四根绳索,其拉力分别为 $F_1 = 0.2\text{kN}$,$F_2 = 0.3\text{kN}$,$F_3 = 0.5\text{kN}$,$F_4 = 0.4\text{kN}$,它们与轴的夹角分别为 $\alpha_1 = 30°$,$\alpha_2 = 45°$,$\alpha_3 = 0°$,$\alpha_4 = 60°$。

试求它们的合力大小和方向。

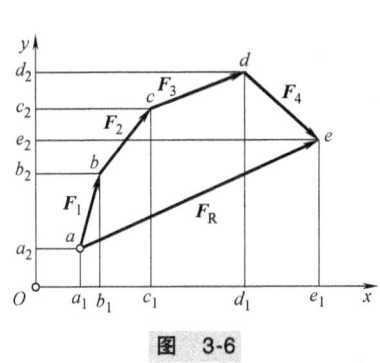

图 3-6

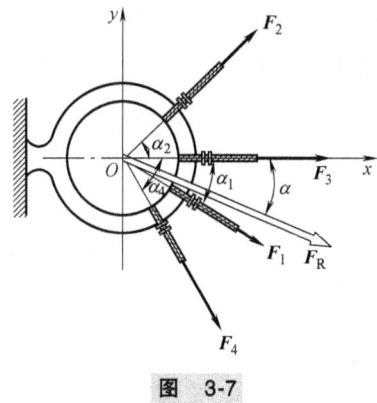

图 3-7

【解】 建立如图 3-7 所示直角坐标系。根据合力投影定理，有

$$F_x = \sum F_{xi} = F_{x1} + F_{x2} + F_{x3} + F_{x4} = F_1\cos\alpha_1 + F_2\cos\alpha_2 + F_3\cos\alpha_3 + F_4\cos\alpha_4 = 1.085\text{kN}$$

$$F_y = \sum F_{yi} = F_{y1} + F_{y2} + F_{y3} + F_{y4} = F_1\sin\alpha_1 + F_2\sin\alpha_2 + F_3\sin\alpha_3 + F_4\sin\alpha_4 = -0.234\text{kN}$$

由 $\sum x$、$\sum y$ 的代数值可知，F_x 沿 x 轴的正向，F_y 沿 y 轴的负向。由式（3-6）得合力的大小

$$F_R = \sqrt{F_x^2 + F_y^2} = 1.11\text{kN}$$

方向为

$$\cos\alpha = \frac{F_x}{F} = 0.977$$

解得

$$\alpha = 12°12'$$

4. 平面汇交力系平衡的解析条件

平面汇交力系平衡的必要与充分条件是其合力等于零，即 $F_R = 0$。由式（3-6）可知，要使 $F_R = 0$，须有

$$\begin{cases} \sum F_x = 0 \\ \sum F_y = 0 \end{cases} \tag{3-7}$$

式（3-7）表明，平面汇交力系平衡的必要与充分条件是：**力系中各力在力系所在平面内两个相交轴上投影的代数和同时为零。**式（3-7）称为平面汇交力系的平衡方程。

式（3-7）是由两个独立的平衡方程组成的，故用平面汇交力系的平衡方程只能求解两个未知量。

【例 3-4】 如图 3-8 所示，重力为 G 的物体放置在倾角为 α 的光滑斜面上，试求保持重物平

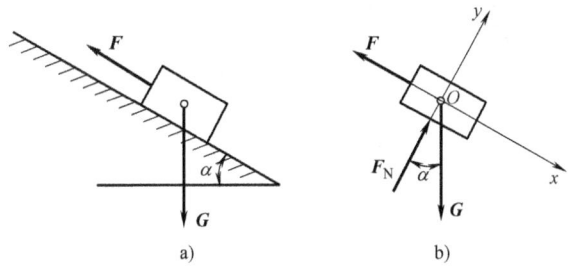

图 3-8

衡时需沿斜面方向所加的力 F 和重物对斜面的压力 F'_N。

【解】 以重物为研究对象。重物受到重力 G、拉力 F 和斜面对重物的作用力 F_N，其受力图如图 3-8b 所示。取坐标系 Oxy，列平衡方程

$$\sum F_x = G\sin\alpha - F = 0$$
$$\sum F_y = -G\cos\alpha + F_N = 0$$

解得
$$F = G\sin\alpha, \quad F_N = G\cos\alpha$$

则重物对斜面的压力 $F'_N = G\cos\alpha$，指向相反。

【例 3-5】 如图 3-9 所示，杆 AC 和杆 BC 在 C 处铰接，另一端均与墙面铰接，F_1 和 F_2 作用在销钉 C 上，$F_1 = 445\text{N}$，$F_2 = 535\text{N}$，不计杆重，试求两杆所受的力。

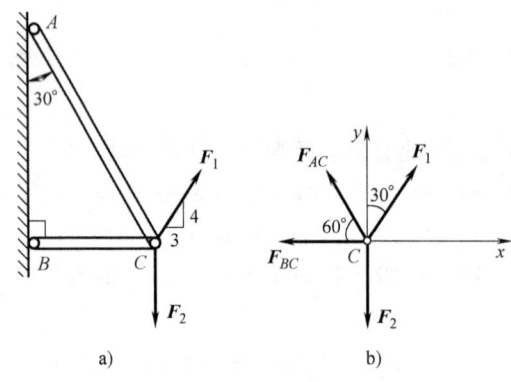

图 3-9

【解】 1）取节点 C 为研究对象，画受力图如图 3-9b 所示，注意 AC、BC 都为二力杆，
2）列平衡方程

$$\sum F_y = F_1 \times \frac{4}{5} + F_{AC}\sin 60° - F_2 = 0$$

$$\sum F_x = F_1 \times \frac{3}{5} - F_{BC} - F_{AC}\cos 60° = 0$$

解得
$$F_{AC} = 207\text{N}, \quad F_{BC} = 164\text{N}$$

AC 与 BC 两杆均受拉。

【例 3-6】 如图 3-10 所示，连杆机构由三个无重杆铰接组成，在铰 B 处施加一已知的竖向力 F_B，要使该机构处于平衡状态，试问在铰 C 处施加的力 F_C 应取何值？

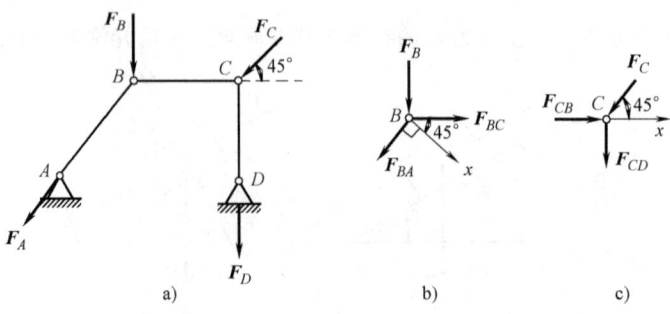

图 3-10

【解】 这是一个物体系统的平衡问题。如图 3-10a 所示，从整个机构来看，它受四个力 F_B、F_C、F_A、F_D 作用且该力系不是平面汇交力系，所以不能取整体作为研究对象求解。要求解的未知力 F 作用于铰 C 上，铰 C 受平面汇交力系的作用，所以应该通过研究铰 C 的平衡来求解。

铰 C 除受未知力 F_C 外，还受到二力杆 BC 和 DC 的约束反力 F_{CB} 和 F_{CD} 的作用如图 3-10c 所示。这三个力都是未知的，只要能求出 F_{CB} 和 F_{CD} 之中的任意一个，就能根据铰 C 的平衡求出力 F_C。

铰 B 除受已知力 F_B 的作用外，还受到二力杆 AB 和 BC 杆的约束反力 F_{BA} 和 F_{BC} 的作用。通过研究铰 B 的平衡可以求出二力杆 BC 的约束反力 F_{BC}。

综合以上分析结果，得到本题的解题思路：先以铰 B 为脱离体求二力杆 BC 的反力 F_{BC}；再以铰 C 为脱离体，求未知力 F_C。

1) 取铰 B 为脱离体，其受力图如图 3-10b 所示。因为只需求反力 F_{BC}，所以选取 x 轴与不需求出的力 F_{BA} 垂直。由平衡方程

$$\sum F_x = F_B\cos 45° + F_{BC}\cos 45° = 0$$

解得
$$F_{BC} = -F_B$$

2) 取 C 为脱离体，其受力图如图 3-10c 所示。图上力 F_{CB} 的大小是已知的，即 $F_{CB} = F_{BC} = -F_B$。为求力 F_C 的大小，选取 x 轴与反力 F_{CD} 垂直，由平衡方程

$$\sum F_x = 0 \qquad -F_{CB} - F_C\cos 45° = 0$$

解得
$$F_C = \sqrt{2}\,F_B$$

通过以上分析和求解过程可以看出，在求解平衡问题时，要恰当地选取脱离体，恰当地选取坐标轴，以最简捷、合理的途径完成求解工作。尽量避免求解联立方程，以提高计算的效率。

思考题与习题

一、简答题

1. 图 3-11 所示的平面汇交力系的各力多边形，各代表什么意义？

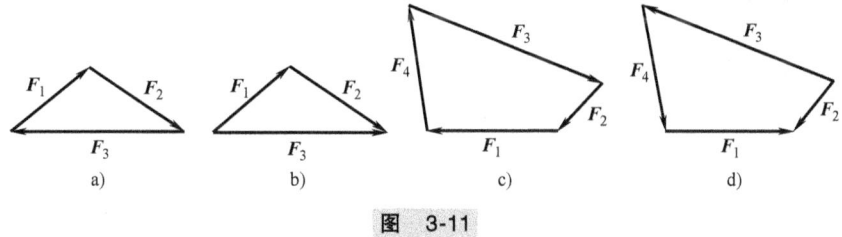

图 3-11

2. 如图 3-12 所示，已知力 F 的大小和其与 x 轴正向的夹角 θ，试问能否求出此力在 x 轴上的投影？能否求出此力沿 x 轴方向的分力？

3. 同一个力在两个互相平行的轴上的投影有何关系？如果两个力在同一轴上的投影相等，问这两个力的大小是否一定相等？

4. 平面汇交力系在任意两根轴上的投影的代数和分别等于零，则力系必平衡，对吗？为什么？

5. 若选择同一平面内的三个轴 x、y 和 z，其中 x 轴垂直于 y 轴，而 z 轴是任意的（图 3-13），若作用在物体上的平面汇交力系满足下列方程式：

$$\sum X = 0$$

能否说明该力系一定满足下列方程式：$\sum Y = 0$ $\sum Z = 0$ 试说明理由。

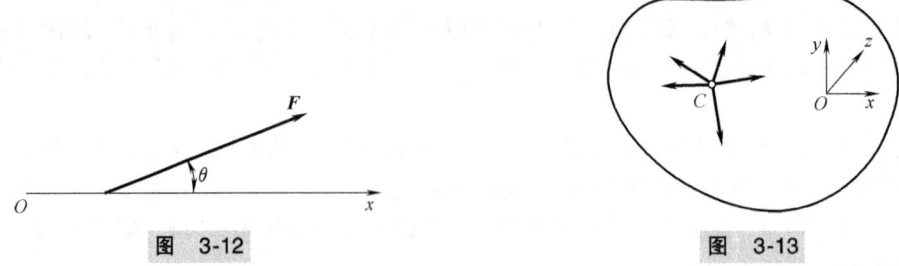

图 3-12　　　　　　　　　　　　　　图 3-13

二、选择题

1. 已知 F_1、F_2、F_3、F_4 为作用于刚体上的平面汇交力系，其力矢关系如图 3-14 所示，由此可知（　　）。

  A. 该力系的主矢 $F'_R = 0$ B. 该力系的合力 $F_R = F_4$

  C. 该力系的合力 $F_R = 2F_4$ D. 该力系平衡

2. 图 3-15 所示系统受力 F 作用而平衡。欲使 A 支座约束力的作用线与 AB 成 30°角，则斜面的倾角 α 应为（　　）。

  A. 0°　　　　B. 30°　　　　C. 45°　　　　D. 60°

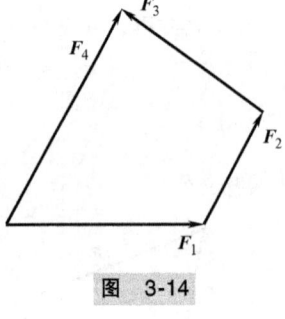
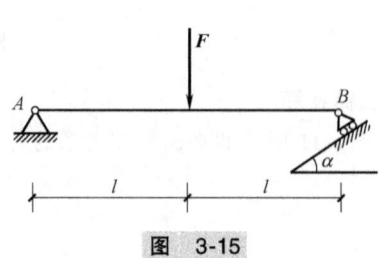

图 3-14　　　　　　　　　　　　　　图 3-15

3. 图 3-16 所示结构受力 P 作用，杆重不计，则 A 支座约束反力的大小为（　　）。

  A. $P/2$　　　B. $\sqrt{3}P/2$　　　C. P　　　D. $P/\sqrt{3}$

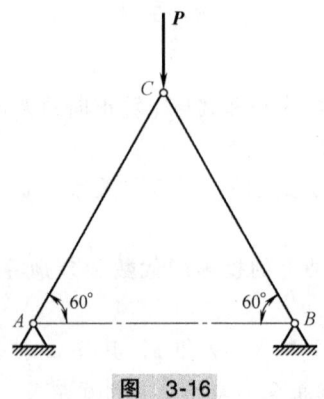

图 3-16

4. 两直角刚杆 AC、CB 支承如图 3-17 所示，在铰 C 处受力 P 作用，则 A、B 两处约束反力与 x 轴正向所成的夹角 α、β 分别为 α =（　　　），β =（　　　）。

A. 30°　　　　　B. 45°　　　　　C. 90°　　　　　D. 135°

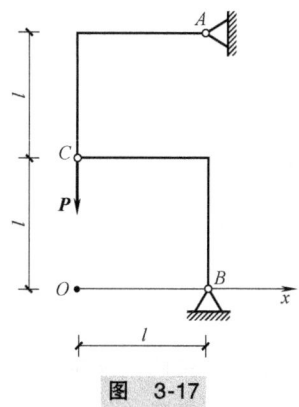

图 3-17

5. 铰链四杆机构 CABD 的 CD 边固定，在铰链 A、B 处有力 F_1、F_2 作用，如图 3-18 所示。该机构在图示位置平衡，杆重略去不计。求力 F_1 与 F_2 的关系。

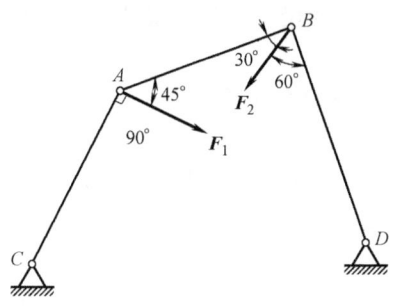

图 3-18

第 4 章

平面任意力系

学习目标

掌握力对点的矩和合力矩定理；掌握力偶的概念和力偶的性质；掌握平面力偶系的平衡方程及运用；熟悉力的平移定理；掌握平面任意力系的平衡条件和平衡方程；能熟练运用平面任意力系的平衡方程求解问题。

各力作用线在同一平面内且任意分布的力系称为平面任意力系。在工程实际中经常遇到平面任意力系的问题。图 4-1 所示的简支梁受到外荷载及支座反力的作用，这个力系就是平面任意力系。

有些结构所受的力系本不是平面任意力系，但可以简化为平面任意力系来处理。如图 4-2 所示的屋架，可以忽略它与其他屋架之间的联系，单独分离出来，视为平面结构来考虑。屋架上的荷载及支座反力作用在屋架自身平面内，组成一平面任意力系。

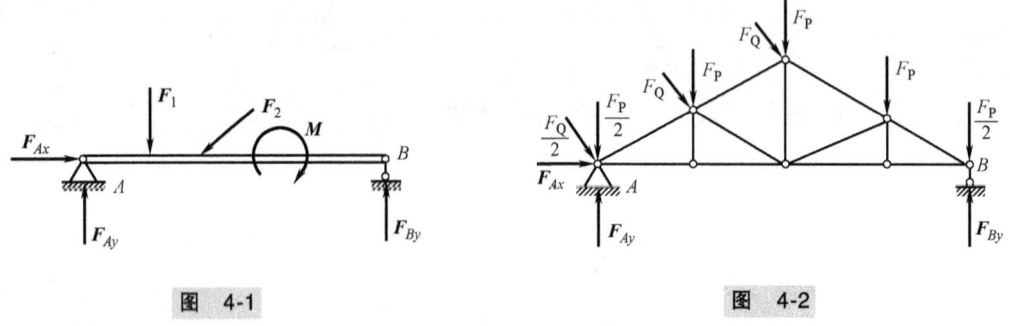

图 4-1   图 4-2

对于水坝（图 4-3）等纵向尺寸较大的结构，在分析时常截取单位长度的坝段来考虑，将坝段所受的力简化为作用于中央平面内的平面任意力系。事实上工程中的多数问题都可简化为平面任意力系问题来解决。所以，本章的内容在工程实践中有着重要的意义。

在研究平面任意力系之前，首先要学习力矩、力偶和平面力偶系等概念。这都是有关力的转动效应的基本知识，在理论研究和工程实际应用中都有重要的意义。

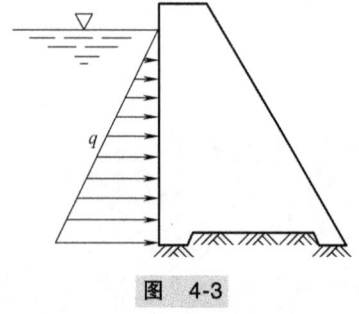

图 4-3

4.1 力对点的矩

1. 力矩的概念

力不仅可以改变物体的移动状态，而且还能改变物体的转动状态。力使物体绕某点转动的力学效应，称为力对该点的矩。以扳手旋转螺母为例，如图 4-4 所示，设螺母能绕点 O 转动。由经验可知，螺母能否旋动，不仅取决于作用在扳手上的力 $\boldsymbol{F}$ 的大小，而且还与点 O 到 $\boldsymbol{F}$ 的作用线的垂直距离 d 有关。因此，用 $\boldsymbol{F}$ 与 d 的乘积作为力 $\boldsymbol{F}$ 使螺母绕点 O 转动效应的量度。其中距离 d 称为 $\boldsymbol{F}$ 对 O 点的力臂，点 O 称为矩心。由于转动有逆时针和顺时针两个转向，则力 $\boldsymbol{F}$ 对 O 点的矩定义为：力的大小 F 与力臂 d 的乘积冠以适当的正负号，以符号 $M_O(\boldsymbol{F})$ 表示，记为

$$M_O(\boldsymbol{F}) = \pm Fd \tag{4-1}$$

通常规定：力使物体绕矩心逆时针方向转动时，力矩为正，反之为负。

由图 4-4 可见，力 $\boldsymbol{F}$ 对 O 点的矩的大小，也可以用三角形 OAB 的面积的两倍表示，即

$$M_O(\boldsymbol{F}) = \pm 2\triangle ABC \tag{4-2}$$

在国际单位制中，力矩的单位是 N·m 或 kN·m。

由上述分析可得力矩的性质：

1) 力对点的矩，不仅取决于力的大小，还与矩心的位置有关。力矩随矩心的位置变化而变化。

2) 力对任一点之矩，不因该力的作用点沿其作用线移动而改变，再次说明力是滑移矢量。

3) 力的大小等于零或其作用线通过矩心时，力矩等于零。

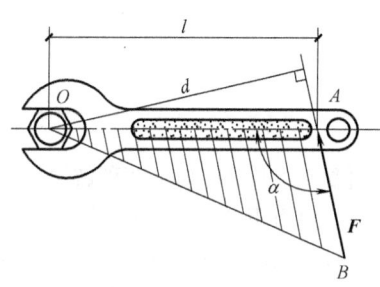

图 4-4

2. 合力矩定理

定理：平面汇交力系的合力对其平面内任一点的矩等于所有各分力对同一点的矩的代数和。

证明：如图 4-5 所示，设刚体上的 A 点作用着一平面汇交力系 $\boldsymbol{F}_1$、$\boldsymbol{F}_2$、$\cdots$、$\boldsymbol{F}_n$，力系的合力为 $\boldsymbol{F}_R$。在力系所在平面内任选一点 O，过 O 作 Oy 轴，且垂直于 OA，则图中 Ob_1、Ob_2、$\cdots$、Ob_n、Ob_R 分别等于力 $\boldsymbol{F}_1$、$\boldsymbol{F}_2$、$\cdots$、$\boldsymbol{F}_n$ 和 $\boldsymbol{F}_R$ 在 Oy 轴上的投影 F_{y1}、F_{y2}、$\cdots$、F_{yn} 和 F_R。现分别计算 $\boldsymbol{F}_1$、$\boldsymbol{F}_2$、$\cdots$、$\boldsymbol{F}_n$ 和 $\boldsymbol{F}_R$ 各分力对点 O 的力矩。

由图 4-5 可以看出

$$\begin{cases} M_O(\boldsymbol{F}_1) = Ob_1 \times OA = F_1 \times OA \\ M_O(\boldsymbol{F}_2) = Ob_2 \times OA = F_2 \times OA \\ \vdots \quad\quad \vdots \quad\quad \vdots \\ M_O(\boldsymbol{F}_n) = Ob_n \times OA = F_n \times OA \end{cases} \tag{a}$$

$$M_O(\boldsymbol{F}_R) = Ob_R \times OA = F_R \times OA \tag{b}$$

根据合力投影定理

$$F_{Ry} = F_{y1} + F_{y2} + \cdots + F_{yn} = \sum F_{yi}$$

两端乘以 OA 得

$$F_{Ry} \times OA = F_{y1} \times OA + F_{y2} \times OA + \cdots + F_{yn} \times OA = \sum F_{yi} \times OA$$

将式（a）代入得

$$M_O = M_1 + M_2 + \cdots + M_n = M_O(\boldsymbol{F}_1) + M_O(\boldsymbol{F}_2) + \cdots + M_O(\boldsymbol{F}_n) = \sum M_O(\boldsymbol{F}_i)$$

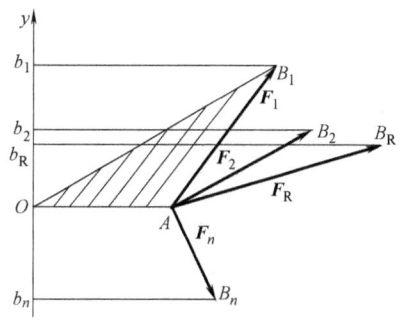

图 4-5

即
$$M_O = \sum M_O(F_i) \tag{4-3}$$

式（4-3）称为合力矩定理。合力矩定理建立了合力对点之矩与分力对同一点的矩的关系。这个定理也适用于有合力的其他力系。

【例 4-1】 试计算图 4-6 所示力 F 对 A 点的矩。

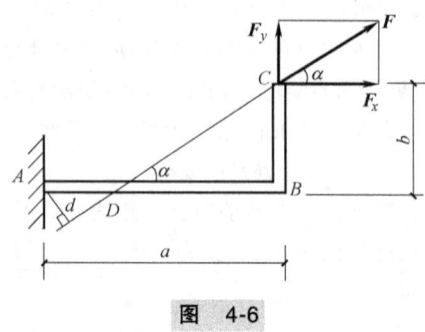

图 4-6

【解】 本题有如下两种解法：

1）由力矩的定义计算力 F 对 A 点的矩。

先求力臂 d。由图中几何关系知

$$d = AD \times \sin\alpha = (AB - DB) \times \sin\alpha = (AB - BC \times \cot\alpha) \times \sin\alpha = (a - b \times \cot\alpha) \times \sin\alpha = a\sin\alpha - b\cos\alpha$$

所以
$$M_A(F) = F \times d = F \times (a\sin\alpha - b\cos\alpha)$$

2）根据合力矩定理计算力 F 对 A 点的矩。

将力 F 在 C 点分解为两个正交的分力和，由合力矩定理可得

$$M_A(F) = M_A(F_x) + M_A(F_y) = -F_x \times b + F_y \times a = -F \times (b\cos\alpha + a\sin\alpha) = F \times (a\sin\alpha - b\cos\alpha)$$

两种解法的计算结果是相同的。当力臂不易确定时，用后一种方法较为简便。

4.2 力偶、力偶矩

1. 力偶、力偶矩的概念

在日常生活和工程实际中经常见到物体受两个大小相等、方向相反，但不在同一直线上的两个平行力作用的情况。例如，驾驶汽车时驾驶员两手作用在方向盘上的力（图 4-7a）；工人用

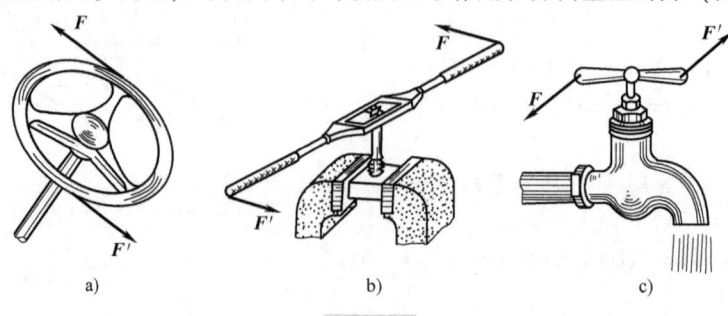

图 4-7

丝锥攻螺纹时两手加在扳手上的力（图 4-7b）；以及用两个手指拧动水龙头（图 4-7c）所加的力等。在力学中把这样一对等值、反向而不共线的平行力称为力偶，用符号（F，F'）表示。两个力作用线之间的垂直距离称为力偶臂，两个力作用线所决定的平面称为力偶的作用面。

实验表明，力偶对物体只能产生转动效应，且当力越大或力偶臂越大时，力偶使刚体转动效应就越显著。因此，力偶对物体的转动效应取决于：力偶中力的大小、力偶的转向以及力偶臂的大小。在平面问题中，将力偶中的一个力的大小和力偶臂的乘积冠以正负号，（作为力偶对物体转动效应的量度，称为力偶矩，用 M 或 $M(F, F')$ 表示，如图 4-8 所示，即

$$M(F) = F \times d = \pm 2\triangle ABC \tag{4-4}$$

通常规定：力偶使物体逆时针方向转动时，力偶矩为正，反之为负。在国际单位制中，力偶矩的单位是"N·m"或"kN·m"。

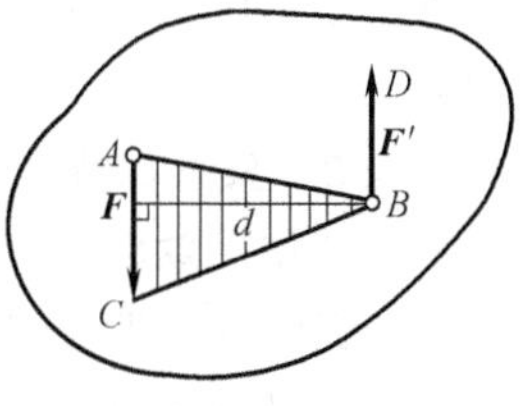

2. 力偶的性质

力和力偶是静力学中两个基本要素。力偶与力具有不同的性质：

1) 力偶不能简化为一个力，即力偶不能用一个力等效替代。因此，力偶不能与一个力平衡，力偶只能与力偶平衡。

图 4-8

设刚体上的点 A 和点 B 处分别作用着大小不等，指向相反的平行力 F_1 和 F_2，若 $F_1 > F_2$。由同向平行力合成的内分反比关系，来求反向平行力的合力。如图 4-9b 所示，将力 F_1 分解成两个同向平行力，使其中一个分力 F_2' 作用于点 B，且 $F_2' = -F_2$，设另一个分力为 F_R，其作用线与 AB 的延长线交于 C 点。现将平衡力 F_2 和 F_2' 减去，力 F_R 就与原来两反向平行力 F_1 和 F_2 等效。即力 F_R 为 F_1 和 F_2 的合力（图 4-9b）。

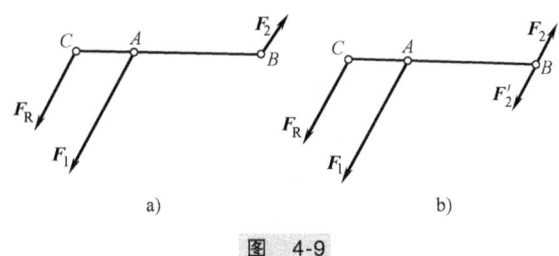

图 4-9

因为 $F_1 = F_2' + F_R = F_2 + F_R$

所以 $F_R = F_1 - F_2$

由内分反比关系知

$$\frac{CA}{AB} = \frac{F_2'}{F_R} = \frac{F_2}{F_R}, \quad CA = AB \times \frac{F_2}{F_R}$$

若 $F_1 = F_2$，则力 F_1 和 F_2 组成力偶，此时，$F_R = 0$，于是

$$CA = \infty$$

$CA = \infty$，说明合力的作用点 C 不存在，所以力偶不能合成为一合力，即力偶不能用一个力代替，也不能与一个力平衡，力偶只能用力偶来平衡。

2) 力偶对其作用平面内任一点的矩恒等于力偶矩，与矩心位置无关。

如图 4-10 所示，力偶（F，F'）的力偶矩 $M(F) = F \times d$ 在其作用面内任取一点 O 为矩心，因为力对物体的转动效应采用力对点之矩度量，因此力偶的转动效应可用力偶中的两个力对其作用面内任何一点的矩的代数和来度量。设 O 到力 F' 的垂直距离为 x，则力偶（F，F'）对于点 O 的矩为

$$M_O(\boldsymbol{F},\boldsymbol{F}') = M_O(\boldsymbol{F}) + M_O(\boldsymbol{F}') = F\times(x+d) - F'\times x = F\times d = M$$

所得结果表明，不论点 O 选在何处，其结果都不会变，即力偶对其作用面内任一点的矩总等于力偶矩。所以力偶对物体的转动效应总取决于力偶矩（包括大小和转向），而与矩心位置无关。

由上述分析得到如下结论：

在同一平面内的两个力偶，只要两力偶的力偶的代数值相等，则这两个力偶相等。这就是平面力偶的等效条件。

根据力偶的等效性，可得出下面两个推论：

推论 1 力偶可在其作用面内任意移动和转动，而不会改变它对物体的效应。

推论 2 只要保持力偶矩不变，可同时改变力偶中力的大小和力偶臂的长度，而不会改变它对物体的作用效应。

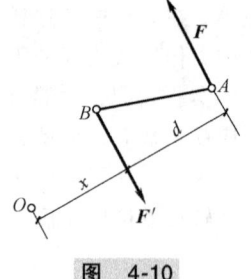

图 4-10

由力偶的等效性可知，力偶对物体的作用，完全取决于力偶矩的大小和转向。因此，力偶可以用一带箭头的弧线来表示如图 4-11 所求，其中箭头表示力偶的转向，M 表示力偶矩的大小。

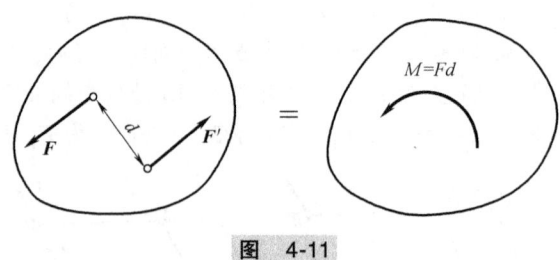

图 4-11

3. 平面力偶系的合成

作用在物体同一平面内的各力偶组成平面力偶系。

设在刚体的同一平面内作用三个力偶 $(\boldsymbol{F}_1, \boldsymbol{F}_1')$ $(\boldsymbol{F}_2, \boldsymbol{F}_2')$ 和 $(\boldsymbol{F}_3, \boldsymbol{F}_3')$，如图 4-12 所示。各力偶矩分别为

$$M_1 = F_1\times d_1,\ M_2 = F_2\times d_2,\ M_3 = -F_3\times d_3$$

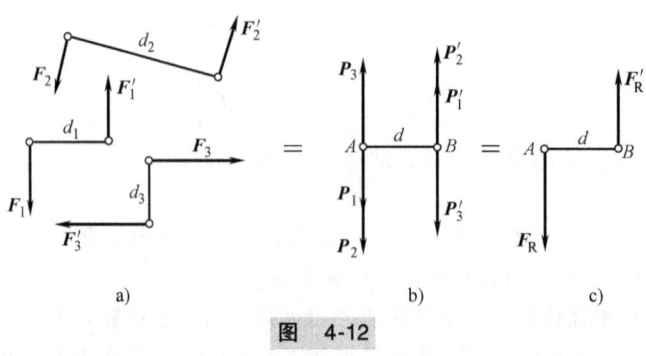

图 4-12

在力偶作用面内任取一线段 $AB = d$，按力偶等效条件，将这三个力偶都等效地改为以 d 为力偶臂的力偶 $(\boldsymbol{P}_1, \boldsymbol{P}_1')$ $(\boldsymbol{P}_2, \boldsymbol{P}_2')$ 和 $(\boldsymbol{P}_3, \boldsymbol{P}_3')$，如图 4-12 所示。由等效条件可知

$$P_1 \times d = F_1 \times d_1, P_2 \times d = F_2 \times d_2, -P_3 \times d = -F_3 \times d_3$$

则等效变换后的三个力偶的力的大小可求出。

然后移转各力偶，使它们的力偶臂都与 AB 重合，则原平面力偶系变换为作用于点 A、B 的两个共线力系（图 4-12b）。将这两个共线力系分别合成，得

$$F_R = P_1 + P_2 - P_3$$
$$F'_R = P'_1 + P'_2 - P'_3$$

可见，力 F_R 与 F'_R 等值、反向，作用线平行但不共线，构成一新的力偶（F_R, F'_R），如图 4-12c 所示。力偶（F_R, F'_R）称为原来的三个力偶的合力偶。用 M 表示此合力偶矩，则

$$M = F_R \cdot d = (P_1 + P_2 - P_3)d = P_1 \times d + P_2 \times d - P_3 \times d = F_1 \times d_1 + F_2 \times d_2 - F_3 \times d_3$$

所以
$$M = M_1 + M_2 + M_3$$

若作用在同一平面内有多个力偶，则上式可以推广为

$$M = M_1 + M_2 + \cdots + M_n = \sum M_i \tag{4-5}$$

由此可得到如下结论：

平面力偶系可以合成为一合力偶，此合力偶的力偶矩等于力偶系中各力偶的力偶矩的代数和。

4. 平面力偶系的平衡条件

平面力偶系中可以用合力偶等效代替，因此，若合力偶矩等于零，则原力系必定平衡；反之若原力偶系平衡，则合力偶矩必等于零。由此可得到**平面力偶系平衡的必要与充分条件：平面力偶系中所有各力偶的力偶矩的代数和等于零。**

$$\sum M_i = 0 \tag{4-6}$$

平面力偶系有一个平衡方程，可以求解一个未知量。

【例 4-2】 如图 4-13 所示，电动机轴通过联轴器与工作轴相连，联轴器上 4 个螺栓 A、B、C、D 的孔心均匀地分布在同一圆周上，此圆的直径 $d = 150$mm，电动机轴传给联轴器的力偶矩 $M = 2.5$kN·m，试求每个螺栓所受的力为多少？

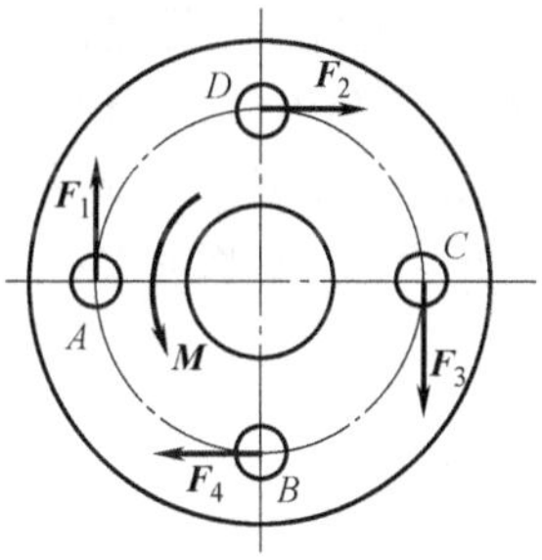

【解】 取联轴器为研究对象，作用于联轴器上的力有电动机传给联轴器的力偶，每个螺栓的反力，受力图如图 4-13 所示。设 4 个螺栓的受力均匀，即 $F_1 = F_2 = F_3 = F_4 = F$，则组成两个力偶并与电动机传给联轴器的力偶平衡。

由 $\sum M_i = 0$，$M - F \times AC - F \times BD = 0$

图 4-13

解得
$$F = \frac{M}{2d} = \frac{2.5 \text{kN} \cdot \text{m}}{2 \times 0.15 \text{m}} \approx 8.33 \text{kN}$$

【例 4-3】 如图 4-14 所示，水平杆 AB 重力不计，受固定铰支座 A 及杆 CD 的约束，在杆端 B 受一力偶作用，已知力偶 $M = 100$N·m，求 A、C 处的约束反力。

【解】 如图 4-14b 所示，取杆 AB 为研究对象。作用于杆 AB 的 B 端的是一个主动力偶，A、C 两点的约束反力也必然组成一个力偶才能与主动力偶平衡。由于杆 CD 是二力杆，F_C 必沿 C、D 两点的连线，而 F_A 应与 F_C 平行，且有 $F_A = F_C$，由平面力偶系平衡条件可得

$$\sum M_i = 0, \quad F_A \times h - M = 0$$

其中
$$h = AC \sin 30° = 1\text{m} \times 0.5 = 0.5 \text{m}$$

则
$$F_A = F_C = \frac{M}{h} = \frac{100 \text{N} \cdot \text{m}}{0.5 \text{m}} = 200 \text{N}$$

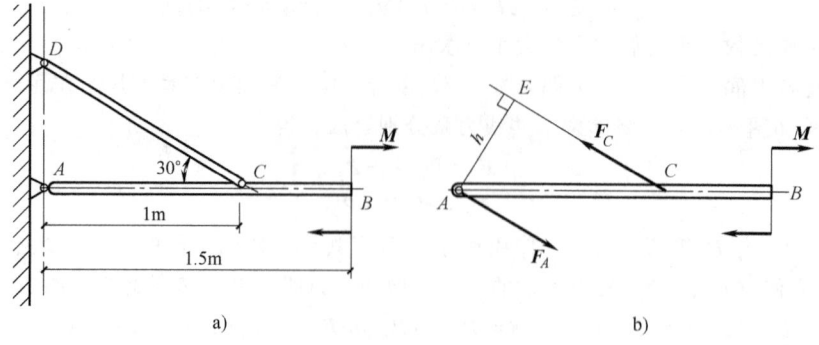

图 4-14

4.3 力的平移定理

由力的可传性可知,力可以沿其作用线滑移到刚体上任意一点,而不改变力对刚体的作用效应。但当力平行于原来的作用线移动到刚体上任意一点时,力对刚体的作用效应便会改变,为了进行力系的简化,将力等效地平行移动,给出如下定理:

力的平移定理:作用于刚体上的力可以平行移动到刚体上的任意一指定点,但必须同时在该力与指定点所决定的平面内附加一力偶,其力偶矩等于原力对指定点的矩。

证明:设力 F 作用于刚体上 A 点,如图 4-15a 所示。为将力 F 等效地平行移动到刚体上任意一点,根据加减平衡力系公理,在 B 点加上两个等值、反向的力 F' 和 F'',并使 $F' = F'' = F$,如图 4-15b 所示。显然,力 F、F' 和 F'' 组成的力系与原力 F 等效。由于在力系 F、F' 和 F'' 中,力 F 与 F'' 等值、反向且作用线平行,它们组成力偶 $M_B(F、F'')$。于是作用在 B 点的力 F' 和力偶 $M_B(F、F'')$ 与原力 F 等效,即把作用于 A 点的力 F 平行移动到任意一点 B,但同时附加了一个力偶,如图 4-15c 所示。由图可见,附加力偶的力偶矩为

$$M = F \times d = M_B(F、F'')$$

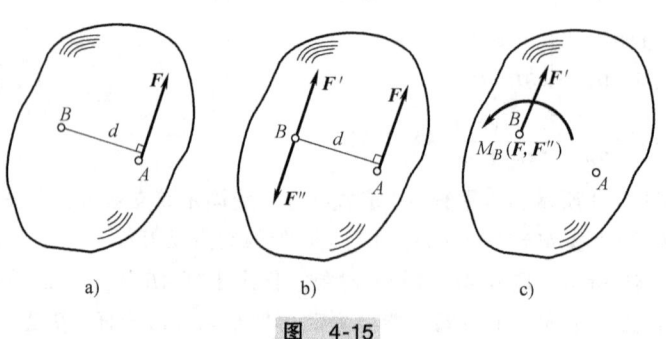

图 4-15

力的平移定理表明,可以将一个力分解为一个力和一个力偶;反过来,也可以将同一平面内一个力和一个力偶合成为一个力。应该注意,力的平移定理只适用于刚体,而不适用于变形体,并且只能在同一刚体上平行移动。

4.4 平面任意力系向作用面内任意一点简化

设刚体受到平面任意力系 F_1、F_2、$\cdots$、F_n 的作用，如图 4-16a 所示。在力系所在的平面内任取一点 O，称 O 点为简化中心。应用力的平移定理，将力系中的各力依次分别平移至 O 点，得到汇交于 O 点的平面汇交力系 F'_1、F'_2、$\cdots$、F'_n，此外还应附加相应的力偶，构成附加力偶系 M_{O1}、M_{O2}、$\cdots$、M_{On}，如图 4-16b 所示。

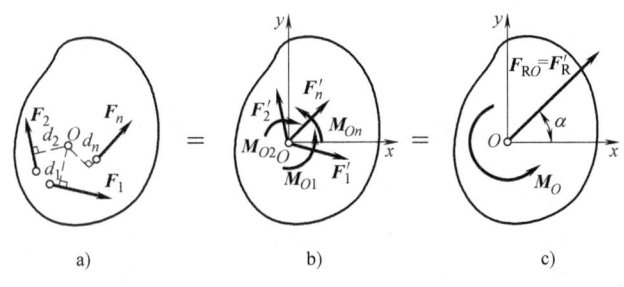

图 4-16

平面汇交力系中各力的大小和方向分别与原力系中对应的各力相同，即

$$F'_1 = F_1, \quad F'_2 = F_2, \quad \cdots, \quad F'_n = F_n$$

所得平面汇交力系可以合成为一个力 F_{RO}，也作用于点 O，其力矢 F'_R 等于各力矢 F'_1、F'_2、$\cdots$、F'_n 的矢量和，即

$$F_{RO} = F'_1 + F'_2 + \cdots + F'_n = F_1 + F_2 + \cdots + F_n = \sum F = F'_R \tag{4-7}$$

F'_R 称为该力系的主矢，它等于原力系各力的矢量和，与简化中心的位置无关。

主矢 F'_R 的大小与方向可用解析法求得。按图 4-16b 所选定的坐标系 Oxy，有

$$F_{Rx} = F_{x1} + F_{x2} + \cdots + F_{xn} = \sum F_{xi}$$

$$F_{Ry} = F_{y1} + F_{y2} + \cdots + F_{yn} = \sum F_{yi}$$

主矢 F'_R 的大小及方向分别由下式确定

$$\begin{cases} F'_R = \sqrt{\left(\sum F_x\right)^2 + \left(\sum F_y\right)^2} \\ \cos(F'_R, i) = \dfrac{\sum F_x}{F'_R}, \cos(F'_R, j) = \dfrac{\sum F_y}{F'_R} \\ \alpha = \arctan\left|\dfrac{F'_{Ry}}{F'_{Rx}}\right| = \arctan\left|\dfrac{\sum F_y}{\sum F_x}\right| \end{cases} \tag{4-8}$$

式中 α——主矢 F'_R 与 x 轴正向间所夹的锐角。

各附加力偶的力偶矩分别等于原力系中各力对简化中心 O 的矩，即

$$M_{O1} = M_O(F_1), M_{O2} = M_O(F_2), \cdots, M_{On} = M_O(F_n)$$

所得附加力偶系可以合成为同一平面内的力偶，其力偶矩可用符号 M_O 表示，它等于各附加力偶矩 M_{O1}、M_{O2}、$\cdots$、M_{On} 的代数和，即

$$M_O = M_{O1} + M_{O2} + \cdots + M_{On} = M_O(F_1) + M_O(F_2) + \cdots + M_O(F_n) = \sum M_O(F_i) \tag{4-9}$$

原力系中各力对简化中心的矩的代数和称为原力系对简化中心的主矩。

由式 (4-9) 可见在选取不同的简化中心时，每个附加力偶的力偶臂一般都要发生变化，所

以主矩一般都与简化中心的位置有关。

由上述分析我们得到如下结论：**平面任意力系向作用面内任一点简化，可得一力和一个力偶。这个力的作用线过简化中心，其力矢等于原力系的主矢；这个力偶的矩等于原力系对简化中心的主矩。**

4.5 简化结果分析及合力矩定理

平面任意力系向 O 点简化，一般得一个力和一个力偶。可能出现的情况有以下四种：

1) $F'_R \neq 0$，$M_O = 0$，原力系简化为一个力，力的作用线过简化中心，此合力的矢量为原力系的主矢即 $F_{RO} = \sum F = F'_R$。

2) $F'_R = 0$，$M_O \neq 0$，原力系简化为一力偶。此时该力偶就是原力系的合力偶，其力偶矩等于原力系的主矩。此时原力系的主矩与简化中心的位置无关。

3) $F'_R = 0$，$M_O = 0$，原力系平衡，与简化中心的位置无关。下节将详细讨论。

4) $F'_R \neq 0$，$M_O \neq 0$，这种情况下，由力的平移定理的逆过程，可将力 F'_R 和力偶矩为 M_O 的力偶进一步合成为一合力 F_R，如图 4-17 所示。将力偶矩为 M_O 的力偶用两个力 F_R 与 F''_R 表示，并使 $F'_R = F''_R$，F''_R 作用在点 O，F_R 作用在点 A，如图 4-17b 所示。F''_R 与 F'_R 组成一对平衡力，将其去掉后得到作用于 A 点的力 F_R，与原力系等效。因此，这个力 F_R 就是原力系的合力。显然 $F_R = F'_R$，而合力作用线到简化中心的距离为

$$d = \frac{|M_O|}{F_R} = \frac{|M_O|}{F'_R}$$

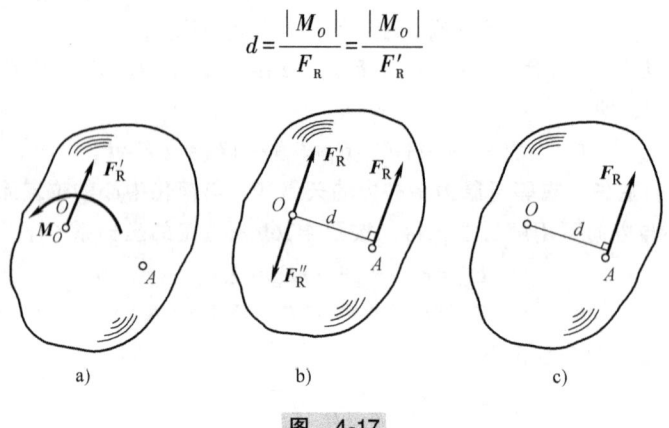

图 4-17

当 $M_O > 0$ 时，顺着 F'_R 的方向看（图 4-17），合力 F_R 在 F'_R 的右边；当 $M_O < 0$ 时，合力 F_R 在 F'_R 的左边。

由上分析，我们可以导出合力矩定理。

由图 4-17c 可见，合力对点之矩为

$$M_O(F_R) = F_R \times d = M_O$$

则

$$M_O(F_R) = \sum M_O(F_i) \tag{4-10}$$

因为 O 点是任选的，上式有普遍意义。于是得到合力矩定理：**平面任意力系的合力对其作用面内任一点之矩等于力系中各力对同一点之矩的代数和。**

【例 4-4】 重力坝断面如图 4-18a 所示，坝上游有泥沙淤积，已知水深 $H = 46$m，泥沙厚度 $h = 6$m，水的容重 $\gamma = 9.8$kN/m³，泥沙的容重 $\gamma' = 13$kN/m³，已知 1m 长坝段所受重力 $W_1 =$

4500kN,$W_2 = 14000\text{kN}$。受力图如图 4-18b 所示。试将此坝段所受的力向点 O 简化,并求简化的最后结果。

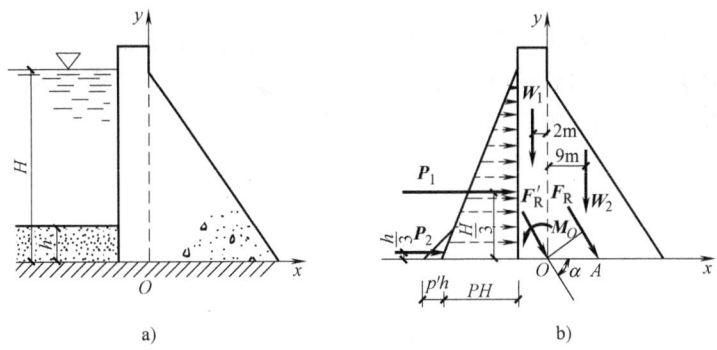

图 4-18

【解】 已知水中任一点的相对压强与距水面的距离成正比,即在坐标为 y 处的水压强为 $p = \gamma(H-y)$ $(0 \leq y \leq H)$。同理,泥沙压强为 $p' = \gamma'(h-y)$ $(0 \leq y \leq h)$。所以上游坝面所受的分布荷载如图 4-18b 所示。

为了方便计算,先将分布力合成为合力。将水压力与泥沙压力分开计算。水压力如图 4-18b 所示的大三角形,其合力为 P_1,则

$$P_1 = \frac{\gamma H^2}{2} = \frac{9.8\text{kN/m}^3 \times 46^2\text{m}^2 \times 1\text{m}}{2} = 10368.4\text{kN}$$

P_1 过三角形形心,即与坝底相距 $\frac{1}{3}H = 15.33\text{m}$。

泥沙压力如图 4-18b 所示的小三角形,其合力设为 P_2,则

$$P_2 = \frac{\gamma' h^2}{2} = \frac{13\text{kN/m}^3 \times 6^2\text{m}^2 \times 1\text{m}}{2} = 234\text{kN}$$

P_2 与坝底相距 $\frac{1}{3}h = 2\text{m}$。

现将 P_1、P_2、W_1、W_2 四个力向 O 点简化,先求主矢的大小。

$$F'_{Rx} = \sum F_x = P_1 + P_2 = 10368.4\text{kN} + 234\text{kN} = 10602.4\text{kN}$$

$$F'_{Ry} = \sum F_y = -W_1 - W_2 = -4500\text{kN} - 14000\text{kN} = -18500\text{kN}$$

$$F'_R = \sqrt{(\sum F'_{Rx})^2 + (\sum F'_{Ry})^2} = 21322.78\text{kN}$$

$$\alpha = \arctan\left|\frac{F'_{Ry}}{F'_{Rx}}\right| = 60°12'$$

再求对 O 的主矩

$$M_O = \sum M_i = -P_1 \times \frac{H}{3} - P_2 \times \frac{h}{3} + W_1 \times 2 - W_2 \times 9 = -10368.4\text{kN} \times \frac{46\text{m}}{3} - 234\text{kN} \times \frac{6\text{m}}{3} +$$

$$4500\text{kN} \times 2\text{m} - 14000\text{kN} \times 9\text{m} = -276450.13\text{kN} \cdot \text{m}$$

最后求合力 $F_R = F'_R$,其作用线与 x 轴交点坐标 x 为

$$x = \frac{|M_O|\csc\alpha}{F'_R} = 14.95\text{m}$$

4.6 平面任意力系的平衡

当平面任意力系的主矢和主矩都等于零时，作用在简化中心的汇交力系是平衡力系，附加的力偶系也是平衡力系，所以该平面任意力系一定是平衡力系。于是得到**平面任意力系平衡的充分与必要条件是：力系的主矢和主矩同时为零**，即

$$F'_R = 0, M_O = 0 \tag{4-11}$$

用解析式表示可得

$$\begin{cases} \sum F_x = 0 \\ \sum F_y = 0 \\ \sum M_O(F_i) = 0 \end{cases} \tag{4-12}$$

上式为平面任意力系的平衡方程。平面任意力系平衡的充分与必要条件可解析表达为：**力系中各力在其作用面内两相交轴上的投影的代数和分别等于零，同时力系中各力对其作用面内任一点的矩的代数和也等于零。**

平面任意力系的平衡方程除了由简化结果直接得出的基本形式（4-12）外，还有二矩式和三矩式。

二矩式平衡方程形式如下

$$\begin{cases} \sum F_x = 0 \\ \sum M_A(F_i) = 0 \\ \sum M_B(F_i) = 0 \end{cases} \tag{4-13}$$

其中，矩心 A、B 两点的连线不能与 x 轴垂直。

三矩式平衡方程形式如下

$$\begin{cases} \sum M_A(F_i) = 0 \\ \sum M_B(F_i) = 0 \\ \sum M_C(F_i) = 0 \end{cases} \tag{4-14}$$

其中，A、B、C 三点不能共线。

对于三矩式附加上条件 $\sum F_x = 0$ 后，式（4-14）是平面任意力系平衡的必要与充分条件。

平面任意力系有三种不同形式的平衡方程组，每种形式都只含有三个独立的方程式，都只能求解三个未知量。应用时可根据问题的具体情况，选择适当形式的平衡方程。

平面平行力系是平面任意力系的一种特殊情况。当力系中各力的作用线在同一平面内且相互平行，这样的力系称为平面平行力系。其平衡方程可由平面任意力系的平衡方程导出。

如图 4-19 所示，在平面平行力系的作用面内取直角坐标系 Oxy，令 y 轴与该力系各力的作用线平行，则不论力系平衡与否，各力在 x 轴上的投影恒为零，不再具有判断平衡与否的功能。于是平面任意力系的后两个方程为平面平行力系的平衡方程。由（4-12）式得

$$\begin{cases} \sum F_y = 0 \\ \sum M_O(F_i) = 0 \end{cases} \tag{4-15}$$

由式（4-13）得

$$\begin{cases} \sum M_A(F_i) = 0 \\ \sum M_B(F_i) = 0 \end{cases} \tag{4-16}$$

式中，两个矩心 A、B 的连线不能与各力作用线平行。

平面平行力系有两个独立的平衡方程,可以求解两个未知量。

【例 4-5】 如图 4-20a 所示的悬臂式起重机,A、B、C 都是铰链连接。梁 AB 自重 $F_G = 1\text{kN}$,作用在梁的中点,提升重量 $F_P = 8\text{kN}$,杆 BC 自重不计,求支座 A 的反力和杆 BC 所受的力。

【解】 1) 取梁 AB 为研究对象,受力如图 4-20b 所示。A 处为固定铰支座,其反力用两分力表示,杆 BC 为二力杆,它的约束反力沿 BC 轴线,并假设为拉力。

2) 取投影轴和矩心。为使每个方程中未知量尽可能少,以 A 点为矩心,选取直角坐标系 Axy。

3) 列平衡方程并求解。梁 AB 所受各力构成平面任意力系由 $\sum M_A(F_i) = 0$ 得

$$-F_G \times 2 - F_P \times 3 + F_T \sin 30° \times 4 = 0$$

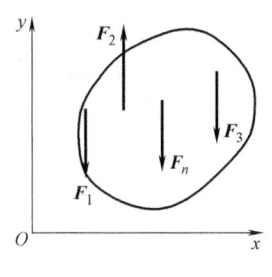

图 4-19

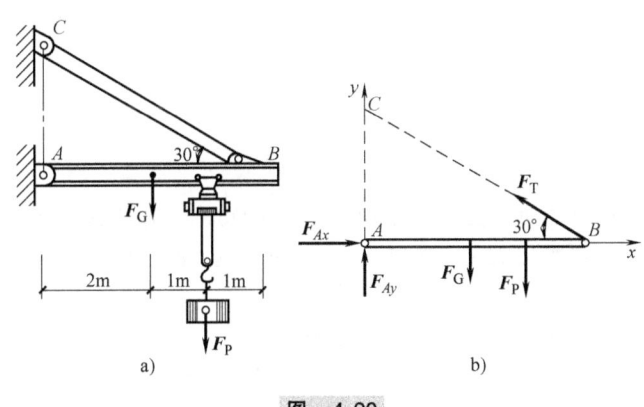

图 4-20

解得

$$F_T = \frac{(2F_G + 3F_P)}{4 \times \sin 30°} = \frac{(2 \times 1\text{kN} + 3 \times 8\text{kN})}{4 \times 0.5} = 13\text{kN}$$

由 $\sum M_B(F_i) = 0$ 知

$$-F_{Ay} \times 4 + F_G \times 2 + F_P \times 1 = 0$$

解得

$$F_{Ay} = \frac{(2F_G + F_P)}{4} = \frac{(2 \times 1\text{kN} + 8\text{kN})}{4} = 2.5\text{kN}$$

由 $\sum M_C(F_i) = 0$ 知

$$F_{Ax} \times 4 \times \tan 30° - F_G \times 2 - F_P \times 3 = 0$$

解得

$$F_{Ax} = \frac{(2F_G + 3F_P)}{4 \times \tan 30°} = \frac{(2 \times 1\text{kN} + 3 \times 8\text{kN})}{4 \times 0.577} \approx 11.265\text{kN}$$

4) 校核

$$\sum F_x = F_{Ax} - F_T \times \cos 30° = 11.265 - 13 \times 0.866 \approx 0$$
$$\sum F_y = F_{Ay} - F_G - F_P + F_T \times \sin 30° = 2.5 - 1 - 8 + 13 \times 0.5 = 0$$

可见计算无误。

【例 4-6】 一端固定的悬臂梁如图 4-21a 所示。梁上作用均布荷载,荷载集度为 q,在梁的自由端还受一集中力 P 和一力偶矩为 M 的力偶的作用。试求固定端 A 处的约束反力。

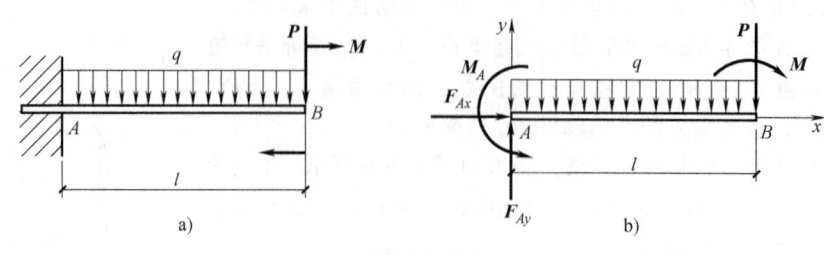

图 4-21

解：取梁 AB 为研究对象。受力图及坐标系的选取如图 4-21b 所示。列平衡方程

由
$$\sum F_x = 0, \quad F_{Ax} = 0$$
$$\sum F_y = 0, \quad F_{Ay} - ql - P = 0$$

解得
$$F_{Ay} = ql + P$$

由 $\sum M_A(F_i) = 0$ 知
$$M_A - ql^2/2 - Pl - M = 0$$

解得
$$M_A = ql^2/2 + Pl + M$$

【例 4-7】 塔式起重机如图 4-22 所示。机身重 $G = 220\text{kN}$，作用线过塔架的中心。已知最大起吊重力 $P = 50\text{kN}$，起重悬臂长 12m，轨道 A、B 的间距为 4m，平衡锤重 Q 至机身中心线的距离为 6m。试求：

1) 确保起重机不至翻倒的平衡锤重 Q 的大小。
2) 当 $Q = 30\text{kN}$，而起重机满载时，轨道对 A、B 的约束反力。

【解】 取起重机整体为研究对象。其正常工作时受力如图 4-22 所示。

1) 求确保起重机不至翻倒的平衡锤重 Q 的大小。

起重机满载时有顺时针转向翻倒的可能，要保证机身满载时而不翻倒，则必须满足
$$F_{NA} \geq 0$$
$$\sum M_B(F_i) = 0, \quad Q(6+2) + 2G - 4F_{NA} - P(12-2) = 0$$

解得 $Q \geq (5P - G)/4 = \dfrac{5 \times 50\text{kN} - 220\text{kN}}{4} = 7.5\text{kN}$

起重机空载时有逆时针转向翻倒的可能，要保证机身空载时平衡而不翻倒，则必须满足下列条件
$$F_{NB} \geq 0$$
$$\sum M_A(F_i) = 0, \quad Q(6-2) + 4F_{NB} - 2G = 0$$

解得 $Q \leq G/2 = \dfrac{220\text{kN}}{2} = 110\text{kN}$

因此平衡锤重 Q 的大小应满足
$$7.5\text{kN} \leq Q \leq 110\text{kN}$$

2) 当 $Q = 30\text{kN}$，求满载时的约束反力 F_{NA}、F_{NB} 的大小。
$$\sum M_B(F_i) = 0, \quad Q(6+2) + 2G - 4N_A - P(12-2) = 0$$

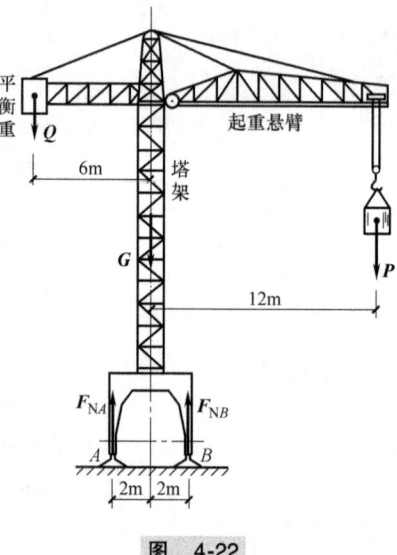

图 4-22

解得 $F_{NA} = \dfrac{4Q+G-5P}{2} = \dfrac{4\times 30\text{kN}+220\text{kN}-5\times 50\text{kN}}{2} = 45\text{kN}$

由 $\sum F_y = 0$，$F_{NA} + F_{NB} - Q - G - P = 0$

解得 $F_{NB} = Q + G + P - F_{NA} = 30\text{kN} + 220\text{kN} + 50\text{kN} - 45\text{kN} = 255\text{kN}$

4.7 静定和超静定问题及物体系的平衡

从前面的讨论已经知道，对每一种力系来说，独立平衡方程的数目是一定的，能求解的未知数的数目也是一定的。对于一个平衡物体，若独立平衡方程数目与未知数的数目恰好相等，则全部未知数可由平衡方程求出，这样的问题称为静定问题。我们前面所讨论的都属于这类问题。但工程上有时为了增加结构的刚度或坚固性，常设置多余的约束，而使未知数的数目多于独立方程的数目，未知数不能由平衡方程全部求出，这样的问题称为静不定问题或超静定问题。图 4-23 所示是超静定平面问题的例子，图 4-23a 所示是平面平行力系，平衡方程是 2 个，而未知力是 3 个，属于超静定问题；图 4-23b 是平面任意力系，平衡方程是 3 个，而未知力有 4 个，因而也是超静定问题。对于超静定问题的求解，要考虑物体受力后的变形，列出补充方程，这些内容将在后续课程中讨论。

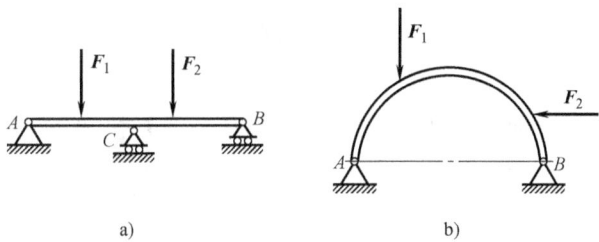

图 4-23

工程中的结构，一般是由几个构件通过一定的约束连接在一起的，称为物体系。如图 4-24 所示的三角拱。作用于物体系上的力，可分为内力和外力两大类。系统外的物体作用于该物体系的力，称为外力；系统内部各物体之间的相互作用力，称为内力。对于整个物体系来说，内力总是成对出现的，两两平衡，故无需考虑，如图 4-24b 的铰 C 处。而当取系统内某一部分为研究对象时，作用于系统上的内力变成了作用在该部分上的外力，必须在受力图中画出，如图 4-24c 中铰 C 处的 F_{Cx} 和 F_{Cy}。

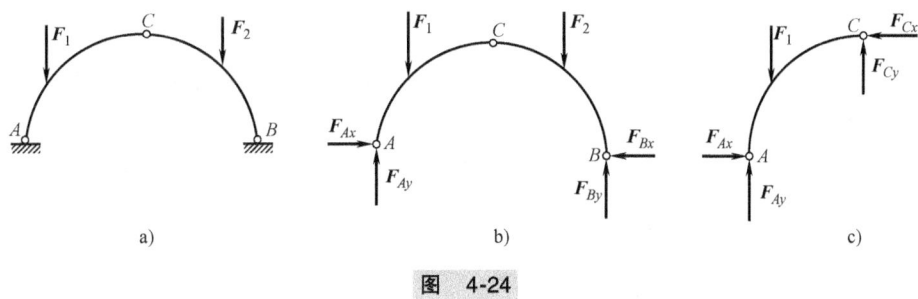

图 4-24

物体系平衡是静定问题时才能应用平衡方程求解。一般若系统由 n 个物体组成，每个平面力系作用的物体，最多列出三个独立的平衡方程，而整个系统共有不超过 $3n$ 个独立的平衡方程。若系统中的未知力的数目等于或小于能列出的独立的平衡方程的数目时，该系统就是静定的；否则就是超静定的问题。

【例4-8】 图4-25所示的人字形折梯放在光滑地面上。重 $P=800\text{N}$ 的人站在梯子 AC 边的中点 H，C 是铰链，已知 $AC=BC=2\text{m}$；$AD=EB=0.5\text{m}$，梯子的自重不计。求地面 A、B 两处的约束反力和绳 DE 的拉力。

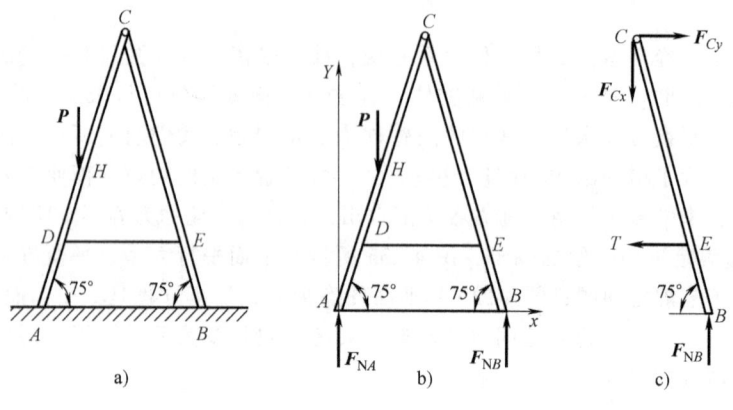

图 4-25

【解】 先取梯子整体为研究对象，受力图及坐标系如图4-25b所示。

由 $\sum M_A(F_i)=0$，$F_{NB}\times(AC+BC)\times\cos75°-P\times AC\times\cos75°/2=0$

解得 $F_{NB}=200\text{N}$

由 $\sum F_y=0$，$F_{NA}+F_{NB}-P=0$

解得 $F_{NA}=600\text{N}$

为求绳子的拉力，取其所作用的杆 BC 为研究对象。受力图如图4-25c所示。

由 $\sum M_C(F_i)=0$，$F_{NB}\times BC\times\cos75°-T\times EC\times\sin75°=0$

解得 $T=71.5\text{N}$

【例4-9】 由构件 AC 和构件 CD 构成的组合梁通过铰链 C 连接，它的支承和受力如图4-26所示。已知均布载荷集度 $q=10\text{kN/m}$，力偶 $M=40\text{kN}\cdot\text{m}$，$a=2\text{m}$，不计梁重，试求支座 A、B、D 的约束力和铰链 C 所受的力。

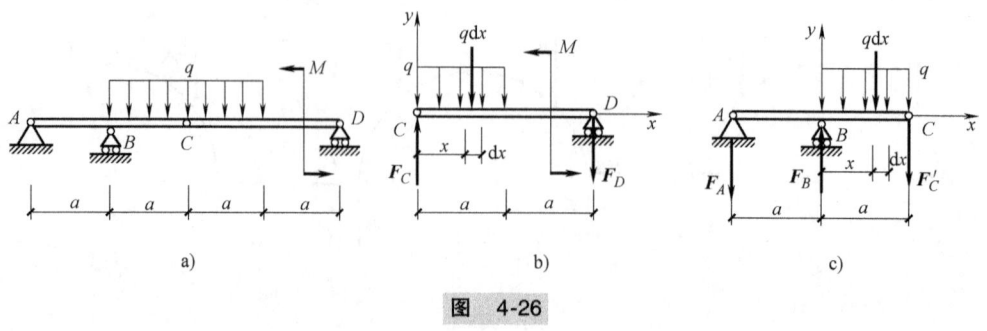

图 4-26

【解】 1）以构件 CD 为研究对象，画出受力图（平面平行力系）；选坐标系 Cxy，列出平衡方程。

$$\sum M_C(F) = 0, -\int_0^a q \times dx \times x + M - F_D \times 2a = 0$$

$$\sum F_y = 0, F_C - \int_0^a q \times dx - F_D = 0$$

解得 $F_D = 5\text{kN}, F_C = 25\text{kN}$

2)以构件 ABC 为研究对象，画出受力图（平面平行力系）；选坐标系 Bxy，列出平衡方程。

$$\sum M_B(F) = 0: \quad F_A \times a - \int_0^a q \times dx \times x - F'_C \times a = 0$$

$$\sum F_y = 0 \quad -F_A - \int_0^a q \times dx + F_B - F'_C = 0$$

解得 $F_A = 35\text{kN}, F_B = 80\text{kN}$

【例 4-10】 图 4-27 所示为一个钢筋混凝土三铰刚架的计算简图，在刚架上受到沿水平方向均匀分布的线荷载 $q = 8\text{kN/m}$，刚架高 $h = 8\text{m}$，跨度 $l = 12\text{m}$。试求支座 A、B 及铰 C 的约束反力。

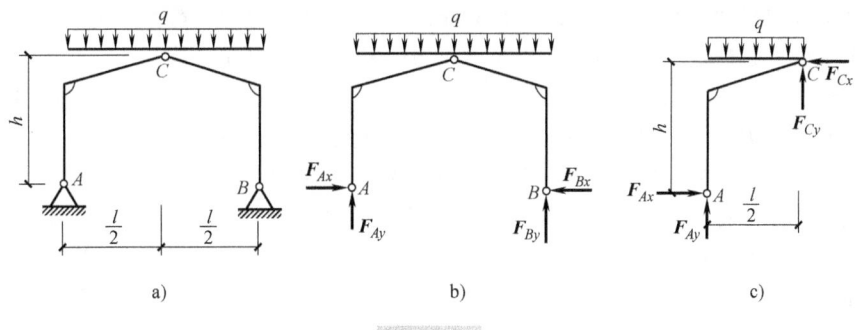

图 4-27

【解】 1)取刚架整体为研究对象，受力图如图 4-27b 所示。

由 $\sum M_B(F_i) = 0$，$ql^2/2 - F_{Ay} l = 0$

解得 $F_{Ay} = ql/2 = 48\text{kN}$

由 $\sum F_y = 0$，$F_{Ay} - ql + F_{By} = 0$

解得 $F_{By} = F_{Ay} = 48\text{kN}$

由 $\sum F_x = 0$，$F_{Bx} - F_{Ax} = 0$

解得 $F_{Bx} = F_{Ax}$

2)取左半刚架为研究对象，受力图如图 4-27c 所示。

由 $\sum M_C(F_i) = 0$，$ql^2/8 + F_{Ax} h - F_{Ay} l/2 = 0$

解得 $F_{Ax} = 18\text{kN}$

$F_{Bx} = F_{Ax} = 18\text{kN}$

由 $\sum F_x = 0$，$F_{Ax} - F_{Cx} = 0$

解得 $F_{Cx} = 18\text{kN}$

由 $\sum F_y = 0$，$F_{Ay} - ql/2 + F_{Cy} = 0$

解得 $F_{Cy} = 0\text{kN}$

4.8 考虑摩擦时物体的平衡

前面讨论物体平衡问题时,物体间的接触面都假设是绝对光滑的。事实上这种情况是不存在的,两接触物体之间一般都要有摩擦存在。只是有些问题中,摩擦不是主要因素,可以忽略不计。但在另外一些问题中,如重力坝与挡土墙的滑动、带轮与摩擦轮的转动等,摩擦是重要的甚至是决定性的因素,必须加以考虑。按照接触物体之间的相对运动形式,摩擦可分为滑动摩擦和滚动摩擦。本节只讨论滑动摩擦,当物体之间仅出现相对滑动趋势而尚未发生运动时的摩擦称为静滑动摩擦,简称静摩擦;对已发生相对滑动的物体间的摩擦称为动滑动摩擦,简称动摩擦。

1. 滑动摩擦与滑动摩擦定律

当两物体接触面间有相对滑动或有相对滑动趋势时,沿接触点的公切面彼此作用着阻碍相对滑动的力,称为滑动摩擦力,简称摩擦力,用 F 表示。

如图 4-28 所示一重为 G 的物体放在粗糙水平面上,受水平力 P 的作用,当拉力 P 由零逐渐增大,只要不超过某一定值,物体仍处于平衡状态。这说明在接触面处除了有法向约束反力 F_N 外,必定还有一个阻碍重物沿水平方向滑动的摩擦力 F_S,这时的摩擦力称为静摩擦力。静摩擦力可由平衡方程确定。$\sum F_x = 0$,$P - F_S = 0$。解得 $F_S = P$。可见,静摩擦力 F_S 随主动力 P 的变化而变化。

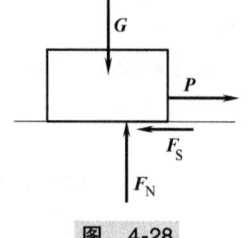

图 4-28

但是静摩擦力 F_S 并不是随主动力的增大而无限制地增大,当水平力达到一定限度时,如果再继续增大,物体的平衡状态将被破坏而产生滑动。我们将物体即将滑动而未滑动的平衡状态称为临界平衡状态。在临界平衡状态下,静摩擦力达到最大值,称为最大静摩擦力,用 F_m 表示。所以静摩擦力大小只能在零与最大静摩擦力 F_m 之间取值,即

$$0 \leqslant F_S \leqslant F_m$$

最大静摩擦力与许多因素有关。大量实验表明最大静摩擦力的大小与接触面之间的正压力存在如下近似关系:**最大静摩擦力的大小与接触面之间的正压力(法向反力)成正比**,即

$$F_m = f_s \cdot F_N \tag{4-17}$$

式 (4-17) 就是库仑摩擦定律。式中,f_s 是无量纲的比例系数,称为静摩擦系数,其大小与接触体的材料以及接触面状况(如粗糙度、湿度、温度等)有关。一般可在一些工程手册中查到。

式 (4-17) 表示的关系只是近似的,对于一般的工程问题来说能够满足要求,但对于一些重要的工程,如采用上式必须通过现场测量与试验精确地测定静摩擦系数的值作为设计计算的依据。

物体间相对滑动的摩擦力称为动摩擦力,用 F_d 表示。实验表明,**动摩擦力的方向与接触物体间的相对运动方向相反,大小与两物体间的法向反力成正比**,即

$$F_d = f_d F_N \tag{4-18}$$

式 (4-18) 就是动滑动摩擦定律。式中无量纲的系数 f_d 称为动摩擦系数,其大小还与两物体的相对速度有关,但由于它们关系复杂,通常在一定速度范围内,可以不考虑这些变化,而认为只与接触的材料以及接触面状况有关。

2. 摩擦角与自锁现象

如图 4-29 所示,当物体有相对运动趋势时,支承面对物体法向反力 F_N 和摩擦力 F_S,这两

个力的合力 F_R，称为全约束反力。全约束反力 F_R 与接触面公法线的夹角为 φ，如图 4-29a 所示。显然，它随摩擦力的变化而变化。当静摩擦力达到最大值 F_m 时，夹角 φ 也达到最大值 φ_m，则称 φ_m 为摩擦角，如图 4-29b 所示。可见

$$\tan\varphi_m = F_m/F_N = f_s F_N/F_N = f_s \tag{4-19}$$

若过接触点在不同方向做出在临界平衡状态下的全约束反力的作用线，则这些直线将形成一个锥面，称摩擦锥，如图 4-29c 所示。

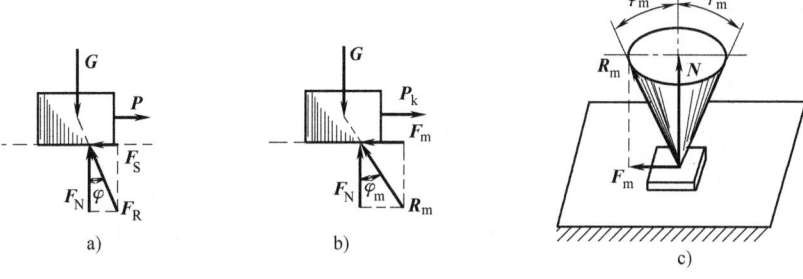

图 4-29

将作用在物体上的各主动力用合力 F_Q 表示，当物体处于平衡状态时，主动力合力 F_Q 与全约束反力 F_R 应共线、反向、等值，则有 $\alpha = \varphi$。

而物体平衡时，全约束反力作用线不可能超出摩擦锥，即 $\varphi \leq \varphi_m$（图 4-30）。由此得到

$$\alpha \leq \varphi_m \tag{4-20}$$

即作用于物体上的主动力的合力 F_Q，不论其大小如何，只要其作用线与接触面公法线间的夹角 α 不大于摩擦角 φ_m，物体必保持静止。这种现象称为自锁现象。

自锁现象在工程中有重要的应用，如千斤顶、压榨机等就利用自锁原理。

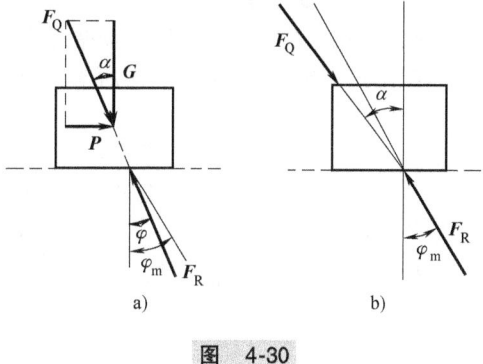

图 4-30

3. 考虑摩擦时的平衡问题

求解有摩擦时物体的平衡问题，其解题方法和步骤与不考虑摩擦时平衡问题基本相同。

【例 4-11】 如图 4-31a 所示，物体重 $G = 980$N，放在一倾角 $\alpha = 30°$ 的斜面上，有一大小为 $Q = 588$N 的力沿斜面推物体，已知接触面间的静摩擦系数 $f_s = 0.20$。问物体在斜面上处于静止还是处于滑动状态？若静止，此时摩擦力多大？

【解】 可先假设物体处于静止状态，然后由平衡方程求出物体处于静止状态时所需的静摩擦力 F_S，并计算出可能产生的最大静摩擦力 F_m，将两者进行比较，确定力 F_S 是否满足 $F_S \leq F_m$，从而断定物体是静止的还是滑动的。

设物体沿斜面有下滑的趋势，受力图及坐标系如图 4-31b 所示。

由 $\quad \sum F_x = 0, \quad Q - G\sin\alpha + F_S = 0$

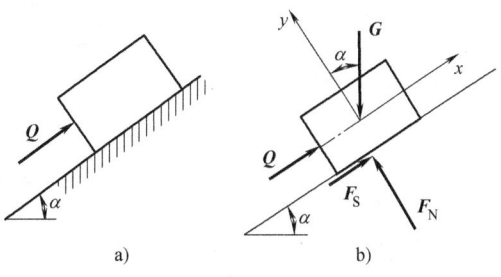

图 4-31

解得
$$F_s = G\sin\alpha - Q = -98\text{N}$$
由
$$\sum F_y = 0, \quad F_N - G\cos\alpha = 0$$
解得
$$F_N = G\cos\alpha = 848.7\text{N}$$
根据静定摩擦定律，可能产生的最大静摩擦力为
$$F_m = f_s F_N = 169.7\text{N}$$
$$|F_s| = 98\text{N} < 169.7\text{N} = F_m$$

结果说明物体在斜面上保持静止。而静摩擦力 F_s 为 -98N，负号说明实际方向与假设方向相反，故物体沿斜面有上滑的趋势。

【例 4-12】 重 Q 的物体放在倾角 $\alpha < \varphi_m$ 的斜面上（图 4-32a），求维持物体在斜面上静止时的水平推力 P 的大小。

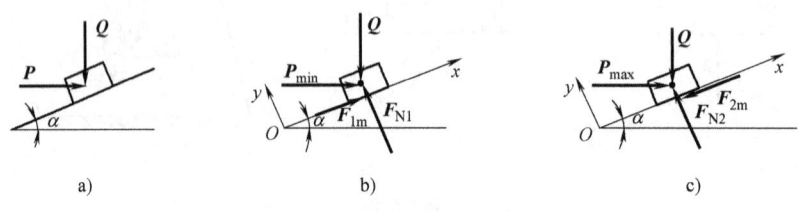

图 4-32

【解】 因 $\alpha > \varphi_m$，故力 P 过小，则物体下滑；故力 P 过大，又将使物体上滑；故力 P 的数值必须在某一范围内，才能使物体保持静止。

先求刚好维持物体不至于下滑所需力 P 的最小值 P_{min}。此时物体处于下滑的临界状态，其受力图及坐标系如图 4-32b 所示。

由
$$\sum F_x = 0, \quad P_{min}\cos\alpha - Q\sin\alpha + F_{1m} = 0 \tag{a}$$
$$\sum F_y = 0, \quad F_{N1} - P_{min}\sin\alpha - Q\cos\alpha = 0 \tag{b}$$

由式（b）有
$$F_{N1} = P_{min}\sin\alpha + Q\cos\alpha \tag{c}$$

将 $F_{1m} = \mu N_1$、$\mu = \tan\varphi_m$ 和式（c）代入式（a），得
$$P_{min} = \frac{Q(\sin\alpha - \mu\cos\alpha)}{(\cos\alpha + \mu\sin\alpha)} = Q\tan(\alpha - \varphi_m) \tag{d}$$

再求不至使物体向上滑动的力 P 的最大值 P_{max}。此时物体处于上滑的临界平衡状态，其受力图及坐标如图 4-32c 所示。

由
$$\sum F_x = 0, \quad P_{max}\cos\alpha - F_{2m} - Q\sin\alpha = 0 \tag{e}$$
$$\sum F_y = 0, \quad F_{N2} - P_{max}\sin\alpha - Q\cos\alpha = 0 \tag{f}$$

由式（f）有
$$F_{N2} = P_{max}\sin\alpha + Q\cos\alpha \tag{g}$$

将 $F_{2m} = \mu N_2$、$\mu = \tan\varphi_m$ 和式（g）代入式（e），得
$$P_{max} = \frac{Q(\sin\alpha + \mu\cos\alpha)}{(\cos\alpha - \mu\sin\alpha)} = Q\tan(\alpha + \varphi_m) \tag{h}$$

可见，要使物体在斜面上保持静止，力 P 必须满足下式。
$$Q\tan(\alpha - \varphi_m) \leq P \leq Q\tan(\alpha + \varphi_m)$$

思考题与习题

一、简答题

1. 什么是合力矩定理？这一定理在力矩的计算中有何作用？
2. 在日常生活中，用手拔钉子拔不出来，为什么用钉锤撬，一下子就能拔出来？

3. 二力平衡中的两个力、作用力与反作用力公理中的两个力、构成力偶的两个力各有什么异同点？

4. 将图 4-33 所示 A 点的力 F 沿作用线移至 B 点，是否改变该力对 O 点之矩？为什么？

5. 一力偶（F_1，F_1'）作用在 Oxy 平面内，另一力偶（F_2，F_2'）作用在 Oyz 平面内，力偶矩的绝对值相等（图 4-34），试问两力偶是否等效？为什么？

6. 图 4-35 所示中四个力 F_1、F_2、F_3、F_4 作用在某物体同一平面上 A、B、C、D 四点上（ABCD 为一矩形），若四个力的力矢恰好首尾相接，这时物体平衡吗？为什么？

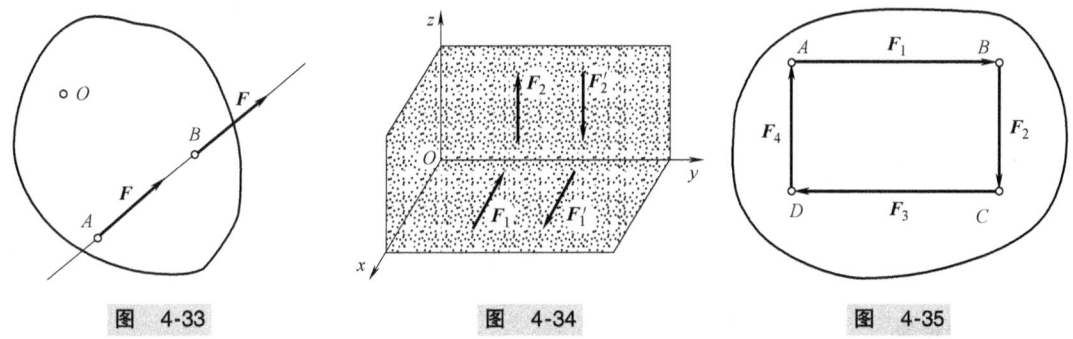

图 4-33　　　　　　图 4-34　　　　　　图 4-35

7. 水渠的闸门有三种设计方案，如图 4-36 所示。试问哪种方案开关闸门时最省力？为什么？

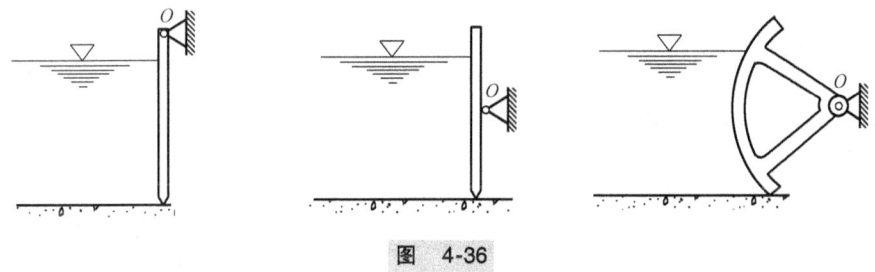

图 4-36

8. 力偶不能与一力平衡，那么如何解释图 4-37 所示的平衡现象？

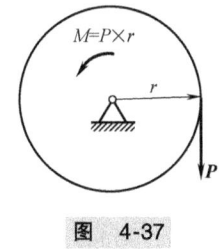

图 4-37

二、填空题

1. 力矩的作用效果与矩心位置_____；而力偶的作用效果与矩心位置_____。

2. 平面任意力系向作用面内某点简化，一般可得一个_____和一个_____。

3. 平面内两个力偶等效的条件是这两个力偶的_____；平面力偶系平衡

的充要条件是_____。

4. 图4-38所示为一等边三角形，边长为 a，沿 F_2 三边分别作用有力 F_1、F_2 和 F_3，且 $F_1 = F_2 = F_3 = F$，则该力系的简化结果是_____，大小为_____，方向或转向为_____。

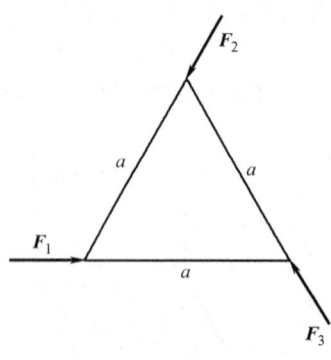

图 4-38

三、选择题

1. 物体受一平面力系作用，各力构成一个自行封闭的力多边形，则（ ）

   A. 物体平衡

   B. 相当于一个合力

   C. 相当于一个力偶

   D. 可能为 A，也可能为 C

2. 下列说法正确的是（ ）

   A. 力对点的矩与矩心位置无关

   B. 作用在刚体上的两个力偶，若力偶矩大小相等，则互为等效力偶

   C. 力偶的作用效果与转动中心无关

   D. 力偶可以在物体系中任意移动和转动，而不改变它对物体系的作用效果

3. 已知杆 AB 和杆 CD 的自重不计，且在 C 处光滑接触，若作用在杆 AB 上的力偶的矩为 M_1，则欲使系统保持平衡，作用在杆 CD 上的力偶的矩为 M_2，转向如图4-39所示，其矩为_____。

   A. $M_2 = M_1$

   B. $M_2 = 4M_1/3$

   C. $M_2 = 2M_1$

   D. $M_2 = 3M_1$

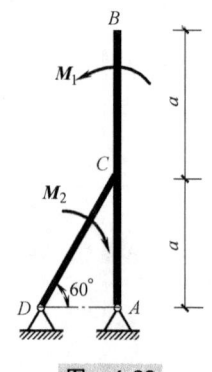

图 4-39

4. 某简支梁 AB 受荷载如图4-40a、b、c 所示，分别用 $N(a)$、$N(b)$、$N(c)$ 表示三种情况下支座 B 的反力，则它们之间的关系应为_____。

   A. $N(a) < N(b) = N(c)$

   B. $N(a) > N(b) = N(c)$

   C. $N(a) = N(b) > N(c)$

   D. $N(a) = N(b) < N(c)$

5. 作用在刚体上的力是（ ），力偶矩矢是（ ），力系的主矢是（ ）。

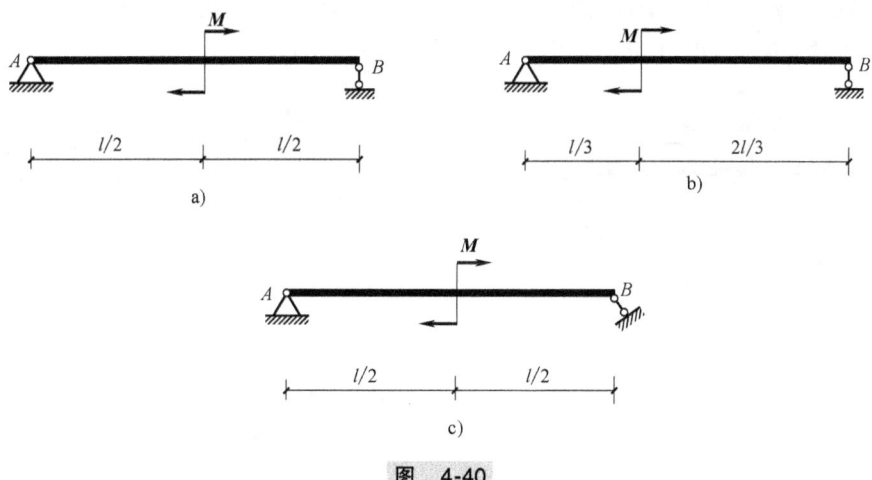

图 4-40

A. 滑动矢量
B. 固定矢量
C. 自由矢量

四、判断题

1. 已知一刚体在 5 个力作用下处于平衡，若其中 4 个力的作用线汇交于 O 点，则第 5 个力的作用线必过 O 点。（　　）
2. 当平面任意力系对某点的主矩为零时，该力系向任一点简化的结果必为一个合力。（　　）
3. 平面任意力系如果平衡，则该力系在任意选取的投影轴上投影的代数和必为零。（　　）
4. 平面任意力系向任一点简化，得到的主矢就是该力系的合力。（　　）
5. 平面任意力系的主矢是自由矢量，而该力系的合力（若有合力）是滑动矢量。这两个矢量大小相等，方向相同。（　　）
6. 若某一平面任意力系的主矢等于零，则该力系一定有一合力偶。（　　）
7. 若一平面力系对某点之主矩等于零，且主矢亦等于零，则该力系为一平衡力系。（　　）
8. 如图 4-41 所示平面平衡系统中，若不计定滑轮和细绳的重力，且忽略摩擦，则可以说作用在轮上的矩为 M 的力偶与重物的重力 F 相平衡。（　　）

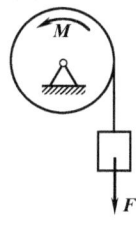

图 4-41

五、计算题

1. 简支梁 AB 的支承和受力如图 4-42 所示，已知：$q = 2\text{kN/m}$，力偶矩 $M = 2\text{kN} \cdot \text{m}$，梁的跨度 $l = 6\text{m}$，$\theta = 30°$。若不计梁的自重，试求支座 A、B 的反力。

2. 水平组合梁的支撑情况和载荷如图 4-43 所示。已知：$F=500\text{N}$，$q=250\text{N/m}$，$M=500\text{N}\cdot\text{m}$。求梁平衡时支座 A、B、E 处的反力。（图中尺寸单位为 m）。

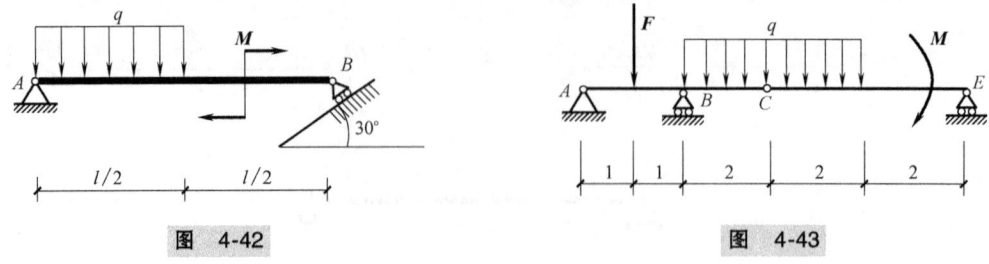

图 4-42   图 4-43

3. 平面结构由 AB、BC、CD 三杆用铰链 B 和 C 连接，其他支撑及载荷如图 4-44 所示。力 F 作用在 CD 杆的中点 E 处。已知 $F=8\text{kN}$，$q=4\text{kN/m}$，$a=1\text{m}$，各杆自重不计。求固定端 A 处的约束力。

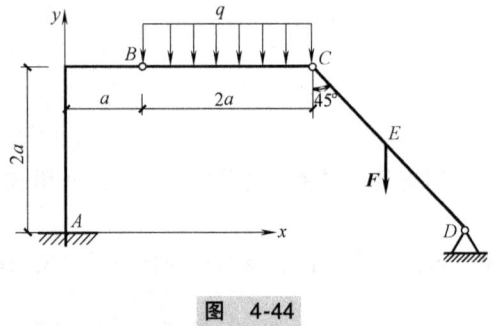

图 4-44

4. 如图 4-45 所示，一矩形钢板放在水平地面上，其边长 $a=3\text{m}$，$b=2\text{m}$。当按图示方向加力时，转动钢板需要 $P=P'=250\text{N}$。试问如何加力才能使转动钢板所用的力最小，并求这个最小力的大小。

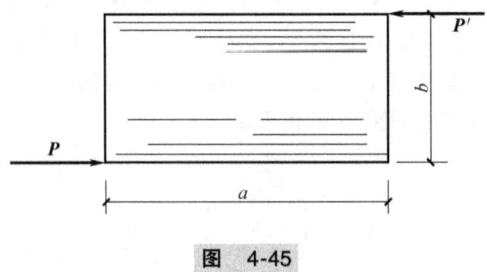

图 4-45

第 5 章

空 间 力 系

学习目标

掌握空间力对点的矩和空间力对轴的矩；掌握空间任意力系的简化；掌握空间任意力系的平衡条件和平衡方程；掌握重心的概念和确定均质物体形心的方法。

作用在物体上各力的作用线不在同一平面内，称该力系为**空间力系**。按各力作用在空间的位置关系，空间力系可分为空间汇交力系、空间平行力系和空间任意力系。平面任意力系都是空间力系的特例。

5.1 力的投影与分解

如图 5-1a 所示的力 F 与 x 轴，过力 F 的两端点 A、B 分别做垂直于 x 轴的平面 M 及 N，与 x 轴交于 a、b 两点，则线段 ab 冠以正号或负号称为力 F 在 x 轴上的投影，即

$$F_x = \pm ab$$

符号规定：若从 a 到 b 的方向与 x 轴的正向一致取正号，反之取负号。

如图 5-1b 所示的力 F 与平面 Q，过力的两端点 A、B 分别作平面 Q 的垂直线 AA'、BB'，则矢量 $\overrightarrow{A'B'}$ 称为力 F 在平面 Q 上的投影。应注意的是力在平面上的投影是矢量，而力在轴上的投影是代数量。

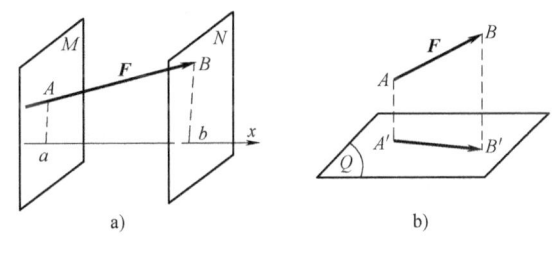

图 5-1

现在讨论力 F 在空间直角坐标系 $Oxyz$ 中的情况。如图 5-2a 所示，过力 F 的端点分别作 x、y、z 三轴的垂直平面，则由力在轴上的投影的定义知，OA、OB、OC 就是力 F 在 x、y、z 轴上的投影。设力 F 与 x、y、z 所夹的角分别是 α、β、γ，则力 F 在空间直角坐标轴上的投影为

$$\begin{cases} F_x = \pm F\cos\alpha \\ F_y = \pm F\cos\beta \\ F_z = \pm F\cos\gamma \end{cases} \quad (5\text{-}1)$$

用这种方法计算力在轴上的投影的方法称为**直接投影法**。

一般情况下，不易全部找到力与三个轴的夹角，设已知力 F 与 z 轴夹角为 γ，可先将力投影

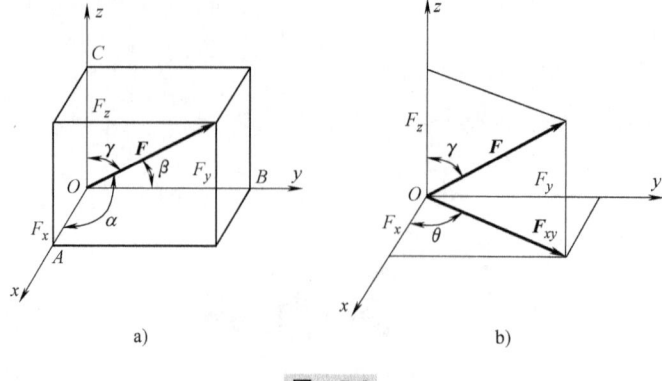

图 5-2

到坐标平面 Oxy 上，然后再投影到坐标轴 x、y 上，如图 5-2b 所示。设力 F 在 Oxy 平面上的投影为 F_{xy} 与 x 轴间的夹角为 θ，则

$$\begin{cases} F_x = \pm F\sin\gamma\cos\theta \\ F_y = \pm F\sin\gamma\sin\theta \\ F_z = \pm F\cos\gamma \end{cases} \tag{5-2}$$

用这种方法计算力在轴上的投影称为**二次投影法**。

若已知力 F 在坐标轴上的投影，则该力的大小及方向余弦为

$$\begin{cases} F = \sqrt{F_x^2 + F_y^2 + F_z^2} \\ \cos\alpha = \dfrac{F_x}{F} \\ \cos\beta = \dfrac{F_y}{F} \\ \cos\gamma = \dfrac{F_z}{F} \end{cases} \tag{5-3}$$

如果把一个力沿空间直角坐标轴分解，则沿三个坐标轴分力的大小等于力在这三个坐标轴上投影的绝对值。

【例 5-1】 如图 5-3 所示，已知力 $F_1 = 2\text{kN}$，$F_2 = 1\text{kN}$，$F_3 = 3\text{kN}$，试分别计算三力在 x、y、z 轴上的投影。

【解】

$$F_{1x} = -F_1 \times \frac{3}{5} = -1.2\text{kN}$$

$$F_{1y} = F_1 \times \frac{4}{5} = 1.6\text{kN}$$

$$F_{1z} = 0$$

$$F_{2x} = F_2 \times \frac{\sqrt{2}}{2} \times \frac{3}{5} = 0.424\text{kN}$$

$$F_{2y} = F_2 \times \frac{\sqrt{2}}{2} \times \frac{4}{5} = 0.566\text{kN}$$

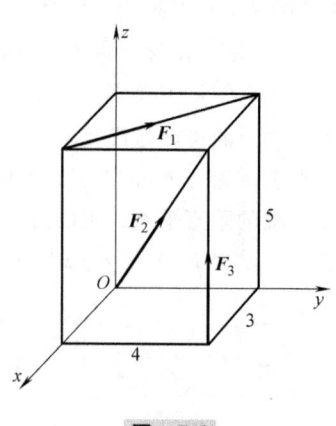

图 5-3

$$F_{2z} = F_2 \times \frac{\sqrt{2}}{2} = 0.707\text{kN}$$

$$F_{3x} = 0$$

$$F_{3y} = 0$$

$$F_{3z} = F_3 = 3\text{kN}$$

5.2 力对轴的矩

力对轴之矩是度量力使物体绕某轴转动效应的力学量。实践表明，力使物体绕一个轴转动的效果，不仅与力的大小有关，而且和力与转轴之间的相对位置有关。如图 5-4 所示的一扇门可绕固定轴 z 转动。我们将力 F 分解为平行于 z 轴的分力 F_z 和垂直于轴的分力 F_{xy}（即为力 F 在平面 Oxy 上的投影）。由经验可知，分力 F_z 不能使门绕 z 轴转动，即力 F_z 对 z 轴的矩为零；只有分力 F_{xy} 才能使门绕 z 轴转动。现用符号 $M_z(F)$ 表示力 F 对 z 轴的矩，点 O 为平面 Oxy 与 z 轴的交点，h 为 O 点到力 F_{xy} 作用线的距离。因此，力 F 对 z 轴的矩与其分力 F_{xy} 对点 O 的矩等效，即

$$M_z(F) = M_O(F_{xy}) = \pm F_{xy} h \tag{5-4}$$

力对轴的矩的定义如下：**力对轴的矩是力使刚体绕该轴转动效应的量度，是一个代数量，其大小等于力在垂直于该轴的平面上的投影对该平面与该轴的交点的矩，其正负号规定为：从轴的正向看，力使物体绕该轴逆时针转动时，取正号；反之取负号。也可按右手螺旋法则来确定其正负号，拇指指向与轴的正向一致时取正号，反之取负号**，如图 5-5 所示。

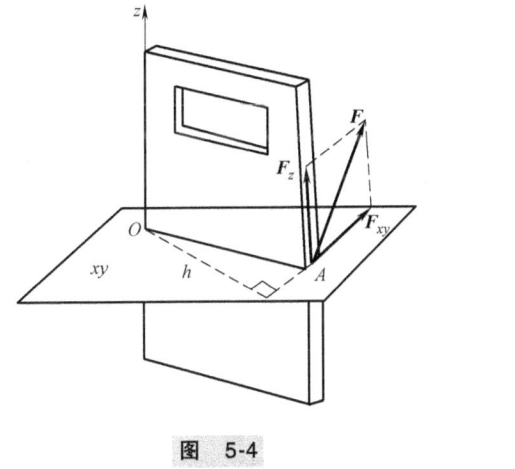

图 5-4

图 5-5

注意，当力与轴共面时力对该轴的矩为零。另外，合力矩定理在空间力系中也同样适用。

【例 5-2】 求图 5-6 所示力 F 对 x、y、z 轴的矩，已知 $F = 20\text{N}$，A 点坐标为 (400, 400, 300)。

【解】 将 F 沿 x、y、z 三个方向分解为 F_x、F_y 与 F_z，如图 5-6 所示。

$$F_x = F\cos 60° \sin 45° = 7.07\text{N}$$

$$F_y = -F\cos 60° \cos 45° = -7.07\text{N}$$

$$F_z = -F\sin 60° = -17.32\text{N}$$

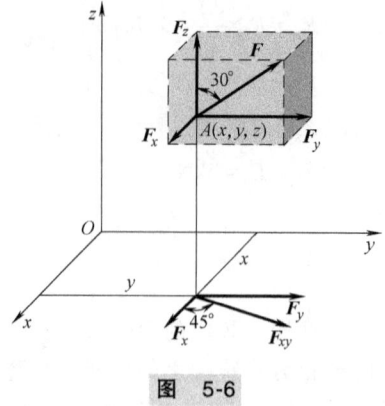

图 5-6

则 F 对 x、y、z 轴的矩为

$$M_x(F) = 300F_y - (200+200)F_z = -4.81\text{N}\cdot\text{m}$$
$$M_y(F) = 300F_x - 400F_z = -4.81\text{N}\cdot\text{m}$$
$$M_z(F) = -(200+200)F_x + 400F_y = 0$$

5.3 空间力系的平衡

与建立平面力系的平衡条件的方法相同，通过力系的简化，可建立空间力系的平衡方程。

$$\begin{cases} \sum F_x = 0, \sum F_y = 0, \sum F_z = 0 \\ \sum M_x(F) = 0, \sum M_y(F) = 0, \sum M_z(F) = 0 \end{cases} \tag{5-5}$$

式（5-5）表明：**空间力系平衡的必要和充分条件为各力在三个坐标轴上投影的代数和以及各力对此三轴的矩的代数和分别等于零。**

式（5-5）有六个独立的平衡方程，要以求解六个未知数。

从空间任意力系的平衡方程，很容易导出空间汇交力系和空间平行力系的平衡方程。如图 5-7a 所示，设物体受一空间汇交力系的作用，若选择空间汇交力系的汇交点为坐标系 $Oxyz$ 的原点，则不论此力系是否平衡，各力对三轴的矩恒为零，即 $\sum M_x(F) = 0$，$\sum M_y(F) = 0$，$\sum M_z(F) = 0$。因此，空间汇交力系的平衡方程为

$$\begin{cases} \sum F_x = 0 \\ \sum F_y = 0 \\ \sum F_z = 0 \end{cases} \tag{5-6}$$

如图 5-7b 所示，设物体受一空间平行力系的作用。令 z 轴与这些力平行，则各力对于 z 轴的矩恒等于零；又由于 x 轴和 y 轴都与这些力垂直，所以各力在这两个轴上的投影也恒等于零，即 $\sum M_z(F) = 0$，$\sum F_x = 0$，$\sum F_y = 0$。因此空间平行力系的平衡方程为

$$\begin{cases} \sum F_z = 0 \\ \sum M_x(F) = 0 \\ \sum M_y(F) = 0 \end{cases} \tag{5-7}$$

空间汇交力系和空间平行力系分别只有三个独立的平衡方程，因此只能求解三个未知数。

第 5 章 空间力系

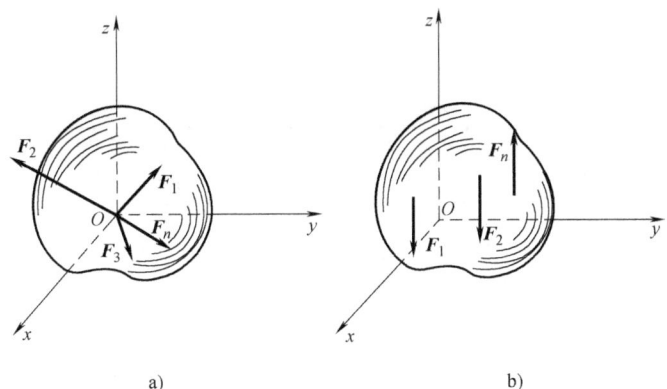

图 5-7

【例 5-3】 用三脚架 ABCD 和绞车提升一重物如图 5-8a 所示。设 ABC 为一等边三角形，各杆及绳索均与水平面成 60°的角。已知重物 F_G = 30kN，各杆均为二力杆，滑轮大小不计。试求重物匀速吊起时各杆所受的力。

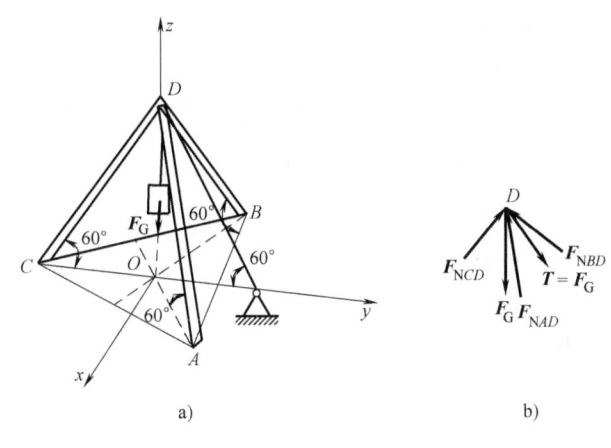

图 5-8

【解】 取铰 D 为脱离体，画受力图如图 5-8b 所示，各力形成空间汇交力系。

由　　$\sum F_x = 0$,　　$-F_{NAD}\cos 60°\sin 60° + F_{NBD}\cos 60°\sin 60° = 0$

得　　$F_{NAD} = F_{NBD}$

由　　$\sum F_y = 0$,　　$T\cos 60° + F_{NCD}\cos 60° - F_{NAD}\cos 60°\cos 60° - F_{NBD}\cos 60°\cos 60° = 0$

得　　$F_G + F_{NCD} - 0.5F_{NAD} - 0.5F_{NBD} = 0$

由　　$\sum F_z = 0$,　　$F_{NAD}\sin 60° + F_{NCD}\sin 60° + F_{NBD}\sin 60° - T\sin 60° - F_G = 0$

得　　$0.866(F_{NAD} + F_{NCD} + F_{NBD}) - (0.866 + 1)F_G = 0$

联立求解得 $F_{NAD} = F_{NBD} = 31.55\text{kN}$, $F_{NCD} = 1.55\text{kN}$。

【例 5-4】 一辆三轮货车自重 F_G = 5kN，载重 F = 10kN，作用点位置如图 5-9 所示。求静止时地面对轮子的反力。

【解】 自重 F_G、载重 F 及地面对轮子的反力组成空间平行力系。

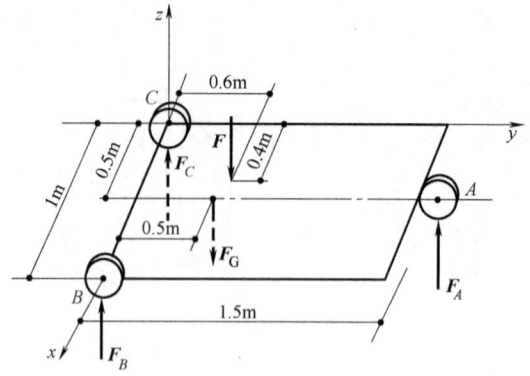

图 5-9

$$\sum F_z = 0, \quad F_A + F_B + F_C - G_A - F = 0$$
$$\sum M_x(F) = 0, \quad 1.5F_A - 0.5F_G - 0.6F = 0$$
$$\sum M_y(F) = 0, \quad -0.5F_A - 1F_B + 0.5F_G + 0.4F_A = 0$$

联立以上方程得

$$F_A = 5.67\text{kN}, \quad F_B = 5.66\text{kN}, \quad F_C = 3.67\text{kN}$$

【例 5-5】 某厂房柱子下端固定，柱顶承受力 F_1，牛腿上承受铅直力 F_2 及水平力 F_3，取坐标系如图 5-10 所示。F_1、F_2 在 yOz 平面内，与 z 轴的距离分别为 $e_1 = 0.1\text{m}$，$e_2 = 0.34\text{m}$；F_3 平行于 x 轴。已知 $F_1 = 120\text{kN}$，$F_2 = 300\text{kN}$，$F_3 = 25\text{kN}$，柱子自重 $F_G = 40\text{kN}$，$h = 6\text{m}$。试求基础的约束反力。

【解】 柱子基础为固定端，其约束反力如图 5-10 所示，该约束反力与柱子上各荷载形成空间任意力系。

$$\sum F_x = 0, \quad F_x - F_3 = 0$$
$$\sum F_y = 0, \quad F_y = 0$$
$$\sum F_z = 0, \quad F_z - F_1 - F_2 - F_G = 0$$
$$\sum M_x(F) = 0, \quad M_x + F_1 e_1 - F_2 e_2 = 0$$
$$\sum M_y(F) = 0, \quad M_y - F_3 h = 0$$
$$\sum M_z(F) = 0, \quad M_z + F_3 e_2 = 0$$

将已知数值代入以上方程并求得柱子的约束反力为

$$F_x = 25\text{kN}, \quad F_y = 0, \quad F_z = 460\text{kN}$$
$$M_x = 90\text{kN} \cdot \text{m}, \quad M_y = 150\text{kN} \cdot \text{m}, \quad M_z = -8.5\text{kN} \cdot \text{m}$$

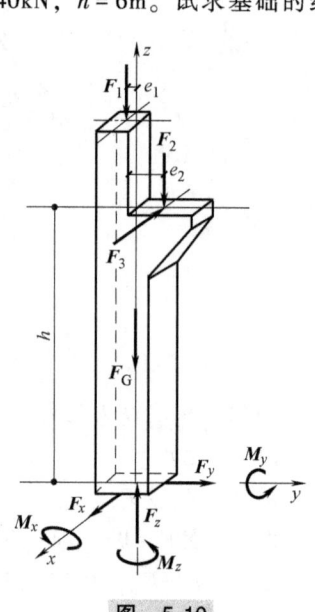

图 5-10

【例 5-6】 图 5-11a 所示为水平放置的直角直杆，A 处为球铰，B 处用绳 BC 拉住，D 处为普通轴承约束，E 悬挂重物 $F_G = 1\text{kN}$，各尺寸如图所示。试求 A、D 的约束反力及绳 BC 的拉力。

【解】 画出折杆的受力图并取坐标系如图 5-11b 所示。将绳的拉力 F_{TB} 沿 x、y、z 三个方向分解

$$F_{TBx} = F_{TB}\cos\alpha, \quad F_{TBy} = F_{TB}\cos\beta, \quad F_{TBz} = F_{TB}\cos\gamma$$

列出力矩方程时分别选择 AB、BD、AD 及 z 轴为矩轴。

$$\sum M_{AB}(F) = 0, \quad F_{Dz} = 0$$

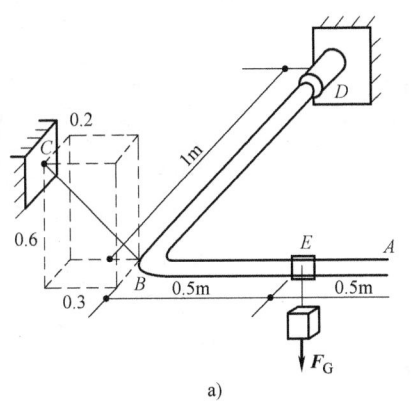 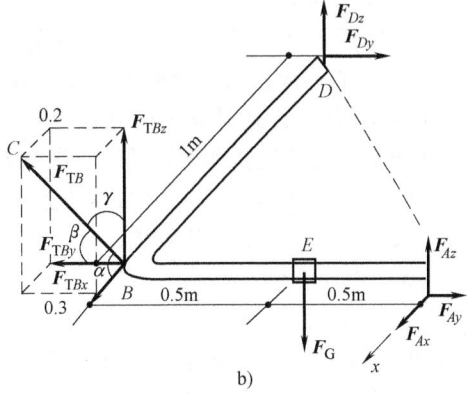

图 5-11

$$\sum M_{BD}(\boldsymbol{F}) = 0, \quad 1F_{Dz} - 0.5F_G + 1F_{Az} = 0$$
$$F_{Az} = 500\text{N}$$
$$\sum M_{AD}(\boldsymbol{F}) = 0, \quad d_1 F_{TBz} - d_2 F_G = 0$$

其中 $d_1 = \dfrac{1}{\sqrt{2}}$, $d_2 = \dfrac{0.5}{\sqrt{2}}$

$$F_{TBz} = F_{TB}\cos\gamma = F_{TB}\cos\left(\arctan\dfrac{\sqrt{0.2^2+0.3^2}}{0.6}\right)$$

代入上式得 $F_{TB} = 583\text{N}$

由 $\sum M_z(\boldsymbol{F}) = 0, \quad -F_{Dy}\times 1 + F_{TBx}\times 1 = 0$

$$F_{Dy} = F_{TB}\cos\alpha = 583\text{N}\times\cos\left(\arctan\dfrac{\sqrt{0.6^2+0.3^2}}{0.2}\right)$$

$$\sum F_x = 0, \quad F_{TBx} + F_{Ax} = 0$$
$$F_{Ax} = -F_{TBx} = -166.6\text{N}$$
$$\sum F_y = 0, \quad F_{Ay} + F_{Dy} - F_{TBy} = 0$$
$$F_{Ay} = F_{TBy} - F_{Dy} = F_{TB}\cos\beta - F_{Dy} = 583\text{N}\times\cos\left(\arctan\dfrac{\sqrt{0.6^2+0.2^2}}{0.3}\right) - 166.6\text{N} = 83.4\text{N}$$

5.4 物体的重心

物体的重力是地球对物体的引力，如果把物体看成是由许多微小部分组成的，则每个微小的部分都受到地球的引力，这些引力汇交于地球的中心，形成一个空间汇交力系，但由于我们所研究的物体尺寸与地球的直径相比要小得多，因此可以近似地看成是空间平行力系，该力系的合力即为物体的重力。由实践可知，无论物体如何放置，重力合力的作用线总是过一个确定点，这个点就是物体的重心。

重心的位置对于物体的平衡和运动，都有很大关系。在工程上，设计挡土墙、重力坝等建筑物时，重心位置直接关系到建筑物的抗倾稳定性及其内部受力的分布。机械的转动部分如偏心轮应使其重心离转动轴有一定距离，以便利用其偏心产生的效果；而一般的高速转动物体又必须使其重心尽可能不偏离转动轴，以免产生不良影响。所以如何确定物体的重心位置，在实践中有着重要的意义。

如图 5-12 所示,设一物体放置于坐标系 $Oxyz$ 中,将物体分成许多微小的部分,其所受的重力各为 ΔP_i,作用点即微小部分的重心为 C_i,其对应坐标分别为 x_i、y_i、z_i,所有 ΔP_i 的合力 P 就是整个物体所受的重力,其大小即整个物体的重力为 $P=\sum\Delta p_i$,其作用点即为物体的重心 C。设重心 C 的坐标为 x_C、y_C、z_C,由合力矩定理,有

$$M_x(\boldsymbol{P})=\sum M_x(\Delta \boldsymbol{P}_i), \quad -Py_C=-\sum\Delta P_i y_i$$
$$M_y(\boldsymbol{P})=\sum M_y(\Delta \boldsymbol{P}_i), \quad Px_C=\sum\Delta P_i x_i$$

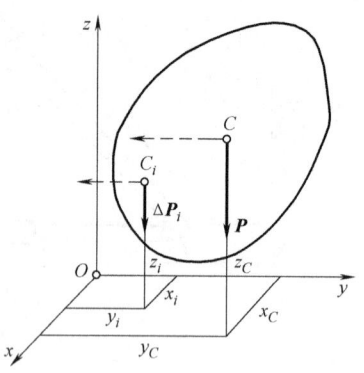

图 5-12

根据物体重心的性质,将物体与坐标系固连在一起绕 x 轴转过 90°,各力 ΔP_i 及 P 分别绕其作用点也转过 90°,如图中虚线所示,再应用合力矩定理,有

$$M_x(\boldsymbol{P})=\sum M_x(\Delta \boldsymbol{P}_i), \quad Pz_C=\sum\Delta P_i z_i$$

由上述三式可得物体的重心坐标公式为

$$x_C=\frac{\sum\Delta P_i x_i}{P}, \quad y_C=\frac{\sum\Delta P_i y_i}{P}, \quad z_C=\frac{\sum\Delta P_i z_i}{P} \tag{5-8}$$

若物体是均质的,其单位体积的重力为 γ,各微小部分体积为 ΔV_i,整个物体的体积为 $V=\sum\Delta V_i$,则 $\Delta P_i=\gamma\Delta V_i$,$P=\gamma V$ 代入上式,得

$$x_C=\frac{\sum\Delta V_{xi}}{V}, \quad y_C=\frac{\sum\Delta V_{yi}}{V}, \quad z_C=\frac{\sum\Delta V_{zi}}{V} \tag{5-9}$$

由式 (5-9) 可知,均质物体的重心与物体的重力无关,只取决于物体的几何形状和尺寸。这个由物体的几何形状和尺寸决定的物体的几何中心,称为物体的形心,计算方法见附录 A。形心是几何概念,只有均质物体的重心和形心才重合于同一点。

若物体是均质薄壳(或曲面),其重心(或形心)坐标公式为

$$x_C=\frac{\sum\Delta A_{xi}}{A}, \quad y_C=\frac{\sum\Delta A_{yi}}{A}, \quad z_C=\frac{\sum\Delta A_{zi}}{A} \tag{5-10}$$

若物体是或均质细杆(或曲线),其重心(或形心)坐标公式为

$$x_C=\frac{\sum\Delta L_x}{L}, \quad y_C=\frac{\sum\Delta L_y}{L}, \quad z_C=\frac{\sum\Delta L_z}{L} \tag{5-11}$$

由重心公式不难证明,具有对称轴、对称面或对称中心的均质物体,其形心必定在其对称轴、对称面或对称中心上。因此,有一根对称轴的平面图形,其形心在对称轴上;具有两根或两根以上对称轴的平面图形,其形心在对称轴的交点上;有对称中心的物体,其形心在对称中心上。如图 5-13 所示。

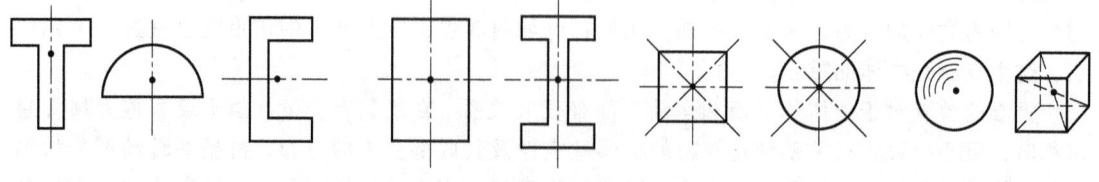

图 5-13

思考题与习题

一、简答题

1. 已知一个力 F 的值及该力与 x 轴、y 轴的夹角 α、β，能否算出该力在 z 轴的投影？

2. 有一力 F 和 x 轴，若力在轴上的投影和力对轴的矩是下列情况：(a) $F_x=0$，$M_x(F)\neq 0$；(b) $F_x\neq 0$，$M_x(F)=0$；(c) $F_x\neq 0$，$M_x(F)\neq 0$；(d) $F_x=0$，$M_x(F)=0$。每一种情况力 F 的作用线与 x 轴的关系如何？

3. 空间任意力系的平衡方程除了包括三个投影方程和三个力矩方程外，是否还有其他形式？

4. 物体的重心是否一定在物体的内部？当物体质量分布不均匀时，重心和几何中心还重合吗？为什么？

5. 计算一物体重心的位置时，如果选取的坐标轴不同，重心的坐标是否改变？重心在物体内的位置是否改变？

6. 已知力 F 沿正六面体对顶线 DA 作用，且 $F=1000\text{N}$。则该力在 z 轴的投影和对 z 轴的力矩各为多少？

二、判断题

1. 若空间力系中各力的作用线都垂直某固定平面，则其独立的平衡方程最多有 3 个。( )

2. 一空间力系，对不共线的任意 3 点的主矩均等于零，则该力系平衡。( )

3. 空间力偶对任一轴的矩等于其力偶矩矢在该轴上的投影。( )

4. 空间力偶的等效条件是力偶矩大小相同和作用面方位相同。( )

5. 物体的重力和形心虽然是两个不同的概念，但它们的位置却总是重合的。( )

三、选择题

1. 如图 5-14 所示，在正方体的前侧面沿 AB 方向作用一力 F，则该力（　　）。

   A. 对 x、y、z 轴之矩全等
   B. 对三轴之矩全不等
   C. 对 x、y 轴之矩相等
   D. 对 y、z 轴之矩相等

2. 空间力偶之力偶矩矢是（　　）。

   A. 标量
   B. 定点矢量
   C. 滑动矢量
   D. 自由矢量

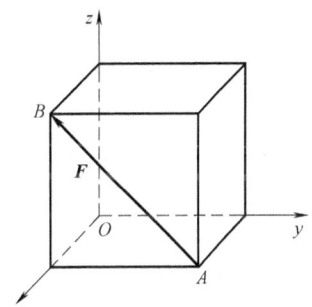

图 5-14

3. 如图 5-15 所示，已知一正方体，各边长为 a，沿对角线 B 作用一个力 F，则该力在 x 轴上的投影为（　　）。

   A. 0
   B. $\dfrac{F}{\sqrt{6}}$
   C. $\dfrac{F}{\sqrt{2}}$
   D. $-\dfrac{F}{\sqrt{3}}$

4. 某平面内由一非平衡共点力系和一非平衡力偶系构成的

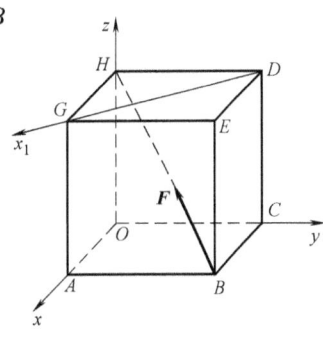

图 5-15

力系最后可能（　　）。

  A. 合成为一合力偶   B. 合成为一合力

  C. 相平衡   D. 合成为一力螺旋

  5. 如图 5-16 所示，在正方体上沿棱边作用 6 个力，各力的大小都等于 F，此力系的最终简化结果为（　　）。

  A. 合力

  B. 平衡

  C. 合力偶

  D. 力螺旋

  6. 如图 5-17 所示，均质梯形薄板 ABCE，在 A 处用细绳悬挂，今欲使 AB 边保持水平，则需正方形 ABCD 的中心挖去一个半径为（　　）的圆形薄板。

  A. $\dfrac{\sqrt{6\pi}}{a}$ B. $\dfrac{a}{\sqrt{2\pi}}$

  C. $\dfrac{a}{\sqrt{3\pi}}$ D. $\dfrac{\sqrt{2}a}{\sqrt{3\pi}}$

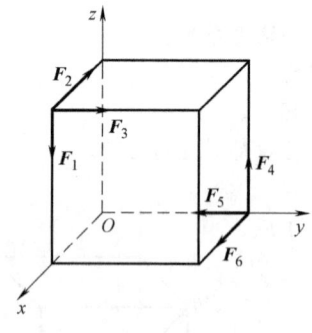

图 5-16

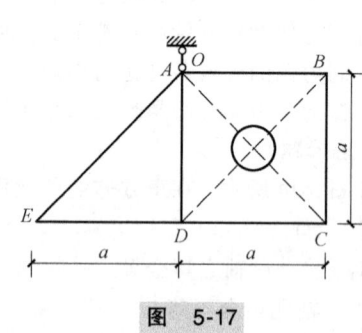

图 5-17

四、计算题

如图 5-18 所示，试求两平面图形的重心坐标。

（1）某偏心块的截面，如图 5-18a 所示，已知 $R = 100\text{mm}$，$r = 17\text{mm}$，$r_1 = 30\text{mm}$。

（2）某型材的横截面，如图 5-18b 所示，长度单位为 mm。

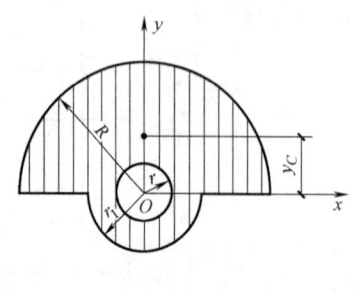

a)

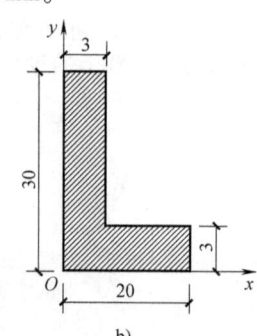

b)

图 5-18

Part 3

第 3 篇

材料力学

第6章

材料力学基本概念

学习目标

掌握变形固体的概念和材料力学基本假设；理解截面法求内力；掌握应力与应变的概念及其对应关系；理解杆件变形的基本形式。

6.1 变形固体的概念及基本假设

建筑力学中将物体抽象化为两种计算模型：刚体和理想变形固体。

在静力学中，主要研究物体在力的作用下的平衡问题。物体在力的作用下的微小变形对研究平衡问题影响很小，可以忽略不计，因此，在前面静力学中，可把物体视为刚体来进行分析。实际上，任何物体受力的作用后都发生一定的变形，但在一些力学问题中，物体变形这一因素与所研究的问题无关或对其影响甚微，这时可将物体视为刚体，从而使研究的问题得到简化。

在材料力学中，主要研究构件在外力作用下的强度、刚度和稳定性问题，对于这类问题，即使变形很微小也是主要影响因素之一，必须予以考虑而不能忽略。因此，在材料力学中必须将研究的各种固体视为变形固体。变形固体受荷载作用时将产生变形。当荷载撤去后，可完全消失的变形称为弹性变形；不能恢复的变形称为塑性变形或残余变形。在多数工程问题中，要求构件只发生弹性变形。工程中，大多数构件在荷载的作用下产生的变形量若与其原始尺寸相比很微小，称为小变形。小变形构件的计算，可采取变形前的原始尺寸并可略去某些高阶无穷小量，可大大简化计算。变形固体多种多样，组成和性质也十分复杂，为使材料力学研究的问题得到简化，做出以下假设：

1. 连续性假设

假设整个物体体积内毫无空隙地连续充满物质，即认为是密实的。实际上，组成固体的粒子之间存在着空隙，并不连续，但这种空隙与构件的尺寸相比极其微小，可以不计，于是就认为固体在其整个体积内是连续的。根据这一假设，建筑构件变形时材料既不相互分开，也不相互挤入，在变形过程中仍保持连续性，不出现开裂或重叠现象。时刻满足变形协调条件，而且，无论取多么无限小的一个体积单元研究都是可能的，建筑力学变量表征物体变形和内力的量就可以表示为坐标的连续函数，便于应用数学分析的方法。

2. 均匀性假设

假设材料的力学性质是均匀的，从物体上任意取或大或小一部分，材料的力学性质均相同。由于固体材料的力学性能反映的是其所有组成部分的性能的统计平均量，所以可以认为是均匀的。

3. 各向同性假设

假设材料的力学性质是各向同性的，材料沿不同方向具有相同的力学性质，而各方向力学性质不同的材料称为各向异性材料。工程上常用的金属材料，其各个单晶并非各向同性的，但是构件中包含着许许多多无序排列的晶粒，综合起来并不显示出方向性的差异，而是呈现出各向同性的性质。本书中仅研究各向同性材料。

4. 小变形假设

假设建筑构件在外力作用下产生的变形与其本身几何尺寸相比很小，可以不考虑因变形而引起的尺寸变化。这样在研究平衡问题时，就可忽略构件的变形，按其原始尺寸进行分析，使计算得以简化，就可以用变形以前的几何尺寸来建立各种方程。此外，应变的二阶微量可以忽略不计，从而使得几何方程线性化。必须指出，对构件做强度、刚度和稳定性研究以及对大变形平衡问题分析时就不能忽略构件的变形。

按照上述假设理想化的一般变形固体称为**理想变形固体**。刚体和变形固体都是建筑力学中必不可少的理想化的力学模型。综上所述，建筑力学把所研究的结构和构件看作是连续、均匀、各向同性的理想变形固体，在弹性范围内和小变形情况下研究其承载能力。

6.2 内力与截面法

1. 内力的概念

构件的材料是由许多质点组成的。构件不受外力作用时，材料内部质点之间保持一定的相互作用力，使构件具有固体形状。当构件受外力作用产生变形时，其内部质点之间相互位置改变，原有内力也发生变化。这种**由外力作用而引起的受力构件内部质点之间相互作用力的改变量称为附加内力，简称内力**。建筑力学所研究的内力是由外力引起的，内力随外力的变化而变化，外力增大，内力也增大，外力撤销后，内力也随着消失。

显然，构件中的内力是与构件的变形相联系的，内力总是与变形同时产生。构件中的内力随着变形的增加而增大，但对于确定的材料，内力的增加有一定的限度，超过这一限度，构件将发生破坏。因此，内力与构件的强度和刚度都有密切的联系。在研究构件的强度、刚度等问题时，必须确定构件在外力作用下某截面上的内力值。

2. 截面法

确定构件任意截面上内力值的基本方法是截面法。图 6-1a 所示为任意受平衡力系作用的构件，为了显示并计算某一截面上的内力，可在该截面处用一假想截面将构件一分为二并弃去其中一部分，将弃去部分对保留部分的作用以力的形式表示，此即该截面上的内力。

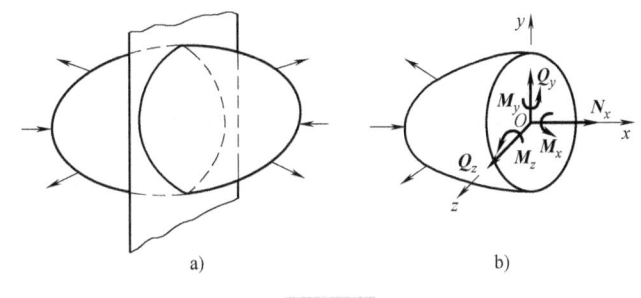

图 6-1

根据变形固体均匀、连续的基本假设，截面上的内力是连续分布的。通常将截面上的分布内力用位于该截面形心处的合力（简化为主矢和主矩）来代替。尽管内力的合力是未知的，但总可以用其六个内力分量（空间任意力系）N_x、Q_y、Q_z 和 M_x、M_y、M_z 来表示，如图 6-1b 所示，因为构件在外力作用下处于平衡状态，所以截开后的保留部分也应保持平衡。由此，根据空间力系的六个平衡方程

$$\sum F_x = 0, \quad \sum F_y = 0, \quad \sum F_z = 0$$
$$\sum M_x = 0, \quad \sum M_y = 0, \quad \sum M_z = 0$$

即可求出 N_x、Q_y、Q_z 和 M_x、M_y、M_z 等各内力分量。用截面法研究保留部分的平衡时，各内力分量相当于平衡体上的外力。

截面上的内力并不一定都同时存在上述六个内力分量，一般可能仅存在其中的一个或几个，随着外力与变形形式的不同，截面上存在的内力分量也不同，如拉压杆截面上的内力，只有与外力平衡的轴向内力 N_x。

截面法求内力的步骤可归纳为：

1) **截开**：在欲求内力截面处，用一假想截面将构件一分为二。

2) **代替**：弃去任一部分，并将弃去部分对保留部分的作用以相应内力代替（即显示内力）。

3) **平衡**：根据保留部分的平衡条件，确定截面内力值。

在本章以后各节中，将分别详细讨论几种基本变形杆件横截面上的内力计算。

6.3 应力与应变

1. 应力的概念

内力是构件横截面上分布内力系的合力，只求出内力，还不能解决构件的强度问题。例如，两根材料相同、粗细不同的直杆，在相同的拉力作用下，随着拉力的增加，细杆首先被拉断，这说明杆件的强度不仅与内力有关，而且与截面的尺寸有关。为了研究构件的强度问题，必须研究内力在截面上的分布规律。为此引入应力的概念。**由外力引起的（构件某截面上一点处）内力分布集度，称为该点的应力**。工程构件在大多数情况下，内力并非均匀分布，集度的定义不仅准确而且重要，因为"破坏"或"失效"往往从内力集度最大处开始。

设在某一受力构件的 m—m 截面上，围绕 K 点取面积 ΔA（图 6-2a），ΔA 上的内力的合力为 ΔF，这样，在 ΔA 上内力的平均集度定义为

$$p_{平均} = \frac{\Delta F}{\Delta A}$$

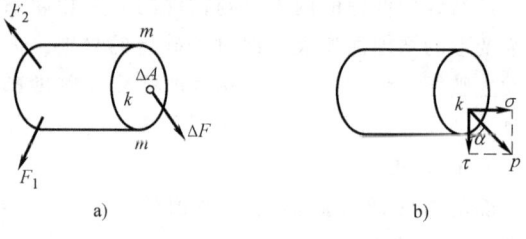

图 6-2

一般情况下，m—m 截面上的内力并不是均匀分布的，因此平均应力 $p_{平均}$ 随所取 ΔA 的大小而不同，当 $\Delta A \to 0$ 时，上式的极限值

$$p = \lim_{\Delta A \to 0} \frac{\Delta F}{\Delta A} = \frac{dF}{dA} \tag{6-1}$$

即为 K 点的分布内力集度，称为 K 点处的总应力。p 是一矢量，通常把应力 p 分解成垂直于截面的分量 σ 和相切于截面的分量 τ。由图 6-2b 中的关系可知

$$\sigma = p\sin\alpha, \quad \tau = p\cos\alpha$$

σ 称为**正应力**，τ 称为**剪应力**。在国际单位制中，应力的单位是帕斯卡，以 Pa（帕）表示，$1\text{Pa} = 1\text{N/m}^2$。由于帕斯卡这一单位甚小，工程常用 kPa（千帕）、MPa（兆帕）、GPa（吉帕）。$1\text{kPa} = 10^3\text{Pa}$，$1\text{MPa} = 10^6\text{Pa}$，$1\text{GPa} = 10^9\text{Pa}$。

2. 应变的概念

将变形体看成许多微小单元体组成,如图 6-3a 所示,物体在受到外力作用下会产生一定的变形,各单元体的位置发生变化,单元体的棱边的边长发生改变,如图 6-3b 所示,相邻棱边所夹直角也发生改变,如图 6-3c 所示。设棱边原长为 Δx,变形后的长度为 $\Delta x+\Delta u$,即长度改变值为 Δu,则 Δu 与 Δx 的比值,称为该棱边的**平均正应变**,并用 ε 表示。

$$\varepsilon = \frac{\Delta u}{\Delta x} \tag{6-2}$$

一般情况下,棱边各点的变形并不完全相同,平均正应变的大小随棱边的长度而改变。为描述某点沿棱边方向的变形情况,应使 Δu 趋于 0,由此所得该点的平均正应变的极限值,即

$$\varepsilon = \lim_{\Delta u \to 0} \frac{\Delta u}{\Delta x} \tag{6-3}$$

ε 称为该点沿棱边方向的**正应变**(或称线应变),规定拉应变为正。

单元体相邻棱边所夹直角的改变量,如图 6-3c 所示,称为切应变(或称角应变),并用 γ 表示,切应变的单位为 rad。

综上所述,应变有正应变(线应变)和切应变(角应变)。正应变和切应变是度量一点处变形程度的两个基本量,都是无量纲量。

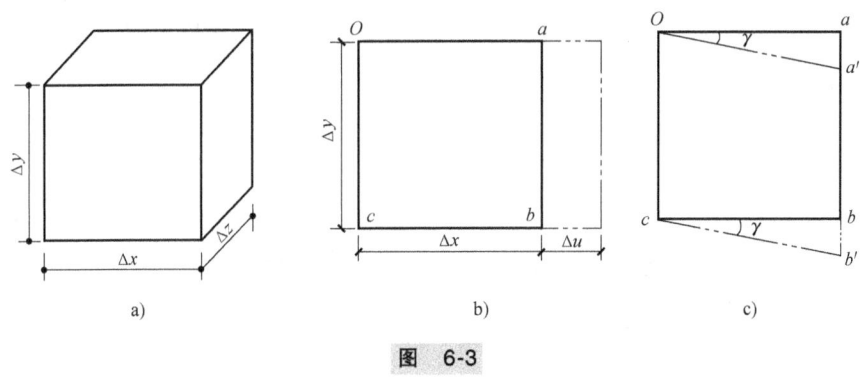

图 6-3

6.4 杆件的基本受力与变形形式

1. 轴向拉伸和压缩

杆件两端沿轴向作用一对等值、反向的拉力(或压力),使杆件沿轴向伸长(或缩短),如图 6-4 所示。

2. 剪切和挤压

杆件受一对等值、反向、作用线平行且相距很近的横向力作用,使杆件在二力间的截面产生相对错动,如图 6-5 所示。

3. 扭转

圆轴两端作用一对大小相等、转向相反、作用面与轴线垂直的力偶,使圆轴任意两截面发生相对转动,如图 6-6 所示。

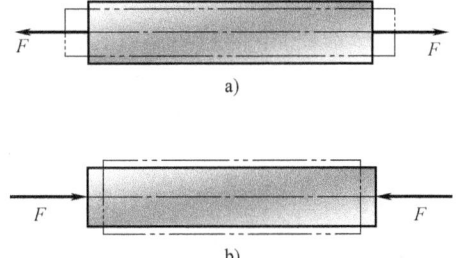

图 6-4

a) 轴向拉伸 b) 轴向压缩

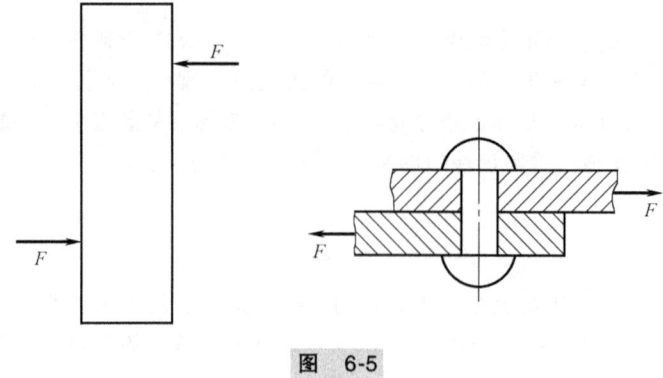

图 6-5

4. 平面弯曲

杆件在一对大小相等、方向相反、位于杆的纵向对称面内的力偶作用下，使杆件轴线在此纵向对称面内由直线变成曲线，如图 6-7 所示。

图 6-6　　　　　　　　　　图 6-7

5. 组合变形

杆件的变形是以上四种基本变形之一，或是两种或两种以上基本变形的组合变形。组合变形如图 6-8 所示。

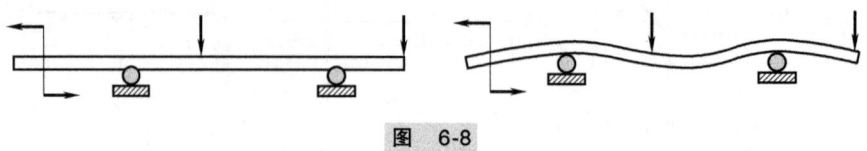

图 6-8

思考题与习题

1. 什么是变形体？为什么在材料力学中，我们必须把构件认为是变形固体？
2. 在材料力学中，不允许力沿作用线滑移，力偶不可在作用面内移动，为什么？请举例说明。
3. 材料力学的基本假设是什么？均匀性假设和各向同性假设有何区别？
4. 什么是截面法？应用截面法能否求出截面上的内力分布规律？为什么？内力与应力二者有何联系？
5. 何谓正应变？何谓切应变？它们的量纲是什么？切应变的单位是什么？应力与应变之间有何关系？
6. 杆件的基本变形有几种？各自的受力特点和变形特点是什么？

第 7 章

轴向拉伸或压缩

学习目标

理解轴向拉伸与压缩的概念，尤其是轴向拉压的受力特点和变形特点；能熟练运用截面法求内力；理解应力的概念，掌握轴向拉压时横截面上正应力的计算；能熟练运用胡克定律分析计算轴向拉压时的变形；掌握轴向拉压时的强度计算；了解材料在拉伸和压缩时的力学性能。

7.1 轴向拉伸或压缩时的内力分析

1. 轴向拉伸与压缩的概念

轴向拉伸与压缩的受力特点是杆件受到与杆件轴线重合的外力的作用。变形特点是杆沿轴线方向的伸长或缩短。产生轴向拉伸与压缩变形的杆件称为**拉压杆**。图 7-1 所示屋架中的弦杆、牵引桥的拉索和桥塔、阀门启闭机的螺杆等均为拉压杆。

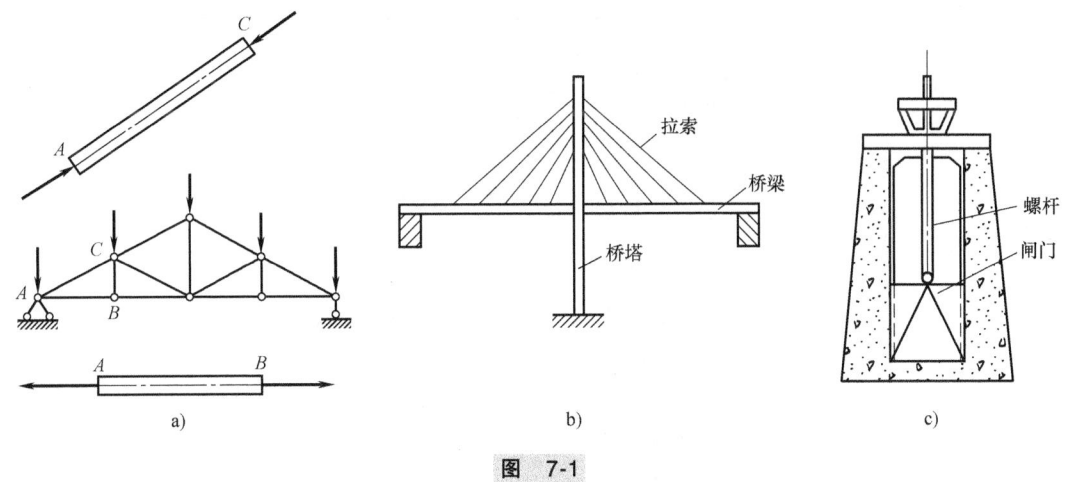

图 7-1

2. 轴向拉（压）杆件横截面上的内力

如图 7-2a 所示为一受拉杆，用截面法求 m—m 截面上的内力，取左段（图 7-2b）为研究对象。

由 $\sum F_x = 0$，即 $F_N - F = 0$

解得 $$F_N = F$$

同样以右段（图 7-2c）为研究对象。

由 $\sum F_x = 0$,即 $F_N' - F = 0$

解得 $F_N' = F$

由上可见 F_N 与 F_N' 大小相等,方向相反,符合作用与反作用定律。由于内力的作用线与轴线重合,故称**轴力**,记为 F_N。其实际是横截面上分布内力的合力。

为了无论取哪段,均使求得的同一截面上的轴力 F_N 有相同的符号,则规定:**轴力 F_N 方向与截面外法线方向相同为正,即为拉力;相反为负,即为压力。**

3. 轴力图

当杆件受到两个以上的轴向外力作用时,在杆件的不同区段轴力不等,为表明轴力随截面位置的变化情况,可用平行于杆轴线的坐标表示横截面位置,垂直坐标表示横截面上的轴力,按选定比例把正轴力画在轴的上方,负轴力画在轴的下方,这样画出的图形即为**轴力图**。

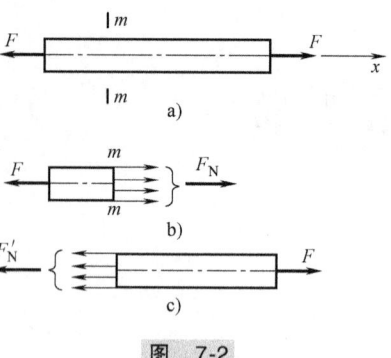

图 7-2

【**例 7-1**】 一等直杆受 5 个轴向力作用(图 7-3),受力情况如图 7-3 所示,$F_1 = 10\text{kN}$,$F_2 = 40\text{kN}$,$F_3 = 55\text{kN}$,$F_4 = 25\text{kN}$,$F_5 = 20\text{kN}$,试求各段的轴力,并绘出轴力图。

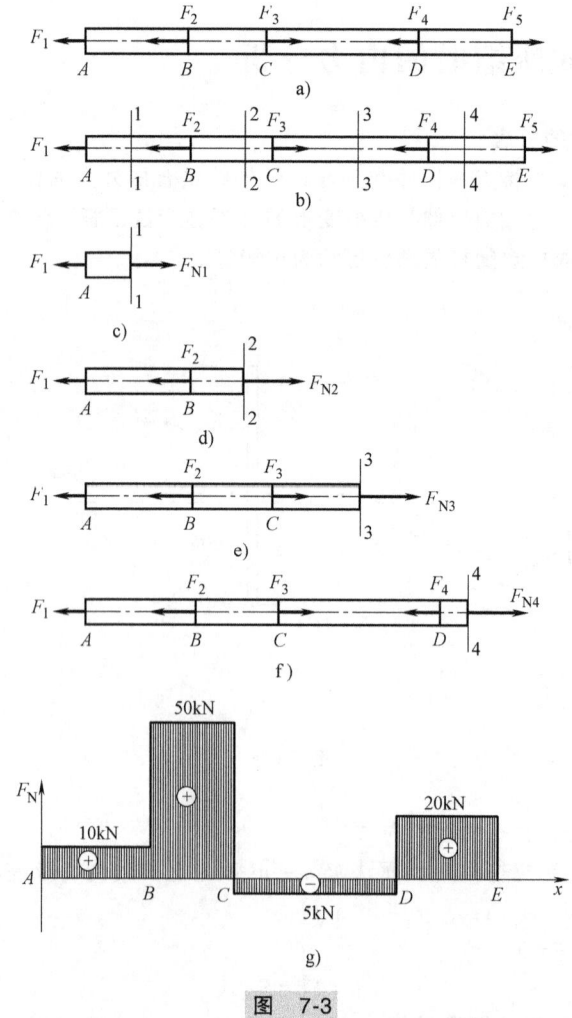

图 7-3

【解】 如图 7-3b 所示，将等直杆各段分为截面 1—1、截面 2—2、截面 3—3、截面 4—4 四个截面分别研究。求 AB 段内力 F_{N1}，取截面 1—1 左侧为研究对象，如图 7-3c 所示。

$$\sum F_x = 0, F_{N1} - F_1 = 0$$
$$F_{N1} = F_1 = 10\text{kN（拉力）}$$

同理，由 $\sum F_x = 0$ 求得 BC、CD、DE 段内力分别为

$$F_{N2} = F_1 + F_2 = 50\text{kN（拉力）}$$
$$F_{N3} = F_1 + F_2 - F_3 = -5\text{kN（压力）}$$
$$F_{N4} = F_1 + F_2 - F_3 + F_4 = 20\text{kN（拉力）}$$

画轴力图如图 7-3g 所示。

结果为负值，说明 F_{N3} 为压力，由上述轴力计算过程可推得：任一截面上的轴力的数值等于对应截面一侧所有外力的代数和，且当外力的方向使截面受拉时为正，受压时为负。

$$F_N = \sum F_i \tag{7-1}$$

4. 利用内力方程绘制内力图

描述内力沿杆长度方向变化规律的坐标 x 的函数，称为内力方程。为了形象直观地反映内力沿杆长度方向的变化规律，以平行于杆轴线的坐标 x 表示横截面的位置，以垂直于杆轴线的坐标表示内力的大小，选取适当的比例尺，便可做出对应的内力图。内力方程所提供的函数图形，即为内力图。

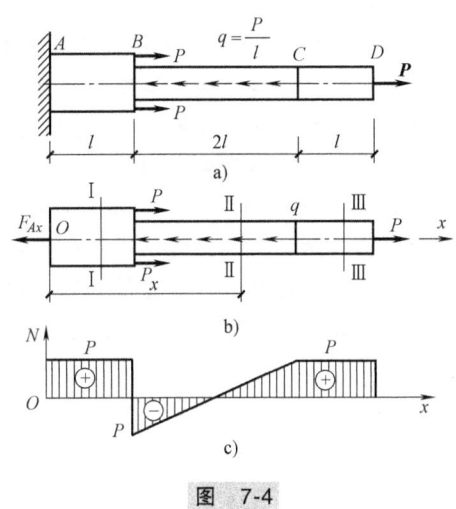

图 7-4

【例 7-2】 如图 7-4a 所示的阶梯形杆件，q 为沿轴线均匀分布的载荷，$q = \dfrac{P}{l}$，试绘制该杆件的轴力图。

【解】 由 $\sum F_x = 0$，$P - 2ql + 2P - F_{Ax} = 0$
解得
$$F_{Ax} = P$$

由于作用在杆件上的外力不是连续变化的，故应分段列出内力方程。

AB 段：$0 < x < l$
$$\begin{cases} F_N(x) = P \\ F_{NA}^+ = F_{NB}^- = P \end{cases}$$

BC 段：$l < x \leq 3l$
$$\begin{cases} F_N(x) = F_{Ax} - 2P + q(x-l) = \dfrac{P}{l}x - 2P \\ F_{NB}^+ = -P, \quad F_{NC}^- = P \end{cases}$$

CD 段：$3l \leq x < 4l$
$$\begin{cases} F_N(x) = P \\ F_{NC}^+ = F_{ND}^- = P \end{cases}$$

根据 F_{NA}^+、F_{NB}^-、F_{NB}^+、F_{NC}^-、F_{NC}^+、F_{ND}^- 的对应值便可做出图 7-4c 所示的轴力图。F_N^+ 及 F_N^- 分别对应横截面右侧和左侧相邻横截面的轴力。

由例【7-2】可见，杆的不同截面上有不同的轴力，而对杆进行强度计算时，要以杆内最大的轴力为计算依据，所以必须确定各个截面上的轴力，以便确定出最大的轴力值。这就需要画轴力图来解决。

7.2 轴向拉伸或压缩时的应力分析

1. 横截面上的正应力

为观察杆的拉伸变形现象，在杆表面上绘出图 7-5 所示的纵、横线。当杆端加上一对轴向拉力后，由图 7-5 可见：杆上所有纵向线伸长相等，横线与纵线保持垂直且仍为直线。由此做出变形的平面假设：**变形前为平面的横截面，变形后仍然保持为垂直于杆轴的平面，并且仍垂直于轴线，只是各横截面沿轴线产生了相对平移。**于是杆件任意两个横截面间的所有纤维，变形后的伸长相等。又因材料为连续均匀的，所以杆件横截面上内力均布，且其方向垂直于横截面（图 7-5），即横截面上只有正应力 σ。于是横截面上的正应力为

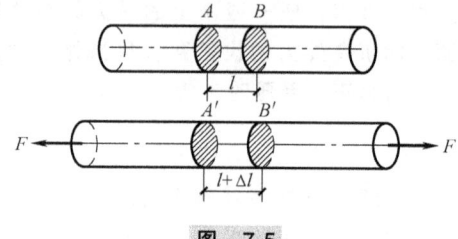

图 7-5

$$\sigma = \frac{F_N}{A} \tag{7-2}$$

式中　A——横截面面积。

σ 的符号规定与轴力的符号一致，即拉应力 σ_t 为正，压应力 σ_c 为负。

注意：由于加力点附近区域的应力分布比较复杂，式（7-2）不再适用，其影响的长度不大于杆的横向尺寸。

2. 斜截面上的正应力

如图 7-6a 所示，为一轴向拉杆，取左段（图 7-6b），斜截面上的应力 p_α 也是均布的，由平衡条件知，斜截面上内力的合力 $F_{N\alpha} = F = F_N$。设与横截面成 α 角的斜截面的面积为 A_α，横截面面积为 A，则 $A_\alpha = \dfrac{A}{\cos\alpha}$，于是

$$p_\alpha = \frac{F_N}{A_\alpha} = \frac{F_N}{A}\cos\alpha = \sigma\cos\alpha$$

令 $p_\alpha = \tau_\alpha + \sigma_\alpha$（图 7-6c）。于是

$$\begin{cases} \sigma_\alpha = p_\alpha \cos\alpha \\ \tau_\alpha = p_\alpha \sin\alpha \end{cases}$$

将 $p_\alpha = \sigma\cos\alpha$ 代入上式，得

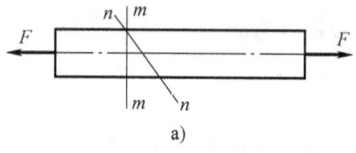

图 7-6

$$\sigma_\alpha = \sigma\cos^2\alpha$$

$$\tau_\alpha = \sigma\cos\alpha\sin\alpha = \frac{1}{2}\sigma\sin2\alpha \tag{7-3}$$

其中角 α 及剪应力 τ_α 符号规定：**自轴 x 转向斜截面外法线 n 为逆时针方向时 α 角为正**，反

之为负。剪应力 τ_α 对所取杆段上任一点的矩顺时针转向时,剪应力为正,反之为负。σ_α 及 α 符号规定相同。

由式(7-3)可知,σ_α 及 τ_α 均是 α 角的函数,当 $\alpha=0$ 时,即为横截面,$\sigma_{max}=\sigma$,$\tau_\varepsilon=0$;当 $\alpha=45°$ 时,$\sigma_\alpha=\sigma/2$,$\tau_{max}=\sigma/2$;当 $\alpha=90°$ 时,即在平行与杆轴的纵向截面上无任何应力。

7.3 轴向拉伸或压缩时的变形

杆件受轴向力的作用时,既产生沿轴向的纵向变形,又产生垂直于轴向的横向变形,杆件的变形量与所受外力有关,也与杆件的材料、长度、截面尺寸等有关。

1. 杆件的纵向变形及纵向线应变

图 7-7a 所示为一等截面直圆杆,其原长为 l,直径为 d,截面面积 A,在拉力 F 作用下,杆长由 l 变为 l_1,则

$$\Delta l = l_1 - l$$

Δl 称为杆件的轴向绝对变形。由于轴向拉伸时,杆的轴向变形沿轴线均匀分布,故其轴向线应变为

$$\varepsilon = \frac{\Delta l}{l} \tag{7-4}$$

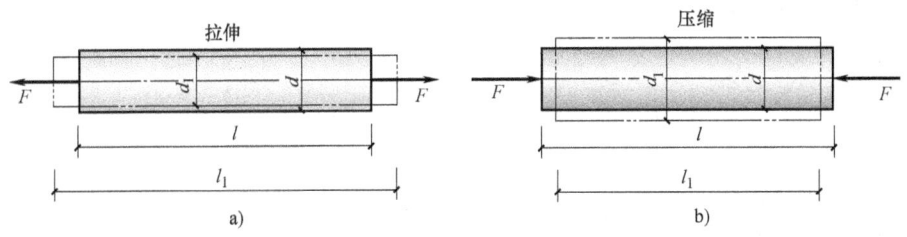

图 7-7

2. 杆件的横向变形及横向应变

由图 7-7 可以看出,杆件变形前的横向尺寸为 d,变形后的横向尺寸为 d_1,则杆件的横向变形为

$$\Delta d = d_1 - d$$

Δd 称为杆件的横向绝对变形。由于轴向拉伸时,杆的横向变形沿直径均匀分布,与之相应的横向应变为

$$\varepsilon' = \frac{\Delta d}{d} \tag{7-5}$$

ε' 的正负号与 Δd 相同,轴向拉伸时为负,压缩时为正。

3. 泊松比

由上面分析可知,轴向拉压变形时,ε 和 ε' 总是正负相反的。试验表明,当轴向拉压杆的应力不超过材料的比例极限时,横向线应变 ε' 与纵向线应变 ε 的比值的绝对值为一常数,此常数称为泊松比(或横向变形系数),用 μ 表示,即

$$\mu = \left|\frac{\varepsilon'}{\varepsilon}\right| \tag{7-6}$$

μ 是无量纲的量,不同材料的 μ 值不同,可通过试验测出。表 7-1 列出了建筑工程中常用的

几种材料的弹性模量和泊松比。

表 7-1　建筑工程中常用的几种材料的弹性模量和泊松比

材料名称	弹性模量 E/GPa	泊松比 μ
Q235 钢	200~210	0.24~0.28
灰口铸铁	60~162	0.23~0.27
铝合金	70~72	0.26~0.33
铜及其合金	72.5~127	0.30~0.42
混凝土	15~36	0.16~0.18
玻璃	46~72	0.20~0.25
木材(顺纹)	9~12	—

4. 胡克定律

试验证明，当杆的轴向外力不超过某一限度时，杆件的纵向变形 Δl 与轴力 F_N、杆长 l 及横截面面积 A 之间存在如下比例关系

$$\Delta l \propto \frac{F_N l}{A}$$

引入比例常数 E，使

$$\Delta l = \frac{F_N l}{EA} \tag{7-7}$$

式中　F_N——杆段的轴力；
　　　l——杆段的原长；
　　　E——材料的拉压弹性模量；
　　　A——杆段的横截面面积。

这一公式是英国科学家胡克提出来的，故称为胡克定律。

由式 (7-7) 可知，**在弹性范围内，杆的轴向绝对变形 Δl 与所加的拉力 F 及杆长 l 成正比，而与杆横截面面积 A 成反比**。当其他条件相同时，材料的弹性模量越大，则变形越小，也就是说材料抵抗变形的能力越大，E 的数值随材料而异，通过试验测定，单位与应力相同。当 l 及 F 均为常数时，EA 越大则变形 Δl 越小，所以 **EA 称为杆件的抗拉（压）刚度**。上述结果同样适用于轴向压缩情况，如图 7-7b 所示。

将式 (7-7) 两端同时除以 l，并把 $\varepsilon = \dfrac{\Delta l}{l}$，$\sigma = \dfrac{F_N}{A}$ 代入，可得

$$\sigma = E\varepsilon \tag{7-8}$$

式 (7-8) 是**胡克定律的另一个表达式，它表明在线弹性范围内，应力与应变成正比**。

【例 7-3】　如图 7-8 所示的阶梯形杆 AC，$F = 10\text{kN}$，$l_1 = l_2 = 400\text{mm}$，$A_1 = 2A_2 = 100\text{mm}^2$，$E = $

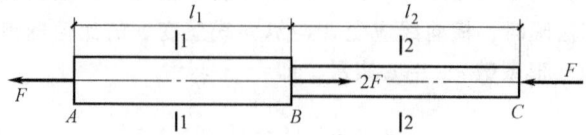

图　7-8

200GPa，试计算杆 AC 的轴向变形 Δl。

【解】 1）用截面法求 AB、BC 段的轴力。

$$F_{N1} = F, \quad F_{N2} = -F$$

2）分段计算杆的轴向变形。

$$\Delta l = \Delta l_1 + \Delta l_2 = \frac{F_{N1}l_1}{EA_1} + \frac{F_{N2}l_2}{EA_2} = \frac{10 \times 10^3 \times 400}{200 \times 10^3 \times 100}\text{mm} - \frac{10 \times 10^3 \times 400}{200 \times 10^3 \times 50}\text{mm}$$

$$= -0.2\text{mm}$$

7.4 材料在轴向拉伸与压缩时的力学性能

材料承受外力作用时，在强度和变形方面表现出的性能称为材料的力学性能，这些性能是构件承载能力分析及选取材料的依据。

由实验得知，材料的力学性能不仅取决于材料本身的成分，还取决于载荷的性质、温度和应力状态等。

1. 材料在常温、静载下拉伸的力学性能

（1）低碳钢　低碳钢是一种典型的塑性材料，在工程实际中被广泛使用，因其在拉伸试验中所表现出的力学性能比较全面。

为便于比较不同材料的试验结果，首先按国家标准《金属材料拉伸试验　第 1 部分：室温试验方法》中规定的形状和尺寸，将材料做成标准试件，如图 7-9 所示。在试件等直部分的中段划取一段 l_0 作为标距长度。标距长度有两种，分别为 $l_0 = 10d_0$；$l_0 = 5d_0$。d_0 为试件的直径。

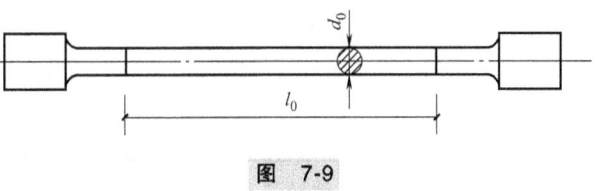

图 7-9

将试件装夹在万能试验机上，随着拉力 F 的缓慢增加，标距段的伸长 Δl 呈现有规律的变化。若取一直角坐标系，横坐标表示变形 Δl，纵坐标表示拉力 F，则在试验机的自动绘图仪上便可绘出 F-Δl 曲线，称为拉伸图。图 7-10a 所示为低碳钢的拉伸力-位移图。

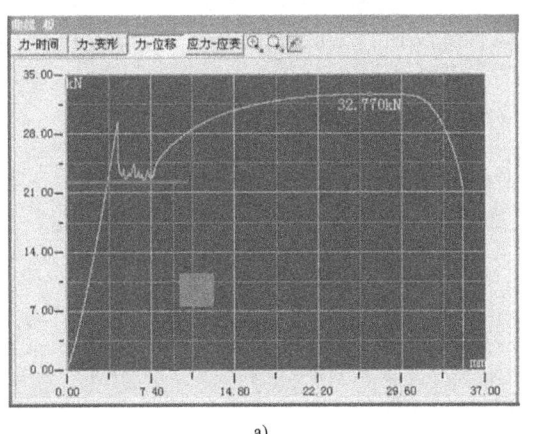
a)

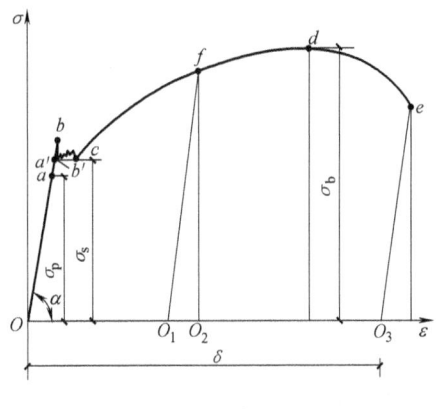
b)

图 7-10

由于 F-Δl 曲线受试件的几何尺寸影响，所以其还不能直接反映材料的力学性能。为此，用应力 $\sigma = \dfrac{F}{A_0}$（A_0 为试件标距段原横截面面积）来反映试件的受力情况；用 $\varepsilon = \dfrac{\Delta l}{l}$ 来反映标距段的变形情况。于是便得图 7-10b 所示的 σ-ε 曲线，称为应力-应变图。

根据低碳钢的 σ-ε 曲线的特点，对照其在实验过程中的变形特征，将其整个拉伸过程依次分为弹性阶段、屈服阶段、强化阶段和缩颈阶段 4 个阶段。

1）弹性阶段。曲线上 Oa 段，此段内材料只产生弹性变形，若缓慢卸去载荷，变形完全消失。点 a 对应的应力值 σ_e 称为材料的弹性极限。虽然 $a'a$ 微段是弹性阶段的一部分，但其不是直线段。Oa' 是斜直线，应力 σ 与应变 ε 成正比，而 $\tan\alpha = \sigma/\varepsilon$，令 $E = \tan\alpha$，则有 $\sigma = E\varepsilon$（拉、压胡克定律的数学表达式）式中 E 称为材料的弹性模量。点 a' 对应的应力值 σ_p 称为材料的比例极限。Q_{235} 钢的 $\sigma_p \approx 200\text{MPa}$，由于大部分材料的 $\sigma_p \approx \sigma_e$，所以将 σ_p 和 σ_e 统称为弹性极限。

2）屈服阶段。曲线上 bc 段为近于水平的锯齿形状线。这种**应力变化很小，应变显著增大的现象称为材料的屈服或流动**。bc 段最低点 b' 对应的应力值 σ_s 称为材料的屈服极限，是衡量材料强度的重要指标。若试件表面抛光，此时可观察到试件表面有许多与其轴线约成 45°角的条纹，称为滑移线（金属晶粒沿最大切应力面发生滑移而产生的）。屈服阶段不仅变形大，而且主要是塑性变形。

3）强化阶段。曲线上的 cd 段可见，**经过屈服阶段以后，应力又随应变增大而增加，这种现象称为材料的强化**。曲线最高点 d 对应的应力值 σ_b 是材料所能承受的最大应力，称为强度极限，是衡量材料强度的又一重要指标。Q_{235} 钢的 $\sigma_b = 380 \sim 470\text{MPa}$。

若在 cd 段内任一点 f 停止加载，并缓慢卸载，应力与应变关系将沿着与 Oa 近乎平行的直线 fO_1 回到点 O_1（图 7-10b），O_1O_2 为卸载后消失的应变，即弹性应变；OO_1 为卸载后未消失的应变，即塑性应变。若卸载后立即加载，应力与应变关系基本上是沿着 O_1f 上升至点 f 后，再沿 fde 曲线变化。可见在重新加载时，点 f 以前材料的变形是弹性的，过点 f 后才开始出现塑性变形。这种**在常温下，将材料预拉到强化阶段后卸载，然后立即再加载时，材料的比例极限提高而塑性降低的现象，称为冷作硬化**。

冷作硬化提高了材料在弹性阶段内的承载能力，但同时降低了材料的塑性。例如，冷轧钢板或冷拔钢丝，由于冷作硬化，提高其强度的同时降低了材料的塑性，使继续轧制和拉拔困难，若要恢复其塑性，则要进行退火处理。

4）缩颈阶段。过点 d 后，在试件的某一局部区域，其横截面急剧缩小，这种现象称为缩颈现象。由于缩颈部分横截面面积急剧减小，使试件继续伸长所需的拉力也随之迅速下降，直至试件被拉断。

工程上用于衡量材料塑性的指标有延伸率（δ）和断面伸缩率（Ψ）。

$$\delta = \frac{l_1 - l_0}{l_0} \times 100\% \tag{7-9}$$

式中　l_1——试件拉断后标距的长度；
　　　l_0——原标距长度。

$$\Psi = \frac{A_0 - A_1}{A_0} \times 100\% \tag{7-10}$$

式中　A_0——试件原横截面面积；
　　　A_1——试件断裂处的横截面面积。

δ 和 Ψ 的数值越高，材料的塑性越大。一般 $\delta > 5\%$ 的材料称为塑性材料，如合金钢、铝合金、碳素钢和青铜等；δ<5%的材料称为脆性材料，如灰铸铁、玻璃、陶瓷、混凝土和石料等。

（2）其他塑性材料　图 7-11 所示是在相同条件下得到的锰钢、硬铝、退火球墨铸铁和青铜 4 种材料的 σ-ε 曲线。由这些曲线可知，这些材料与低碳钢的相同点是在材料断裂后都具有较大的塑性变形；不同点是这些材料都没有明显的屈服阶段，所以测不到 σ_s。为此，对这类材料，国家标准规定，取对应于试件产生 0.2% 的塑性应变时的应力值（$\sigma_{0.2}$）作为名义屈服强度，如图 7-12 所示。

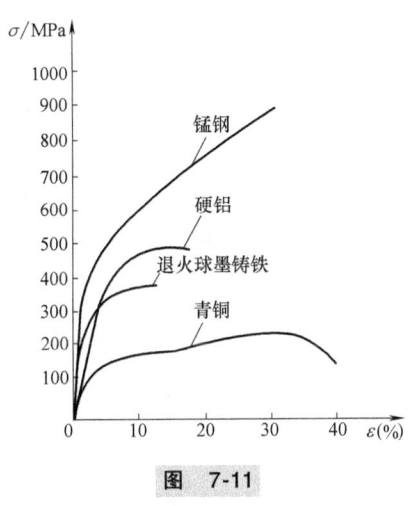

图 7-11

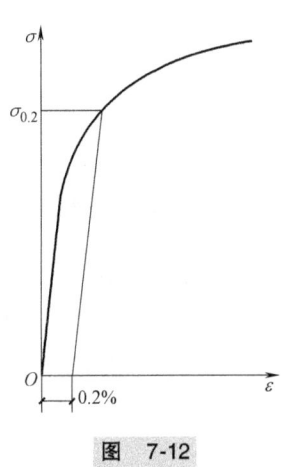

图 7-12

（3）铸铁　铸铁是一种典型的脆性材料，它受拉时从开始到断裂，变形都不显著，没有屈服阶段和缩颈现象，图 7-13 所示是铸铁拉伸时的 F-Δl 曲线，由曲线可以看出，脆性材料只有一个强度指标，即拉断时的最大应力，即强度极限 σ_b。

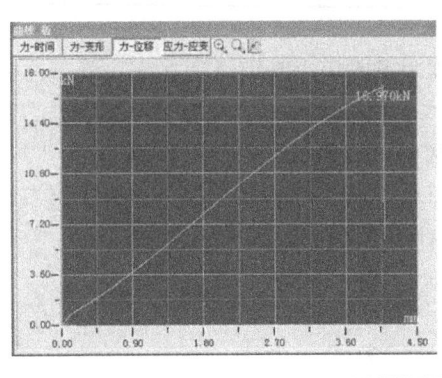

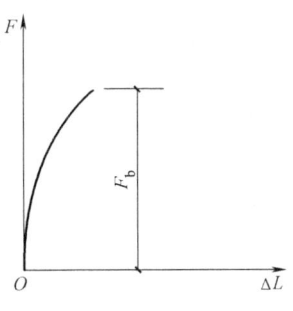

图 7-13

在土木建筑工程中，常用的水泥砂浆、混凝土、陶瓷、玻璃和砖石等材料也是脆性材料，它们的 F-Δl 曲线与铸铁相似，但是它们具有不同的强度极限 σ_b 值。

2. 常温静载下压缩时的力学性能

（1）低碳钢　图 7-14 所示中的虚线和实线分别为低碳钢拉伸和压缩时的 σ-ε 曲线，由图可知，在屈服阶段以前，此二曲线基本重合，所以低碳钢拉伸和压缩时的 E 值和 σ_s 值基本相同。过屈服阶段后，若继续增大荷载，试件将越压越扁，测不出其抗压强度。

（2）铸铁　图 7-15 所示为铸铁压缩时的 σ-ε 曲线，没有屈服现象，试件在较小变形下突然沿与试件轴线约成 35°16′ 的斜面上发生纯剪断破坏。铸铁的抗压强度极限 σ_c 比其抗拉强度极限 σ_b 高 4~5 倍。混凝土、玻璃、陶瓷、石料等脆性材料的抗压强度也远远高于其抗拉强度。

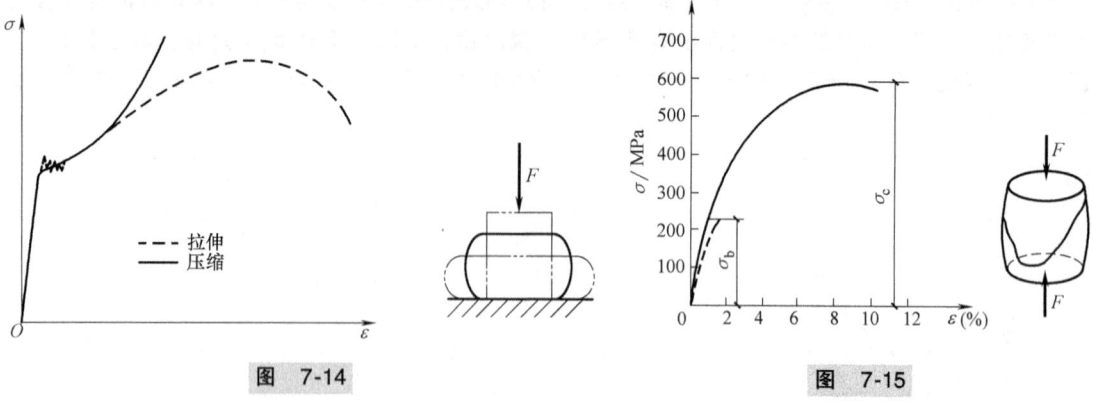

图 7-14　　　　　　　　　　　　　图 7-15

3. 许用应力与安全系数

轴向拉伸（压缩）杆中的任一点均处于单向应力状态。塑性及脆性材料的极限应力 σ_u 分别为屈服极限 σ_s（或 $\sigma_{0.2}$）和强度极限 σ_b，则材料在单向应力状态下的破坏条件为

$$\sigma = \sigma_u$$

材料的许用拉（压）应力 $[\sigma] = \dfrac{\sigma_u}{n}$，则单向应力状态下的正应力强度条件为

$$\sigma \leqslant [\sigma] \tag{7-11}$$

同理可得，材料在纯剪切应力状态下的切应力强度条件

$$\tau \leqslant [\tau] \tag{7-12}$$

材料丧失其正常工作能力时的应力值，称为危险应力或极限应力 σ_u。而当构件的应力达到其屈服极限 σ_s 或强度极限 σ_b 时，将产生较大的塑性变形或发生断裂，便丧失了其正常工作能力。所以塑性材料的极限应力为 σ_s 或 $\sigma_{0.2}$，脆性材料的极限应力为 σ_b 或 σ_c。

保证构件安全工作的最大应力值，称为许用应力 $[\sigma]$，所以其低于极限应力。常将材料的极限应力 σ_u 除以大于 1 的安全系数 n 作为其许用应力 $[\sigma]$。

塑性材料　　　　　　　　　　$[\sigma] = \dfrac{\sigma_s}{n_s}$ 　　　　　　　　　　(7-13a)

脆性材料　　　　　　　　　　$[\sigma] = \dfrac{\sigma_b}{n_b}$ 　　　　　　　　　　(7-13b)

式中　n_s 和 n_b——塑性材料和脆性材料的安全系数。

安全系数是反映构件具有安全储备大小的一个系数。正确地选择安全系数是一个比较复杂但又相当重要的问题，关系着构件的安全与经济两者间矛盾能否解决。

确定安全系数应考虑以下几方面因素：
1) 构件材料是塑性还是脆性及其均匀性。
2) 构件所受载荷及其估计的准确性。
3) 实际构件的简化过程及其计算方法的精确性。
4) 构件的工作条件及其重要性。

一般在静载下，对塑性材料 n_s 可取 1.5~2.5，对脆性材料 n_b 可取 2.0~5.0。

7.5 轴向拉伸或压缩时的强度计算

由内力图可直观地判断出**等直杆内力最大值所发生的截面，称为危险截面，危险截面上应力值最大的点称为危险点**。为了保证构件有足够的强度，其危险点的有关应力需满足对应的强度条件。

在进行结构设计时，为保证结构安全正常工作，要求各构件必须具有足够的强度和刚度。解决构件的强度和刚度问题，首先需要确定危险截面的内力。

由式 (7-2) 和式 (7-13) 得，拉（压）杆的正应力强度条件为

$$\sigma_{\max} = \frac{F_{N\max}}{A} \leqslant [\sigma] \tag{7-14}$$

【例 7-4】 如图 7-16a 所示托架，AB 为圆钢杆其直径 $d=3.2\text{cm}$，BC 为正方形木杆，其边长 $a=14\text{cm}$。杆端均用铰链连接。在结点 B 作用一载荷 $F=60\text{kN}$。已知钢的许用应力 $[\sigma]=140\text{MPa}$。木材的许用拉、压应力分别为 $[\sigma_t]=8\text{MPa}$，$[\sigma_c]=3.5\text{MPa}$，试求：

（1）校核托架能否正常工作。
（2）为保证托架安全工作，最大许可载荷为多大；
（3）如果要求载荷 $F=60\text{kN}$ 不变，应如何修改钢杆和木杆的截面尺寸。

【解】（1）校核托架强度

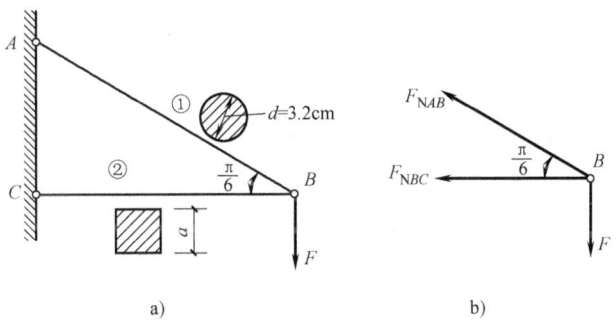

图 7-16

取结点 B 为研究对象，如图 7-16b 所示。

由 $\sum F_y = 0$，$F_{NAB} \times \sin\frac{\pi}{6} = F$

解得 $F_{NAB} = 2F = 120\text{kN}$

由 $\sum F_x = 0$，$F_{NAB} \times \cos\frac{\pi}{6} = F_{NBC}$

解得 $F_{NBC} = \sqrt{3}F = 103.92\text{kN}$

杆 AB、BC 的轴力分别为 $F_{N1} = F_{NAB} = 120\text{kN}$，$F_{N2} = -F_{NBC} = -103.92\text{kN}$，即杆 BC 受压、轴力负号不参与运算。

钢杆 $\sigma_1 = \dfrac{F_{N1}}{A_1} = \dfrac{4F_{N1}}{\pi d^2} = 149.28\text{MPa} > 140\text{MPa} = [\sigma_t]$

木杆
$$\sigma_2 = \frac{F_{N2}}{A_2} = \frac{F_{N2}}{a^2} = 5.30\text{MPa} > 3.5\text{MPa} = [\sigma_c]$$

故钢杆和木杆的强度均不够，托架不能安全承担所加载荷，不能正常工作。

（2）求最大许可载荷

由上述分析可知，托架不能安全工作的原因是钢杆和木杆的强度不足。则最大许可载荷 $[F]$ 应根据木杆强度来确定。由强度条件有

$$F_{N2} \leq A_2[\sigma_c] = a^2[\sigma_c] = 68.6\text{kN}$$

而 $F_{N2} = F_{NBC} = F\cot\alpha$，则有

$$F\cot\alpha \leq 68.6\text{kN}$$

故托架的最大许可载荷为 $[F] = 68.6\tan\alpha = 51.45\text{kN}$

（3）若 $F = 60\text{kN}$ 不变，求钢杆与杆截面尺寸 由强度条件有

$$A \geq \frac{F_N}{[\sigma]}$$

钢杆

$$\frac{\pi}{4}d^2 \geq \frac{F_{N1}}{[\sigma]} = 8.57\text{cm}^2$$

解得
$$d \geq 3.30\text{cm}$$

木杆
$$a^2 \geq \frac{F_{N2}}{[\sigma_c]} = 296.91\text{cm}^2$$

解得
$$a \geq 17.23\text{cm}$$

若取钢杆直径 $d = 3.3\text{cm}$，木杆边长 $a = 17\text{cm}$，此时钢杆与木杆的工作应力将比其许用应力分别大 1% 和 2.7%。通常在工程上规定不超过 5% 是允许的。

【例 7-5】 有一高度 $l = 24\text{m}$ 的方形截面等直块石柱，如图 7-17a 所示，其顶部作用有轴向载荷 $F_P = 1000\text{kN}$。已知材料容重 $\gamma = 23\text{kN/m}^3$，许用应力 $[\sigma_c] = 1\text{MPa}$，试设计此块石柱所需的截面尺寸。若将该等直柱设计成等分三段的阶梯柱，如图 7-17d 所示，试设计每段石柱所需的截面尺寸。

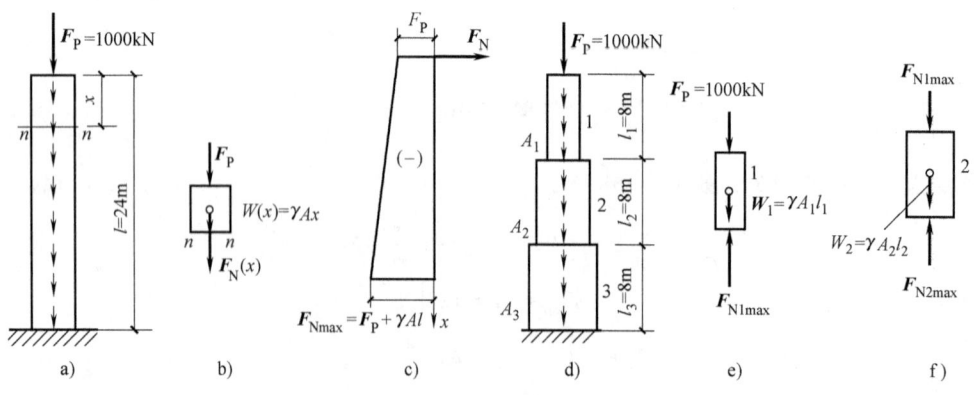

图 7-17

【解】 取 n—n 截面上侧为研究对象如图 7-17b 所示。

由
$$\sum F_x = 0, \quad F_N(x) + W(x) + F_P = 0$$

解得
$$F_N(x) = -[F_P + W(x)] = -(F_P + \gamma Ax)$$

石柱的轴力图如图 7-17c 所示，最大轴力 F_Nmax 出现在石柱的底面上，其值 $F_\text{Nmax} = F_P + \gamma Al$。柱底截面上的应力需满足下述强度条件。

$$\sigma_\text{max} = \frac{F_\text{Nmax}}{A} = \frac{F_P}{A} + \gamma l \leq [\sigma_c]$$

解得

$$A \geq \frac{F_P}{[\sigma_c] - \gamma l} = 2.23\text{m}^2$$

方形截面的边长为 $a = \sqrt{A} \geq \sqrt{2.23}\text{m} = 1.49\text{m}$

取 $a = 1.5\text{m}$

图 7-17d 所示为阶梯形柱，取第 1 段柱为研究对象，如图 7-17e 所示，由 $A \geq \frac{F_P}{[\sigma_c] - \gamma l}$ 可求得第 1 段柱的横截面面积为

$$A_1 \geq \frac{F_P}{[\sigma_c] - \gamma l_1} = \frac{1000\text{kN}}{1\text{MPa} - 23\text{kN/m}^3 \times 8\text{m}} = 1.23\text{m}^2$$

其对应的方形截面的边长 $a_1 = \sqrt{A_1} \geq \sqrt{1.23}\text{m} = 1.109\text{m}$

取 $a_1 = 1.1\text{m}$，则 $A_1 = 1.21\text{m}^2$

同理可求得第 2 段柱，如图 7-17f 所示的横截面面积为

$$A_2 \geq \frac{F_P + \gamma A_1 l_1}{[\sigma_c] - \gamma l_2} = \frac{1000\text{kN} + 23\text{kN/m}^3 \times 1.21\text{m}^2 \times 8\text{m}}{1\text{MPa} - 23\text{kN/m}^3 \times 8\text{m}} = 1.498\text{m}^2$$

其对应的方形截面的边长为 $a_2 = \sqrt{A_2} \geq \sqrt{1.498}\text{m} = 1.224\text{m}$

取 $a_2 = 1.25\text{m}$，则 $A_2 = 1.562\text{m}^2$

第三段柱的横截面面积为

$$A_3 \geq \frac{F_P + \gamma A_1 l_1 + \gamma A_2 l_2}{[\sigma_c] - \gamma l_3} = \frac{1000\text{kN} + 23\text{kN/m}^3 \times 1.21\text{m}^2 \times 8\text{m} + 23\text{kN/m}^3 \times 1.562\text{m}^2 \times 8\text{m}}{1\text{MPa} - 23\text{kN/m}^3 \times 8\text{m}} = 1.85\text{m}^2$$

其对应的方形截面的边长为 $a_3 = \sqrt{A_3} \geq \sqrt{1.85}\text{m} = 1.36\text{m}$

取 $a_3 = 1.4\text{m}$，则 $A_3 = 1.96\text{m}^2$

等直柱的体积 $V_1 = Al = 53.5\text{m}^3$，阶梯柱的体积 $V_2 = (A_1 + A_2 + A_3)l/3 = 37.86\text{m}^3$，可见阶梯柱比等直柱节省了 15.64m^3 的石块。

7.6 应力集中的概念

等截面直杆轴向拉压时，横截面上的应力是均匀分布的。但在工程中出于实际需要，常在一些建筑构件上钻孔，如图 7-18 所示，以及开槽或制成阶梯形等，在这些截面突变地方附近，应力局部数值的剧烈增加，而在离这些区域稍远的地方，应力急剧下降而趋于平缓，这种现象称为**应力集中**。

由塑性材料制作的建筑构件受到静载作用，应力集中对塑性材料构件影响不大，因为当最大应力达到屈服极限时、此处的最大应力将停止增大，只是变形继续增加。这样，截面其他处小于屈服极限的应力，将因变形增加而继续提高，使整个截面上的应力趋于均匀，直至同样达到屈服极限，构件丧失了工作能力。因此，对于塑性材料制成的构件，虽有应力集中，但不会显著降低构件抵抗荷载的能力，故在强度计算中可不考虑应力集中的影响。

脆性材料没有屈服现象，当应力集中处的最大应力达到材料的强度极限时，会导致构件突然断裂。因此，必须考虑应力集中对强度的影响。

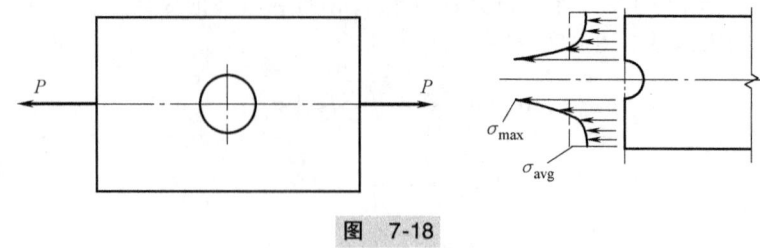

图 7-18

思考题与习题

一、简答题

1. 拉压杆斜截面上的应力公式是如何建立的？最大正应力与最大切应力各位于何截面，其值为何？正应力、切应力与方位角的正负号是如何规定的？
2. 设两根材料不同，截面面积也不同的拉杆，承受相同的轴向拉力，其内力是否相同？
3. 如何判断构件的危险截面？如何确定其危险点？
4. 什么是材料的屈服极限和名义屈服极限？
5. 什么是极限应力和许用应力？安全系数的选择与哪些因素有关？

二、绘图题

1. 试求图 7-19 所示拉杆截面 1—1，截面 2—2，截面 3—3 上的轴力，并作出轴力图。
2. 试作图 7-20 所示受力杆的轴力图。

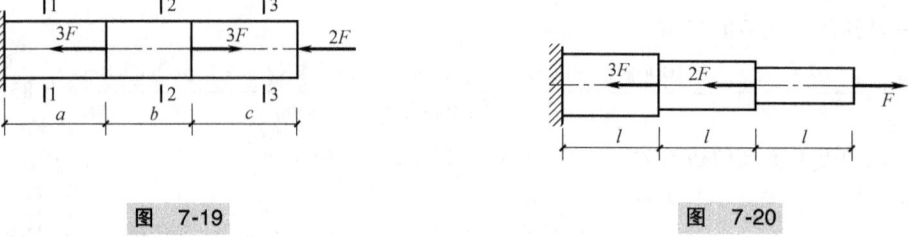

图 7-19   　　　　　　　　　　图 7-20

3. 试作图 7-21 所示受力杆的轴力图。
4. 试作图 7-22 所示受力杆的轴力图。

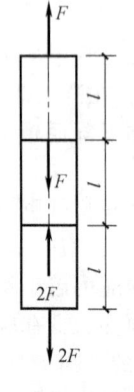 　　　　　　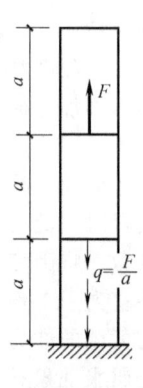

图 7-21   　　　　　　　　　　图 7-22

三、计算题

1. 图 7-23 所示结构中，杆件 BC 为圆截面杆，直径 $d=20$mm，已知其材料的许用应力为 $[\sigma]=160$MPa，AD 为刚性杆，试求许用的均布载荷 $[q]$。

2. 图 7-24 所示轴向拉压杆的横截面面积 $A=1000\text{mm}^2$，载荷 $F=10$kN，纵向分布载荷的集度 $q=10$kN/m，$a=1$m。试求截面 1—1 的正应力 σ 和杆中的最大正应力 $\sigma_{\max}$。

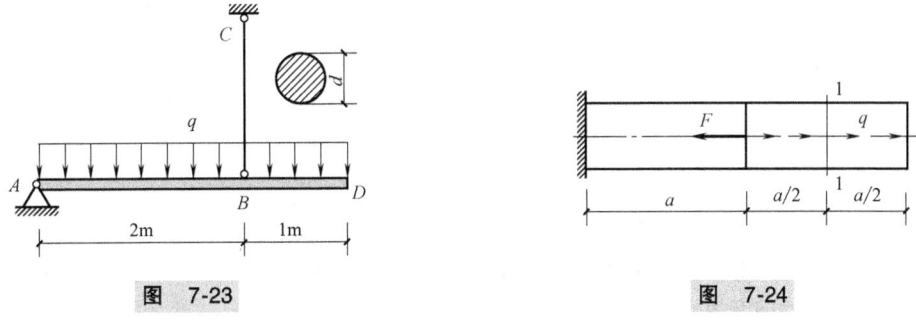

图 7-23　　　　　　　　　　图 7-24

3. 如图 7-25 所示，钢质圆杆的直径 $d=10$mm，$F=5.0$kN，弹性模量 $E=210$GPa。试求杆内最大应力和杆的总伸长。

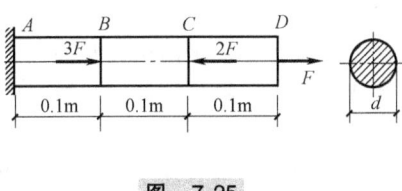

图 7-25

4. 图 7-26 所示结构 CD 为刚性杆，圆截面钢杆 AB 的直径 $d=20$mm，其弹性模量 $E=200$GPa，$a=1$m，现测得杆 AB 的纵向线应变 $\varepsilon=7\times10^{-4}$，试求此时载荷 F 的数值及截面 D 的铅垂位移 Δ_D。

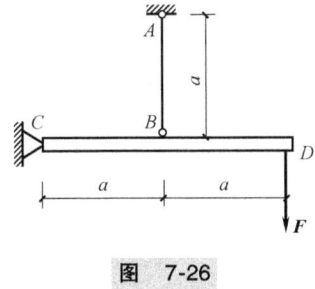

图 7-26

第8章

剪切与挤压

学习目标

掌握剪切与挤压的概念和变形特点；掌握剪切面面积、切应力与剪切强度的计算；掌握挤压面面积、挤压应力与强度计算。

8.1 剪切与挤压的概念

1. 剪切的概念

剪切变形是杆件的基本变形之一。在日常生活中，我们经常用剪刀剪断物体，这是剪切破坏的典型实例。在工程中，经常使用铆钉、螺栓、销钉、键、榫接头等连接件，这些连接件在工作时常常发生剪切变形。如图 8-1a 所示，用一个铆钉连接两块钢板，钢板分别受到一对力 P 的作用。钢板在拉力 P 作用下使铆钉的右上侧和左下侧受力，铆钉的上、下两部分将发生沿水平方向的相对错动，如图 8-1b 所示。当拉力 P 增大到一定值时，铆钉将沿水平截面被剪断，这种现象叫作**剪切**现象。因此，剪切的受力特点是：作用在构件上的横向外力大小相等、方向相反、作用线平行且相距很近。剪切的变形特点是：两横向力之间的截面发生相对错动。两横向力之间的截面叫作**剪切面**，剪切面一般平行于外力作用线，如图 8-1c 所示。

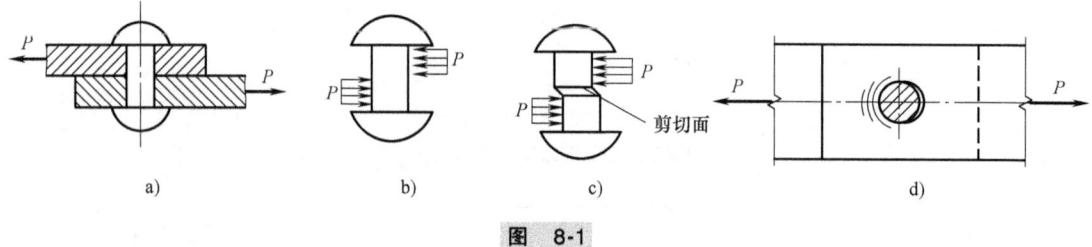

图 8-1

2. 挤压的概念

连接件受剪切变形的同时，还会伴有挤压现象。挤压是指连接件和被连接件的接触面间相互压紧而产生局部受压的现象。如图 8-1a 所示的铆钉连接中，上钢板孔右侧与铆钉上部右侧相互挤压，下钢板孔左侧与铆钉下部左侧相互挤压。在钢板和铆钉相互接触的表面上会产生压力，如图 8-1d 所示。接触面上的压力叫作挤压力，用 F_{bs} 表示；承受挤压力的面叫作挤压面，用 A_{bs} 表示。当钢板与铆钉间的挤压力过大时，接触面将发生显著的塑性变形，使钢板的圆孔变成椭圆形或使铆钉杆部压扁。

8.2 剪切的实用计算

如图 8-2a 所示为连接螺栓，用截面法求 n—n 截面上的内力，取下段，由 $\sum F_x = 0$，有

$$F_s - F = 0$$

解得

$$F_s = F$$

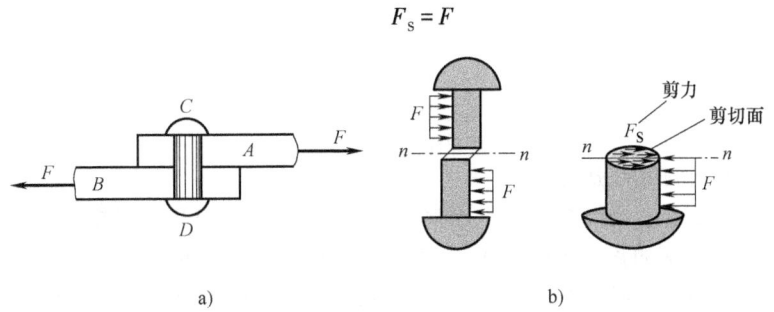

图 8-2

力 F_s 切于剪切面 n—n，称为**剪力**。实用计算中，假设在剪切面上切应力是均匀分布的，如图 8-2b 所示，若以 A 表示剪切面面积，则构件剪切面上的平均切应力为

$$\tau = \frac{F_s}{A} \tag{8-1}$$

剪切强度条件为

$$\tau = \frac{F_s}{A} \leqslant [\tau] \tag{8-2}$$

式中，剪切许用应力 $[\tau]$ 可从有关设计手册中查得。

8.3 挤压的实用计算

在剪切问题中，机械中的连接件在承受剪切作用的同时，在传力的接触面间互相挤压而产生局部变形的现象，称为挤压。图 8-3a 所示就是螺栓孔被压成长圆孔的情况，当然，螺栓也可

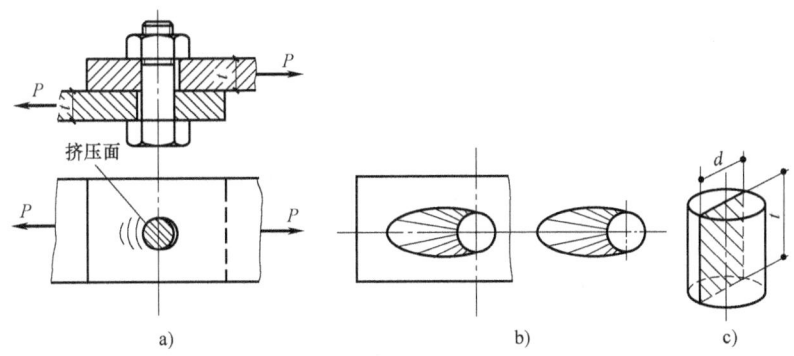

图 8-3

能被挤压成扁圆柱。

作用于接触面上的总压力,称为**挤压力**,以 F_{bs} 表示。挤压面上的平均压应力,称为**挤压应力**,以 σ_{bs} 表示。挤压应力分布一般比较复杂,铆钉受挤压时,挤压面为半个圆柱面,挤压应力分布如图 8-3b 所示,最大的挤压应力发生在该表面的中部。在实用计算中,假设在挤压面上挤压应力是均匀分布的,则构件挤压面上的平均挤压应力为

$$\sigma_{bs} = \frac{F_{bs}}{A_{bs}} \tag{8-3}$$

挤压强度条件为

$$\sigma_{bs} = \frac{F_{bs}}{A_{bs}} \leqslant [\sigma_{bs}] \tag{8-4}$$

式中　　$[\sigma_{bs}]$——材料的许用挤压应力;

　　　　A_{bs}——挤压面积,当接触面为平面时,A_{bs} 就是接触面面积;当接触面为圆柱面时,以圆柱面的正投影作为 A_{bs},如图 8-3c 所示,$A_{bs}=dt$。

【**例 8-1**】 电瓶车挂钩由插销连接(图 8-4a)。插销材料为 20 钢,$[\tau]=30\text{MPa}$,$[\sigma_{bs}]=100\text{MPa}$,直径 $d=20\text{mm}$。挂钩及被连接的板件的厚度分别为 $t=8\text{mm}$ 和 $1.5t=12\text{mm}$。牵引力 $P=15\text{kN}$。试校核插销的剪切和挤压强度。

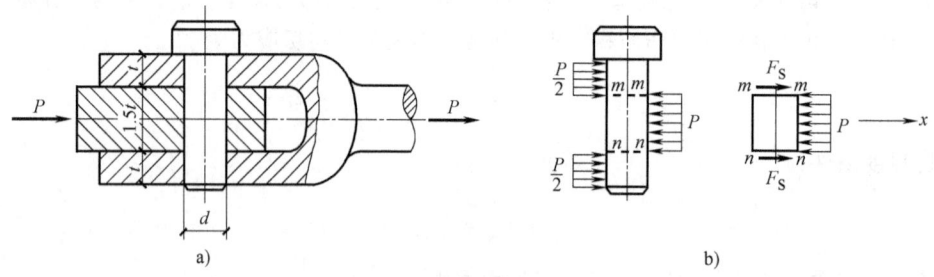

图 8-4

【**解**】 插销受力如图 8-4b 所示。插销中段相对于上、下两段,沿 m—m 和 n—n 两个面向左错动。所以有两个剪切面,称为双剪切。

由　　$\sum F_x = 0$　　即　　$2F_S - P = 0$

解得　　$F_S = \dfrac{P}{2}$

由式(8-1),有

$$\tau = \frac{F_S}{A} = \frac{\dfrac{P}{2}}{\dfrac{\pi d^2}{4}} = \frac{2P}{\pi d^2} = 23.9\text{MPa} < 30\text{MPa} = [\tau]$$

由式(8-3),有

$$\sigma_{bs} = \frac{F_{bs}}{A_{bs}} = \frac{P}{1.5td} = 62.5\text{MPa} < 100\text{MPa} = [\sigma_{bs}]$$

故满足剪切及挤压强度要求。

【**例 8-2**】 如图 8-5 所示木榫接头,$F=45\text{kN}$,试求接头的剪切与挤压应力。

【解】（1）剪切实用计算公式

$$\tau = \frac{F_S}{A_S} = \frac{45 \times 10^3 \text{N}}{100 \times 100 \text{mm}^2} = 4.5 \text{MPa}$$

（2）挤压实用计算公式

$$\sigma_{bs} = \frac{F_{bs}}{A_{bs}} = \frac{45 \times 10^3 \text{N}}{40 \times 100 \text{mm}^2} = 11.25 \text{MPa}$$

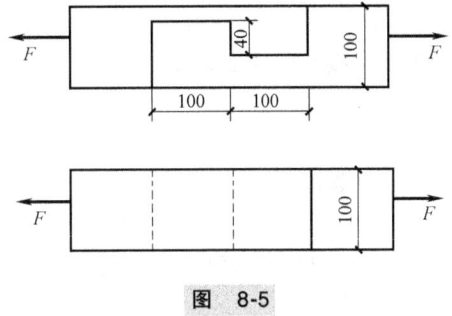

图 8-5

【例 8-3】 如图 8-6 所示连接头，承受轴向载荷 F 作用，试校核连接头的强度。已知：载荷 $F = 100$kN，板宽 $b = 100$mm，板厚 $\delta = 10$mm，铆钉直径 $d = 20$mm，许用应力 $[\sigma] = 160$MPa，许用切应力 $[\tau] = 120$MPa，许用挤压应力 $[\sigma_{bs}] = 340$MPa。板件与铆钉的材料相同。

【解】（1）校核铆钉的剪切强度

$$\tau = \frac{F_S}{A_S} = \frac{\frac{1}{4}F}{\frac{1}{4}\pi d^2} = \frac{\frac{1}{4} \times 100 \text{kN}}{\frac{1}{4}\pi \times (20\text{mm})^2} = 79.62 \text{MPa} \leqslant [\tau] = 120 \text{MPa}$$

（2）校核铆钉的挤压强度

$$\sigma_{bs} = \frac{F_{bs}}{A_{bs}} = \frac{\frac{1}{4}F}{d\delta} = \frac{\frac{1}{4} \times 100 \text{kN}}{20 \text{mm} \times 10 \text{mm}} = 125 \text{MPa} \leqslant [\sigma_{bs}] = 340 \text{MPa}$$

（3）考虑板件的拉伸强度

对板件受力分析，画板件的轴力图如图 8-7 所示。

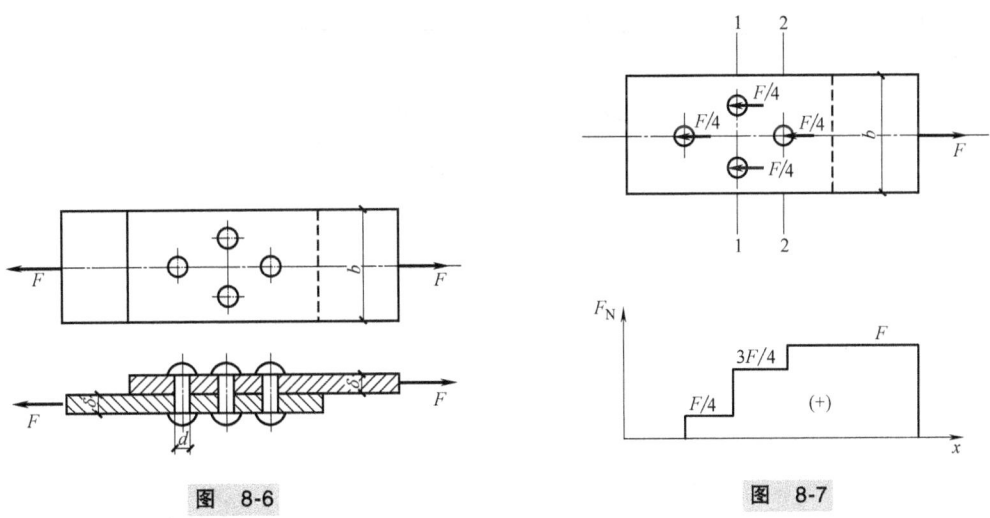

图 8-6   图 8-7

校核 1—1 截面的拉伸强度

$$\sigma_1 = \frac{F_{N1}}{A_1} = \frac{\frac{3F}{4}}{(b-2d)\delta} = \frac{\frac{3}{4} \times 100 \text{kN}}{(100 \text{mm} - 2 \times 20 \text{mm}) \times 10 \text{mm}} = 125 \text{MPa} \leqslant [\sigma] = 160 \text{MPa}$$

校核 2—2 截面的拉伸强度

$$\sigma_2 = \frac{F_{N2}}{A_2} = \frac{F}{(b-d)\delta} = \frac{100\text{kN}}{(100\text{mm}-20\text{mm})\times 10\text{mm}} = 125\text{MPa} \leqslant [\sigma] = 160\text{MPa}$$

所以，接头的强度足够。

思考题与习题

一、简答题

1. 挤压面和计算挤压面是否相同？举例说明。
2. 什么是挤压？挤压和压缩有什么区别？

二、计算题

1. 已知图 8-8 所示接头的铆钉直径 $d=19\text{mm}$，铆钉许用挤压应力 $[\sigma_{bs}]=120\text{MPa}$，许用切应力 $[\tau]=65\text{MPa}$；板宽 $b=120\text{mm}$，厚度 $\delta=10\text{mm}$，板材许用拉应力 $[\sigma]=100\text{MPa}$。试求许用拉力 $[F]$。

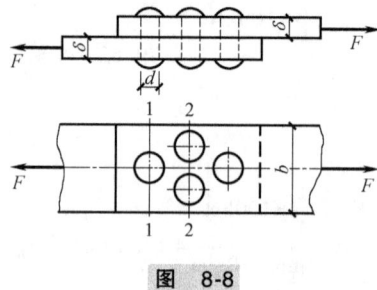

图 8-8

2. 如图 8-9 所示销钉连接，已知：连接器壁厚 $\delta=8\text{mm}$，轴向拉力 $F=15\text{kN}$，销钉许用切应力 $[\tau]=20\text{MPa}$，许用挤压应力 $[\sigma_{bs}]=70\text{MPa}$。试求销钉的直径 d。

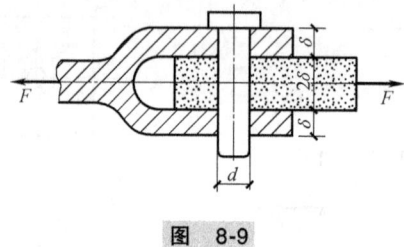

图 8-9

第 9 章

扭 转

学习目标

掌握圆轴扭转的概念，理解圆轴扭转时横截面上的内力；能熟练计算圆轴扭转时的切应力和扭转角；掌握圆轴扭转时的强度和刚度条件。

9.1 扭转的概念

产生扭转变形的杆件多为传动轴，房屋的雨篷梁也有扭转变形，如图 9-1 所示。

扭转构件的受力特点是杆件受到作用面垂直于杆轴线的力偶的作用。扭转构件的变形特点是相邻横截面绕杆轴产生相对旋转变形。

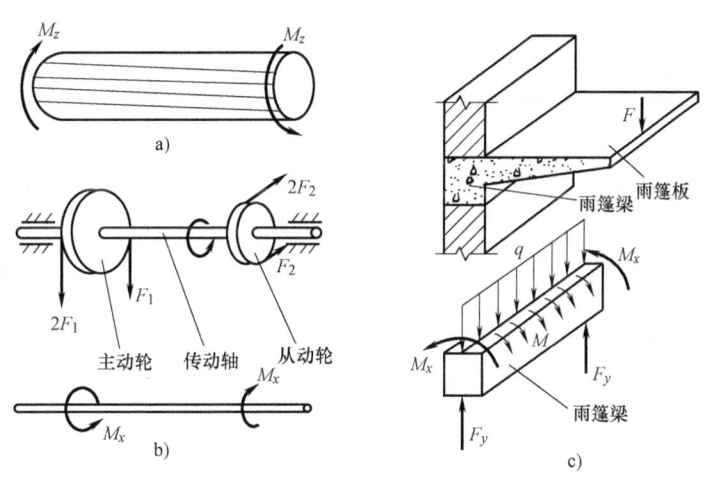

图 9-1

9.2 圆轴扭转时横截面上的内力

图 9-2a 所示为一受扭杆，用截面法来求 n—n 截面上的内力，取截面左段为研究对象如图 9-2b 所示，作用于其上的外力仅有一力偶 M_A，因其平衡，则作用于 n—n 截面上的内力必合成为一力偶。

由 $\sum M_x = 0$，$T - M_A = 0$

解得 $\quad T = M_A \quad$ (9-1)

T 称为 n—n 截面上的**扭矩**。杆件受到外力偶矩作用而发生扭转变形时，在杆的横截面上产生的内力称**扭矩**（用 T 表示）单位：N·m 或 kN·m。

符号规定：按右手螺旋法则将 T 表示为矢量，当矢量方向与截面外法线方向相同为正，反之为负，如图 9-2c、d 所示。

【例 9-1】 图 9-3a 所示的传动轴的转速 $n = 300\text{r/min}$，主动轮 A 的功率 $N_A = 400\text{kW}$，3 个从动轮输出功率分别为 $N_C = 120\text{kW}$，$N_B = 120\text{kW}$，$N_D = 160\text{kW}$，试求指定截面的扭矩（主动轮产生的力偶 $M = 9550 \dfrac{N}{n} \text{N·m}$）。

【解】

$$M_A = 9550 \frac{N_A}{n} = 9550 \times \frac{400\text{kW}}{300\text{r/min}} \approx 12.73\text{kN·m}$$

$$M_B = M_C = 9550 \frac{N_B}{n} = 9550 \times \frac{120\text{kW}}{300\text{r/min}} = 3.82\text{kN·m}$$

$$M_D = M_A - (M_B + M_C) = 5.09\text{kN·m}$$

由 $\quad \sum M_x = 0, \quad T_1 + M_B = 0$

解得 $\quad T_1 = -M_B = -3.82\text{kN·m}$

由 $\quad \sum M_x = 0, \quad T_2 + M_B + M_C = 0$

解得 $\quad T_2 = -M_B - M_C = -7.64\text{kN·m}$

由 $\quad \sum M_x = 0, \quad T_3 - M_A + M_B + M_C = 0$

解得 $\quad T_3 = M_A - M_B - M_C = 5.09\text{kN·m}$

由上述扭矩计算过程推得：**任一截面上的扭矩值等于对应截面一侧所有外力偶矩的代数和，且外力偶矩应用右手螺旋定则背离该截面时为正，反之为负**，即

$$T = \sum M \quad (9\text{-}2)$$

【例 9-2】 图 9-4 所示的传动轴有 4 个轮子，作用在轮上的外力偶矩分别为 $M_A = 3\text{kN·m}$，$M_B = 7\text{kN·m}$，$M_C = 2\text{kN·m}$，$M_D = 2\text{kN·m}$，试求指定截面的扭矩。

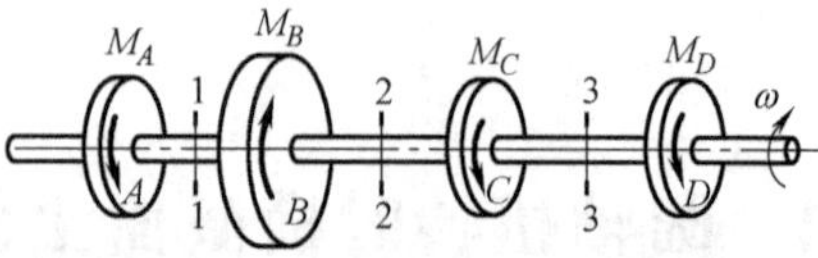

【解】 由 $T = \sum M$，得

取左段 $T_1 = -M_A = -3\text{kN·m}$

取右段 $T_1 = -M_B + M_C + M_D = -3\text{kN·m}$

取左段 $T_2 = -M_A + M_B = 4\text{kN·m}$

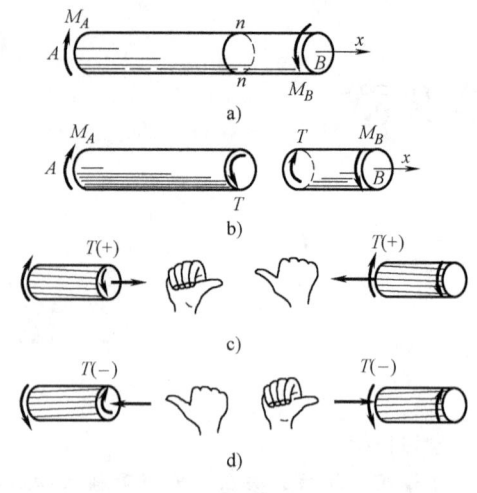

图 9-2

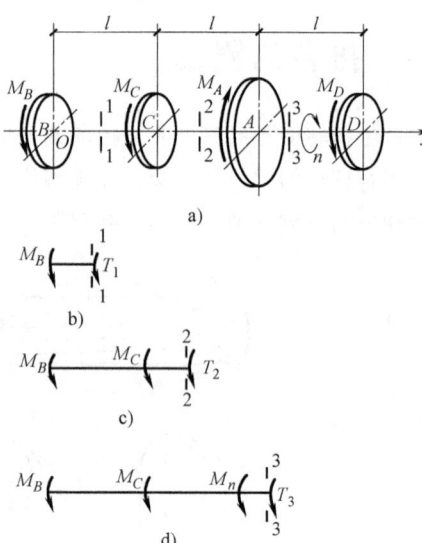

图 9-3

图 9-4

取右段 $T_2 = M_C + M_D = 4\text{kN} \cdot \text{m}$

取左段 $T_3 = -M_A + M_B - M_C = 2\text{kN} \cdot \text{m}$

取右段 $T_3 = M_D = 2\text{kN} \cdot \text{m}$

【例 9-3】 试绘制【例 9-1】中传动轴的扭矩图。

【解】 BC 段：$T(x) = -M_B = -3.82\text{kN} \cdot \text{m}$ $(0 < x < l)$

$$T_B^+ = T_C^- = -3.82\text{kN} \cdot \text{m}$$

CA 段：$T(x) = -M_B - M_C = -7.64\text{kN} \cdot \text{m}$ $(l < x < 2l)$

$$T_C^+ = T_A^- = -7.64\text{kN} \cdot \text{m}$$

AD 段：$T(x) = m_D = 5.09\text{kN} \cdot \text{m}$ $(2l < x < 3l)$

$$T_A^+ = T_D^- = 5.09\text{kN} \cdot \text{m}$$

根据 T_B^+、T_C^-、T_C^+、T_A^-、T_A^+、T_D^- 的对应值便可作出图 9-5b 所示的扭矩图。T^+ 及 T^- 分别对应横截面右侧及左侧相邻横截面的扭矩。

由例子可见，轴的不同截面上有不同的扭矩，而对轴进行强度计算时，要以轴内最大的扭矩为计算依据，所以必须确定各个截面上的扭矩，以便确定出最大的扭矩值。这就需要画扭矩图来解决。

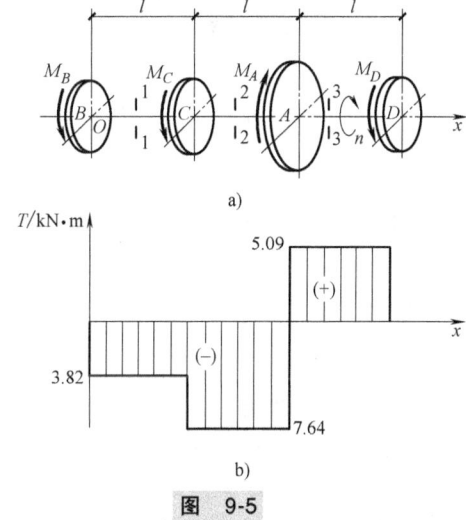

图 9-5

9.3 圆轴扭转时的应力分布规律与强度条件

1. 圆轴扭转时横截面上的切应力

（1）扭转变形现象及平面假设　由图 9-6 可知，圆轴与薄壁圆筒的扭转变形相同。由此做出圆轴扭转变形的平面假设：**圆轴变形后其横截面仍保持为平面，其大小及相邻两横截面间的距离不变，且半径仍为直线**。按照该假设，圆轴扭转变形时，其横截面就像刚性平面一样，绕轴线转了一个角度。

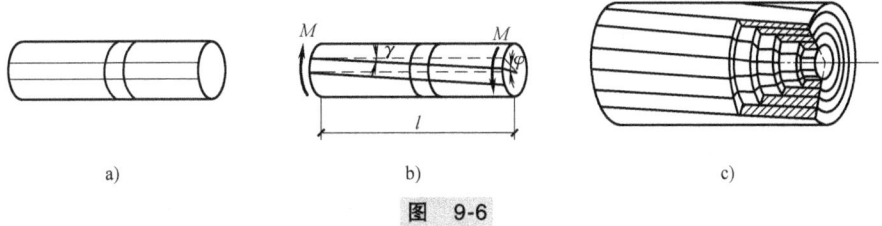

图 9-6

（2）变形的几何关系　从圆轴中取出长为 dx 的微段（图 9-7a），截面 n—n 相对于截面 m—m 绕轴转了 $d\varphi$ 角，半径 O_2C 转至 O_2C' 位置。若将圆周看成由无数薄壁圆筒组成，则在此微段中，组成圆轴的所有圆筒的扭转角 $d\varphi$ 均相同。设其中任意圆筒的半径为 ρ，且应变为 γ_ρ（图 9-7b），有

$$\gamma_\rho = \tan\gamma_\rho = \frac{GG'}{dx} = \rho \cdot \frac{d\varphi}{dx} = \rho\theta \tag{a}$$

式中　θ——沿轴线方向单位长度的扭转角，对一个给定的截面 θ 为常数。

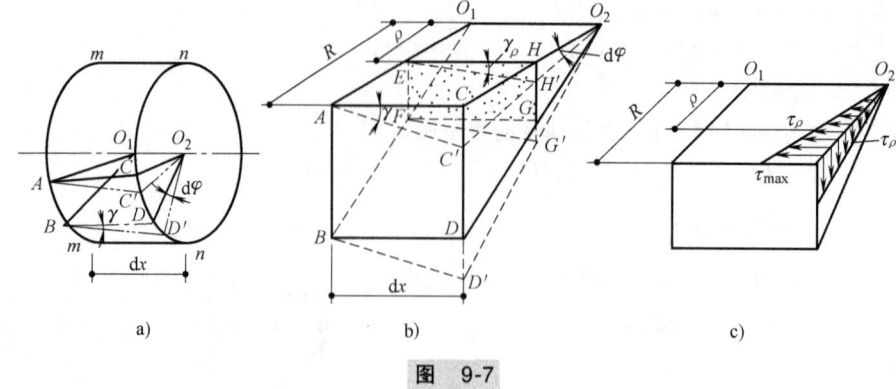

图 9-7

(3) 物理关系 以 τ_ρ 表示横截面上距圆心为 ρ 处的切应力,有

$$\tau_\rho = G\gamma_\rho$$

将式 (a) 代入上式,得

$$\tau_\rho = G\rho \frac{d\varphi}{dx} = G\rho\theta \tag{b}$$

上式表明,横截面上任意点的切应力 τ_ρ 与该点到圆心的距离 ρ 成正比。因为 γ_ρ 发生在垂直于半径的平面内,所以 τ_ρ 也与半径垂直,切应力在纵、横截面上沿半径分布如图 9-7c 所示。

(4) 静力学关系 在横截面上距圆心为 ρ 处取一微面积 dA (图 9-8),其上内力 $\tau_\rho dA$ 对 x 轴之矩为 $\tau_\rho dA\rho$,所有内力矩的总和即为截面上的扭矩

$$T = \int_A \rho \tau_\rho dA \tag{c}$$

将式 (a) 代入上式,得

$$T = G\theta \int_A \rho^2 dA = G\theta I_P \tag{d}$$

式中 I_P——横截面对点 O 的极惯性矩,极惯性矩的计算详见附录 A.2。

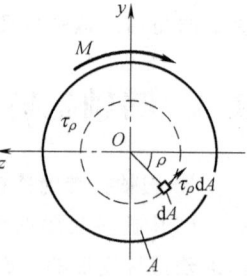

图 9-8

由式 (d) 可得单位长度扭转为

$$\theta = \frac{T}{GI_P} \tag{9-3}$$

将式 (9-3) 代入式 (b),得

$$\tau_\rho = \frac{T\rho}{I_P} \tag{9-4}$$

这就是圆轴扭转时横截面上任意点的切应力公式。

在圆截面边缘上,ρ 的最大值为 R,则最大切应力为

$$\tau_{max} = \frac{TR}{I_P}$$

令 $W_P = I_P/R$,则上式可写为

$$\tau_{max} = \frac{T}{W_P} \tag{9-5}$$

式中 W_P——抗扭截面模量,仅与截面的几何尺寸有关。

若截面是直径为 d 的圆形,则

$$W_P = \frac{I_P}{d/2} = \frac{\pi d^3}{16}$$

若截面是外径为 D，内径为 d 的空心圆形，则

$$W_P = \frac{I_P}{D/2} = \frac{\pi D^3}{16}\left[1-\left(\frac{d}{D}\right)^4\right]$$

【例 9-4】 图 9-9 所示空心圆截面轴，外径 $D=40\text{mm}$，内径 $d=20\text{mm}$，扭矩 $T=1\text{kN}\cdot\text{m}$，试计算 A 点处（$\rho_A=15\text{mm}$）的扭转切应力 τ_A，以及横截面上的最大与最小扭转切应力。

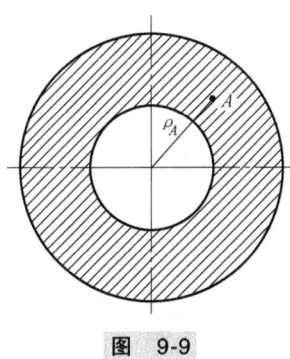

图 9-9

【解】 (1) 计算横截面的极惯性矩

$$I_P = \frac{\pi}{32}(D^4 - d^4) = \frac{\pi}{32}\times(40^4\text{mm}^4 - 20^4\text{mm}^4) = 2.356\times 10^5\text{mm}^4$$

(2) 计算扭转切应力

$$\tau_A = \frac{T\rho_A}{I_P} = \frac{1\times 10^6 \times 15}{2.356\times 10^5}\text{MPa} \approx 63.7\text{MPa}$$

$$\tau_{max} = \frac{T\rho_{max}}{I_P} = \frac{1\times 10^6 \times 20}{2.356\times 10^5}\text{MPa} \approx 84.9\text{MPa}$$

$$\tau_{min} = \frac{T\rho_{min}}{I_P} = \frac{1\times 10^6 \times 10}{2.356\times 10^5}\text{MPa} \approx 42.4\text{MPa}$$

2. 圆轴扭转时的强度条件

由式 (9-5) 得，圆轴扭转时切应力强度条件为

$$\tau_{max} = \frac{T}{W_P} \leq [\tau] \tag{9-6}$$

【例 9-5】 如图 9-10 所示的阶梯形圆轴，AB 段的直径 $d_1=40\text{mm}$，BD 段的直径 $d_2=70\text{mm}$，外力偶矩分别为：$M_A=0.7\text{kN}\cdot\text{m}$，$M_C=1.1\text{kN}\cdot\text{m}$，$M_D=1.8\text{kN}\cdot\text{m}$，许用切应力 $[\tau]=60\text{MPa}$。试校核该轴的强度。

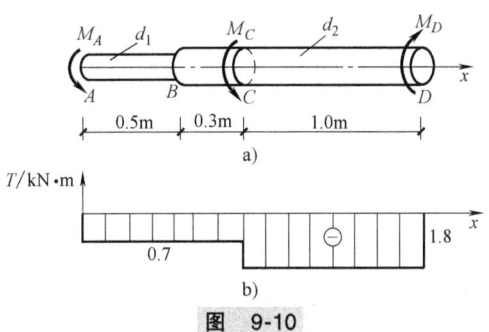

图 9-10

【解】 AC、CD 段的扭矩分别为 $T_1 = -0.7\text{kN} \cdot \text{m}$，$T_2 = -1.8\text{kN} \cdot \text{m}$。扭矩图如图 9-10b 所示。虽然 CD 段的扭矩大于 AB 段的扭矩，但 CD 段的直径也大于 AB 段直径，所以对这两段轴均应进行强度校核。

AB 段
$$\tau_{max} = \frac{T_1}{W_P} = 55.7\text{MPa} < 60\text{MPa} = [\tau]$$

CD 段
$$\tau_{max} = \frac{T_2}{W_P} = 26.7\text{MPa} < 60\text{MPa} = [\tau]$$

故该轴满足强度条件。

9.4 圆轴扭转的变形与刚度计算

1. 圆轴的扭转角

将 $\theta = \dfrac{d\varphi}{dx}$ 代入式（9-3）并积分，便得相距为 l 的两个截面间的扭转角 φ 为

$$\varphi = \int_l d\varphi = \int_l \frac{T}{GI_P} dx \tag{9-7}$$

若相距为 l 的两个截面间的 T、G、I_P 均不变，则此二截面间扭转角为

$$\varphi = \frac{Tl}{GI_P} \tag{9-8}$$

由式（9-8）可知，当 l 及 T 均为常数时，GI_P 越大则扭转角 φ 越小，所以 GI_P 称为圆轴的抗扭刚度。

轴的单位长度扭转角

$$\theta = \frac{\varphi}{l} = \frac{T}{GI_P} \tag{9-9}$$

2. 轴的刚度条件

在工程实际中，对于轴向拉（压）杆，除极特殊情况外，一般不会因其变形过大而影响正常使用，因此一般不考虑其变形。而对于扭转轴和平面弯曲梁及发生组合变形的构件则需要考虑刚度问题。

在某些情况下，虽然承受外力的杆件不发生破坏，但若其弹性变形超过允许限度，也将导致其不能正常工作。例如，电动机的转子和定子之间的间隙（图 9-11）一般很小，若转轴变形过大，运转时转子与定子可能碰撞；而且还将导致轴承的不均匀磨损。所以，对有些杆件，其具有足够强度的同时，应有足够的刚度。

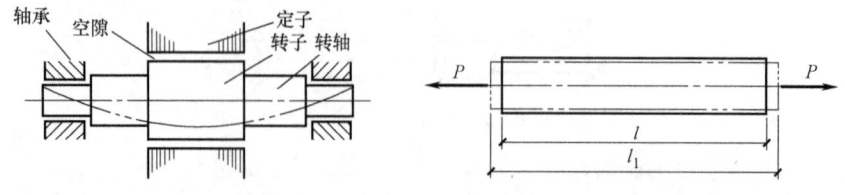

图 9-11

扭转轴在满足强度条件的同时，要求其最大单位长度扭转角 θ_{max} 不应大于许用单位长度扭转角 $[\theta]$，则轴的刚度条件为

$$\theta_{\max} = \frac{T}{GI_P} \leq [\theta] \tag{9-10}$$

式中 $[\theta]$——许用单位长度扭转角，(rad/m)，若以 (°)/m 为单位，则轴的刚度条件为

$$\theta_{\max} = \frac{T}{GI_P} \times \frac{180}{\pi} \leq [\theta] \tag{9-11}$$

【例 9-6】 一电动机的传动轴传递的功率为 30kW，转速为 1400r/min，直径为 40mm，轴材料的许用切应力 $[\tau] = 40\text{MPa}$，剪切弹性模量 $G = 80\text{GPa}$，许用单位扭转角 $[\theta] = 1°/\text{m}$，试校核该轴的强度和刚度。

【解】 (1) 计算扭矩

$$T = M = 9550\frac{N}{n} = 9550 \times \frac{30\text{kW}}{1400\text{r/min}} \approx 204.6\text{N} \cdot \text{m}$$

(2) 强度校核

$$\tau_{\max} = \frac{T}{W_P} = \frac{16 \times 204.6}{\pi \times (40 \times 10^{-3})^3}\text{Pa} = 16.3\text{MPa} < 40\text{MPa} = [\tau]$$

(3) 刚度校核

$$\theta = \frac{T}{GI_P} \times \frac{180}{\pi} = \frac{32 \times 204.6}{80 \times 10^9 \times \pi \times (40 \times 10^{-3})^4} \times \frac{180}{\pi}(°)/\text{m} = 0.58(°)/\text{m} < 1(°)/\text{m} = [\theta]$$

该传动轴即满足强度条件又满足刚度条件。

【例 9-7】 图 9-12a 所示圆截面轴，AB 与 BC 段的直径分别为 d_1 与 d_2，且 $d_1 = \frac{4d_2}{3}$。

(1) 试求轴内的最大切应力与截面 C 的转角，并画出轴表面母线的位移情况，材料的切变模量为 G。

(2) 若扭转力偶矩 $M = 1\text{kN} \cdot \text{m}$，许用切应力 $[\tau] = 80\text{MPa}$，单位长度的许用扭转角 $[\theta] = 0.5$ (°)/m，切变模量 $G = 80\text{GPa}$，试确定轴径。

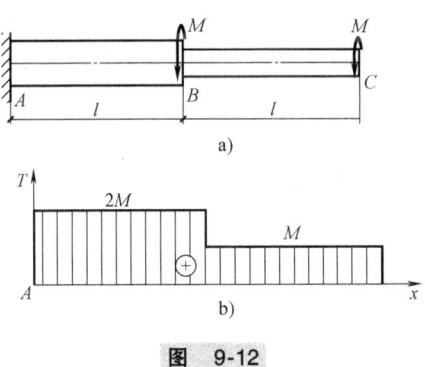

图 9-12

【解】 (1)
1) 画轴的扭矩图，如图 9-12b 所示。
2) 求最大切应力

$$\tau_{AB\max} = \frac{T_{AB}}{W_{pAB}} = \frac{2M}{\frac{1}{16}\pi d_1^3} = \frac{2M}{\frac{1}{16}\pi\left(\frac{4d}{3}\right)^3} = \frac{13.5M}{\pi d_2^3}$$

$$\tau_{BCmax} = \frac{T_{BC}}{W_{PBC}} = \frac{M}{\frac{1}{16}\pi d_2^3} = \frac{16M}{\pi d_2^3}$$

比较得

$$\tau_{max} = \frac{16M}{\pi d_2^3}$$

3) 求 C 截面的转角

$$\varphi_C = \varphi_{AB} + \varphi_{BC} = \frac{T_{AB}l_{AB}}{GI_{PAB}} + \frac{T_{BC}l_{BC}}{GI_{PBC}} = \frac{2Ml}{G\frac{1}{32}\pi\left(\frac{4d_2}{3}\right)^4} + \frac{Ml}{G\frac{1}{32}\pi d_2^4} = \frac{16.6Ml}{Gd_2^4}$$

(2)

1) 考虑轴的强度条件

$$\tau_{ABmax} = \frac{2M}{\frac{1}{16}\pi d_1^3} \leq [\tau], \quad \frac{2\times 1\times 10^6 \times 16}{\pi d_1^3} \leq 80, \quad d_1 \geq 50.3\text{mm}$$

$$\tau_{BCmax} = \frac{M}{\frac{1}{16}\pi d_2^3} \leq [\tau], \quad \frac{1\times 10^6 \times 16}{\pi d_2^3} \leq 80, \quad d_2 \geq 39.9\text{mm}$$

2) 考虑轴的刚度条件

$$\theta_{AB} = \frac{M_{TAB}}{GI_{PAB}} \times \frac{180°}{\pi} \leq [\theta], \quad \frac{2\times 10^6 \times 32}{80\times 10^3 \times \pi d_1^4} \times \frac{180°}{\pi} \times 10^3 \leq 0.5, \quad d_1 \geq 73.5\text{mm}$$

$$\theta_{BC} = \frac{M_{TBC}}{GI_{PBC}} \times \frac{180°}{\pi} \leq [\theta], \quad \frac{1\times 10^6 \times 32}{80\times 10^3 \times \pi d_2^4} \times \frac{180°}{\pi} \times 10^3 \leq 0.5, \quad d_2 \geq 61.8\text{mm}$$

3) 综合轴的强度和刚度条件,确定轴的直径

$$d_1 \geq 73.5\text{mm}, \quad d_2 \geq 61.8\text{mm}$$

9.5 薄壁圆筒的扭转与切应力互等定理

1. 薄壁圆筒扭转时的应力

为了观察薄壁圆筒的扭转变形现象,先在圆筒表面上作出图 9-13a 所示的纵向线及圆周线,当圆筒两端加上一对力偶 M 后,由图 9-13b 可见:各纵向线仍近似为直线,且其均倾斜了同一微小角度 γ,各圆周线的形状、大小及圆周线绕轴线转了不同角度。由此说明,圆筒横截面及含轴线的纵向截面上均没有正应力,则横截面上只有切于截面的切应力 τ。因为薄壁的厚度 δ 很小,所以可以认为切应力沿壁厚方向均匀分布,如图 9-13e 所示。

由

$$\sum M_x = 0, \int_0^{2\pi} \tau R_0^2 \delta d\theta - M = 0$$

解得

$$\tau = \frac{M}{2\pi R_0^2 \delta} \tag{9-12}$$

式中　R_0——圆筒的平均半径。

扭转角 φ 于切应变 γ 的关系，由图 9-13b 有

$$R\varphi \approx l\gamma$$

即
$$\gamma = R\frac{\varphi}{l} \tag{9-13}$$

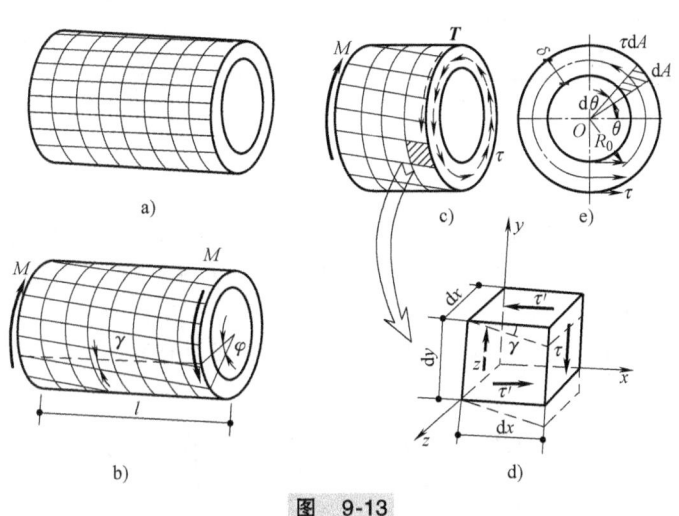

图 9-13

2. 切应力互等定理

用相邻的两个横截面、两个径向截面及两个圆柱面，从圆筒中取出边长分别为 dx、dy、dz 的单元体（图 9-13d），单元体左、右两侧面是横截面的一部分，则其上作用有等值、反向的切应力 τ，其组成一个力偶矩为 $(\tau dz dy)\,dx$ 的力偶。则单元体上、下面上的切应力 τ' 必组成一等值、反向的力偶与其平衡。

由
$$\sum M = 0,\quad (\tau dz dx)\,dy - (\tau dz dy)\,dx = 0$$

解得
$$\tau = \tau'$$

上式表明：在互相垂直的两个平面上，切应力总是成对存在，且数值相等；两者均垂直两个平面交线，方向则同时指向或同时背离这一交线。如图 9-13d 所示的单元体的四个侧面上，只有切应力而没有正应力作用，这种情况称为纯剪切。

3. 剪切胡克定律

通过薄壁圆筒扭转试验可得逐渐增加的外力偶矩 M 与扭转角 φ 的对应关系，得出一系列的 τ 与 γ 的对应值，便可作出 τ-γ 曲线（由低碳钢材料得出的），其与拉伸压缩时的 σ-ε 曲线相似。在 τ-γ 曲线中 OA 为一直线，表明 $\tau \leq \tau_P$ 时，$\tau \propto \gamma$ 这就是剪切胡克定律，即

$$\tau = G\gamma \tag{9-14}$$

式中　G——切变模量。

思考题与习题

1. 从强度方面考虑，空心圆截面轴何以比实心圆截面轴合理。对比实心圆截面和空心圆截面，为什么说空心圆截面是扭转轴的合理截面？

2. 试求图 9-14 所示各轴的扭矩，试画各轴的扭矩图并指出最大扭矩值。

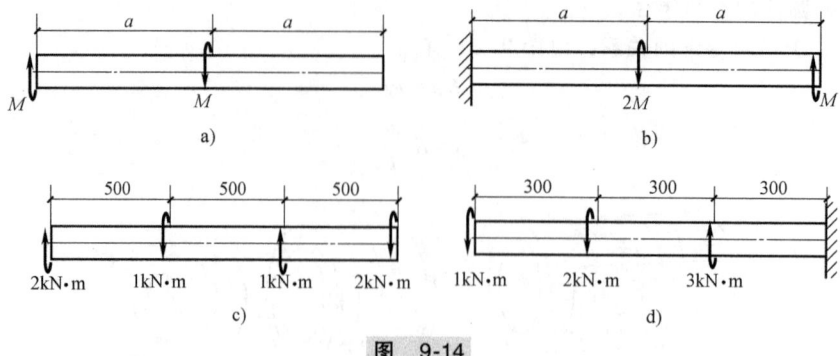

图 9-14

3. 如图 9-15 所示，某传动轴，转速 $n=300\text{r/min}$，轮 1 为主动轮，输入功率 $P_1=50\text{kW}$，轮 2、轮 3 和轮 4 为从动轮，输出功率分别为 $P_2=10\text{kW}$，$P_3=P_4=20\text{kW}$。试求：

（1）绘该轴的扭矩图；

（2）若将轮 1 与轮 3 的位置对调，试分析对轴的受力是否有利。

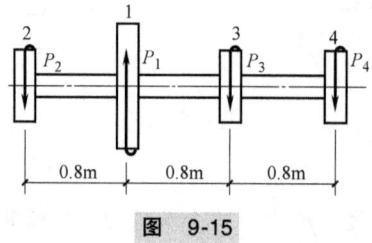

图 9-15

4. 如图 9-16 所示，传动轴的转速 $n=360\text{r/min}$，其传递的功率 $N=15\text{kW}$。已知 $D=30\text{mm}$，$d=20\text{mm}$。试计算 AC 段横截面上的最大切应力；CD 段横截面上的最大和最小切应力。

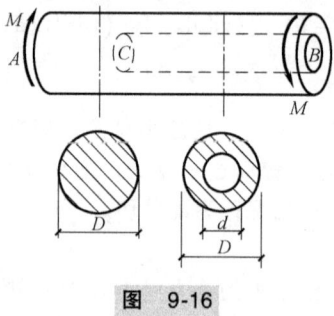

图 9-16

5. 图 9-17 所示圆轴所传递的功率 $P=5.5\text{kW}$，转速 $n=200\text{r/min}$，许用切应力 $[\tau]=40\text{MPa}$。试求该轴的直径 d。

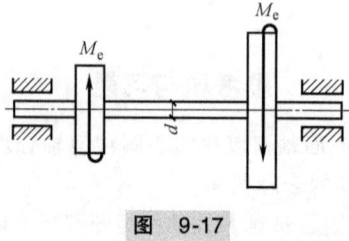

图 9-17

6. 如图 9-18 所示，阶梯形圆轴，AB 段直径 $d_1 = 120$mm，BC 段直径 $d_2 = 100$mm。外力偶矩 $M_A = 20$kN·m，$M_B = 34$kN·m，$M_C = 14$kN·m。材料的许用切应力 $[\tau] = 80$MPa，切变模量 $G = 80$GPa，$l_1 = 1.5$m，$l_2 = 1$m，试校核该轴的强度，并计算截面 C 相对于截面 A 的相对扭转角 φ_{AC}。

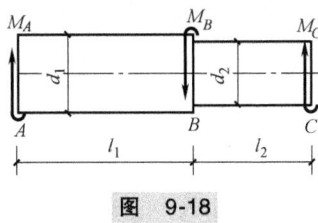

图 9-18

第 10 章

平 面 弯 曲

学习目标

掌握平面弯曲的概念，平面弯曲梁的受力特点和变形特点；掌握采用截面法计算平面弯曲梁剪力和弯矩的方法；掌握梁的剪力图和弯矩图的绘制方法；熟练计算梁横截面上的正应力和切应力；掌握弯曲时梁强度的计算方法；熟悉梁弯曲变形，掌握用积分法和叠加法求解梁的挠度和转角的方法；梁的刚度校核方法；理解梁弯曲时截面的位移（挠度和转角），梁的挠曲线近似微分方程；掌握梁的刚度校核方法及提高梁的刚度措施。

10.1 平面弯曲的概念及梁的计算简图

各种以弯曲为主要变形的杆件称为**梁**。工程中常见梁的横截面多有一根对称轴（图 10-1b）各截面对称轴形成一个纵向对称面，梁的轴线也在该平面内弯成一条曲线，这样的弯曲称为**平面弯曲**。如图 10-1a 所示，平面弯曲是最简单的弯曲变形，是一种基本变形。本章重点介绍单跨静定梁的平面弯曲内力。

平面弯曲的受力特点：杆件受到垂直于杆件轴线方向的外力或在杆轴线所在平面内作用的外力偶的作用。

平面弯曲的变形特点：杆轴线由直变弯。

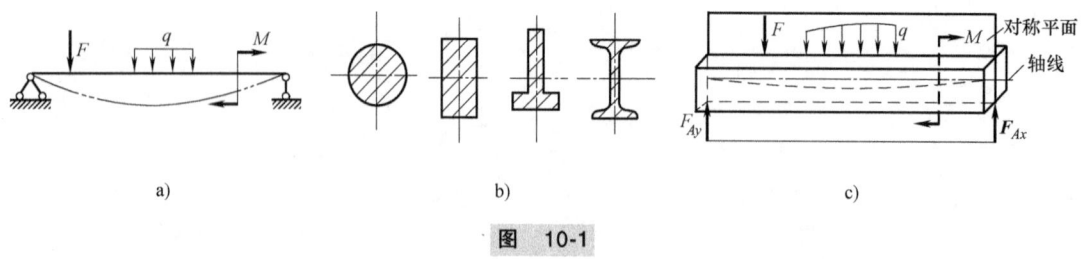

图 10-1

10.2 梁的内力、剪力图和弯矩图

1. 梁横截面上的内力

如图 10-2 所示，简支梁受集中载荷 F 的作用，为求距 A 端 x 处横截面 m-m 上的内力，首先求出支座反力 F_{Ax}、F_{Ay} 和 F_B，然后用截面法沿截面 m-m 假想地将梁一分为二，取如图 10-2c 所

示的左半部分为研究对象。因为作用于其上的各力在垂直于梁轴方向的投影之和一般不为零，为使左段梁在垂直方向平衡，则在横截面上必然存在一个切于该横截面的剪力 F_s，它是与横截面相切的分布内力系的合力；同时左段梁上各力对截面形心 O 之矩的代数和一般不为零，为使该段梁不发生转动，在横截面上一定存在一个位于荷载平面内的内力偶，其力偶矩用 M 表示，称为**弯矩**。它是与横截面垂直的分布内力偶系的合力偶的力偶矩。由此可知，梁弯曲时横截面上一般存在剪力和弯矩两种内力，如图 10-2c 所示。

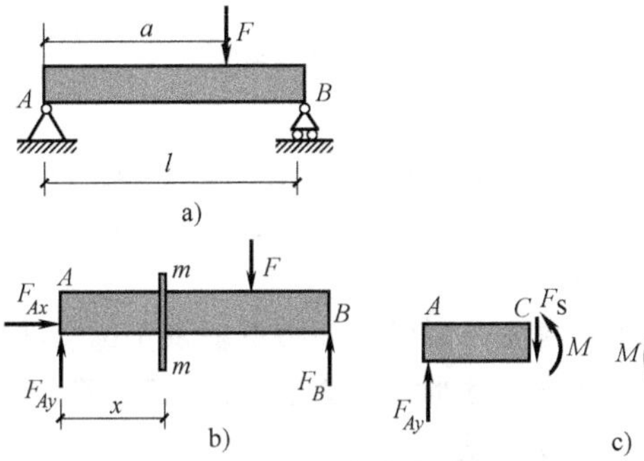

图 10-2

【例 10-1】 以图 10-2 所示为例，已知 F，a，l。求：距 A 端 x 处截面上内力。

【解】 （1）求外力

由 $\sum F_x = 0$ 得，$F_{Ax} = 0$

由 $\sum F_y = 0$ 得，$F_{Ay} = \dfrac{F(l-a)}{l}$

由 $\sum M_A = 0$ 得，$F_B = \dfrac{Fa}{l}$

（2）求内力——截面法

如图 10-2c 所示，取截面左侧部分，

由 $\qquad \sum F_y = 0$

解得 $\qquad F_S = F_{Ay} = \dfrac{F(l-a)}{l}$

由 $\qquad \sum M_C(F) = 0$

解得 $\qquad M = F_{Ay} x$

剪力与弯矩的符号规定如下：

剪力 F_S 的符号：当截面上的剪力使分离体作顺时针方向转动时为正；反之为负。

弯矩 M 的符号：当截面上的弯矩使分离体上部受压、下部受拉时为正，反之为负。

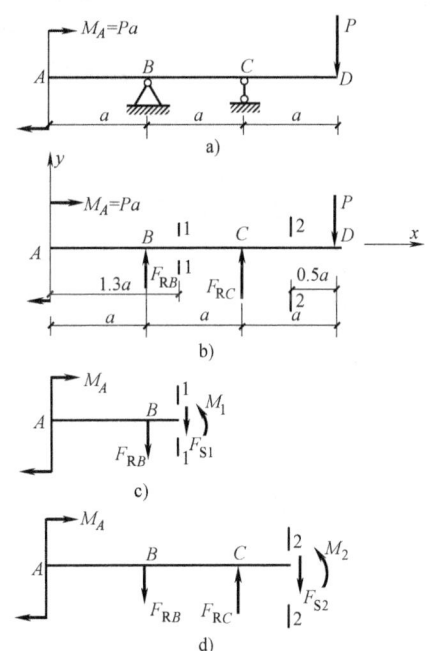

图 10-3

【例 10-2】 试求图 10-3a 所示外伸梁指定截面的剪力和弯矩。

【解】 如图 10-3b 所示，求梁的支座反力。

由 $\qquad \sum M_B = 0$， $-F_{RC} a - P \times 2a - M_A = 0$

解得 $\qquad F_{RC} = 3P$

由 $\qquad \sum F_y = 0$， $F_{RC} + F_{RB} - P = 0$

解得
$$F_{RB} = -2P$$

如图10-3c所示，取左侧部分

由 $\sum F_y = 0, \quad -F_{S1} + F_{RB} = 0$

解得 $F_{S1} = +2P$

由 $\sum M_{O1} = 0, \quad M_1 - F_{RB}(1.3a-a) - M_A = 0$

解得 $M_1 = +F_{RB}(1.3a-a) + M_A = 0.4Pa$

如图10-3d所示，取右侧部分

由 $\sum F_y = 0, \quad F_{RC} - F_{S2} + F_{RB} = 0$

解得 $F_{S2} = P$

由 $\sum M_{O2} = 0, \quad M_2 - F_{RB}(2a-0.5a) - F_{RC} \times 0.5a - M_A = 0$

解得 $M_2 = +F_{RB}(2a-0.5a) + M_A + F_{RC} \times 0.5a = -0.5Pa$

由上述剪力及弯矩的计算过程推得：

任一截面上的剪力的数值等于对应截面一侧所有外力在垂直于梁轴线方向上的投影的代数和，且当外力对截面形心之矩为顺时针转向时外力的投影取正，反之取负。

$$F_S = \sum F_{y(\text{截面一侧})} \tag{10-1}$$

任一截面上弯矩的数值等于对应截面一侧所有外力对该截面形心的矩的代数和，若取左侧，则当外力对截面形心之矩为顺时针转向时取正，反之取负；若取右侧，则当外力对截面形心之矩为逆时针转向时取正，反之取负；即

$$M = \sum M(F)_{(\text{截面一侧})} \tag{10-2}$$

【例10-3】 如图10-4所示简支梁，在点C处作用一集中力 $P = 10\text{kN}$，求截面 n-n 上的剪力和弯矩。

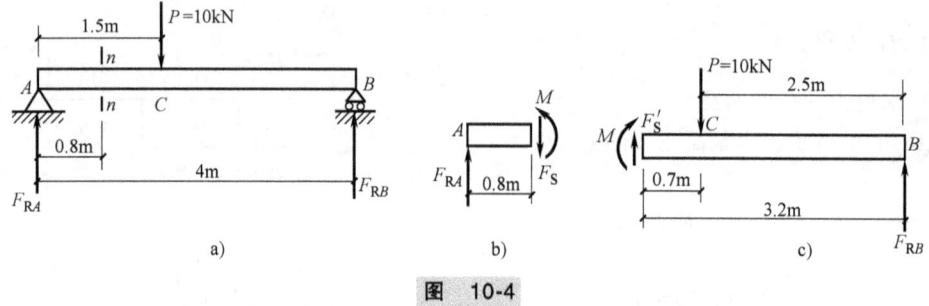

图 10-4

【解】 求梁的支座反力。

由 $\sum M_A = 0, \quad 4F_{RB} - 1.5P = 0$

解得 $F_{RB} = 3.75\text{kN}$

由 $\sum F_y = 0, \quad F_{RA} + F_{RB} - P = 0$

解得 $F_{RA} = 6.25\text{kN}$

取左段 $F_S = F_{RA} = 6.25\text{kN}$

$M = F_{RA} \times 0.8 = 5\text{kN} \cdot \text{m}$

取右段 $F_S = P - F_{RB} = 6.25\text{kN}$

$M = F_{RB} \times (4\text{m} - 0.8\text{m}) - P \times (1.5\text{m} - 0.8\text{m}) = 5\text{kN} \cdot \text{m}$

【例10-4】 试做出图10-5a所示梁的剪力图和弯矩图。

【解】 首先求梁的支座反力。

由 $\sum M_A = 0$, $4F_{RB} - 4q \times 2 - M + 20 \times 1 = 0$

解得 $F_{RB} = 25\text{kN}$

由 $\sum F_y = 0$, $F_{RA} + F_{RB} - 4q - 20 = 0$

解得 $F_{RA} = 35\text{kN}$

然后分段求出各截面的剪力和弯矩。

CA 段：
$F_S(x) = F_C = -20\text{kN}$ $(0 < x < 1)$

$M(x) = -20x$ $(0 \le x < 1)$

$F_{SC}^+ = F_{SA}^- = -20\text{kN}$, $M_C = 0$,

$M_A^- = -20\text{kN} \cdot \text{m}$

AB 段：
$F_S(x) = q(5-x) - F_{RB} = 25 - 10x$ $(1 < x < 5)$

$F_{SA}^+ = 15\text{kN}$, $F_{SB}^- = -25\text{kN}$

$M(x) = F_{RB}(5-x) - \dfrac{1}{2}q(5-x)^2 = 25x - 5x^2$ $(1 < x \le 5)$

根据 F_{SB}^-、F_{SC}^+、F_{SA}^+、F_{SA}^- 的对应值便可作出图 10-5b 所示的剪力图。

根据 M_C、M_B、$M_{\max}$、M_A^-、M_A^+ 的对应值便可作出图 10-5c 所示的弯矩图。

由上述内力图可见，**集中力作用处的横截面，轴力图及剪力图均发生突变，突变的值等于集中力的数值；集中力偶作用的横截面，剪力图无变化，扭矩图与弯矩图均发生突变，突变的值等于集中力偶的力偶矩数值**。

2. 利用分布荷载与剪力、弯矩间的微分关系绘制梁的内力图

分析 $F_S(x)$、$M(x)$ 和 $q(x)$ 间的微分关系可将进一步揭示载荷、剪力图和弯矩图三者间存在的某些规律，在不列内力方程的情况下，能够快速准确地画出内力图。

如图 10-6a 所示的梁上作用的分布载荷集度 $q(x)$ 是 x 的连续函数。设分布载荷向上为正，反之为负，并以 A 为原点，取 x 轴向右为正。用坐标分别为 x 和 $x+dx$ 的两个横截面从梁上截出长为 dx 的微段，其受力图如图 10-6b 所示。

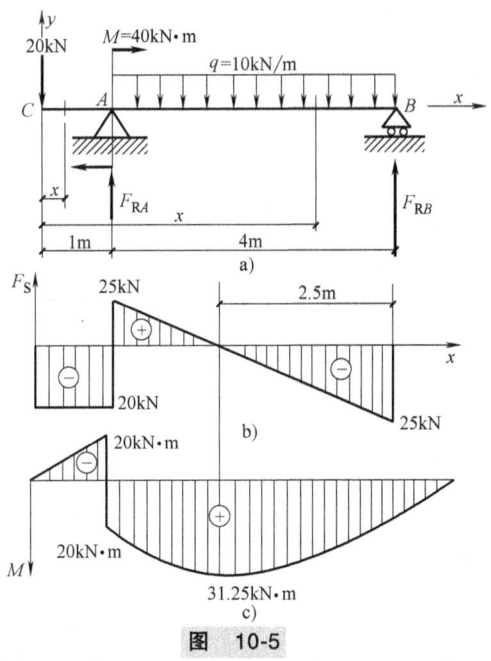

图 10-5

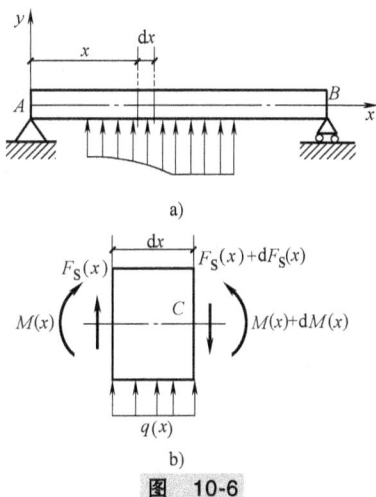

图 10-6

建筑力学

由
$$\sum F_y = 0, \quad F_S(x) + q(x)dx - [F_S(x) + dF_S(x)] = 0$$

解得
$$q(x) = \frac{dF_S(x)}{dx} \tag{10-3}$$

由
$$\sum M_C = 0, \quad -M(x) - F_S(x)dx - \frac{1}{2}q(x)(dx)^2 + [M(x) + dM(x)] = 0$$

略去二阶微量 $\frac{1}{2}q(x)(dx)^2$ 解得
$$F_S(x) = \frac{dM(x)}{dx} \tag{10-4}$$

将式（10-4）代入式（10-3）得
$$q(x) = \frac{d^2 M(x)}{dx^2} \tag{10-5}$$

式（10-3）、式（10-4）和式（10-5）就是荷载集度、剪力和弯矩间的微分关系。由此可知 $q(x)$ 和 $Q(x)$ 分别是剪力图和弯矩图的斜率。

根据上述各关系式及其几何意义，可得出画内力图的一些规律如下：

1） $q=0$ 时，剪力图为一水平直线，弯矩图为一斜直线。

2） $q=$ 常数时，剪力图为一斜直线，弯矩图为一抛物线。

3）集中力 F 作用处：剪力图在 F 作用处有突变，突变值等于 F。弯矩图为一折线，F 作用处有转折。

4）集中力偶作用处：剪力图在力偶作用处无变化。弯矩图在力偶作用处有突变，突变值等于集中力偶。

掌握上述载荷与内力图之间的规律，将有助于绘制和校核梁的剪力图和弯矩图。将这些规律列于表 10-1。

表 10-1 常见荷载作用下梁的内力图特征

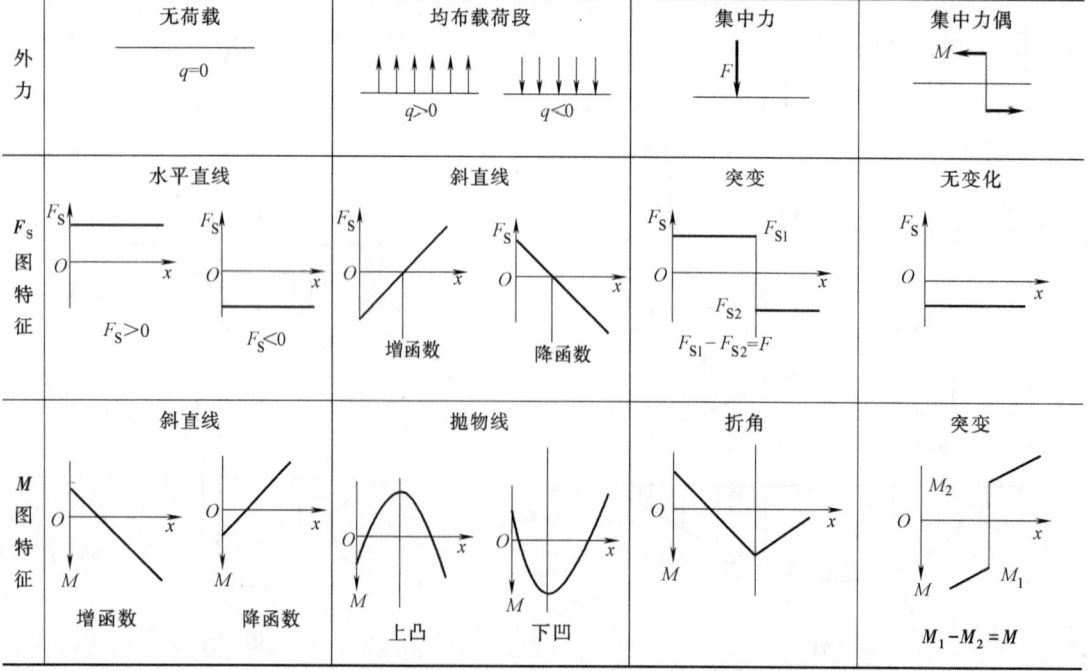

利用上述规律，首先根据作用于梁上的已知载荷，应用有关平衡方程求出支座反力，然后将梁分段，并由各段内载荷的情况初步确定剪力图和弯矩图的规律，最后由式（10-1）和式（10-2）求出特殊截面上的内力值，便可画出全梁的剪力图和弯矩图。

【例 10-5】 外伸梁如图 10-7a 所示，试画出该梁的内力图。

【解】

（1）求梁的支座反力

由 $\sum M_B = 0$，$P \times 4a - F_{RA} \times 3a + M + \frac{1}{2}q(2a)^2 = 0$

解得 $F_{RA} = \frac{1}{3} \times \left(4P + \frac{M}{a} + 2qa\right) = 10\text{kN}$

由 $\sum F_y = 0$，$-P + F_{RA} + F_{RB} - 2qa = 0$

解得 $F_{RB} = P + 2qa - F_{RA} = 5\text{kN}$

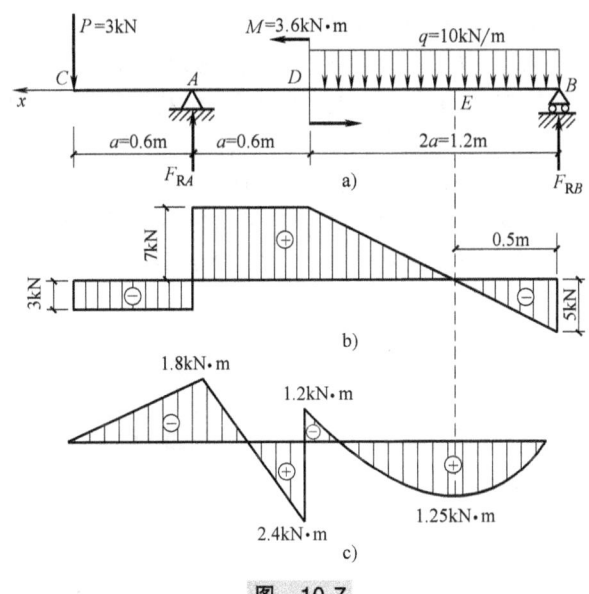

图 10-7

（2）画内力图：

CA 段：$q = 0\text{kN}$，剪力图为水平直线，弯矩图为斜直线。

$F_{SC}^+ = F_{SA}^- = -P = -3\text{kN}$

$M_C = 0$，$M_A = -P \times a = -1.8\text{kN·m}$

AD 段：$q = 0\text{kN}$，剪力图为水平直线，弯矩图为斜直线。

$M_A = -P \times a = -1.8\text{kN·m}$

$F_{SA}^+ = F_{SD} = -P + F_{RA} = 7\text{kN}$

$M_D^- = -P \times 2a + F_{RA} \times a = 2.4\text{kN·m}$

DB 段：$q < 0$（因其为方向向下），剪力图为斜直线，弯矩图为抛物线。

$F_{SB}^- = -F_{RB} = -5\text{kN}$，$F_S(x) = -F_{RB} + qx$ $(0 < x \leq 2a)$

令 $F_S(x)=0$，得 $x=F_{RB}/q=0.5\text{m}$

$$M_D^+ = -P\times 2a + F_{RA}\times a - m = -1.2\text{kN}\cdot\text{m}$$

$$M_E = F_{RB}\times 0.5 - q\times 0.5^2/2 = 1.25\text{kN}\cdot\text{m},\ M_B = 0$$

根据 F_{SB}^-、F_{SC}^+、F_{SA}^-、F_{SA}^+、F_{SD} 的对应值便可绘制图 10-7b 所示的剪力图。由图可见，在 AD 段剪力最大，$Q_{\max}=7\text{kN}$。

根据 M_C、M_B、M_A、M_E、M_D^-、M_D^+ 的对应值便可绘制图 10-7c 所示的弯矩图。由图可见，梁上点 D 左侧相邻的横截面上弯矩最大，$M_{\max}=M_D^-=2.4\text{kN}\cdot\text{m}$。

3. 利用叠加原理作弯矩图

在小变形情况下，梁在载荷作用下，其长度的改变可忽略不计，则当梁上同时作用有几个载荷时，其每一个载荷所引起梁的支座反力、剪力及弯矩将不受其他载荷的影响，$Q(x)$ 及 $M(x)$ 均是载荷的线性函数。因此，梁在几个载荷共同作用时的弯矩值，等于各载荷单独作用时弯矩的代数和。利用叠加法作弯矩图时，只有熟悉一些基本载荷的弯矩图，才能快速省时。为此将常见梁的弯矩图列在附表Ⅱ，以便查用。在后面结构力学部分经常用到。

【例 10-6】 用叠加法绘制图 10-8a 所示梁的弯矩图。

【解】 查表 10-1，可得 P_1、P_2 单独作用时产生的弯矩图分别为图 10-8b、c 所示，然后将此二弯矩图对应的纵坐标代数相加，便可作出由 P_1、P_2 共同作用时梁的弯矩图。如图 10-8d 所示。

【例 10-7】 用叠加法绘制图 10-9a 所示梁的弯矩图。

【解】 查表 10-1，可得 M_0、q 单独作用时产生的弯矩图分别为图 10-9b、c 所示，叠加时可先将 M_{M0} 图画上，然后以其斜直线为基础，作 M_q 图的对应纵坐标，异号的弯矩值相抵消，使得图 10-9d 所示的阴影部分，即为梁的弯矩图。

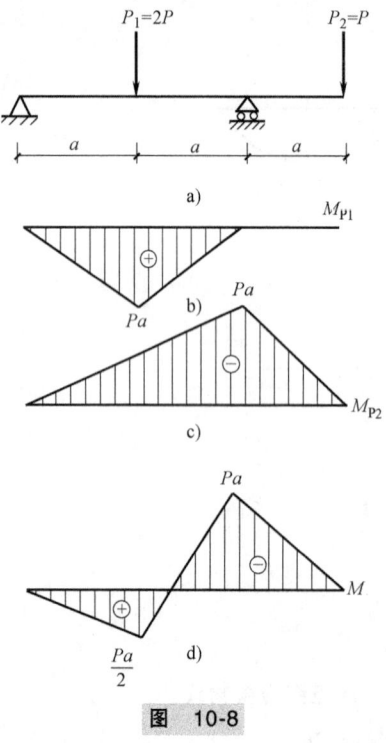

图 10-8

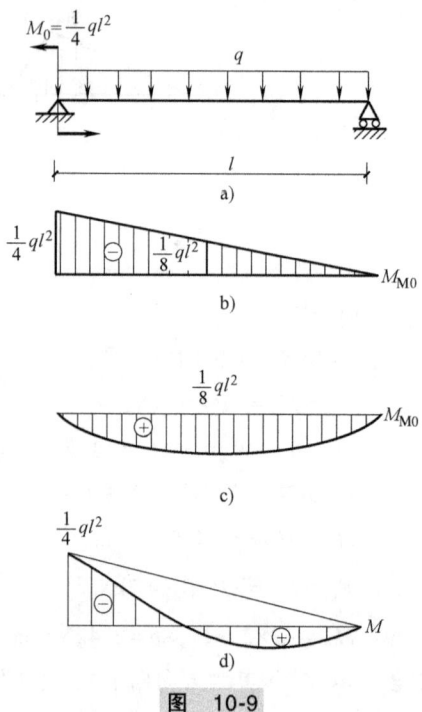

图 10-9

10.3 梁横截面上的正应力与正应力强度条件

10.3.1 梁横截面上的正应力

在一般情况下,梁的横截面上既有弯矩,又有剪力,如图 10-10a 所示梁的 AC 及 DB 段。此二段梁不仅有弯曲变形,而且还有剪切变形,这种平面弯曲称为横力弯曲或剪切弯曲。为使问题简化,先研究梁内仅有弯矩而无剪力的情况。如图 10-10a 所示梁的 CD 段,这种弯曲称为纯弯曲。

1. 纯弯曲变形现象与假设

为观察纯弯曲梁变形现象,在梁表面上作出图 10-11a 所示的纵、横线,当梁端上加一力偶 M 后,由图 10-11b 可见:横向线转过了一个角度但仍为直线;位于凸边的纵向线伸长了,位于凹边的纵向线缩短了;纵向线变弯后仍与横向线垂直。由此作出纯弯曲变形的平面假设:**梁变形后其横截面仍保持为平面,且仍与变形后的梁轴线垂直**。同时还假设梁的各纵向纤维之间无挤压,即所有与轴线平行的纵向纤维均是轴向拉、压。如图 10-11c 所示,梁的下部纵向纤维伸长,而上部纵向纤维缩短,由变形的连续性可知,梁内肯定有一层长度不变的纤维层,称为中性层,中性层与横截面的交线称为中性轴,由于载荷作用于梁的纵向对称面内,梁的变形沿纵向对称,则中性轴垂直于横截面的对称轴。如图 10-11c 所示。梁弯曲变形时,其横截面绕中性轴旋转某一角度。

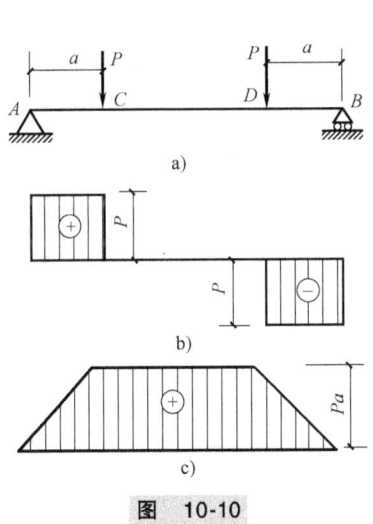

图 10-10

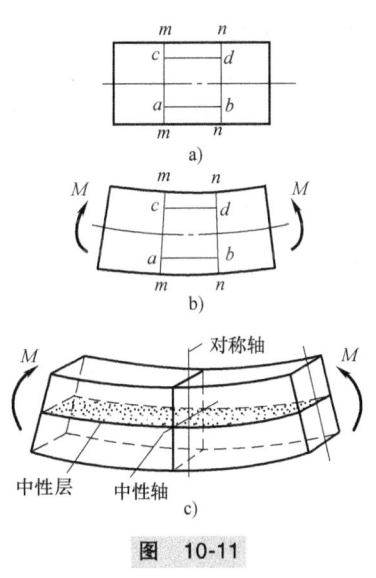

图 10-11

2. 变形的几何关系

如图 10-12a 所示,从图 10-11a 所示梁中取出的长为 dx 的微段,变形后其两端相对转了 $d\varphi$ 角。距中性层为 y 处的各纵向纤维变形,由图得

$$\widehat{ab} = (\rho + y)d\varphi$$

式中 ρ——中性层上的纤维 O_1O_2 的曲率半径。

而 $O_1O_2 = \rho d\varphi = dx$,则纤维 $\widehat{ab}$ 的应变为

$$\varepsilon = \frac{\widehat{ab}-\mathrm{d}x}{\mathrm{d}x} = \frac{(\rho+y)\mathrm{d}\varphi - \rho\mathrm{d}\varphi}{\rho\mathrm{d}\varphi} = \frac{y}{\rho} \tag{a}$$

由式（a）可知，梁内任一层纵向纤维的线应变 ε 与其 y 的坐标成正比。

3. 物理关系

由于将纵向纤维假设为轴向拉压，当 $\sigma \leq \sigma_P$ 时，则有

$$\sigma = E\varepsilon = E \times \frac{y}{\rho} \tag{b}$$

由式（b）可知，横截面上任一点的正应力与该纤维层的 y 坐标成正比，其分布规律如图 10-13 所示。

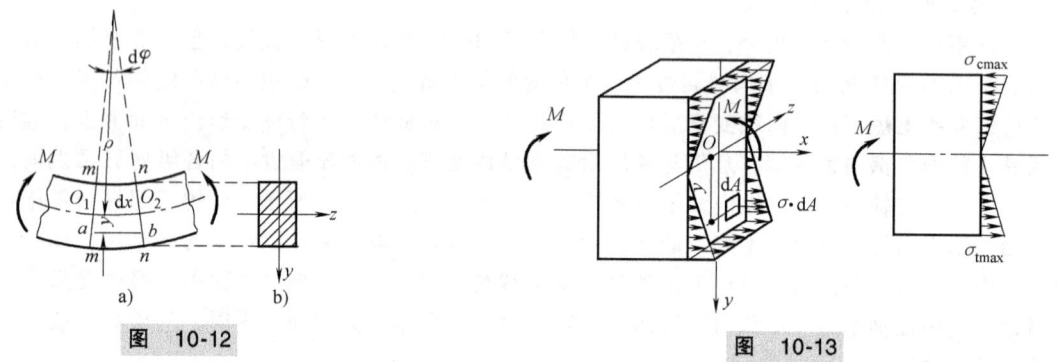

图 10-12　　　　　　　　　　　图 10-13

4. 静力学关系

如图 10-13 所示，取截面的纵向对称轴为 y 轴，z 轴为中性轴，过轴 y、z 的交点沿纵向线取为 x 轴。横截面上坐标为 (y, z) 的微面积上的内力为 $\sigma \mathrm{d}A$。于是整个截面上所有内力组成一空间平行力系，由 $\sum F_x = 0$，有

$$\int \sigma \mathrm{d}A = 0 \tag{c}$$

将式（b）代入式（c）得

$$\int_A E \frac{y}{\rho} \mathrm{d}A = \frac{E}{\rho} \int_A y \mathrm{d}A = \frac{E}{\rho} \times S_z = 0$$

式中　S_z——横截面对中性轴的静矩。

而 $\frac{E}{\rho} \neq 0$，则 $S_z = 0$，由 $S_z = A \cdot y_C$ 可知，中性轴 z 必过截面形心。

由 $\sum M_y = 0$，有

$$\int \sigma \mathrm{d}A \cdot z = 0 \tag{d}$$

将式（b）代入式（d）得

$$\frac{E}{\rho} \int_A yz \mathrm{d}A = \frac{E}{\rho} \times I_{yz} = 0$$

式中　I_{yz}——横截面对轴 y、z 的惯性积。

因 y 轴为对称轴，且 z 轴又过形心，则轴 y、z 为横截面的形心主惯性轴，$I_{yz} = 0$ 成立。

由 $\sum M_z = 0$，有

$$\int \sigma \mathrm{d}A \cdot y = 0 \tag{e}$$

将式（b）代入式（e），得

$$M = \frac{E}{\rho}\int_A y^2 dA = \frac{E}{\rho} \times I_z = 0$$

式中 I_z——横截面对中性轴的惯性矩，则上式可写为

$$\frac{1}{\rho} = \frac{M}{EI_z} \tag{10-6}$$

式中 $1/\rho$——梁轴线变形后的曲率。

上式表明，当弯矩不变时，EI_z 越大，曲率 $1/\rho$ 越小，故 EI_z 称为梁的**抗弯刚度**。

将式（10-6）代入式（b），得

$$\sigma = \frac{My}{I_z} \tag{10-7}$$

式（10-7）为纯弯曲时横截面上正应力的计算公式。对图 10-13 所示坐标系，当 $M>0$，$y>0$ 时，σ 为拉应力；$y<0$ 时，σ 为压应力。

在上述公式推导过程中，并未涉及矩形的几何特征。所以只要载荷作用于梁的纵向对称面内，式（10-7）就适用。此外，虽然式（10-7）是在纯弯曲条件下推导的，但是，当梁较细长（$l/h>5$）时，该公式同样适用于横力弯曲时的正应力计算。

横力弯曲时，弯矩随截面位置变化。一般情况下，最大正应力 σ_{maxz} 发生于弯矩最大的横截面上距中性轴最远处。于是由式（10-7）得

$$\sigma_{max} = \frac{M_{max} y_{max}}{I_z} \tag{10-8a}$$

令 $I_z/y_{max} = W_z$，则上式可写为

$$\sigma_{max} = \frac{M_{max}}{W_z} \tag{10-8b}$$

式中 W_z——截面对中性轴的抗弯截面系数，仅与截面的几何形状及尺寸有关。

若截面是高为 h，宽为 b 的矩形，则

$$W_z = \frac{I_z}{h/2} = \frac{bh^3/12}{h/2} = \frac{bh^2}{6}$$

若截面是直径为 d 的圆形，则

$$W_z = \frac{I_z}{d/2} = \frac{\pi d^4/64}{d/2} = \frac{\pi d^3}{32}$$

若截面是外径为 D、内径为 d 的空心圆形，则

$$W_z = \frac{I_z}{D/2} = \frac{\pi(D^4-d^4)/64}{D/2} = \frac{\pi D^3}{32}\left[1-\left(\frac{d}{D}\right)^4\right]$$

【例 10-8】 如图 10-14a 所示 T 形截面梁。已知 $P_1 = 8kN$，$P_2 = 20kN$，$a = 0.6m$；横截面的惯性矩 $I_z = 5.33 \times 10^6 mm^4$。试求此梁的最大拉应力和最大压应力。

【解】 （1）求支座反力

由 $\sum M_A = 0$，$F_{RB} \times 2a - P_2 \times a + P_1 \times a = 0$

解得 $F_{RB} = 6kN$

由 $\sum F_y = 0$，$-F_{RB} + P_2 + P_1 - F_{RA} = 0$

解得 $F_{RA} = 22kN$

（2）绘制弯矩图

DA 段：$\quad M_D = 0$， $M_A = -P \times a = -4.8\text{kN}\cdot\text{m}$

AC 段：$\quad M_C = F_{RB} \times a = 3.6\text{kN}\cdot\text{m}$

CB 段：$\quad M_B = 0$

根据 M_D、M_A、M_C、M_B 的对应值便可绘制出图 10-14b 所示的弯矩图。

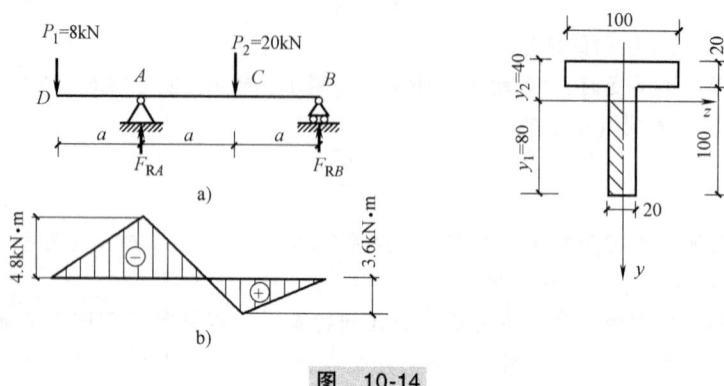

图 10-14

（3）求最大拉压应力

由弯矩图可知，截面 A 的上边缘及截面 C 的下边缘受拉；截面 A 的下边缘及截面 C 的上边缘受压。

虽然 $|M_A| > |M_C|$，但 $|y_2| < |y_1|$，所以只有分别计算此二截面的拉应力，才能判断出最大拉应力所对应的截面；截面 A 下边缘的压应力最大。

截面 A 上边缘处

$$\sigma_t = \frac{M_A y_2}{I_z} = \frac{4.8 \times 10^3 \times 40 \times 10^{-3}}{5.33 \times 10^6 \times 10^{-12}}\text{Pa} \approx 36\text{MPa}$$

截面 C 下边缘处

$$\sigma_t = \frac{M_C y_1}{I_z} = \frac{3.6 \times 10^3 \times 80 \times 10^{-3}}{5.33 \times 10^6 \times 10^{-12}}\text{Pa} \approx 54\text{MPa}$$

比较可知在截面 C 下边缘处产生最大拉应力，其值为 $\sigma_{tmax} \approx 54\text{MPa}$

截面 A 下边缘处

$$\sigma_{cmax} = \frac{M_A y_1}{I_z} = \frac{4.8 \times 10^3 \times 80 \times 10^{-3}}{5.33 \times 10^6 \times 10^{-12}}\text{Pa} \approx 72\text{MPa}$$

10.3.2 梁的正应力强度条件

梁要安全工作，必须同时满足正应力强度条件，即

$$\sigma_{max} = \frac{M_{max}}{W_z} \leq [\sigma] \tag{10-9}$$

【例 10-9】 图 10-15a 所示为一受均布载荷的梁，其跨度 $l = 200\text{mm}$，梁截面圆的直径 $d = 25\text{mm}$，许用应力 $[\sigma] = 50\text{MPa}$。试求沿梁每米长度上可能承受的最大载荷 q 为多少？

【解】 弯矩图如图 10-15b 所示。最大弯矩发生在梁的中点所在横截面上。

$$M_{max} = \frac{ql^2}{8} = 5 \times 10^{-3} q\text{N}\cdot\text{m}$$

由式（10-9）得
$$M_{max} \leq W_z[\sigma] = \frac{\pi d^3}{32}[\sigma] = 234\text{N}\cdot\text{m}$$

于是
$$5\times 10^{-3}q \leq 234\text{N}\cdot\text{m}$$

解得
$$q_{max} = 46.8\text{kN/m}$$

【例 10-10】 铸铁悬臂梁的截面尺寸如图 10-16a 所示，点 C 为 T 形截面的形心，惯性矩 $I_z = 6013\times 10^4 \text{mm}^4$，材料的许用拉应力 $[\sigma_t] = 40\text{MPa}$，材料许用压应力 $[\sigma_c] = 160\text{MPa}$。当其上作用有如图 10-16b 所示弯矩 $M = 30\text{kN}\cdot\text{m}$ 时，试校核该梁的强度。

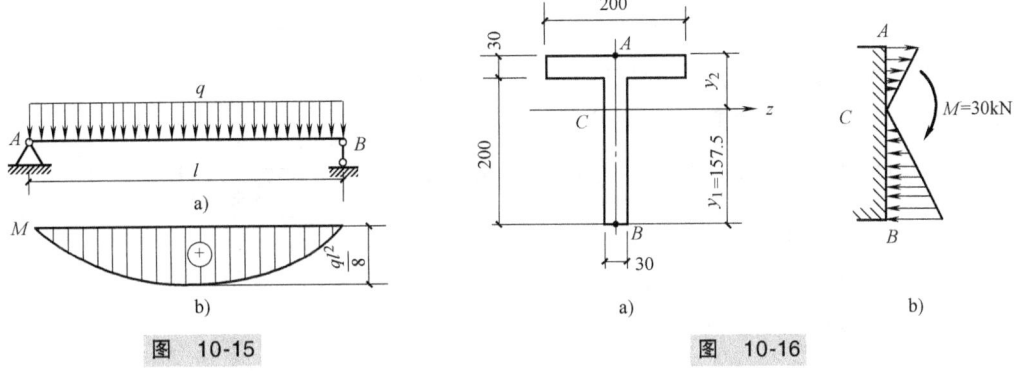

图 10-15

图 10-16

【解】 最大拉应力发生于截面上边缘各点处，由式（10-8）有
$$\sigma_a = \frac{M_B y_2}{I_z} = \frac{30\text{kN}\cdot\text{m}\times(200+30-157.5)\text{mm}}{6013\times 10^4 \text{mm}^4} \approx 36.2\text{MPa} < 40\text{MPa} = [\sigma_t] \quad (\text{满足要求})$$

最大压应力发生于截面下边缘各点处，由式（10-8）有
$$\sigma_b = \frac{M_B y_1}{I_z} = \frac{30\text{kN}\cdot\text{m}\times 157.5\text{mm}}{6013\times 10^4 \text{mm}^4} \approx 78.6\text{MPa} < 160\text{MPa} = [\sigma_c] \quad (\text{满足要求})$$

10.4 梁横截面上的切应力与切应力强度条件

10.4.1 梁横截面上的切应力

工程中的梁绝大多数为细长梁，并且在一般情况下，细长梁的强度取决于其正应力强度，而无须考虑其切应力强度。但在下列情况下则必须考虑切应力强度。梁的跨度较小或在支座附近作用有较大载荷；铆接或焊接的组合截面钢梁（如工字形截面的腹板厚度与高度之比较一般型钢截面的对应比值小）；木梁等特殊情况。为此，将常见梁截面的切应力分布规律及其计算公式简介如下。

1. 矩形截面梁

如图 10-17a 所示，若 $h>b$，假设横截面上任意点处的切应力均与剪力同向；且距中性轴等距的各点处的切应力大小相等。则横截面上任意点处的切应力按下式计算。

$$\tau = \frac{F_S S_z^*}{I_z b} \tag{10-10}$$

式中 F_S——横截面上的剪力；

S_z^*——距中性轴为 y 的横线以外的部分横截面的面积（图 10-17 中的阴影线面积）对中性轴的静矩；

I_z——横截面对中性轴的惯性矩；

b——矩形截面的宽度。

如图 10-17 所示，计算 S_z^*。

$$S_z^* = b\left(\frac{h}{2}-y\right)\left[y+\frac{1}{2}\left(\frac{h}{2}-y\right)\right] = \frac{b}{2}\left(\frac{h^2}{4}-y^2\right)$$

将 S_z^* 代入式（10-10）得

$$\tau = \frac{F_S}{2I_z}\left(\frac{h^2}{4}-y^2\right)$$

由上式可知，矩形截面梁横截面上的切应力大小沿截面高度方向按二次抛物线规律变化（图 10-17），且在横截面的上、下边缘处（$y=\pm\frac{h}{2}$）的切应力为零，在中性轴上（$y=0$）的切应力值最大，即

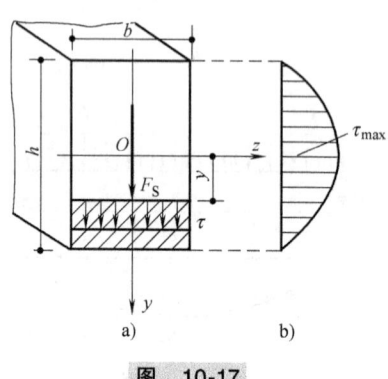

图 10-17

$$\tau_{\max} = \frac{F_S h^2}{8I_z} = \frac{F_S h^2}{8\times bh^3/12} = \frac{3F_S}{2bh} = \frac{3}{2}\times\frac{F_S}{A} \quad (10\text{-}11)$$

式中 A——矩形截面的面积。

2. 工字形截面梁

如图 10-18 所示，工字形截面梁由腹板和翼缘组成。横截面上的切应力主要分布于腹板上（如 18 号工字钢腹板上切应力的合力约为 $0.945F_S$）；翼缘部分的切应力分布比较复杂，数值很小，可以忽略。由于腹板是狭长矩形，则腹板上任一点的切应力可由式（10-10）计算。其切应力沿腹板高度方向的变化规律仍为二次抛物线。中性轴上切应力值最大，其值为

$$\tau_{\max} = \frac{F_S S_{z\max}^*}{I_z d} \quad (10\text{-}12)$$

式中 d——腹板的厚度；

$S_{z\max}^*$——中性轴一侧的截面面积对中性轴的静矩。

比值 $I_z/S_{z\max}^*$ 可直接由型钢表查出。

3. 圆形截面梁的最大切应力

如图 10-19 所示，圆形截面上应力分布比较复杂，但其最大切应力仍在中性轴上各点处，由切应力互等定理可知，该圆形截面左右边缘上点的切应力方向不仅与其圆周相切，而且与剪力 Q 同向。若假设中性轴上各点切应力均布，便可借用式（10-12）来求 $\tau_{\max}$ 的值，此时，b 为圆的直径 d，而 S_z^* 则为半圆面积对中性轴的静矩 $\left[S_z^*=\left(\frac{\pi d^2}{8}\right)\times\frac{2d}{3\pi}\right]$。将 S_z^* 和 d 代入式（10-12）便得

$$\tau_{\max} = \frac{F_S S_z^*}{I_z b} = \frac{F_S \times\left(\frac{\pi d^2}{8}\right)\times\frac{2d}{3\pi}}{\frac{\pi d^4}{64}\times d} = \frac{4F_S}{3A} \quad (10\text{-}13)$$

式中 A——圆形截面的面积。

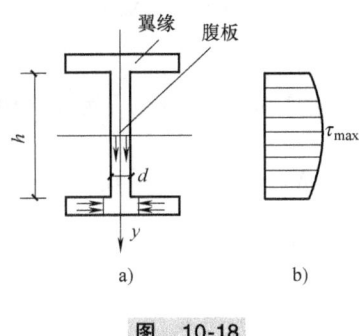
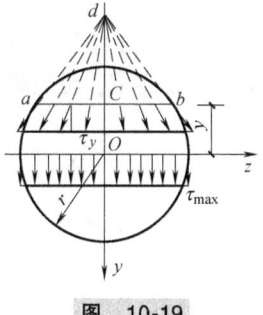

图 10-18　　　　　　　　　　　图 10-19

10.4.2　梁弯曲时切应力强度条件

由式（10-10）得，梁弯曲时切应力强度条件为

$$\tau_{\max} = \frac{F_{S\max} S_{z\max}^*}{I_z b} \leqslant [\tau] \tag{10-14}$$

10.5　梁的合理设计

由式（10-9）得，梁弯曲的正应力强度条件为

$$\sigma_{\max} = \frac{M_{\max}}{W_z} \leqslant [\sigma] \tag{10-15}$$

由式（10-14）得，梁弯曲时切应力强度条件为

$$\tau_{\max} = \frac{F_{S\max} S_{z\max}^*}{I_z b} \leqslant [\tau] \tag{10-16}$$

应用强度条件可进行强度校核、设计截面、确定许可载荷等三方面的强度计算。

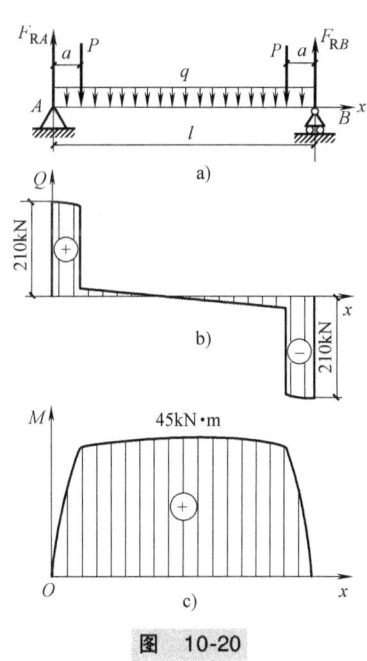

图 10-20

【例 10-11】　如图 10-20a 所示，工字钢截面简支梁。已知 $l = 2\text{m}$，$q = 10\text{kN/m}$，$P = 200\text{kN}$，$a = 0.2\text{m}$。许用应力 $[\sigma] = 160\text{MPa}$，$[\tau] = 100\text{MPa}$。试选择工字钢型号。

【解】　由结构及荷载分布的对称性得梁的支座反力为

$$F_{RA} = F_{RB} = \frac{ql + 2P}{2} = \frac{(10\text{kN/m} \times 2\text{m} + 2 \times 200\text{kN})}{2} = 210\text{kN}$$

由图 10-20b、c 所示的剪力图和弯矩图可知，$F_{S\max} = 210\text{kN}$，$M_{\max} = 45\text{kN} \cdot \text{m}$

由式（10-9）得

$$W_z = \frac{M_{\max}}{[\sigma]} = \frac{45 \times 10^3 \text{kN} \cdot \text{m}}{160 \times 10^6 \text{Pa}} \approx 281 \times 10^{-6} \text{m}^3 = 281 \text{cm}^3$$

查型钢表（附录 C），选取 22a 工字钢，其 $W_z = 309\text{cm}^3$，$I_z/S_z^* = 18.9\text{cm}$，腹板厚度 $d = 0.75\text{cm}$

由式（10-12）得

$$\tau_{max} = \frac{F_{Smax} S_{zmax}^*}{I_z d} = \frac{210 \times 10^3 \text{N}}{18.9 \times 10^{-2}\text{m} \times 0.75 \times 10^{-2}\text{m}} \approx 148\text{MPa} > 100\text{MPa} = [\tau]$$

由此可选取 22a 工字钢其切应力强度不够，则需重新选择。

若选取 25b 工字钢，由型钢表（附录 C）查出，$I_z/S_z^* = 21.3\text{cm}$，$d = 1\text{cm}$，由式（10-12）得

$$\tau_{max} = \frac{F_{Smax} S_{zmax}^*}{I_z d} = \frac{210 \times 10^3 \text{N}}{21.3 \times 10^{-2}\text{m} \times 1 \times 10^{-2}\text{m}} \approx 98.6\text{MPa} < 100\text{MPa} = [\tau]$$

因此，选取 25b 工字钢，同时满足梁的正应力和切应力强度条件。

10.6 梁的挠度及转角

直梁在平面弯曲时，杆件的轴线将变为其纵向对称平面内的一条平面曲线（图 10-21），该曲线称为梁的**挠曲线**，它是 x 的函数 $y = w(x)$。任一横截面的形心沿 y 轴方向的线位移（横向变形），称为梁在该截面的**挠度**，以 w 表示；任一横截面相对其原方位的角位移，称为梁在该截面的**转角**，以 θ 表示。挠度和转角是度量弯曲变形的两个基本量，在图 10-21 所示的坐标系中，向下的挠度和顺时针转向的转角为正，反之为负。因为横截面变形前、后均垂直于轴线，在小变形的情况下，则有

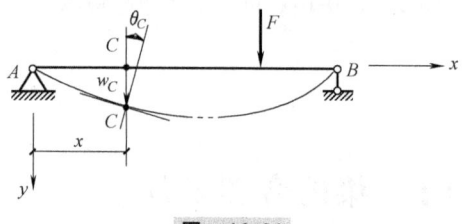

图 10-21

$$\theta \approx \tan\theta = \frac{dw}{dx} = w'(x) \tag{10-17}$$

由式（10-17）可知，若求出梁的挠曲线 $y = w(x)$，便可求得任一点的挠度 w 和任一截面的转角 θ。

10.7 梁的挠曲线近似微分方程

梁的挠曲线的曲率与弯矩的关系式如下

$$\frac{1}{\rho} = \frac{M(x)}{EI_z} \tag{a}$$

对于剪切变形，若 $l/h \geq 5$ 时，剪力 Q 对弯曲变形的影响很小，可略去不计，式（a）仍然适用，而且此时的 M 与 ρ 均为 x 的函数。

平面曲线的曲率为

$$\frac{1}{\rho} = \pm \frac{y''}{[1+(y')^2]^{3/2}} \tag{b}$$

如图 10-22 所示，弯矩的正负号与挠曲线曲率的正负号相反，将式（a）代入式（b），得

$$\frac{y''}{[1+(y')^2]^{3/2}} = -\frac{M(x)}{EI_z} \tag{10-18}$$

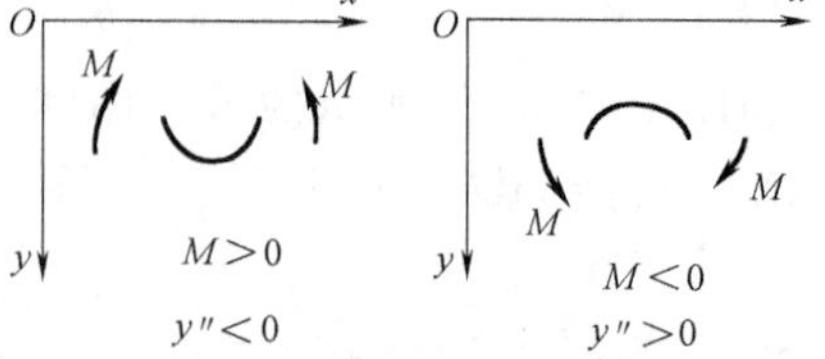

图 10-22

式（10-18）为梁弯曲的挠曲线微分方程。因为 $y' \approx \theta$ 很小，$(y')^2$ 就更小，其与 1 相比可略去，便可得挠曲线的近似微分方程为

$$y'' = -\frac{M(x)}{EI_z} \quad (10\text{-}19)$$

将式（10-19）连续积分，分别得

$$\begin{cases} \theta = y' = -\int \dfrac{M(x)}{EI}\mathrm{d}x + C \\ w = y = -\iint \dfrac{M(x)}{EI}\mathrm{d}x\mathrm{d}x + Cx + D \end{cases} \quad (10\text{-}20)$$

对于等面直梁，EI 为常数，则式（10-20）可改写为

$$\begin{cases} EI\theta = -\int M(x)\,\mathrm{d}x + C \\ EIw = -\iint M(x)\,\mathrm{d}x\mathrm{d}x + Cx + D \end{cases} \quad (10\text{-}21)$$

应用式（10-20）或（10-21）时应注意，若弯矩方程需分段建立时，则应分段积分；式中积分常数 C、D，可由挠曲线上任一点处（弯矩方程的分界处、支座处或变截面处等），其左右截面的转角和挠度分别相等且唯一的连续条件来确定。

尽管积分法是求梁的变形的基本方法，但其运算繁杂。而实际工程中常求某些特定截面的转角和挠度，为方便起见，采用叠加法计算梁上特定截面的转角和挠度。

10.8 按叠加法计算梁的挠度和转角

在小变形和线弹性的前提下，梁的挠度和转角与载荷之间为线性关系。为此，梁在 M、q、p 等荷载同时作用下的变形等于各荷载单独作用时引起变形的代数和。

首先将复杂荷载分解为若干简单荷载，然后从附录 B 中查得每一种荷载单独作用时引起的变形，并将其进行叠加，便可方便地求出梁的变形。

【例 10-12】 如图 10-23a 所示的悬臂梁 AB，在自由端 B 受集中力 P 和力偶 M 作用。已知 EI 为常数，试用叠加法求自由端的转角和挠度。

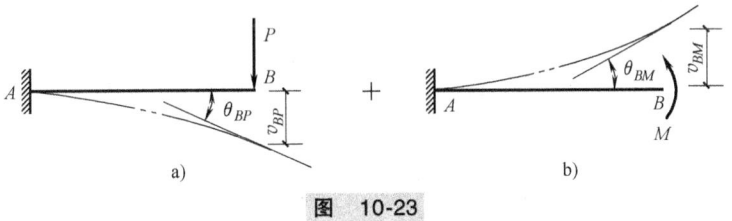

图 10-23

【解】 如图 10-23 所示，梁的变形等于两种情况的代数和。
在力 P 作用下，由附录 B 得

$$\theta_{BP} = \frac{Pl^2}{2EI},\ w_{BP} = \frac{Pl^3}{3EI}$$

在力 M 作用下，由附录 B 得

$$\theta_{BM} = -\frac{Ml}{EI},\ w_{BM} = -\frac{Ml^2}{2EI}$$

叠加得

$$\theta_B = \theta_{BM} + \theta_{BP} = \frac{Pl^2}{2EI} - \frac{Ml}{EI}$$

$$w_B = w_{BP} + w_{BM} = \frac{Pl^3}{3EI} - \frac{Ml^2}{2EI}$$

10.9 提高梁弯曲强度与刚度的措施

在工程实际中,梁在载荷作用下,要求其最大挠度和转角不得超过某一规定数值,则梁的刚度条件为

$$\begin{cases} |w|_{\max} \leq [w] \\ |\theta|_{\max} \leq [\theta] \end{cases} \quad (10\text{-}22)$$

式中 $[w]$、$[\theta]$——规定的许用挠度和许用转角,可从有关的设计规范中查得。

【例 10-13】 如图 10-24 所示的单梁起重机梁简图,由 45b 号工字钢制成,其跨度 $l = 10\text{m}$。已知:起重量为 50kN,材料的弹性模量 $E = 210\text{GPa}$,梁的许用挠度 $[w] = l/500$。试校核该梁的刚度。

【解】 梁的自重为均布载荷;当外力作用在梁跨中点时,梁所产生的挠度最大。

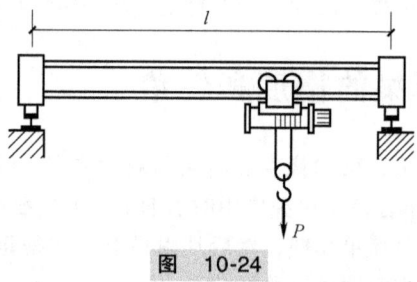

图 10-24

(1) 计算变形

由型钢表(附录 C)查得,梁的自重及惯性矩分别为 $q = 874\text{N/m}$,$I = 33760 \times 10^{-8}\text{m}^4$,因 P 和 q 而引起的最大挠度均位于梁跨中点 C,由附录 B 查得

$$w_{CP} = \frac{Pl^3}{48EI} = \frac{50 \times 10^3 \text{N} \times 10^3 \text{m}^3 \times 10^3}{48 \times 210 \times 10^9 \text{Pa} \times 33760 \times 10^{-8} \text{m}^4} \approx 14.69\text{mm}$$

$$w_{Cq} = \frac{5ql^4}{384EI} = \frac{5 \times 874 \text{N/m} \times 10^4 \text{m}^4 \times 10^3}{384 \times 210 \times 10^9 \text{Pa} \times 33760 \times 10^{-8} \text{m}^4} \approx 1.605\text{mm}$$

由叠加梁的最大挠度为

$$|w_C|_{\max} = |w_{CP} + w_{Cq}| = 16.3\text{mm}$$

(2) 校核刚度

$$[w] = l/500 = 10\text{m}/500 = 0.02\text{m} = 20\text{mm}$$

因为 $|w_C|_{\max} = 16.3\text{mm} < 20\text{mm} = [w]$

所以,此梁满足刚度条件。

【例 10-14】 如图 10-25a 所示的一矩形截面悬臂梁,$q = 10\text{kN/m}$,$l = 3\text{m}$,梁的许用挠度 $[w/l] = 1/250$,材料的许用应力 $[\sigma] = 12\text{MPa}$,材料的弹性模量 $E = 2 \times 10^4 \text{MPa}$,截面尺寸比 $h/b = 2$,试确定截面尺寸 b、h。

【解】 该梁既要满足强度条件,又要满足刚度条件,这时可分别按强度条件和刚度条件来设计截面尺寸,取其较大者。

(1) 按强度条件 $\sigma_{max} = \dfrac{M_{max}}{W_z} \leq [\sigma]$ 设计截面尺寸

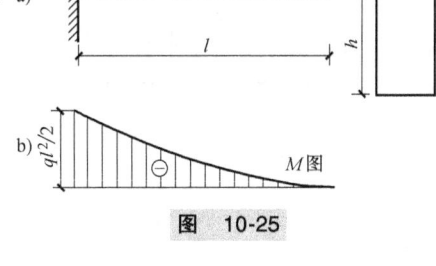

图 10-25

弯矩图如图 10-25b 所示。最大弯矩、抗弯截面系数分别为

$$M_{max} = \dfrac{q}{2}l^2 = 45 \text{kN} \cdot \text{m}, \quad W_z = \dfrac{b}{6}h^2 = \dfrac{2}{3}b^3$$

把 M 及 W_z 代入强度条件,得

$$b \geq \sqrt[3]{\dfrac{3M_{max}}{2[\sigma]}} = \sqrt[3]{\dfrac{3 \times 45 \times 10^6}{2 \times 12}} \text{mm} = 178 \text{mm} \quad h = 2b = 356 \text{mm}$$

(2) 按刚度条件 $\dfrac{w_{max}}{l} \leq \left[\dfrac{v}{l}\right]$ 设计截面尺寸

查附录 B 得:

$$w_{max} = \dfrac{ql^4}{8EI_z}$$

又

$$I_z = \dfrac{b}{12}h^3 = \dfrac{2}{3}b^4$$

把 w_{max} 及 I_z 代入刚度条件,得

$$b \geq \sqrt[4]{\dfrac{3ql^3}{16\left[\dfrac{w}{l}\right]E}} = \sqrt[4]{\dfrac{3 \times 10 \times 3000^3 \times 250}{16 \times 2 \times 10^4}} \text{mm} = 159 \text{mm}$$

$$h = 2b = 318 \text{mm}$$

所要求的截面尺寸按大者选取,即 $h = 356 \text{mm}$,$b = 178 \text{mm}$。另外,工程上截面尺寸应符合建筑模数要求,取整数即 $h = 360 \text{mm}$,$b = 180 \text{mm}$。

思考题与习题

一、简答题

1. 矩形截面梁弯曲时,横截面上的弯曲切应力是如何分布的?如何计算最大弯曲切应力?
2. 列 $Q(x)$ 及 $M(x)$ 方程时,需要在何处分段?
3. 集中力及集中力偶作用的构件横截面上的轴力、扭矩、剪力、弯矩如何变化?
4. 试写出杆件的如下三个截面刚度:抗拉(压)刚度、抗扭刚度和抗弯刚度。
5. 对比矩形截面和工字钢截面,为什么说工字形截面是平面弯曲梁的合理截面?
6. 若矩形截面的高度或宽度增大一倍,截面的抗弯能力各增大为几倍?
7. 对于抗拉、压性能不同的铸铁梁,工字形截面是合理截面吗?
8. 减小梁的跨度,对该段梁的抗弯刚度有何影响?
9. 更换优质钢材是否是提高构件刚度的有效途径?

二、绘图题

1. 试列出图 10-26 所示各梁的剪力方程和弯矩方程，并画梁的剪力图和弯矩图。

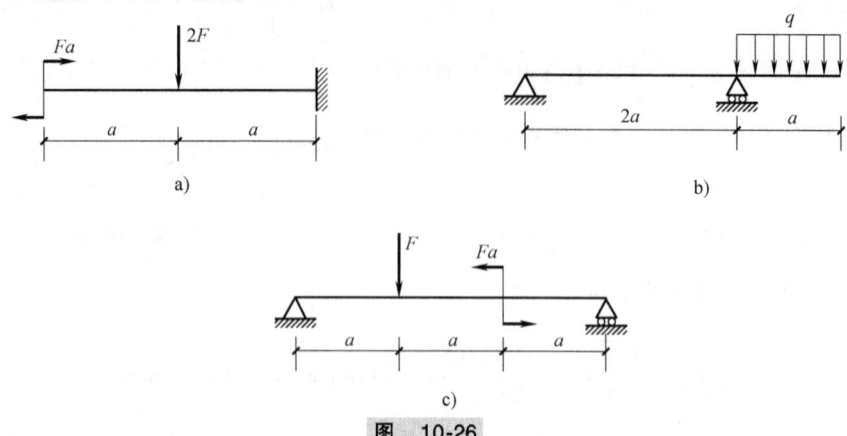

图 10-26

2. 利用微分关系或叠加法画图 10-27 所示各梁的剪力图和弯矩图。

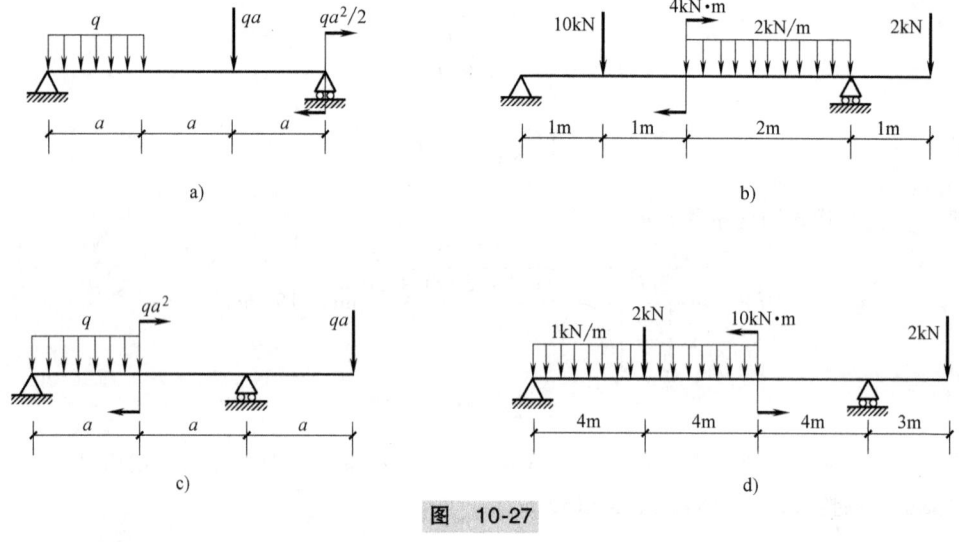

图 10-27

三、计算题

1. 求图 10-28 所示各梁中指定截面的内力，其中截面 1-1 和截面 2-2 无限接近于 C 点。

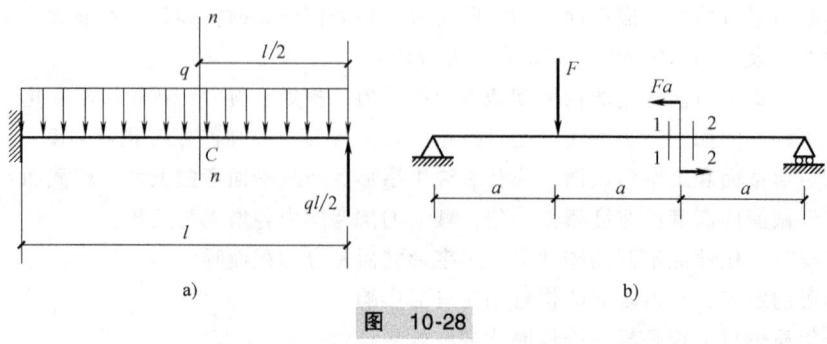

图 10-28

2. 工字形截面悬臂梁受载如图 10-29 所示，材料的 $[\sigma] = 160\text{MPa}$，试校核梁的正应力强度。

3. T 形截面悬臂梁，尺寸及载荷如图 10-30 所示，许用拉应力 $[\sigma]^+ = 40\text{MPa}$，许用压应力 $[\sigma]^- = 80\text{MPa}$，$I_z = 1.018 \times 10^8 \text{mm}^4$，$y_1 = 96.4\text{mm}$。试计算梁的许可载荷 $[F]$。（截面上点 C 为形心）

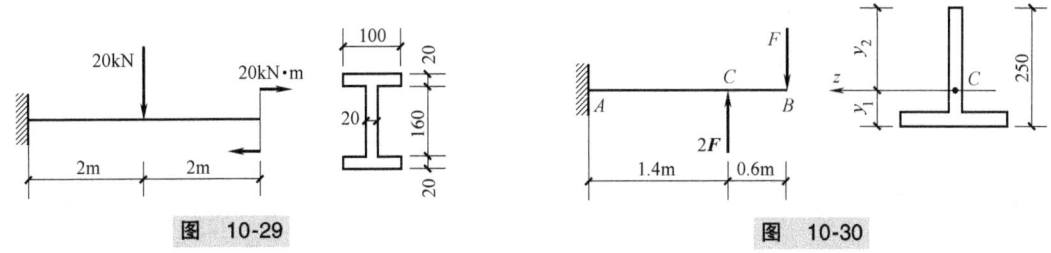

图 10-29　　　　图 10-30

4. 铸铁制作的梁，尺寸及受力如图 10-31 所示，梁的截面为 T 字形，$I_z = 40.3 \times 10^6 \text{mm}^4$。已知材料的拉伸许用应力和压缩许用应力分别为 $[\sigma_t] = 40\text{MPa}$，$[\sigma_c] = 100\text{MPa}$。

试求：(1) 画出剪力图和弯矩图；(2) 校核梁的强度是否安全。

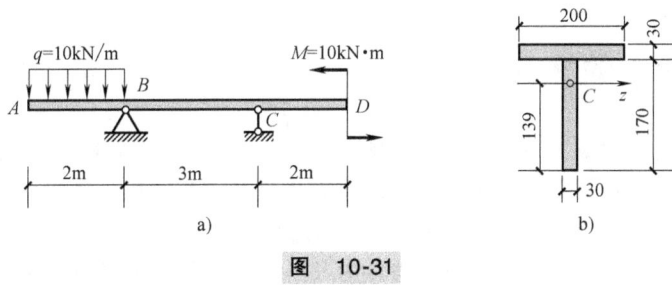

图 10-31

5. 试用积分法计算图 10-32 所示悬臂梁端 B 点的挠度和转角。

6. 试用积分法计算图 10-33 所示悬臂梁端的挠度和转角。

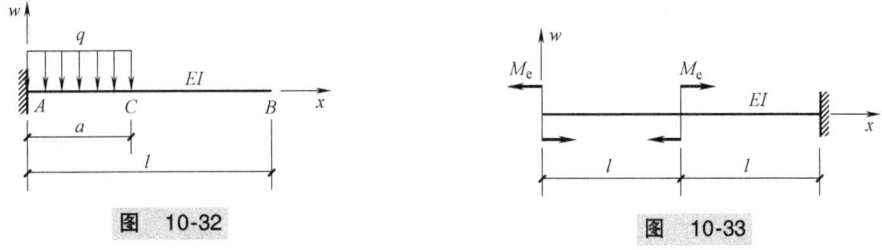

图 10-32　　　　图 10-33

7. 试用叠加法计算图 10-34 所示悬臂梁端 B 点的挠度和转角。

8. 试用叠加法求图 10-35 所示悬臂梁自由端截面 B 的挠度和转角的值，梁弯曲刚度 EI 为常量。

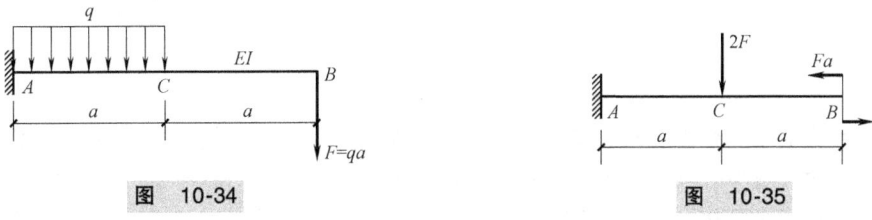

图 10-34　　　　图 10-35

第 11 章

应力状态与强度理论

学习目标

掌握平面应力状态下解析法和图解法分析单元体应力,掌握主应力的概念及主平面的位置;掌握应力圆、应力极值、最大切应力的计算;掌握复杂应力状态下的广义胡克定律;掌握常用的强度理论及其应用。

11.1 应力状态的概念

当直杆发生轴向拉伸或压缩时,任一斜截面上的应力 σ、τ 随斜截面倾角 α 的变化而有不同的数值,即使同一点在不同方位截面上,它的应力也是各不相同的。通过杆件上某一点可以作无数个不同方位的截面。因此,杆件上某一点处不同截面上的应力也随所取截面的方位而变化。在其他变形中也同样存在这种情况。**受力构件内某一点处不同方向截面上应力的集合,称为该点的应力状态。**

为了研究受力构件内某点的应力状态,可围绕该点取一个无限小的正六面体来表示这一点,这个正六面体称为**单元体**,单元体上各个截面便代表受力构件内过该点的不同方向截面。在图 11-1 中,围绕简支梁横截面上一点 B 取单元体,由于单元体边长为无穷小量,可以认为单元体各面上的应力均匀分布,并且平行面上应力是相同的。如图 11-2 所示,如果已知单元体三对互相垂直面上的应力,便可以用截面法和平衡条件,求得过这一点任意方向面上的应力。因此,一点的应力状态可用单元体上三对互相垂直的应力来表示。

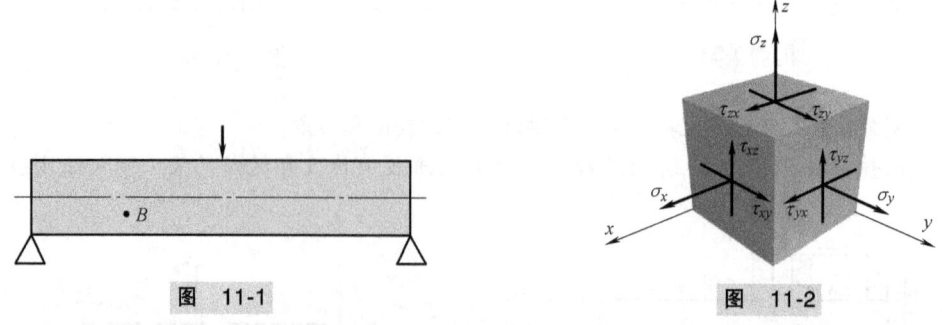

图 11-1   图 11-2

如果单元体的某一个面上只有正应力分量而无剪应力分量,则这个面称为主平面,主平面上的正应力称为主应力。可以证明,在受力构件内的任意点上总可以找到三个互相垂直的主平面,因此总存在三个互相垂直的主应力,通常用 σ_1、σ_2、σ_3 表示三个主应力,而且按代数值大小排列，即 $\sigma_1 > \sigma_2 > \sigma_3$。

根据主应力的情况，应力状态可分为三种：

1）三个主应力中只有一个不等于零，这种应力状态称为**单向应力状态**。例如，轴向拉伸或压缩杆件内任一点的应力状态就属于单向应力状态。

2）三个主应力中有两个不等于零，这种应力状态称为**二向应力状态**。例如，横力弯曲梁内任一点（该点不在梁的表面）的应力状态就属于二向应力状态。

3）三个主应力均不等于零，这种应力状态称为**三向应力状态**。例如，钢轨受到机车车轮、滚珠轴承受到滚珠压力作用点处，还有建筑物中基础内的一点均属于三向应力状态。

单向应力状态也称为**简单应力状态**，它与二向应力状态统称为**平面应力状态**；三向应力状态也称为空间应力状态。有时把二向应力状态和三向应力状态统称为**复杂应力状态**。

工程中的构件受力时，其危险点大多处于平面应力状态，因此本章将重点介绍平面应力状态。

11.2 平面应力状态

如图 11-3a 所示的单元体，因外法线与 z 轴重合的平面上其剪应力、正应力均为零，说明该单元体至少有一个主应力为零，因此该单元体处于平面应力状态。为便于研究，取其中平面 $abcd$ 来代表单元体的受力情况（图 11-3b）。任意斜截面的表示方法及有关规定如下：

1）用 x 轴与截面外法线 n 间的夹角 α 表示该截面。

2）α 的正负号：由 x 轴向 n 旋转，逆时针转向为正，顺时针转向为负（图 11-3b 的 α 角为正）。

3）σ_α 的正负号：拉应力为正，压应力为负（图 11-3 的 σ_x、σ_y、σ_α 均为正值）。

4）τ_α 的正负号：τ_α 对截面内此任一点的力矩转向，顺时针转向为正，逆时针转向为负（图 11-3 的 τ_x、τ_α 均为正值，τ_y 为负值）。

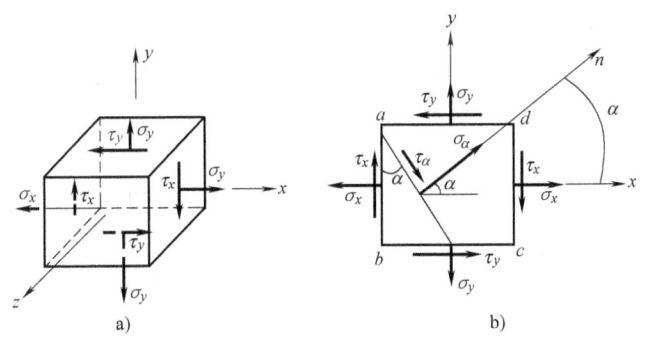

图 11-3

11.2.1 任意斜截面上的应力

1. 解析法

因研究的构件是平衡的，因此从构件内一点取单元体，并从单元体上取一截面（图 11-3b），则该截面也处于平衡。由平衡条件可以求得平面应力状态下单元体任一斜截面上的应力计算公式

$$\sigma_\alpha = \frac{\sigma_x+\sigma_y}{2}+\frac{\sigma_x-\sigma_y}{2}\cos2\alpha-\tau_x\sin2\alpha \tag{11-1}$$

$$\tau_\alpha = \frac{\sigma_x-\sigma_y}{2}\sin2\alpha+\tau_x\cos2\alpha \tag{11-2}$$

式（11-1）和式（11-2）中已知应力 σ_x、σ_y、τ_x 和 α 均为代数值。

【例 11-1】 求图 11-4a 所示各点应力状态下斜截面上的应力（各应力单位是 MPa）

(1) 已知：$\sigma_x = 30\text{MPa}$，$\sigma_y = -40\text{MPa}$，$\tau_x = 60\text{MPa}$，$\alpha = 30°$；

(2) 已知：$\sigma_x = -80\text{MPa}$，$\sigma_y = 0\text{MPa}$，$\tau_x = -40\text{MPa}$，$\alpha = 120°$。

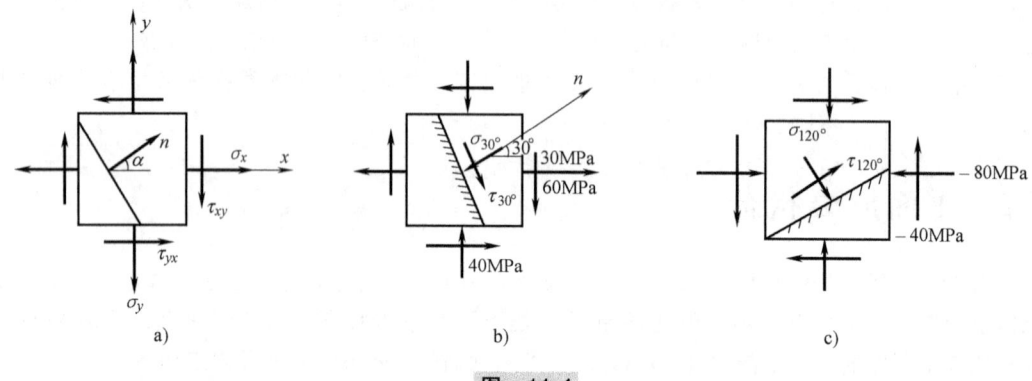

图 11-4

【解】 (1) 已知：$\sigma_x = 30\text{MPa}$，$\sigma_y = -40\text{MPa}$，$\tau_x = 60\text{MPa}$，$\alpha = 30°$，将各数值代入式（11-1）、式（11-2）得斜截面上的应力

$$\sigma_{30°} = \frac{30\text{MPa}-40\text{MPa}}{2}+\frac{30\text{MPa}+40\text{MPa}}{2}\cos60°-60\text{MPa}\sin60° = -39.46\text{MPa}$$

$$\tau_{30°} = \frac{30\text{MPa}+40\text{MPa}}{2}\sin60°+60\text{MPa}\cos60° = 60.31\text{MPa}$$

将 $\sigma_{30°}$、$\tau_{30°}$ 方向画在斜截面上，如图 11-4b 所示。

(2) 已知：$\sigma_x = -80\text{MPa}$，$\sigma_y = 0\text{MPa}$，$\tau_x = -40\text{MPa}$，$\alpha = 120°$，将各数值代入式（11-1）、式（11-2）得斜截面上的应力

$$\sigma_{120°} = \frac{-80\text{MPa}}{2}+\frac{-80\text{MPa}}{2}\cos240°+40\text{MPa}\sin240° = -54.64\text{MPa}$$

$$\tau_{120°} = \frac{-80\text{MPa}}{2}\sin240°-40\text{MPa}\cos240° = 54.64\text{MPa}$$

将 $\sigma_{120°}$、$\tau_{120°}$ 方向画在斜截面上，如图 11-4c 所示。

2. 图解法

用图解法计算斜截面上的应力，需要先作"应力圆"。

将式（11-1）改写为

$$\sigma_\alpha-\frac{\sigma_x+\sigma_y}{2}=\frac{\sigma_x-\sigma_y}{2}\cos2\alpha-\tau_x\sin2\alpha$$

再将上式和式（11-2）两边平方，然后相加，便可得出

$$\left(\sigma_\alpha-\frac{\sigma_x+\sigma_y}{2}\right)^2+\tau_\alpha^2=\left(\frac{\sigma_x-\sigma_y}{2}\right)^2+\tau_x^2 \tag{11-3}$$

对于所研究的单元体，σ_x、σ_y、τ_x 是常量，σ_α、τ_α 是变量（随 α 的变化而变化），故令 $\sigma_\alpha = x$、$\tau_\alpha = y$、$\dfrac{\sigma_x + \sigma_y}{2} = a$、$\sqrt{\left(\dfrac{\sigma_x - \sigma_y}{2}\right)^2 + \tau_x^2} = R$，则式（11-3）变为

$$(x-a)^2 + y^2 = R^2$$

由解析几何可知，上式代表的是圆心坐标 $(a, 0)$，半径为 R 的圆。因此，式（11-3）代表一个圆方程；若取 σ 为横坐标，τ 为纵坐标，则该圆的圆心坐标是 $\left(\dfrac{\sigma_x + \sigma_y}{2}, 0\right)$，半径等于 $\sqrt{\left(\dfrac{\sigma_x - \sigma_y}{2}\right)^2 + \tau_x^2}$，这个圆称为"应力圆"。因应力圆是德国学者莫尔（O. Mohr）于1882年最先提出的，所以又叫莫尔圆。应力圆上任一点坐标代表所研究单元体上任一截面的应力，因此应力圆上的点与单元体上的截面有着一一对应关系。

应力圆的画法：

如图 11-5b 所示，取坐标轴为 σ、τ 的直角坐标系，按一定的比例尺量取 $OA = \sigma_x$，$AD_1 = \tau_x$，$OB = \sigma_y$，$BD_2 = \tau_y$；连接 D_1、D_2，与 σ 轴交与 C 点，以 C 为圆心，CD_1（或 CD_2）为半径画一圆，容易证明，这个圆即为所求的应力圆。

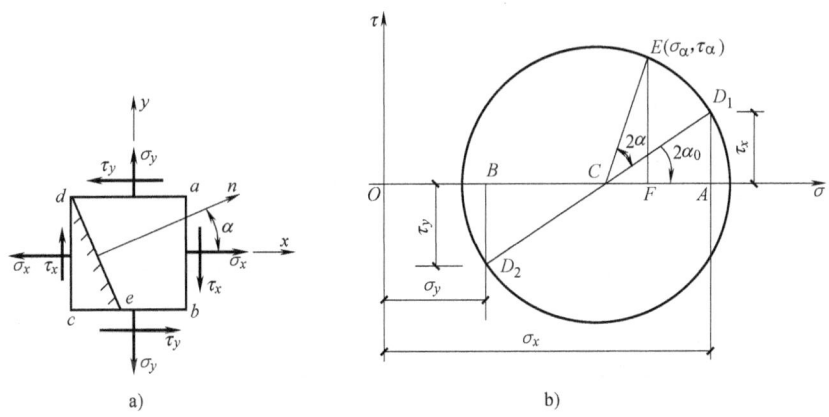

图 11-5

$$OC = \frac{1}{2} \times (OA + OB) = \frac{1}{2}(\sigma_x + \sigma_y)$$

即圆心在 $\left(\dfrac{\sigma_x + \sigma_y}{2}, 0\right)$。

又因

$$CA = \frac{1}{2} \times (OA - OB) = \frac{1}{2}(\sigma_x - \sigma_y)$$

$$AD_1 = \tau_x$$

所以圆的半径 $CD_1 = \sqrt{CA^2 + AD_1^2} = \sqrt{\left(\dfrac{\sigma_x - \sigma_y}{2}\right)^2 + \tau_x^2}$

利用应力圆可求出所研究单元体上任意一个 α 截面上的应力。由于应力圆参数表达式（11-1）、式（11-2）的参变量是 2α，所以单元体上任意两斜截面外法线之间的夹角对应于应力圆上两点

之间圆弧所对的圆心角，该圆心角为两斜截面外法线之间的夹角的两倍。如要确定图11-5a斜截面 de 的应力，由应力圆上的 D_1 点（该点对应于截面 ab）沿逆时针量取圆心角 $\angle D_1 CE = 2\alpha$，则 E 点的横、纵坐标分别代表 de 截面上的 σ_α、τ_α。证明如下：

过 E 点作 EF 垂直 σ 轴，则

$$\begin{aligned}
OF &= OC + CF = OC + CE\cos(2\alpha + 2\alpha_0) \\
&= OC + CE\cos 2\alpha_0 \cos 2\alpha - CE\sin 2\alpha_0 \sin 2\alpha \\
&= OC + CD_1 \cos 2\alpha_0 \cos 2\alpha - CD_1 \sin 2\alpha_0 \sin 2\alpha \\
&= OC + CA\cos 2\alpha - AD_1 \sin 2\alpha \\
&= \frac{\sigma_x + \sigma_y}{2} + \frac{\sigma_x - \sigma_y}{2}\cos 2\alpha - \tau_x \sin 2\alpha \\
&= \sigma_\alpha
\end{aligned}$$

即 E 点的横坐标等于斜截面上的正应力。同理可证，E 点的纵坐标等于斜截面上的切应力。

【例 11-2】 用图解法求解【例 11-1】。

【解】 （1）按单元体上的已知应力作应力圆如图 11-6a 所示。

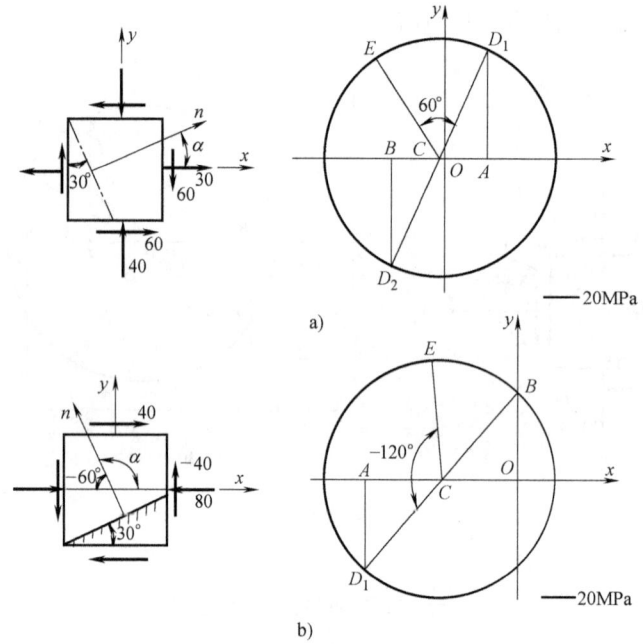

图 11-6

指定斜截面的外法线与 σ_x 间的夹角 $\alpha = 30°$，从应力圆上的 D_1 点逆时针量取圆心角 $60°$ 得 E 点，量出 E 点的横、纵坐标得 $\sigma_E = -40\text{MPa}$、$\tau_E = 60\text{MPa}$。

（2）按单元体上的已知应力作应力圆如图 11-6b 所示。

指定斜截面的外法线与 σ_x 间的夹角 $\tau_\alpha = 120°$，从应力圆上的 D_1 点逆时针量取圆心角 $240°$ 得 E 点，量出 E 点的横、纵坐标得 $\sigma_E = -55\text{MPa}$、$\tau_E = 55\text{MPa}$。

由以上例题看出，利用应力圆确定单元体任意斜截面上的应力时，应注意应力圆上的点与单元体斜截面位置之间的对应关系，即单元体的两个截面 ab、cd 外法线的夹角若为 β，则应力圆上的相应的点 A、B 之间的圆弧所对的圆心角为 2β（图 11-7），而且两个角度按同一转向

量取。

用图解法解题,简捷明快,但精度有限,如果要求较高的精度,则需要解析法。

11.2.2 主应力及主平面的确定

主平面是特殊的斜截面,它上面只有正应力而无剪应力,根据这个特点,确定主平面的位置及主应力的大小。

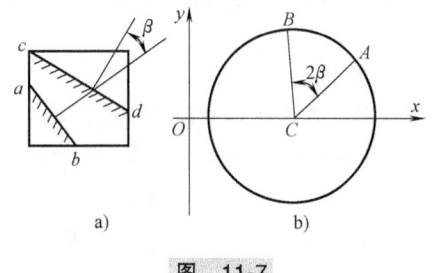

图 11-7

1. 解析法

由式 (11-2),令 $\tau_\alpha = 0$,便可得出单元体主平面的位置。设主平面外法线与 x 轴的夹角为 α_0,则

$$\tan 2\alpha_0 = -\frac{2\tau_x}{\sigma_x - \sigma_y} \tag{11-4}$$

其中,α_0 有两个根:α_0 和 ($\alpha_0 + 90°$),因此说明由式 (11-4) 可以确定两个互相垂直的主平面。如果对式 (11-1) 令 $\dfrac{d\sigma_\alpha}{d\alpha} = 0$,经简化得

$$\frac{\sigma_x - \sigma_y}{2}\sin 2\alpha + \tau_x \cos 2\alpha = 0$$

上式左边等于 τ_α,因此 $\tau_\alpha = 0$,表明两个主应力是所有截面上正应力的极值 $\sigma_{\max}$、$\sigma_{\min}$(极大值和极小值)。

为求出主应力的数值,用图 11-8 所示的三角关系,代入式 (11-1),简化后便可得到主应力计算公式

$$\sigma_{\min}^{\max} = \frac{\sigma_x + \sigma_y}{2} \pm \sqrt{\left(\frac{\sigma_x - \sigma_y}{2}\right)^2 + \tau_x^2} \tag{11-5}$$

由上式得出应力有两个,由式 (11-4) 计算出的角度 α_0 也有两个,那么 α_0 是 x 轴和 $\sigma_{\max}$ 还是 x 轴和 $\sigma_{\min}$ 之间的夹角,可按以下法则来判断:

1) 当 $\sigma_x > \sigma_y$ 时,α_0 是 x 轴和 $\sigma_{\max}$ 之间的夹角。
2) 当 $\sigma_x < \sigma_y$ 时,α_0 是 x 轴和 $\sigma_{\min}$ 之间的夹角。
3) 当 $\sigma_x = \sigma_y$ 时,$\alpha_0 = 45°$,主应力的方位可由单元体上剪应力的情况判断(图 11-9a、b)。

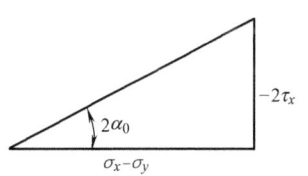

图 11-8

应指出:用以上法则时,由式 (11-4) 计算的 $2\alpha_0$ 应取锐角(正或负)。

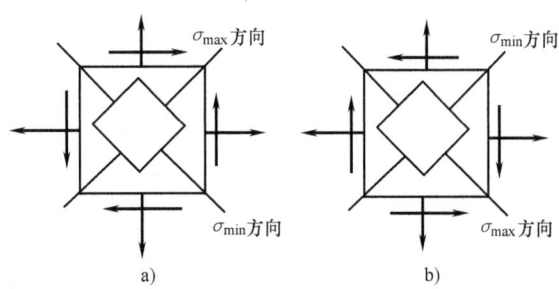

图 11-9

因为平面应力状态至少有一个主应力等于零,因此可根据 σ_{max}、σ_{min} 的正负号确定 σ_1、σ_2、σ_3。

2. 图解法

利用应力圆很容易确定主应力与主平面方向。应力圆与 σ 轴的交点 A_1、A_2(图 11-10b)的纵坐标 τ 等于零,所以 A_1、A_2 点对应于单元体上两个主平面,其横坐标即为主应力的值。又因 $OA_1 > OA_2$,故 A_1、A_2 分别对应 σ_{max}、σ_{min}。由于 D_1 代表单元体上的 x 平面,则圆心角 $\angle D_1 C A_1$ 的一半(圆周角 $\angle D_1 A_2 A_1$)为 σ_{max} 所在平面的方位角。

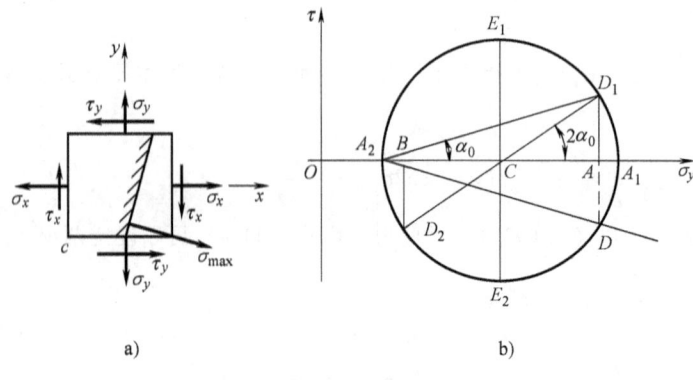

图 11-10

【**例 11-3**】 试用解析法求图 11-11a 所示应力状态的主应力及其方向,并在单元体上画出主应力的方向(各应力单位:MPa)。

【**解**】

$$\sigma_{min}^{max} = \frac{\sigma_x + \sigma_y}{2} \pm \sqrt{\left(\frac{\sigma_x - \sigma_y}{2}\right)^2 + \tau_x^2}$$

$$= \frac{-30\text{MPa} + 50\text{MPa}}{2} \pm \sqrt{\left(\frac{-30 - 50}{2}\right)^2 + 20^2}\text{MPa}$$

$$= 10\text{MPa} \pm 44.72\text{MPa} = \begin{matrix} 54.72 \\ -34.72 \end{matrix}\text{MPa}$$

$$\tan 2\alpha_0 = -\frac{2\tau_x}{\sigma_x - \sigma_y} = -\frac{2 \times 20\text{MPa}}{-30\text{MPa} - 50\text{MPa}} = 0.5$$

$$\alpha_0 = 13°17'$$

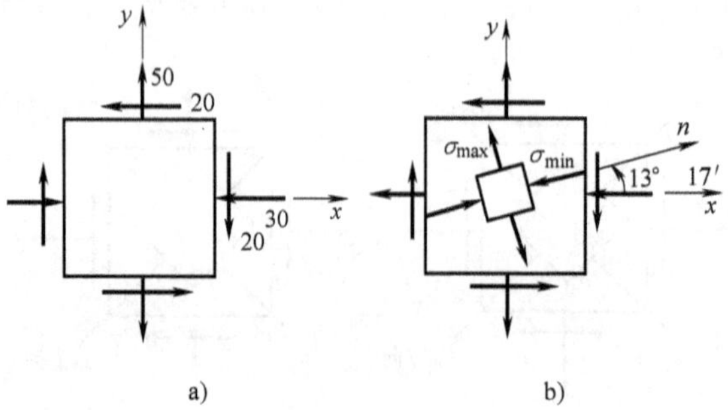

图 11-11

因 $\sigma_x < \sigma_y$，所以从 σ_x（x 轴）逆时针方向量取 13°17′即为 $\sigma_{\min}$ 的方向，$\sigma_{\max}$ 和 $\sigma_{\min}$ 作用面垂直，画到单元体上如图 11-11b 所示。

【例 11-4】 试用图解法计算【例 11-3】。

【解】 根据已知条件画出应力圆如图 11-12 所示。量得 $OA_1 = \sigma_{\max} = 55\text{MPa}$，$OA_2 = \sigma_{\min} = -35\text{MPa}$。

因 D_1 点对应于 x 截面，所以 D_1A_2 弧所对的圆周角 $\angle D_1A_1A_2$ 即为 $\sigma_{\min}$ 的方位角，量得 $\alpha_0 \approx 13°$。在应力圆上的真实方向为 A_1D。

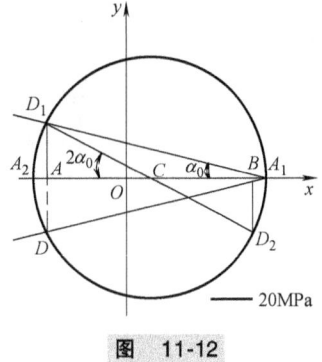

图 11-12

11.2.3 最大剪应力的确定

1. 解析法

由式（11-2）可确定最大剪应力的大小及所在的位置，令 $\dfrac{\mathrm{d}\tau_\alpha}{\mathrm{d}\alpha} = 0$，则可求得剪应力极值所在的平面方位角位置 α_1 的计算公式

$$\tan 2\alpha_1 = \frac{\sigma_x - \sigma_y}{2\tau_x} \tag{11-6}$$

由式（11-6）可以确定相差 90°的两个面，分别作用着最大剪应力和最小剪应力，其值可用下式计算

$$\tau_{\min}^{\max} = \pm\sqrt{\left(\frac{\sigma_x - \sigma_y}{2}\right)^2 + \tau_x^2} \tag{11-7}$$

如果已知主应力，则剪应力极值为

$$\tau_{\min}^{\max} = \pm\frac{\sigma_{\max} - \sigma_{\min}}{2} \tag{11-8}$$

比较式（11-4）和式（11-6）得

$$\tan 2\alpha_1 = -\cot 2\alpha_0 \tag{11-9}$$

即 $\alpha_1 = \alpha_0 + 45°$，说明剪应力的极值平面和主平面成 45°角。

2. 图解法

如图 11-10b 所示，应力圆上最高点 E_1 及最低点 E_2 分别是 $\tau_{\max}$ 和 $\tau_{\min}$ 对应的位置。因此，两点的纵坐标分别为 $\tau_{\max}$、$\tau_{\min}$ 的值；其方位角由 D_1E_1 弧和 D_1E_2 弧所对的圆周角之半（或该弧所对的圆周角）量得。由应力圆还可以看出，剪应力的极值平面和主平面成 45°角。

【例 11-5】 如图 11-13a 所示一矩形截面简支梁，矩形尺寸：$b = 80\text{mm}$，$h = 160\text{mm}$ 跨中作用集中载荷 $F = 20\text{kN}$。试计算距离左端支座 $x = 0.3\text{m}$ 的 D 处截面中性层以上 $y = 20\text{mm}$ 某点 K 的主应力、最大剪应力及其方位，并用单元体表示出主应力。

【解】（1）计算 D 处截面的剪力及弯矩

$$Q_D = F_A = 10\text{kN}, \quad M_D = F_A x = 3\text{kN}\cdot\text{m}$$

（2）计算 D 处截面中性层以上 20mm 处 K 点的正应力及剪应力

$$\sigma_K = -\frac{M_D y}{I_z} = -\frac{3\times 10^6 \text{N}\cdot\text{mm}\times 20\text{mm}}{\dfrac{1}{12}\times 80\text{mm}\times 160^3 \text{mm}^3} = -2.2\text{MPa}$$

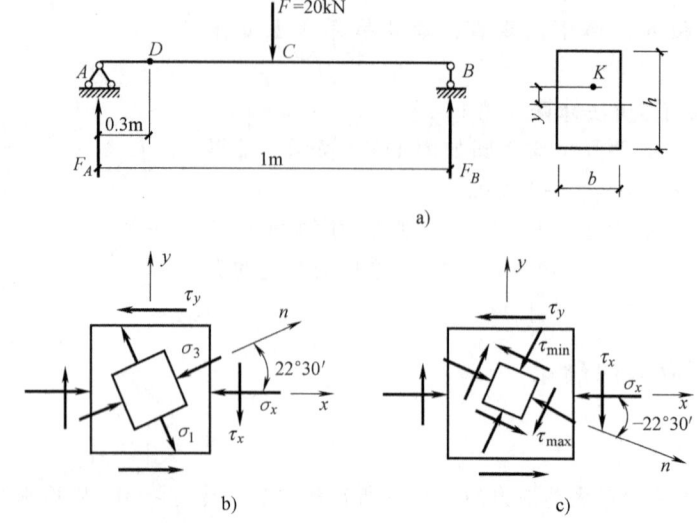

图 11-13

$$\tau_K = \frac{F_{SD}S}{I_z b} = \frac{F_{SD}b\left(\frac{h}{2}-y\right)\times\frac{1}{2}\left(\frac{h}{2}+y\right)}{I_z b} = \frac{10\times 10^3 \text{N}\times 80\text{mm}\times\left(\frac{160\text{mm}}{2}-20\text{mm}\right)\times\frac{1}{2}\times\left(\frac{160\text{mm}}{2}+20\text{mm}\right)}{\frac{1}{12}\times 80\text{mm}\times 160^3 \text{mm}^3 \times 80\text{mm}} = 1.1\text{MPa}$$

(3) 计算主应力及其方位

取 K 点单元体如图 11-13b 所示，$\sigma_x = \sigma_K = -2.2\text{MPa}$，因梁的纵向纤维之间互不挤压，故 $\sigma_y = 0$；$\tau_x = \tau_K = 1.1\text{MPa}$。

$$\sigma_3^1 = \frac{-2.2}{2}\text{MPa} \pm \sqrt{\left(\frac{-2.2}{2}\right)^2 + 1.1^2}\text{MPa} = \begin{matrix}0.46\\-2.66\end{matrix}\text{MPa}$$

主方向
$$\tan 2\alpha_0 = \frac{-2\times 1.1}{-2.2} = 1$$
$$\alpha_0 = 22°30'$$

因 $\sigma_x < \sigma_y$，所以 α_0 是 σ_3 所在截面与 σ_x 作用面的夹角，如图 11-13c 所示。

(4) 计算最大剪应力及其方位

$$\tau_{\min}^{\max} = \pm\sqrt{\left(\frac{-2.2}{2}\right)^2 + 1.1^2}\text{MPa} = \pm 1.56\text{MPa}$$

$$\tan 2\alpha_1 = \frac{-2.2}{2\times 1.1} = -1$$
$$\alpha_1 = -22°30'$$

11.3 强度理论

轴向拉伸（压缩）强度条件中的许用应力是由材料的屈服极限或强度极限除以安全系数而得的。材料的屈服极限或强度极限可直接由试验测定。杆件受到轴向拉压时，杆内处于单向应力状态，因此单向应力状态下的强度条件只需要做拉伸或压缩试验便可解决。但工程上受力构件很多属于复杂应力状态,要通过试验建立强度条件几乎是不可能的,于是人们考虑,能否从简单应力状态下的试验结果去建立复杂应力状态的强度条件?为此人们对材料发生屈服和断裂两种破坏形式进行研究,提出了材料在不同应力状态下产生某种形式破坏的共同原因的各种假设,这些假设称为**强度理论**。根据这些假设,就有可能利用单向拉伸的试验结果,建立复杂应力状态下的强度条件。目前常用的强度理论,按提出的先后顺序,习惯上称为第一、二、三、四强度理论。

1. 第一强度理论(最大拉应力理论)

17世纪,伽利略根据直观提出了这一理论。该理论认为:材料的断裂破坏取决于最大拉应力,即不论材料处于什么应力状态,当三个主应力中的主应力 σ_1 达到单向应力状态破坏时的正应力时,材料便发生断裂破坏。相应的强度条件

$$\sigma_1 \leq [\sigma] \tag{11-10}$$

式中 $[\sigma]$——材料轴向拉伸时的许用应力。

试验证明,该理论只对少数脆性材料受拉伸的情况相符,对别的材料和其他受力情况不甚可靠。

2. 第二强度理论(最大正应变理论)

该理论是1682年由马里奥特(E. Mariotte)提出的。该理论认为:材料的断裂破坏取决于最大正应变,即不论材料处于什么应力状态,当三个主应变(沿主应力方向的应变称为主应变,记作 ε_1、ε_2、ε_3)中的最大主应变 ε_1 达到单向应力状态破坏时的正应变时,材料便发生断裂破坏。相应的强度条件

$$\varepsilon_1 \leq [\varepsilon]$$

用正应力形式表示,第二强度理论的强度条件是

$$\sigma_1 - \mu(\sigma_2 + \sigma_3) \leq [\sigma] \tag{11-11}$$

该理论与少数脆性材料试验结果相符,对于具有一拉一压主应力的二向应力状态,试验结果也与此理论计算结果相近;但对塑性材料,则不能被试验结果所证明。该结论适用范围较小,目前已很少采用。

3. 第三强度理论(最大剪应力理论)

该理论是由库仑(C. A. Coulomb)在1773年提出的。该理论认为:材料的破坏取决于最大剪应力,即不论材料处于什么应力状态,当最大剪应力达到单向应力状态破坏时的最大剪应力时,材料便发生破坏。相应的强度条件是

$$\tau_{max} \leq [\tau]$$

用正应力形式表示,第三强度理论的强度条件是

$$\sigma_1 - \sigma_3 \leq [\sigma] \tag{11-12}$$

试验证明,该理论对塑性材料较为符合,而且偏于安全。但对三相受拉应力状态下材料发生破坏,该理论无法解释。

4. 第四强度理论(能量强度理论)

该理论最早是由贝尔特拉密(E. Beltrami)于1885年提出的,但未被试验所证实,后于1904年由波兰力学家胡勃(M. T. Huber)修改。该理论认为:材料的破坏取决于形状改变比能,即不论材料处于什么应力状态,当形状改变比能达到单向应力状态破坏时的形状改变比能时,材料便发生破坏。相应的强度条件是

$$v_d \leq [v_d]$$

用正应力形式表示,第四强度理论的强度条件是

$$\sqrt{\frac{1}{2}[(\sigma_1-\sigma_2)^2+(\sigma_2-\sigma_3)^2+(\sigma_3-\sigma_1)^2]} \leq [\sigma] \qquad (11\text{-}13)$$

试验证明，对许多塑性材料，该理论与试验情况很相符。但按该理论，在三向受拉时，材料不会发生破坏，这与实际不相符。

可将式（11-10）~式（11-13）四个强度条件写成统一形式

$$\sigma_{xdn} \leq [\sigma] \qquad (11\text{-}14)$$

式中 σ_{xdn}——相当应力，下标 n 表示第几强度理论，因此

$$\begin{cases} \sigma_{xd1} = \sigma_1 \\ \sigma_{xd2} = \sigma_1 - \mu(\sigma_2+\sigma_3) \\ \sigma_{xd3} = \sigma_1 - \sigma_3 \\ \sigma_{xd4} = \sqrt{\frac{1}{2}[(\sigma_1-\sigma_2)^2+(\sigma_2-\sigma_3)^2+(\sigma_3-\sigma_1)^2]} \end{cases} \qquad (11\text{-}15)$$

除以上四个强度理论外，在工程地质与土力学中还经常用到"莫尔强度理论"。该理论的详细论述参见有关书籍，这里不做具体介绍。

【例 11-6】 一铸铁零件，在危险点处的应力状态主应力 $\sigma_1 = 24\text{MPa}$，$\sigma_2 = 0$，$\sigma_3 = -36\text{MPa}$。已知材料的 $[\sigma_t] = 35\text{MPa}$，泊松比 $\mu = 0.25$。试校核其强度。

【解】 因为铸铁是脆性材料，因此选用第二强度理论，其相当应力

$$\sigma_{xd2} = \sigma_1 - \mu(\sigma_2+\sigma_3) = 24\text{MPa} - 0.25 \times (0-36)\text{MPa} = 33\text{MPa} < [\sigma_t] = 35\text{MPa}$$

所以零件是安全的。

如果选用第三强度理论，其相当应力

$$\sigma_{xd3} = \sigma_1 - \sigma_3 = 24\text{MPa} - (-36)\text{MPa} = 60\text{MPa} > [\sigma_t] = 35\text{MPa}$$

即按第三强度理论计算，零件不安全，但实际是安全的，这是因为铸铁属脆性材料，不适合应用第三强度理论。

【例 11-7】 图 11-14a 所示的简支梁，$F = 100\text{kN}$，梁的截面是 20a 工字钢，材料为 2 号钢（Q215 结构钢），许用应力 $[\sigma] = 150\text{MPa}$，$[\tau] = 90\text{MPa}$，试对梁进行强度校核。

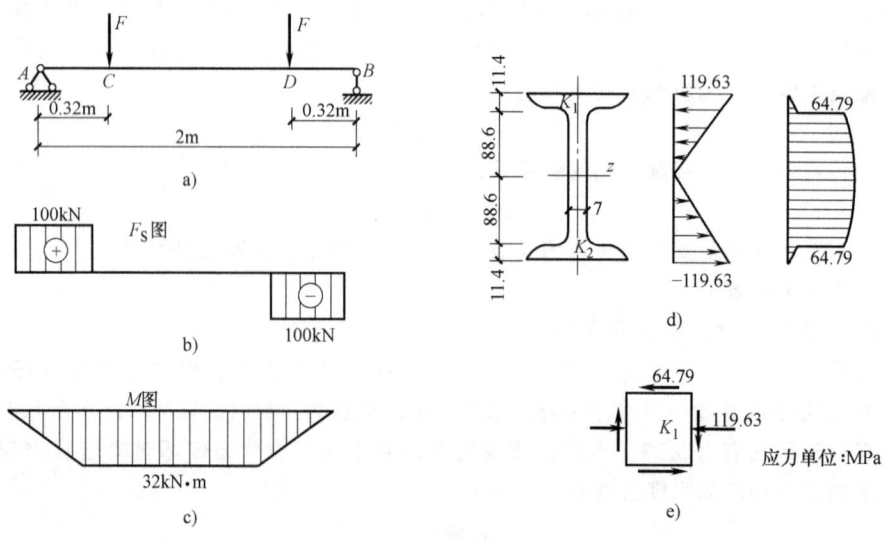

图 11-14

【解】（1）确定危险截面

画出梁的剪力图和弯矩图如图 11-14b、c 所示。由图可知，C、D 截面为危险截面。因其危险程度相当，故选择其中 C 截面进行强度校核。

（2）校核最大正应力及最大剪应力

由型钢表（附录 C）查得 20a 工字钢有关数据，$I = 2370\text{cm}^4$，$W = 237\text{cm}^3$，$I/S = 17.2\text{cm}$，$d = 7\text{mm}$。

由正应力强度条件

$$\sigma_{\max} = \frac{M_{\max}}{W} = \frac{32 \times 10^6 \text{N} \cdot \text{mm}}{237 \times 10^3 \text{mm}^3} \approx 135\text{MPa} < [\sigma] = 150\text{MPa} \quad（满足正应力强度条件）$$

$$\tau_{\max} = \frac{F_S S}{I_z d} = \frac{100 \times 10^3 \text{N}}{17.2 \times 10 \text{mm} \times 7 \text{mm}} \approx 83.06\text{MPa} < [\tau] = 90\text{MPa} \quad（满足剪应力强度条件）$$

（3）应用强度理论校核

危险截面上腹板与翼缘交接处的正应力和剪应力同时有较大的数值，因此该处的主应力可能很大，是危险点，应进行强度校核，为此在该处取 K_1（K_2）点（图 11-14d），围绕该点取单元体，计算单元体上的应力

$$\sigma = \frac{My}{I_z} = \frac{32 \times 10^6 \text{N} \cdot \text{mm} \times 88.6\text{mm}}{2370 \times 10^4 \text{mm}^4} \approx 119.63\text{MPa}$$

$$\tau = \frac{F_S S}{I_z d} = \frac{100 \times 10^3 \text{N} \times 100 \times 11.4 \times (88.6 + 11.4/2) \text{mm}^3}{2370 \times 10^4 \text{mm}^4 \times 7\text{mm}} \approx 64.79\text{MPa}$$

将以上应力标到单元体上，如图 11-14e 所示。计算主应力

$$\sigma_{\min}^{\max} = \frac{\sigma_x - \sigma_y}{2} \pm \sqrt{\left(\frac{\sigma_x - \sigma_y}{2}\right)^2 + \tau_x^2} = \frac{-119.63}{2}\text{MPa} \pm \sqrt{\left(\frac{-119.63}{2}\right)^2 + (64.79)^2}\text{MPa} = \begin{matrix}28.36\\-148\end{matrix}\text{MPa}$$

所以 K_1 点的三个主应力 $\sigma_1 = 28.36\text{MPa}$，$\sigma_2 = 0\text{MPa}$，$\sigma_3 = -148\text{MPa}$。

因工字钢材料是 2 号钢，属塑性材料，采用第四强度理论校核

$$\sigma_{xd4} = \sqrt{\frac{1}{2}[(\sigma_1 - \sigma_2)^2 + (\sigma_2 - \sigma_3)^2 + (\sigma_3 - \sigma_1)^2]}$$

$$= \sqrt{\frac{1}{2} \times [28.36^2 + 148^2 + (-148 - 28.36)^2]}\text{MPa}$$

$$= 164.02\text{MPa} > [\sigma] = 150\text{MPa}$$

故不满足强度要求（计算得的 σ_{xd4} 已超过 $[\sigma]$ 的 5%），需另选较大的截面。

（4）重新选择截面

改选为 20b 工字钢，由型钢表（附录 C）查得 $I = 2500\text{cm}^4$，$b = 102\text{mm}$，$d = 9\text{mm}$。

重复以上计算

$$\sigma = \frac{My}{I_z} = \frac{32 \times 10^6 \times 88.6}{2500 \times 10^4}\text{MPa} \approx 113.4\text{MPa}$$

$$\tau = \frac{QS}{I_z d} = \frac{100 \times 10^3 \times 102 \times 11.4 \times (88.6 + 11.4 \div 2)}{2500 \times 10^4 \times 9} \text{MPa} \approx 48.73 \text{MPa}$$

$$\sigma_{\min}^{\max} = \frac{\sigma_x - \sigma_y}{2} \pm \sqrt{\left(\frac{\sigma_x - \sigma_y}{2}\right)^2 + \tau_x^2}$$

$$= \frac{-113.4}{2} \text{MPa} \pm \sqrt{\left(\frac{-113.4}{2}\right)^2 + (48.73)^2} \text{MPa}$$

$$= \begin{matrix} 18.06 \\ -131.46 \end{matrix} \text{MPa}$$

$$\sigma_{xd4} = \sqrt{\frac{1}{2}[(\sigma_1 - \sigma_2)^2 + (\sigma_2 - \sigma_3)^2 + (\sigma_3 - \sigma_1)^2]}$$

$$= \sqrt{\frac{1}{2} \times [18.06^2 + 131.46^2 + (-131.46 - 18.06)^2]} \text{MPa}$$

$$= 141.35 \text{MPa} < [\sigma] = 150 \text{MPa}$$

选 20b 工字钢满足强度要求，故选用 20b 工字钢。

思考题与习题

一、简答题

1. 有人认为，如图 11-15 所示的单元体因 z 轴方向上既没有剪应力，也没有正应力，因此它一定属于二向应力状态，对吗？

2. 最大剪应力平面上的正应力是否一定相等？

3. 为什么应用"规则"判断主平面方位时还要限制"$2\alpha_0$ 取锐角"这个条件？

4. 用应力圆确定某截面上应力时，为什么 2α 总是从 D_1 点（D_1 点代表 x 截面），而不是从 D_2 点量取？如图 11-16 所示。

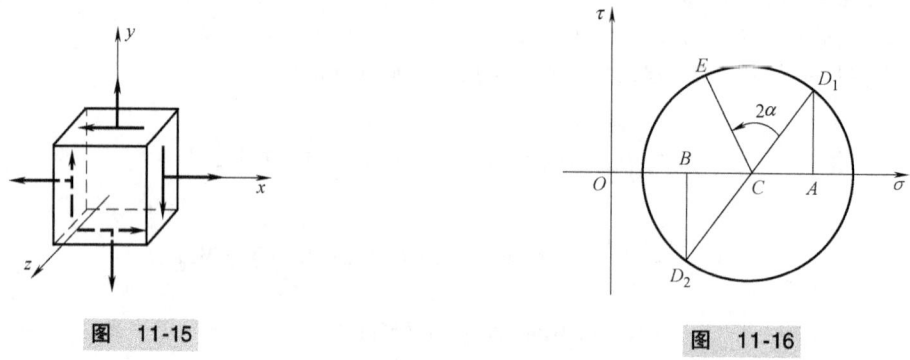

图 11-15　　　　　　　　图 11-16

5. 试用应力圆证明，过一点两个互相垂直截面上正应力之和为常量，这个常量等于多少？

6. 在前一章对梁已分别按正应力和剪应力进行强度计算，为什么本章又提出强度理论进行校核？对轴向拉压杆是否也需要用强度理论校核？

二、计算题

1. 已知：铸铁构件上危险点的应力状态如图 11-17 所示。铸铁拉伸许用应力 $[\sigma_t] = 30$MPa。试校核该点的强度。

2. 已知：圆杆受力如图 11-18 所示，若已知圆杆直径 $d = 10$mm，外力偶矩 $M = \dfrac{1}{10}Fd$。材料为钢材，$[\sigma] = 160$MPa。试按第三和第四强度理论求许可载荷 $[F]$。

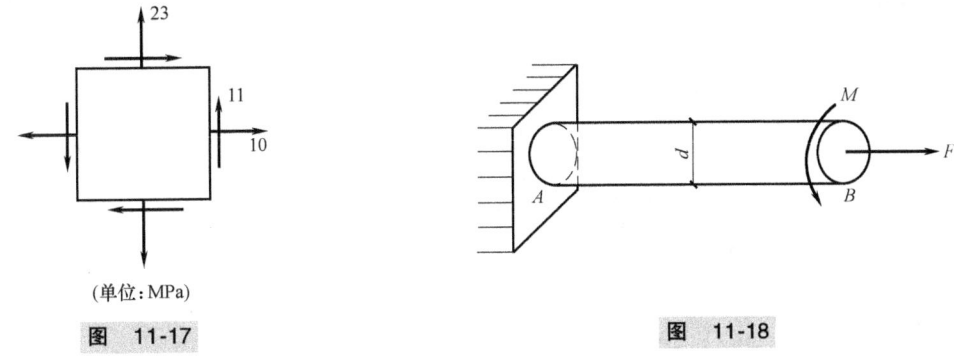

图 11-17

图 11-18

第 12 章

组 合 变 形

学习目标

理解组合变形的概念；掌握弯曲与拉伸（或压缩）组合变形的计算；掌握偏心压缩（拉伸）的计算；了解截面核心的概念。

12.1 组合变形的概念

在实际工程中，杆件的受力情况比较复杂，所引起的变形不是单一的基本变形，而是几种基本变形的组合。如图 12-1 所示，烟囱在承受自身重力发生轴向压缩变形的同时，又因承受风荷而引起弯曲；厂房牛腿柱所受吊车梁的压力与柱的轴线不重合，偏心压力作用使支柱产生压缩和弯曲两种基本变形。我们将由两种或两种以上的基本变形组合而成的变形，且每一种基本变形所对应的应力属于同一数量级，称为**组合变形**。工程中的楼梯斜梁（压缩与弯曲）、边梁（弯曲与扭转）、挡土墙（偏心压缩）等构件的变形都是组合变形。组合变形一般只考虑强度问题，求解组合变形的强度问题可用叠加法。

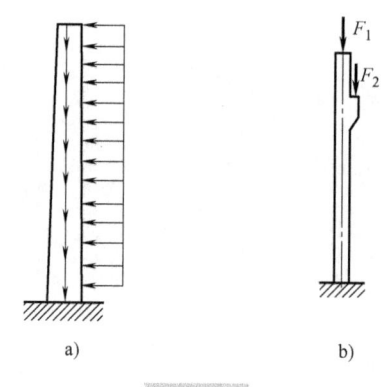

图 12-1

计算组合变形的应力时，先将组合变形分解为基本变形，然后分别计算每一种基本变形时的应力，再进行叠加分析组合变形的内力，必要时要画内力，从而确定危险载面，求出危险截面上的内力值。一般计算内力的最大值。本书介绍的组合变形构件，在外力作用下都处于线弹性范围内，且满足小变形条件，可通过叠加原理计算。

12.2 弯曲与拉伸（或压缩）组合变形

当杆件受到轴向力和横向力共同作用，或外力的合力作用线不通过轴线时，杆件都将产生拉伸（或压缩）与弯曲的组合变形。图 12-2a 所示悬臂起重机的横梁 AB，在受到轴向压缩变形的同时还受到横向弯曲变形，该梁的变形即为压弯组合变形。

【**例 12-1**】 如图 12-2a 所示，悬臂梁起重机的横梁用 25a 工字钢制成，已知：$l=4\text{m}$，$\alpha=30°$，$[\sigma]=100\text{MPa}$，电葫芦重 $Q_1=4\text{kN}$，起重量 $Q_2=20\text{kN}$。试校核横梁的强度。

【解】 如图 12-2b 所示，当载荷 $P=Q_1+Q_2=24\text{kN}$ 移动至梁的中点时，可近似地认为梁处于危险状态，此时梁 AB 发生弯曲与压缩组合变形。

（1）计算梁端反力

由 $\sum M_A = 0$，$F_{By}l - Pl/2 = 0$

解得 $F_{By} = P/2 = 12\text{kN}$

而 $F_{Bx} = F_{By}\cot 30° = 20.8\text{kN}$

由 $\sum y = 0$，$F_{Ay} - P + F_{By} = 0$

解得 $F_{Ay} = 12\text{kN}$

由 $\sum x = 0$，$F_{Ax} - F_{Bx} = 0$

解得 $F_{Ax} = 20.8\text{kN}$

（2）计算内力和应力

梁的弯矩图如图 12-2c 所示。梁中点截面上的弯矩最大，其值为

$$M_{\max} = Pl/4 = 24\text{kN}\cdot\text{m}$$

由型钢表（附录 C）查得 25a 工字钢的截面面积和抗弯截面系数分别为

$$A = 48.5\text{cm}^2, \quad W_z = 402\text{cm}^3$$

最大弯曲应力为

$$\sigma_{\max} = \frac{M_{\max}}{W_z} = \frac{24\times 10^3 \text{N}\cdot\text{m}}{402\times 10^{-6}\text{m}^3} \approx 59.7\times 10^6\text{Pa} = 59.7\text{MPa}$$

梁 AB 所受的轴向压力为

$$F_N = -F_{Bx} = -20.8\text{kN}$$

其轴向压应力为

$$\sigma_c = -\frac{F_N}{A} = -4.29\text{MPa}$$

梁中点横截面上、下边缘处的总正应力分别为

$$\sigma_{c\max} = -\frac{F_N}{A} - \frac{M_{\max}}{W_z} \approx -64\text{MPa}$$

$$\sigma_{t\max} = -\frac{F_N}{A} + \frac{M_{\max}}{W_z} \approx 55.4\text{MPa}$$

（3）校核强度

因为工字钢的抗拉、抗压能力相同，则

$$|\sigma_{c\max}| = 64\text{MPa} < 100\text{MPa} = [\sigma] \text{（安全）}$$

【例 12-2】 图 12-3 所示为钻床铸铁立柱，已知 $P=15\text{kN}$，力 P 与立柱中心线之间的距离 $e=300\text{mm}$，立柱许用拉应力 $[\sigma_t] = 32\text{MPa}$。试设计立柱直径 d。

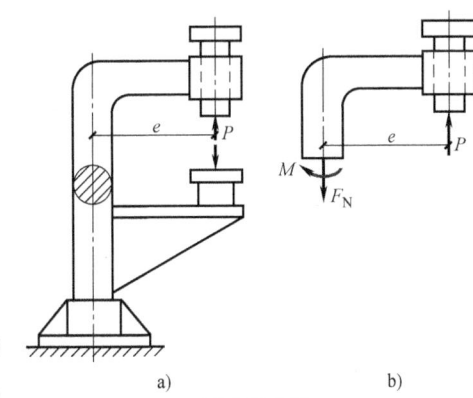

图 12-3

【解】 如图 12-3b 所示钻床立柱发生拉伸和弯曲的组合变形。最大拉应力强度条件为

$$\sigma_{t\max} = \frac{4P}{\pi d^2} + \frac{32Pe}{\pi d^3} \leqslant [\sigma_t] \tag{a}$$

得

$$\frac{4\times 15\times 10^3\text{N}}{\pi d^2} + \frac{32\times 15\times 10^3\text{N}\times 300\text{mm}}{\pi d^3} \leqslant 32\text{MPa} \tag{b}$$

解此三次方程便可求得立柱的直径 d 值，但求解麻烦费时。若 e（偏心距）值较大，首先按弯曲正应力强度条件求出直径 d 的近似值，然后取略大于此值为直径 d，再代入偏心拉伸的强度条件公式中进行校核，逐步增大直径 d 值至满足此强度条件。由 $\dfrac{M}{W_z} \leq [\sigma]$ 有

$$\dfrac{32 \times 15 \times 10^3 \text{N} \times 300 \text{mm}}{\pi d^3} \leq 32 \text{MPa}$$

解得 $d \geq 112.7 \text{mm}$，取立柱直径 $d = 116 \text{mm}$，再代入式（a）得

$$\dfrac{4 \times 15 \times 10^3 \text{N}}{\pi \times 116^2 \text{mm}^2} + \dfrac{32 \times 15 \times 10^3 \text{N} \times 300 \text{mm}}{\pi \times 116^3 \text{mm}^3} = 30.78 \text{MPa} \leq 32 \text{MPa} = [\sigma_\text{t}]（满足强度条件）$$

12.3 偏心压缩（拉伸）

根据偏心力作用点位置不同，常见偏心压缩分为单向偏心压缩和双向偏心压缩两种情况，下面分别讨论其强度计算。

1. 单向偏心压缩

如图 12-4a 所示，当偏心压力 F 作用在截面上的某一对称轴上的 K 点时，杆件产生的偏心压缩称为单向偏心压缩，这种情况在工程实际中最常见。

将偏心压力 F 向截面形心简化，得到一个轴向压力 F 和一个力偶矩 $M = Fe$ 的力偶，如图 12-4b 所示。

用截面法可求得任一横截面 $m—m$ 上的内力为

$$F_\text{N} = -F, \quad M_z = M = Fe$$

由外力简化和内力计算结果可知，偏心压缩为轴向压缩和纯弯曲的变形组合。

根据叠加原理，将轴力 N 对应的正应力 σ_N 与弯矩 M 对应的正应力 σ_M 迭加起来，即得单向偏心压缩时任意横截面上任一处正应力的计算式

$$\sigma = \sigma_N + \sigma_M = \dfrac{F_\text{N}}{A} \pm \dfrac{My}{I_z} = -\dfrac{F}{A} \pm \dfrac{Fe}{I_z} y \tag{12-1}$$

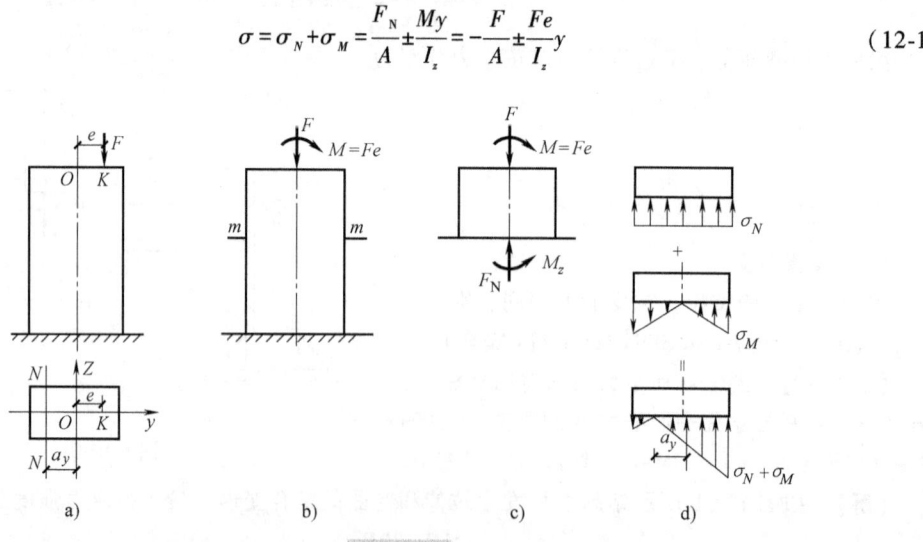

图 12-4

应用式（12-1）计算应力时，式中各量均以绝对值代入，公式中第二项前的正负号需通过观察弯曲变形确定，该点在受拉区为正，在受压区为负。

若不计柱自重，则各截面内力相同。由应力分布图（图12-4d）可知偏心压缩时的中性轴不再通过截面形心，最大正应力和最小正应力分别发生在横截面上距中性轴 N—N 最远的左、右两边缘上，其计算公式为

$$\sigma_{\min}^{\max} = -\frac{F}{A} \pm \frac{Fe}{W_z} \tag{12-2}$$

2. 双向偏心压缩

当外力 F 不作用在对称轴上，而是作用在横截面上任一位置 K 点处时（图12-5a），产生的偏心压缩称为双向偏心压缩。这是偏心压缩的一般情况，其计算方法和步骤与单向偏心压缩相同。

若用 e_y 和 e_z 分别表示偏心压力 F 作用点到 z、y 轴的距离，将外力向截面形心 O 简化得一轴向压力 F 和对 y 轴的力偶矩 $M_y = Fe_z$，对 z 轴的力偶矩 $M_z = Fe_y$（图12-5b）。

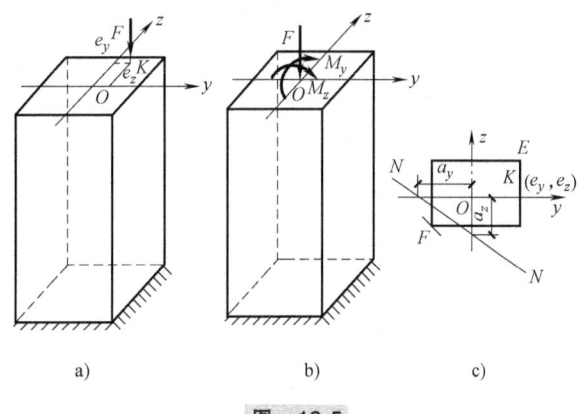

图 12-5

由截面法可求得杆件任一截面上的内力有轴力 $F_N = -F$、弯矩 $M_y = M_y = Fe_z$ 和 $M_z = M_z = Fe_y$。由此可见，双向偏心压缩实质上是压缩与两个方向纯弯曲的组合，或压缩与斜弯曲的组合变形。

根据叠加原理，可得杆件横截面上任意一点 $C(y, z)$ 处正应力计算式为

$$\sigma = \sigma_{FN} + \sigma_{My} + \sigma_{Mz} = \frac{F_N}{A} \pm \frac{M_z y}{I_z} \pm \frac{M_y z}{I_y} = -\frac{F}{A} \pm \frac{Fe_y}{I_z} y \pm \frac{Fe_z}{I_y} z \tag{12-3}$$

最大和最小正应力发生在截面距中性轴 N—N 最远的角点 E、F 处（图12-5c）。

$$\begin{matrix} \sigma_{\max}^F \\ \sigma_{\min}^E \end{matrix} = -\frac{F}{A} \pm \frac{M_z}{W_z} \pm \frac{M_y}{W_y} \tag{12-4}$$

上述各公式同样适用于偏心拉伸，但需将公式中第一项前改为正号。

12.4 截面核心

土木建筑工程中常用的砖、石、混凝土等脆性材料，它们的抗拉强度远远小于抗压强度，所以在设计由这类材料制成的偏心受压构件时，要求横截面上不出现拉应力。由式（12-2）、式（12-3）可知，当偏心压力 F 和截面形状、尺寸确定后，应力的分布只与偏心距有关。偏心距越小，横截面上拉应力的数值也就越小。因此，总可以找到包含截面形心在内的一个特定区域，当偏心压力作用在该区域内时，截面上就不会出现拉应力，这个区域称为**截面核心**。如图12-5所示的矩形截面杆，在单向偏心压缩时，要使横截面上不出现拉应力，就应使

$$\sigma_{\max}^+ = -\frac{F}{A} \pm \frac{Fe}{W_z} \leq 0$$

将 $A = bh$、$W_z = \dfrac{bh^2}{6}$ 代入上式可得

$$1 - \frac{6e}{h} \geq 0$$

从而得 $e \leqslant \dfrac{h}{6}$，这说明当偏心压力作用在 y 轴上 $\pm\dfrac{h}{6}$ 范围以内时，截面上不会出现拉应力。

同理，当偏心压力作用在 z 轴上 $\pm\dfrac{b}{6}$ 范围以内时，截面上不会出现拉应力。当偏心压力不作用在对称轴上时，可以证明将图 12-6 中 1、2、3、4 点顺次用直线连接所得的菱形，即为**矩形截面核心**。常见截面的截面核心如图 12-7 所示。

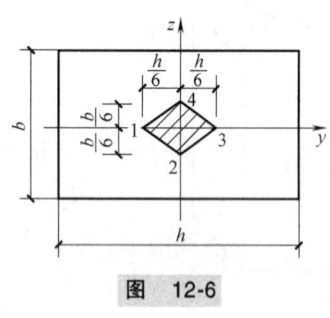

图 12-6

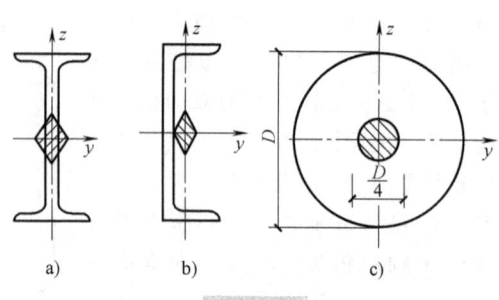

图 12-7

【**例 12-3**】 图 12-8 所示为厂房的牛腿柱。设由屋架传来的压力 $F_1 = 100\text{kN}$，由吊车梁传来的压力 $F_2 = 30\text{kN}$，F_2 与柱子的轴线有一偏心距 $e = 0.2\text{m}$。如果柱横截面宽度 $b = 180\text{mm}$，试求当 h 为多少时，截面才不会出现拉应力，并求此时柱的最大压应力。

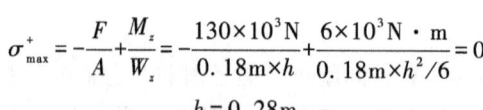

图 12-8

【**解**】（1）外力计算
$$F = F_1 + F_2 = 130\text{kN}$$
$$M_z = F_2 e = 30\text{kN} \times 0.2\text{m} = 6\text{kN}\cdot\text{m}$$

（2）内力计算

用截面法可求得横截面上的内力为
$$F_N = -F = -130\text{kN}$$
$$M_z = F_2 e = 6\text{kN}\cdot\text{m}$$

（3）应力计算
$$\sigma^+_{\max} = -\dfrac{F}{A} + \dfrac{M_z}{W_z} = -\dfrac{130\times10^3\text{N}}{0.18\text{m}\times h} + \dfrac{6\times10^3\text{N}\cdot\text{m}}{0.18\text{m}\times h^2/6} = 0$$

解得
$$h = 0.28\text{m}$$

此时柱的最大压应力发生在截面的右边缘各点处，其值为
$$\sigma^-_{\max} = \dfrac{F}{A} + \dfrac{M_z}{W_z} = \dfrac{130\times10^3\text{N}}{0.18\text{m}\times h} + \dfrac{6\times10^3\text{N}\cdot\text{m}}{0.18\text{m}\times h^2/6} = 5.13\text{MPa}$$

思考题与习题

一、简答题

1. 对两种组合变形构件总述其计算危险点应力的解题一般步骤。
2. 什么叫截面核心？为什么工程中将偏心压力控制在受压杆件的截面核心范围内？

二、计算题

1. 图 12-9 所示悬臂梁承受载荷 F_1 与 F_2 作用，已知 $F_1 = 800\text{N}$，$F_2 = 1.6\text{kN}$，$l = 1\text{m}$，许用应

力 $[\sigma]$ = 160MPa，试分别在下列两种情况下确定截面尺寸。

(1) 截面为矩形，$h = 2b$；
(2) 截面为圆形。

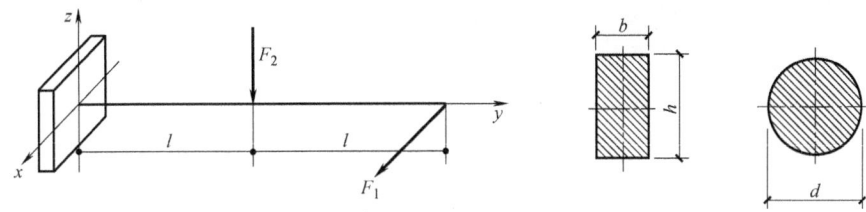

图 12-9

2. 图 12-10 所示矩形截面钢杆，用应变片测得其上、下表面的轴向正应变分别为 $\varepsilon_a = 1.0 \times 10^{-3}$ 与 $\varepsilon_b = 0.4 \times 10^{-3}$，材料的弹性模量 $E = 210$GPa。试绘横截面上的正应力分布图，并求拉力 F 及偏心距 e 的数值。

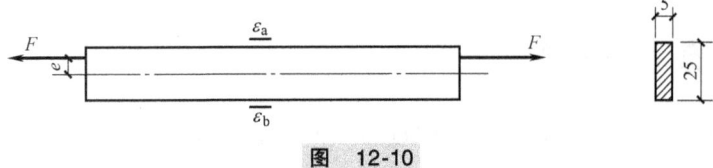

图 12-10

3. 图 12-11 所示板件，载荷 $F = 12$kN，许用应力 $[\sigma] = 100$MPa，试求板边切口的允许深度 x，$(\delta = 5\text{mm})$。

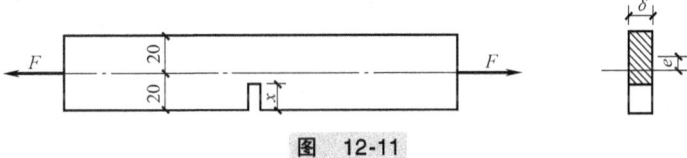

图 12-11

第 13 章

压 杆 稳 定

学习目标

掌握压杆稳定的概念，理解稳定平衡状态到临界平衡状态再到失稳的现象；掌握临界力和临界应力的计算；理解杆端约束的影响，实际杆端约束的简化；掌握压杆的稳定验算的方法；理解压杆临界应力总图，即欧拉公式和经验公式的应力范围；了解提高压杆稳定性的措施。

13.1 压杆稳定的概念

对于一般的构件，当其满足强度及刚度条件时，就能安全工作。但对于细长压杆，不仅要满足强度及刚度条件，而且还必须满足稳定条件，才能安全工作。例如，取两根截面（宽300mm，厚5mm）相同，其抗压强度极限 $\sigma_c = 40\text{MPa}$ 的松木杆，长度分别取为 30mm 和 1000mm，分别进行轴向压缩试验。试验结果为：长为 30mm 的短杆，承受的轴向压力可高达 6kN（$\sigma_c A$），属于强度问题；长为 1000mm 的细长杆，在承受不足 30N 的轴向压力时起就突然发生弯曲，如继续加大压力就会发生折断，而丧失承载能力，属于压杆稳定性问题。

图 13-1a 所示为一下端固定，上端自由的理想细长直杆，在上端施加一轴向压力 F。试验发现当压力 F 小于某一数值 F_{cr} 时，若在横向作用一个不大的干扰力，如图 13-1b 所示，杆将产生横向弯曲变形。但是，若横向干扰力消失，其横向弯曲变形也随之消失，如图 13-1c 所示，杆仍然保持原直线平衡状态，这种平衡形式称为稳定平衡。当压力 $F = F_{cr}$ 时，杆仍然保持直线平衡，但此时再在横向作用一个不大的干扰力，其立刻转为微弯平衡，如图 13-1d 所示，并且当干扰力消失后，其不能再回到原来的直线平衡状态，这种平衡形式称为不稳定平衡。**压杆由原直线平衡状态转为曲线平衡状态，称为丧失稳定性，简称失稳。使压杆原直线的平衡由稳定转变为不稳定的轴向压力值 F_{cr}**，称为压杆的临界载荷。在临界载荷作用下，压杆既能在直线状态下保持平衡，也能在微弯状态保持平衡。所以，当轴向压力达到或超过压杆的临界载荷时，压杆将产生失稳现象。

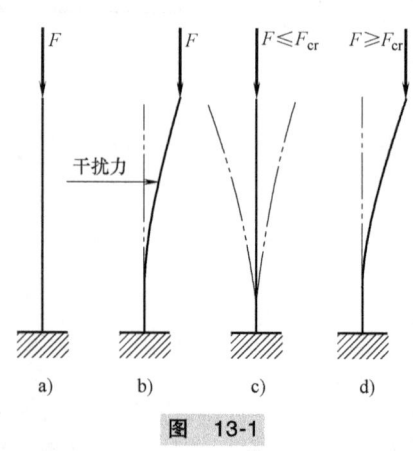

图 13-1

在工程实际中，考虑细长压杆的稳定性问题非常重要。因为这类构件的失稳常发生在其强度破坏之前，而且是瞬间发生的，以至于人们猝不及防，所以更具危险性。例如：加拿大魁北克大桥由三跨钢桁架梁组成，如图 13-2 所示，主跨 549m，在施工过程中，由于两根受压杆件失稳，而导致全桥突然坍塌的严重事故。早在 1744 年，瑞士的著名科学家欧拉（L. Euler）对细长理想压杆在弹性范围内的稳定性进行了研究。

除了压杆以外，还有许多其他形式的构件也同样存在稳定性问题，如薄壳建筑结构在径向压力作用下的变形，狭长梁在弯曲时的侧弯失稳，两铰拱在竖向载荷作用下失稳等。

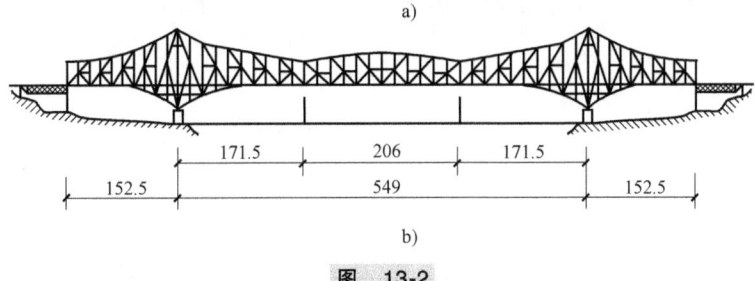

图 13-2

13.2　细长中心受压直杆临界力的欧拉公式

细长的中心受压直杆在临界力作用下，处于不稳定平衡的直线形态下，材料仍在理想的线弹性范围内，这类稳定问题称为线弹性稳定问题。所谓理想压杆，是指在线弹性范围内，轴线为直线的构件承受轴向压力；且杆件失稳时，其轴线变为偏离直线不远的微弯曲线；另外，既不考虑微弯状态下杆内剪切变形的影响，也不考虑轴向变形。

试验表明，临界力随构件两端的约束形式变化而变化，因此，下面介绍几种典型的约束形式下压杆的临界力。

1. 两端铰支压杆的临界力

如图 13-3 所示，设压杆在轴向临界力 F_{cr} 作用下处于微弯平衡状态。压杆挠曲线的近似微分方程为

$$\frac{d^2 y}{dx^2} = -\frac{M(x)}{EI} \qquad (a)$$

由图 13-3b 可知，压杆 x 截面的弯矩为

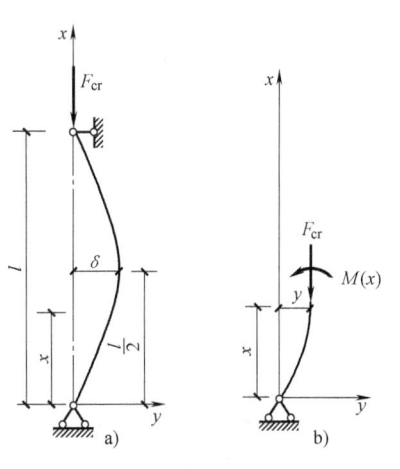

图 13-3

$$M(x) = F_{cr}y \quad (b)$$

将式（b）代入式（a），得

$$\frac{d^2y}{dx^2} = -\frac{F_{cr}}{EI}y$$

令 $k^2 = \dfrac{F_{cr}}{EI}$，得

$$\frac{d^2y}{dx^2} + k^2y = 0 \quad 即\ y'' + k^2y = 0 \quad (c)$$

式（c）为二阶常微分方程，其通解为

$$y = a\sin kx + b\cos kx \quad (d)$$

式中，常数 a、b 及 k 由下述压杆的位移边界条件确定

$$y(0) = 0, \quad y(l) = 0 \quad (e)$$

将式（e）代入式（d），得

$$\begin{cases} 0 \times a + b = 0 \\ \sin kl \times a + \cos kl \times b = 0 \end{cases} \quad (f)$$

式（f）是关于 a、b 的齐次线性方程组，其有非零解，则有

$$\begin{vmatrix} 0 & 1 \\ \sin kl & \cos kl \end{vmatrix} = 0$$

即有 $\sin kl = 0$，则有 $k = \dfrac{n\pi}{l}$（$n = 0, \pm 1, \pm 2, \cdots$），将其代入式 $k^2 = \dfrac{F_{cr}}{EI}$，解得

$$F_{cr} = \frac{n^2\pi^2 EI}{l^2}$$

由上式可知，使压杆保持微弯平衡状态的最小轴向压力为 $F_{crmin} = \dfrac{\pi^2 EI}{l^2}$（$n=1$），则两端铰支压杆临界力的欧拉公式为

$$F_{cr} = \frac{\pi^2 EI}{l^2} \quad (13-1)$$

式（13-1）的应用条件为：理想压杆；线弹性范围内；两端为球铰支座。同理可推导出两端为其他约束形式的压杆临界力的欧拉公式，见表 13-1。

2. 欧拉公式的一般表达式

由表 13-1 所述几种细长压杆的临界力的欧拉公式基本相似，只是分母中 l 前的系数不同。为应用方便，将表中各式写成欧拉公式的一般表达形式为

$$F_{cr} = \frac{\pi^2 EI}{(\mu l)^2} \quad (13-2)$$

式中，μ——长度系数；

μl——压杆的相当长度。

【例 13-1】 如图 13-4 所示，矩形截面压杆，上端自由，下端固定。已知 $b = 2\text{cm}$，$h = 4\text{cm}$，$l = 1\text{m}$ 材料的弹性模量 $E = 200\text{GPa}$，试计算压杆的临界力。

【解】 由表 13-1 查得 $\mu = 2$。因为 $h > b$，则

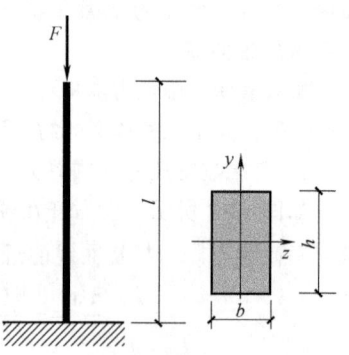

图 13-4

表 13-1　各种支承约束条件下等截面细长压杆临界力的欧拉公式

支承情况	两端铰支	一端固定 另端铰支	两端固定	一端固定 另端自由	两端固定但可 沿横向相对移动
失稳时挠曲线形状		C—挠曲线拐点	C、D—挠曲线拐点		C—挠曲线拐点
临界力 F_{cr} 欧拉公式	$F_{cr}=\dfrac{\pi^2 EI}{l^2}$	$F_{cr}\approx\dfrac{\pi^2 EI}{(0.7l)^2}$	$F_{cr}\approx\dfrac{\pi^2 EI}{(0.5l)^2}$	$F_{cr}\approx\dfrac{\pi^2 EI}{(2l)^2}$	$F_{cr}=\dfrac{\pi^2 EI}{l^2}$
长度系数 μ	$\mu=1$	$\mu\approx 0.7$	$\mu=0.5$	$\mu=2$	$\mu=1$

$$I_y=\frac{hb^3}{12}<\frac{bh^3}{12}=I_z$$

压杆必绕 y 轴弯曲失稳，故采用 I_y 计算压杆的临界力。由式（13-2），得

$$F_{cr}=\frac{\pi^2 EI}{(\mu l)^2}=\frac{\pi^2\times 200\times 10^3\,\text{N/mm}^2\times 40\,\text{mm}\times 20^3\,\text{mm}^3}{12\times(2\times 1000)^2\,\text{mm}^2}\approx 13.15\,\text{kN}$$

13.3　临界应力

1. 细长压杆的临界应力

压杆处于临界平衡状态时，其横截面上的平均应力，用 σ_{cr} 表示。将式（13-2）两端同除以压杆横截面面积 A，便得

$$\sigma_{cr}=\frac{F_{cr}}{A}=\frac{\pi^2 EI}{(\mu l)^2 A} \tag{a}$$

式中，I/A 仅与截面的形状及尺寸有关，若用 i^2 表示，则有

$$i=\sqrt{\frac{I}{A}} \tag{13-3}$$

式中　i——截面的惯性半径（mm）。

将式（13-3）代入式（a），并令 $\lambda=\mu l/i$，则得细长压杆的临界应力欧拉公式为

$$\sigma_{cr}=\frac{\pi^2 E}{\lambda^2} \tag{13-4}$$

式中　λ——柔度系数或长细比，综合反映了压杆的长度、约束形式及截面几何性质对临界应力的影响。

2. 欧拉公式的适用范围

挠曲线近似微分方程仅适用于杆内应力不超过比例极限 σ_P 的情况，而欧拉公式是根据其建

立的,因此,欧拉公式适用范围为

$$\sigma_{cr} = \frac{\pi^2 E}{\lambda^2} \leq \sigma_P$$

由上式可得,$\lambda \geq \pi \sqrt{\frac{E}{\sigma_P}}$,若令

$$\begin{cases} \lambda_P = \pi \sqrt{\frac{E}{\sigma_P}} \\ \lambda_s = \frac{a - \sigma_s}{b} \end{cases} \quad (13\text{-}5)$$

则有当 $\lambda \geq \lambda_P$ 的压杆,称为大柔度杆(细长杆)。然而在工程实际中许多压杆的柔度 $\lambda < \lambda_P$,其临界应力 $\sigma_{cr} > \sigma_P$,属于弹塑性稳定问题。对应于屈服极限 σ_s 的柔度为 λ_s,则 $\lambda_s \leq \lambda \leq \lambda_P$ 的压杆称为中柔度杆(中长压杆);$\lambda \leq \lambda_s$ 的压杆称为小柔度杆(短杆),其属于强度问题。

3. 临界应力的经验公式

在试验与分析的基础上建立的常用经验公式有直线公式和抛物线公式。

(1) 直线公式 对于由合金钢、铝合金、铸铁与松木等制成的中柔度杆,可采用下述直线公式计算临界应力。

$$\sigma_{cr} = a - b\lambda \quad (13\text{-}6)$$

式中 a、b——与材料性能有关的常数(MPa),直线公式的因数 a 和 b 值见表 13-2。

表 13-2 直线公式的因数 a 和 b

材料 σ_b、σ_s/MPa	a/MPa	b/MPa	材料 σ_b、σ_s/MPa	a/MPa	b/MPa
Q235 钢($\sigma_b > 372, \sigma_s = 235$)	304	1.12	铸铁	332.2	1.45
优质碳钢($\sigma_b > 471, \sigma_s = 306$)	461	2.57	硬铝	373	2.15
硅钢($\sigma_b > 510, \sigma_s = 353$)	578	3.74	松木	39.0	0.2
铬钼钢	980	5.30	—	—	—

(2) 抛物线公式 对于由结构钢与低合金结构钢等材料制成的中柔度压杆,可采用下述抛物线公式计算临界应力。

$$\sigma_{cr} = a - b\lambda^2 \quad (13\text{-}7)$$

抛物线公式中因数 a 和 b 的取值见表 13-3。

表 13-3 抛物线公式中因数 a、b 值

材料		a/MPa	b/MPa	λ 适用范围
Q235	$\sigma_s = 240$MPa $\sigma_b = 380$MPa	240	0.00682	0~128
Q275	$\sigma_s = 280$MPa $\sigma_b = 500$MPa	280	0.00872	0~96
Q345	$\sigma_s = 350$MPa $\sigma_b = 520$MPa	350	0.0145	0~102
铸铁	$\sigma_b = 400$MPa	400	0.0193	0~102

图 13-5 所示为各类压杆的临界应力和 λ 的关系，称为临界应力总图。由此图可明显地看出，短杆的临界应力与 λ 无关，而中、长杆的临界应力则随 λ 的增加而减小。

【例 13-2】 一截面为 12cm×20cm 的矩形木柱，长 $l=4$m，其支承情况是：在最大刚度平面内弯曲时为两端铰支（图 13-6a）；在最小刚度平面内弯曲时为两端固定（图 13-6b），木柱为松木，其比例极限 $\sigma_P=28.3$MPa，屈服极限 $\sigma_S=35$MPa，弹性模量 $E=10$GPa，试求木柱的临界力和临界应力。

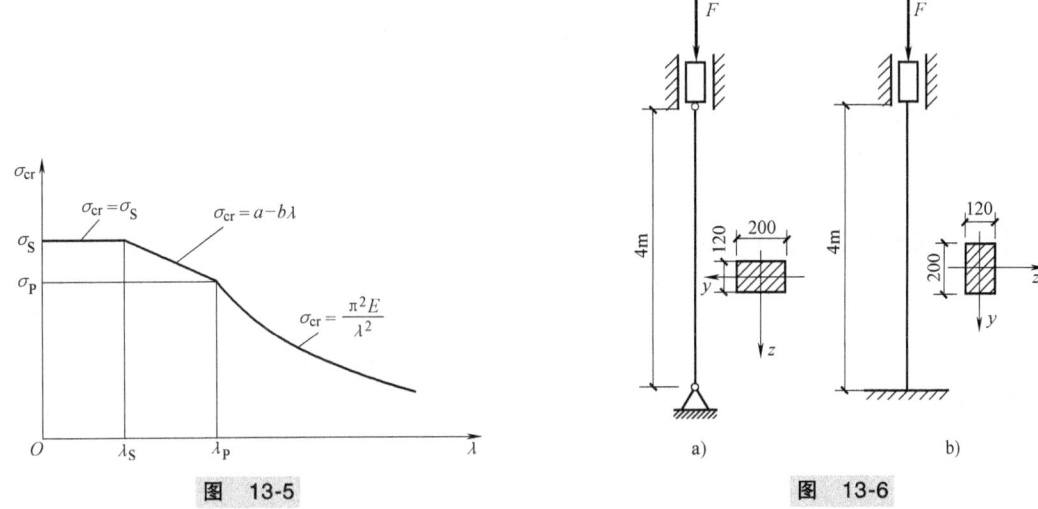

图 13-5

图 13-6

【解】 （1）计算最大刚度平面内的临界力和临界应力

$$I_z = 12\text{cm} \times (20\text{cm})^3 \div 12 = 8000\text{cm}^4$$

由式 (13-3)，得

$$i_z = \sqrt{\frac{I_z}{A}} = \sqrt{\frac{8000\text{cm}^4}{12\text{cm} \times 20\text{cm}}} = 5.77\text{cm}$$

由表 13-1 查得 $\mu=1$。

$$\lambda_P = \pi\sqrt{\frac{E}{\sigma_P}} = 3.14 \times \sqrt{\frac{10\text{GPa}}{28.3\text{MPa}}} = 59$$

$$\lambda = \frac{\mu l}{i_z} = \frac{1 \times 400\text{cm}}{5.77\text{cm}} \approx 69.3 > 59 = \lambda_P \text{（大柔度杆）}$$

由式 (13-2)，得

$$F_{cr} = \frac{\pi^2 EI}{(\mu l)^2} = \frac{\pi^2 \times 10 \times 10^9 \text{N/m}^2 \times 8 \times 10^{-5}\text{m}^4}{(1 \times 4\text{m})^2} = 492.98\text{kN}$$

$$\sigma_{cr} = \frac{F_{cr}}{A} = \frac{492.98\text{kN}}{120\text{mm} \times 200\text{mm}} = 20.54\text{MPa}$$

（2）计算最小刚度平面内的临界力和临界应力。

$$I_y = 20 \times 12^3 \div 12 \text{cm}^4 = 2880\text{cm}^4$$

由式 (13-3)，得

$$i_y = \sqrt{\frac{I_y}{A}} = \sqrt{\frac{2880\text{cm}^4}{12\text{cm} \times 20\text{cm}}} = 3.46\text{cm}$$

由表 13-1 查得 $\mu = 0.5$ 则

$$\lambda = \frac{\mu l}{i_z} = \frac{0.5 \times 400 \text{cm}}{3.46 \text{cm}} \approx 57.8 < 59 = \lambda_p$$

由表 13-2 查得，$a = 39 \text{MPa}$，$b = 0.2 \text{MPa}$，由式（13-6）得

$$\lambda_s = \frac{a - \sigma_s}{b} = \frac{(39-35)\text{MPa}}{0.2 \text{MPa}} = 20$$

$\lambda_s < \lambda < \lambda_p$，属于中柔度压杆。

$$\sigma_{cr} = a - b\lambda = 39 \text{MPa} - 0.2 \text{MPa} \times 57.8 = 27.44 \text{MPa}$$

$$F_{cr} = \sigma_{cr} A = 27.44 \text{N/mm}^2 \times 120 \text{mm} \times 200 \text{mm} = 658.56 \text{kN}$$

由上述计算结果可知，第一种情况的临界力小，所以压杆失稳时将在最大刚度平面内产生弯曲。

13.4 压杆的稳定计算

1. 稳定条件

对于工程实际中的压杆，为使其不丧失稳定，就必须使压杆所承受的轴向压力 $F \leqslant F_{cr}$。另外为安全起见，还要有一定的安全系数，使压杆具有足够的稳定性。因此，压杆的稳定条件为

$$F \leqslant \frac{F_{cr}}{[n_{st}]} \tag{13-8}$$

或

$$n_{st} = \frac{F_{cr}}{F} \geqslant [n_{st}] \tag{13-9}$$

式中 $[n_{st}]$——压杆的工作稳定安全系数。

在选择规定的稳定安全系数时，除考虑强度安全系数的因素外，还要考虑压杆存在的初曲率和不可避免的荷载偏心等不利因素。因此，规定的稳定安全系数一般要大于强度安全系数。其值可从有关设计规范和手册中查得。几种常见压杆规定的稳定安全系数列于表 13-4 中，以备查用。

表 13-4 几种常见压杆规定的稳定安全系数

实际压杆	金属结构中的压杆	矿山、冶金设备中的压杆	机床丝杠	精密丝杠	水平长丝杆	磨床油缸活塞杆	低速发动机挺杆	高速发动机挺杆
$[n_{st}]$	1.8~3.0	4~8	2.5~4	>4	>4	2~5	4~6	2~5

还应指出，由于压杆的稳定性取决于整个杆件的弯曲刚度，在确定压杆的临界力或临界应力时，可不必考虑杆件局部削弱（例如铆钉孔或油孔等）的影响，而应按未削弱截面计算横截面的惯性矩与面积。但是，对于被削弱的横截面，则还应进行强度校核。

【例 13-3】 如图 13-7 所示，空心圆截面连杆承受轴向压力 $F = 20 \text{kN}$。已知连杆用硬铝制成，其外径 $D = 38 \text{mm}$，内径 $d = 34 \text{mm}$，杆长 $l = 600 \text{mm}$，$\lambda_p = 50$，规定稳定安全系数 $[n_{st}] = 2.5$，试校核该杆的稳定性。

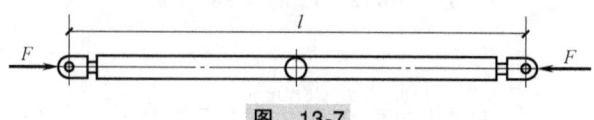

图 13-7

【解】 $i = \sqrt{\dfrac{\pi(D^4-d^4)}{64} \times \dfrac{4}{\pi(D^2-d^2)}} = \dfrac{\sqrt{D^2+d^2}}{4} = \dfrac{\sqrt{0.038^2+0.034^2}}{4}\text{m} = 0.01275\text{m}$

$$\lambda = \dfrac{\mu l}{i} = \dfrac{1 \times 0.6\text{m}}{0.01275\text{m}} = 47.1$$

$\lambda = 47.1 < 50 = \lambda_p$,又查得 $a = 373\text{MPa}$,$b = 2.15\text{MPa}$ 由式(13-6),得

$$\sigma_{cr} = a - b\lambda = 373 \times 10^6 - 2.15 \times 10^6 \times 47.1 \approx 271\text{MPa}$$

$$F_{cr} = \sigma_{cr} A = 2.71 \times 10^8 \times \dfrac{3.14 \times (0.038^2 - 0.034^2)}{4} \approx 61.27 \times 10^3 \text{kN}$$

$$n_{st} = \dfrac{F_{cr}}{F} = \dfrac{61.27\text{kN}}{20\text{kN}} \approx 3.06 > 2.5 = [n_{st}] \quad (符合要求)$$

2. 折减系数法

实际工程还常采用折减系数法进行稳定计算。将式(13-8)两端同除以压杆横截面面积 A,并整理得 $\sigma = \dfrac{\sigma_{cr}}{[n_{st}]} = [\sigma_{st}]$,将稳定许用应力改写为

$$[\sigma_{st}] = \varphi[\sigma_{cr}] \tag{13-10}$$

则杆件的稳定条件为

$$\sigma = \varphi[\sigma_{cr}] \tag{13-11}$$

式中 $[\sigma_{cr}]$ ——许用应力;

φ ——折减系数或稳定系数,是一个小于1的系数,其值与压杆的柔度及所用材料有关。根据计算、试验及经验制成的压杆 φ-λ 曲线如图 13-8 所示。

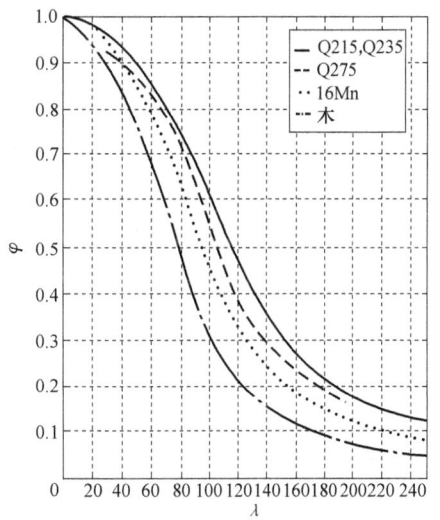

图 13-8

与强度计算类似,可以用式(13-11)对压杆进行以下三类问题的计算:

1) 稳定校核。若已知压杆的长度、支承情况、材料截面及载荷,则可校核压杆的稳定性,即

$$\sigma = \dfrac{F_N}{A} \leq \varphi[\sigma_{cr}]$$

2) 设计截面。将式(13-11)改写为

$$A \geq \dfrac{F_N}{\varphi[\sigma_{cr}]}$$

在设计截面时,由于 φ 和 A 都是未知量,并且它们又是两个相依的未知量,所以常采用试算法进行计算:首先假设一个 φ_1 值(一般取 $\varphi_1 = 0.5 \sim 0.6$),由此可初步定出截面尺寸 A_1;然后按所选的截面 A_1,计算柔度 λ_1,查出相应的 φ_1',比较 φ_1 与 φ_1',若两者接近,可对所选截面进行校核;若 φ_1 与 φ_1' 相差较大,可再设 $\varphi_2 = \dfrac{\varphi_1 + \varphi_1'}{2}$,重复上述步骤试算,直至求得 φ_1 与所设的 φ 接近为止。

3) 确定许用载荷。若已知压杆的长度、支承情况、材料截面及载荷,则可按折减系数法公式来确定压杆能承受的最大载荷值,即

$$[F] \leq A\varphi[\sigma_{cr}]$$

【例 13-4】 木柱高 6m，截面为圆形，直径 $d=20\text{cm}$，两端铰接。承受轴向压力 $F=50\text{kN}$。试校核其稳定性。木材的许用应力 $[\sigma_{cr}]=10\text{MPa}$。

【解】 截面的惯性半径

$$i = \frac{d}{4} = \frac{20\text{cm}}{4} = 5\text{cm}$$

两端铰接时的长度系数 $\mu=1$，所以 $\lambda = \frac{\mu l}{i} = \frac{1 \times 600\text{cm}}{5\text{cm}} = 120$

由图 13-8 查得 $\varphi = 0.209$

$$\sigma = \frac{F}{A} = \frac{50 \times 10^3 \text{N} \times 4}{\pi(20 \times 10^{-2})^2 \text{m}^2} = 1.59\text{MPa}$$

$$\varphi[\sigma_{cr}] = 0.209 \times 10\text{MPa} = 2.09\text{MPa}$$

由于 $\sigma < \varphi[\sigma_{cr}]$，所以木柱安全。

3. 提高压杆稳定性的措施

(1) 合理选择材料 细长杆的临界应力与材料的弹性模量 E 有关。因此，选择弹性模量较高的材料可以提高细长杆的稳定性。然而，就钢而言，由于各种钢的弹性模量值相差不大，若仅从稳定性考虑，选用高强度钢做细长杆是不经济的。中柔度杆的临界应力与材料的比例极限、压缩极限应力等有关，因而强度高的材料，临界应力相应也高。所以，选用高强度材料作中柔度杆显然有利于稳定性的提高。

(2) 减小压杆的柔度 减小压杆的柔度，是提高压杆临界应力的主要措施，包括以下几个方面：

1) 选择合理截面形状，增大截面的惯性矩。在条件许可的情况下，应增大截面的惯性矩。例如截面面积相同时，空心圆截面比实心圆截面更为合理。但薄壁空心圆截面杆受压时，如果壁厚过小，会产生局部失稳。若构件在 xy、xz 平面的支承条件相同，则应尽量使截面的 I_z 与 I_y 相等。

2) 减小压杆支承间的长度。条件允许时，可在压杆的中部增加横向支承。

3) 改善杆端的约束情况。杆端的约束刚性越强，压杆的 μ 值就越小，从而可以在相当程度上改善整个杆件的抗失稳能力。

思考题与习题

一、简答题

1. 何谓失稳？何谓稳定平衡与不稳定平衡？何谓临界力？
2. 压杆失稳与压杆的强度破坏相比有什么不同点？
3. 采用 Q235 钢制成的三根压杆，分别为大、中、小柔度杆。若材料必用优质碳素钢，是否可提高各杆的承载能力？为什么？
4. 若杆件横截面 $I_y > I_z$，那么杆件失稳一定在平面 xz 内吗？

二、计算题

1. 图 13-9 所示为两端球形铰支细长压杆，弹性模量 $E=200\text{GPa}$，试用欧拉公式计算其临界载荷。

(1) 圆形截面，$d=25\text{mm}$，$l=1.0\text{m}$；

(2) 矩形截面，$h=2b=40\text{mm}$，$l=1.0\text{m}$；

(3) No16 工字钢，$l = 2.0\text{m}$。

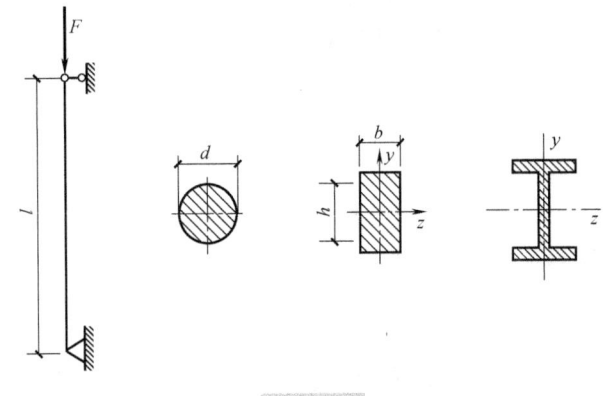

图 13-9

2. 试确定图 13-10 所示结构中压杆 BD 失稳时的临界载荷 F 值。已知：比例极限 $\sigma_\text{p} = 200\text{MPa}$，弹性模量 $E = 2 \times 10^5 \text{MPa}$。

3. 如图 13-11 所示，两端固定的细长杆 AB，弯曲刚度为 EI，若在杆中点 C 加一约束。试求增加约束前后临界载荷的比值（增加约束后各段仍为细长杆）。

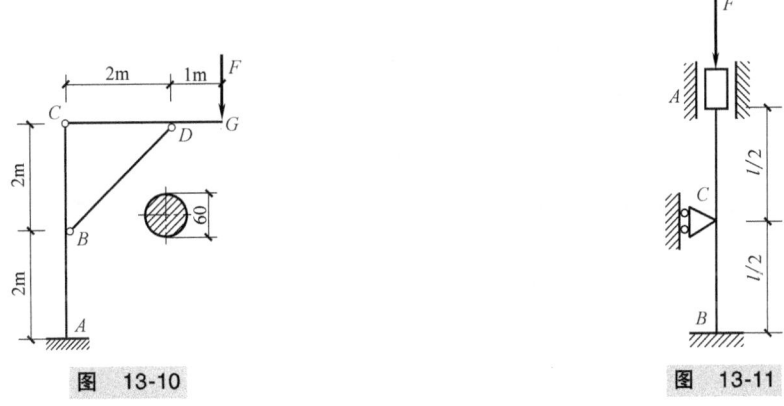

图 13-10　　　　　　　　　　　图 13-11

4. 如图 13-12 所示，杆 1，2 均为圆截面，直径相同均为 $d = 40\text{mm}$，弹性模量 $E = 200\text{GPa}$，材料的许用应力 $[\sigma] = 120\text{MPa}$，$\lambda_\text{p} = 99$，$\lambda_0 = 60$，直线公式系数 $a = 304\text{MPa}$，$b = 1.12\text{MPa}$，并规定稳定安全因数 $[n]_\text{st} = 2$，试求许可载荷 $[F]$。

5. 图 13-13 所示结构中，杆 AB 和杆 AC 的圆截面直径 $d = 8\text{cm}$，许用应力 $[\sigma] = 160\text{MPa}$，试求结构的许可载荷 F。

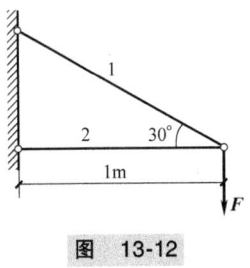 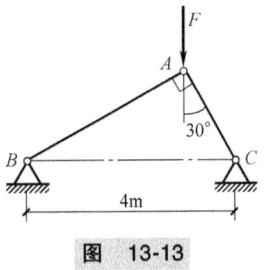

图 13-12　　　　　　　　　　　图 13-13

6. 如图 13-14 所示，已知 AB 为刚性杆，AC 为两端铰接的直径 $d = 20$mm 的圆杆，$\sigma_P = 200$MPa，$\sigma_s = 240$MPa，弹性模量 $E = 200$GPa，直线经验公式的系数 $a = 304$MPa，$b = 1.12$MPa，$F = 4$kN，稳定安全因数 $n_{st} = 5.0$，试校核其稳定性。

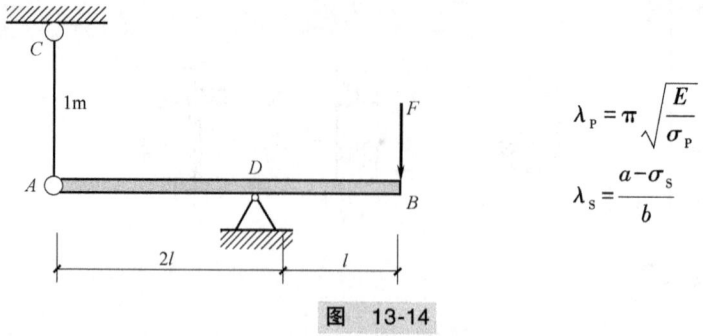

$$\lambda_P = \pi \sqrt{\frac{E}{\sigma_P}}$$

$$\lambda_s = \frac{a - \sigma_s}{b}$$

图 13-14

7. 图 13-15 所示压杆，横截面为 $b \times h$ 的矩形，试从稳定性方面考虑，确定 h/b 的最佳值。当压杆在 xz 平面内失稳时，可取 $\mu_y = 0.7$。

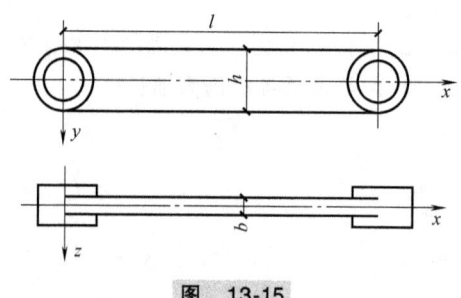

图 13-15

Part 4

第 4 篇

结构力学

第 14 章

平面杆件体系的几何组成分析

学习目标

理解并掌握体系的几何不变性、自由度、约束等概念;理解并掌握几何不变体系的基本组成规则;掌握体系几何组成分析的基本思路及方法;了解几何组成与体系静定性关系。

14.1 几何组成分析的基本概念

平面杆件体系是指将杆件相互连接后与基础相连,各杆件的轴线及外部荷载均在同一平面内的体系。

平面杆件体系几何组成分析是判定杆件体系是否为结构的基本方法,同时还可以确定结构的计算方法、计算顺序及计算过程。

在平面杆件体系几何组成分析时,不考虑杆件的变形,即认为平面杆件体系中所有杆件均为刚体。

1. 自由度

确定体系位置所需要的独立坐标的个数称为体系的自由度。一个点在平面上的位置可用 x 和 y 两个坐标进行描述,因此平面内的点有两个自由度,如图 14-1a 所示。一个刚片在平面内的位置可用 x、y 和转角 φ 来描述,因此平面内的一个刚片有三个自由度,如图 14-1b 所示。

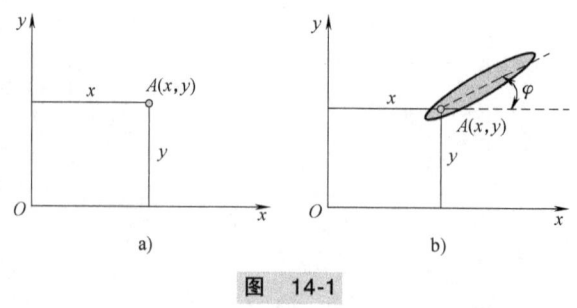

图 14-1

2. 约束

能减少自由度的装置称为约束,常见的约束有链杆、铰、刚性连接等。

(1) 链杆 一根链杆可减少一个自由度。如图 14-2a 所示,刚片采用链杆与地基相连后,刚片的位置只需两个参数 φ_1 和 φ_2 即可确定,因此一个链杆相当于一个约束,能减少一个自由度。图 14-2b 所示为两刚片采用一根链杆连接的体系,体系需要 x、y、φ_1、φ_2、φ_3 5 个参数即可确定全部刚片位置,与平面内无约束的两刚片相比减少了一个自由度。所以,一根链杆可减少一个自由度。

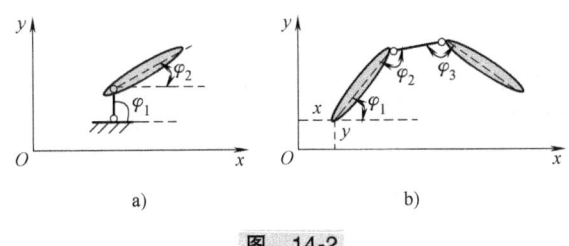

图 14-2

（2）铰　连接两个刚片的铰为单铰；连接 n（$n \geq 2$）个刚片的铰称为复铰，其相当于（$n-1$）个简单铰的作用。一个单铰能减少 2 个自由度，连接 n 个刚片的复铰当于两个（$n-1$）个单铰，可减少 $(n-1) \times 2$ 自由度。

图 14-3a 所示刚片通过一个单铰与地基相连，刚片的位置只需要一个参数 φ 即可确定。图 14-3b 所示为两刚片用铰连接体系，平面内的两个刚片有 $3 \times 2 = 6$ 个自由度，两刚片采用铰连接后的体系，在平面内只需要 x、y 和转角 φ_1 和 φ_2 共 4 个参数即可确定体系的位置。所以，一个单铰可减少 2 个自由度。

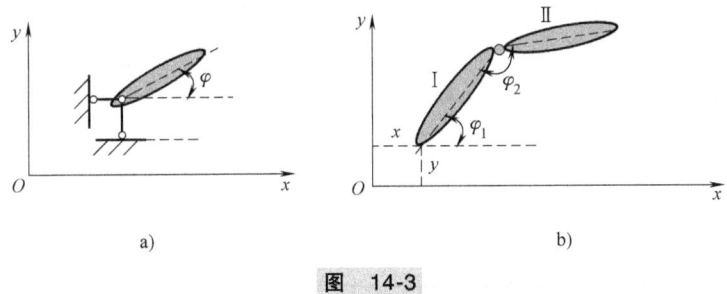

图 14-3

图 14-4a 为采用复铰 A 连接 3 个刚片的体系，当刚片Ⅰ位置确定后，刚片Ⅱ和刚片Ⅲ只能绕铰 A 转动，只需要增加 φ_2 和 φ_3 两个参数即可确定刚片Ⅱ和刚片Ⅲ的位置，从而减少了 $3 \times 3 - 5 = 4$ 个自由度，可见，连接 3 个刚片的复铰相当于 $3 - 1 = 2$ 个单铰的作用。由此可推，连接 n 个刚片的复铰相当于两个（$n-1$）个单铰，可减少 $(n-1) \times 2$ 自由度。图 14-4b 为连接 4 个刚片的复铰，相当于 3 个单铰的作用，可减少 6 个自由度。

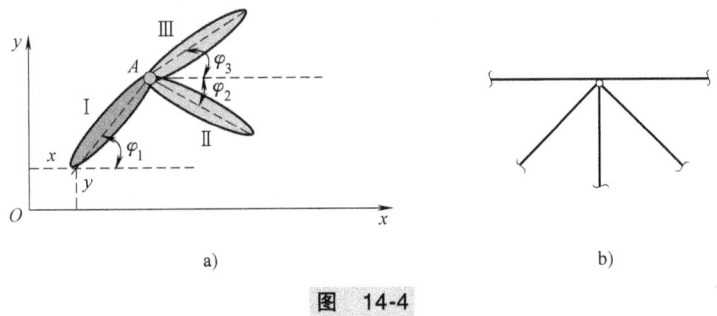

图 14-4

（3）虚铰　连接两刚片的不直接相交的两根链杆，链杆交点的作用相当于该位置处的一个单铰，称之为虚铰。形成虚铰的两根链杆可以交叉（图 14-5a）、延长相交于一点（图 14-5b）或平行（图 14-5c）。从瞬时微小运动来看，两根链杆相当于链杆交点处一个铰所起的约束作用。

与实铰不同的是，在体系运动过程中，虚铰的位置随刚片位置的变化而改变。

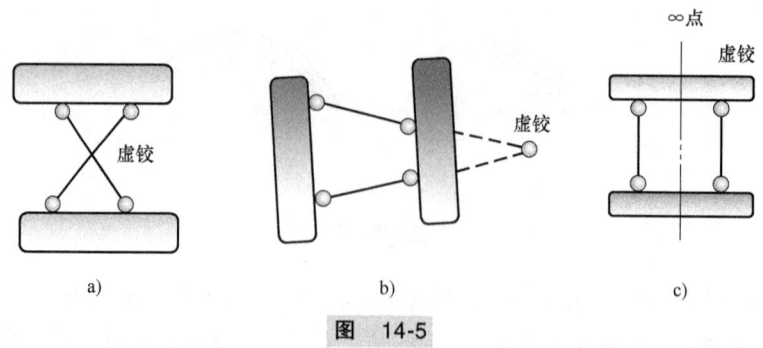

图 14-5

（4）刚性连接　连接两个刚片的刚性连接可减少3个自由度。图 14-6a 所示刚片与地基的连接为刚性连接，图 14-6b 所示为刚结点连接两刚片，均减少了3个自由度。故固定端和连接两刚片的刚结点支座均相当于3个约束。

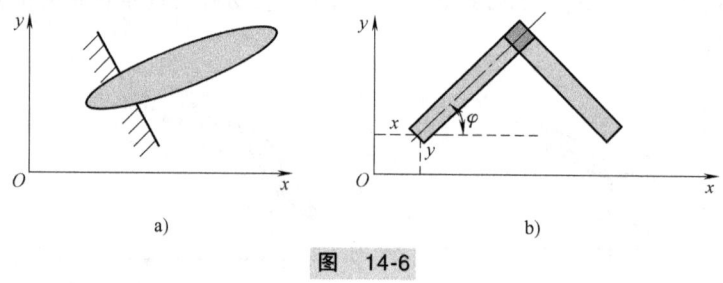

图 14-6

3. 几何不变体系、几何可变体系

在不考虑杆件变形条件下，当体系受到任意荷载作用时，其几何形状和位置均不改变的体系称为**几何不变体系**。如图 14-7a 所示体系，在荷载作用下杆件体系中的每个连接结点的平面位置及体系的几何形状都不发生改变，因此该体系为几何不变体系。几何不变体系在荷载作用下能够保持自身平衡，故可作为结构。

在不考虑杆件变形条件下，当体系受到任意荷载作用时，其几何形状和位置发生改变的体系称为**几何可变体系**。如图 14-7b 所示体系，在荷载作用下结点 A、B 的平面位置及体系的几何形状均发生改变，因此为几何可变体系。几何可变体系在一般荷载作用下不能保持平衡，因此不能作为结构。

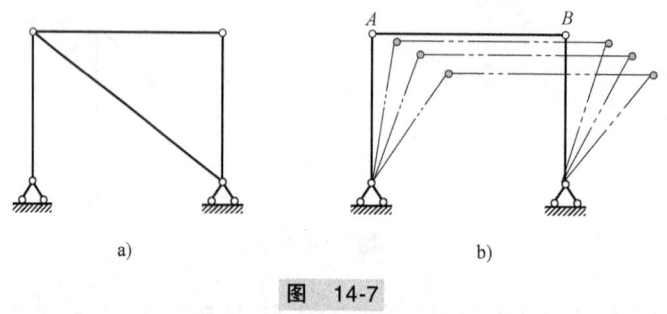

图 14-7

4. 瞬变体系

一个几何可变体系经微小位移后即转化为几何不变的体系称为瞬变体系。图 14-8a 所示体

系，结点 C 由链杆 1 和链杆 2 与地基相连，如果链杆 1 和链杆 2 共线，则外荷载作用下，C 点同时能绕 A 点与 B 点做圆弧运动，即 C 点可在左右两圆弧的公切线方向做微小运动，当位移发生后，杆 1 和杆 2 不再共线，体系变为几何不变体系。图 14-8b 所示杆件 AB 由链杆 1、链杆 2 以及链杆 3 与地基相连，此时杆 1、杆 2 和杆 3 的延长线交于虚铰 O 点，因此三根链杆均可以 O 为圆心做相对转动，杆件 AB 平面内的位置变为 $A'B'$。经微小转动后，三杆不再交于一点，体系继而变为几何不变体系。

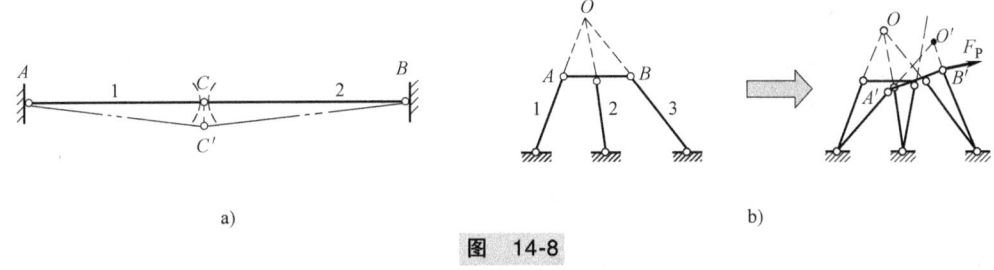

图 14-8

5. 必要约束与多余约束

能有效减少体系自由度的约束称为**必要约束**，不能减少体系自由度的约束称为**多余约束**。图 14-9a 所示体系中除去图中任意一根杆，体系的几何形状都会发生改变，因此图中所有的杆件都是必要的联系。图 14-9b 所示体系中，去除杆件 35、56、36、46 及支座中的任意一根链杆，体系的几何形状均发生改变，因此杆件 35、56、36、46 和支座链杆均为必要的联系。去除链杆 13、34、24、12 中任意一根链杆，体系的几何形状均不会发生改变，故下部链杆 13、34、24、12

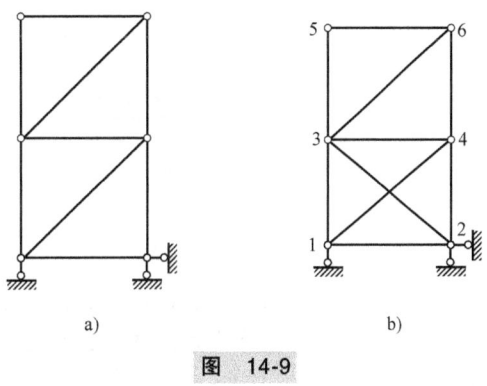

图 14-9

中的任意一根链杆均可视作多余约束。多余约束不是唯一的，是指对于保证体系的几何不变性来说是多余的。

14.2 几何不变体系的基本组成规则

1. 三刚片规则

三个刚片用不共线的三个单铰两两相连，组成无多余联系的几何不变体系。

根据三角形稳定性的几何公理，将三角形的三条边视作三刚片，刚片之间视作铰接连接，则该体系为几何不变体系（图 14-10a），可用三刚片规则进行描述与判断。

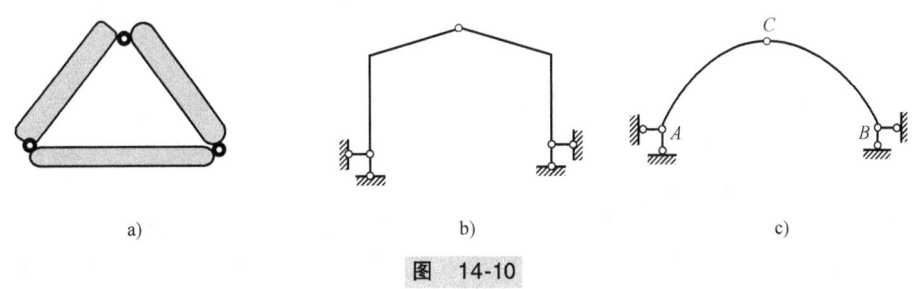

图 14-10

1) 刚片可以为直线、曲线或几何不变部分，将刚片进行各种变形可以得到一系列的几何不变体系（图 14-10b、c）。

2) 三刚片规则中的三个铰可以为虚铰（图 14-11），因此在复杂杆件体系中，应注意虚铰的判断与选择。

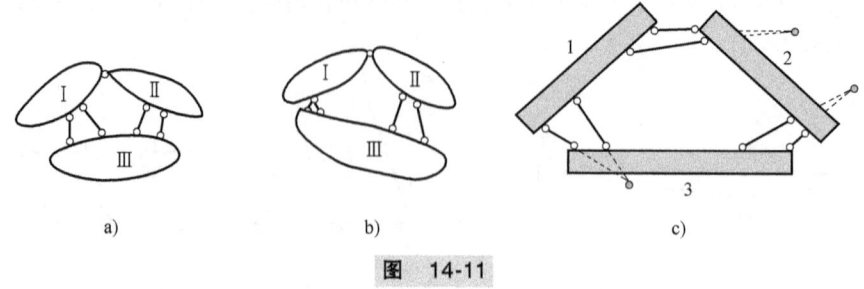

图 14-11

3) 如连接三刚片的三个铰共线，则构成的体系为瞬变体系（图 14-12）。

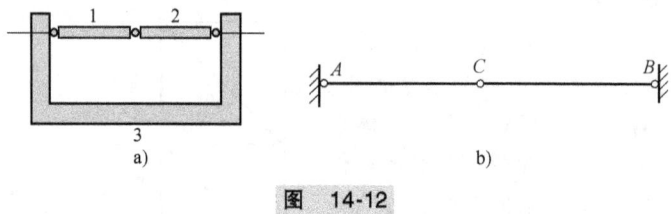

图 14-12

2. 二刚片规则

规则 1：二刚片用一个铰和一根不通过此铰的链杆相连组成无多余约束的几何不变体系。

规则 2：二刚片用既不完全平行也不交于同一点的三根链杆相连，组成无多余约束的几何不变体系。

根据三角形稳定性的几何公理，将三角形的两条边视作两个刚片，另外一条边视作链杆，可用二刚片规则进行描述与判断该体系，则体系为几何不变体系（图 14-13a）。

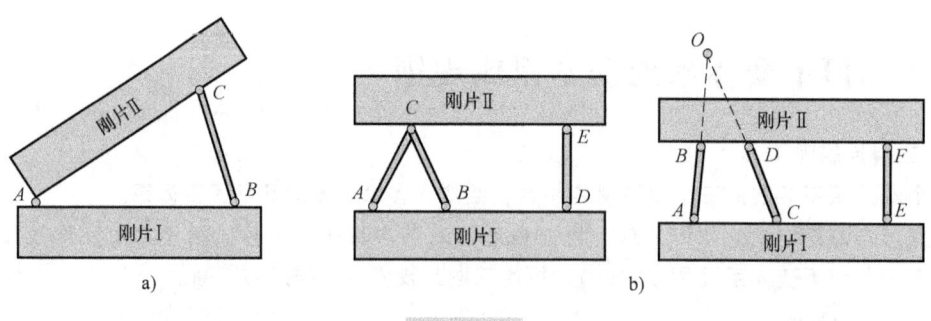

图 14-13

由于二刚片中的铰可以为实铰，也可以为虚铰，且一个铰相当于两个链杆作用，故二刚片规则又可以表达为二刚片用既不完全平行也不交于同一点的三根链杆相连，组成无多余约束的几何不变体系（图 14-13b、c）。

1) 二刚片规则中，若三根链杆交于一点，则体系有可能为可变体系或瞬变体系。图 14-14a 所示体系，三根链杆相交于铰 O，刚片 Ⅱ 可绕铰 O 相对转动，故此体系为几何可变体系。

图 14-14b 所示体系，三根链杆延长线交于一点 O，点 O 为虚铰，刚片Ⅱ可绕虚铰 O 做相对转动，但发生微小转动后三杆便不再交于同一点，故此体系为几何瞬变体系。

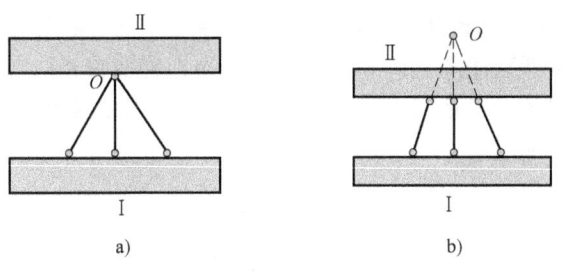

图 14-14

2) 二刚片规则中，若三根链杆相互平行，则体系有可能为可变体系或瞬变体系。图 14-15a 所示体系，连接二刚片的三根链杆平行且等长，刚片Ⅱ可相对于刚片Ⅰ做相对运动，故体系为几何可变体系。图 14-15b 所示体系中，三根链杆平行不等长，两刚片发生微小相对移动后三杆就不再全平行，因而属于几何瞬变体系。

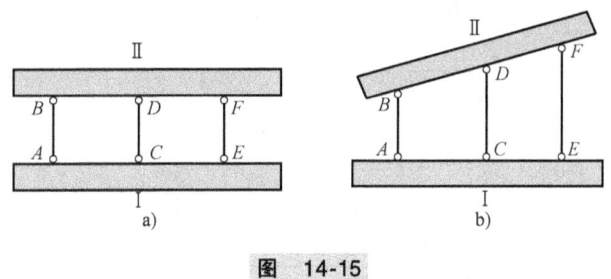

图 14-15

3. 二元体规则
在一个体系上增加或拆除二元体，不改变原体系的几何特性。

二元体是用不共线的两根链杆连接一个新结点的装置（图 14-16）。二元体规则也可通过三角形稳定性几何公理推广而得，将三角形的一边视作体系，另外两边视作链杆，去掉或加上链杆不影响体系的几何特性。

在体系上增加一个点，新增两个自由度，同时又增加两个链杆消除了新增的自由度，故增加二元体不会增加原体系的自由度。同理，在体系上减二元体也不会影响原体系自由度。图 14-17b 所示体系可视为由图 14-17a 所示体系增加二元体构成的，仍为几何不变体系；图 14-17a 所示体系可视为由图 14-17b 所示体系减二元体构成的。

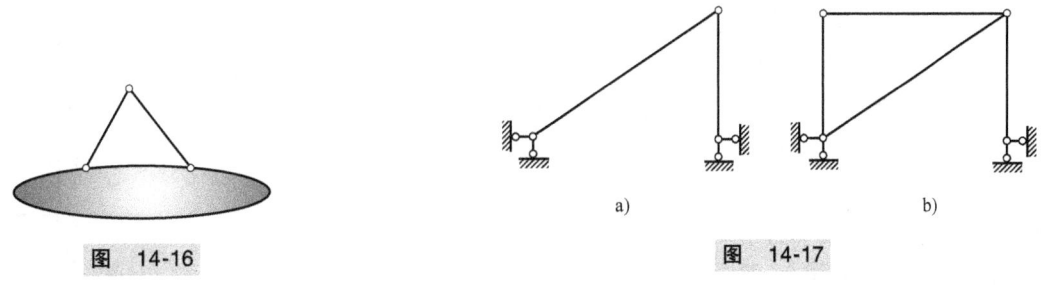

图 14-16   图 14-17

14.3 平面杆件体系几何组成分析应用

1) 刚片及链杆的选择。利用基本组成规则进行分析时，重点是寻找适当的刚片及刚片之间的联系（铰或链杆）。如图 14-18 所示，一根链杆、一个曲杆或折线杆、一个几何不变部分都可视作一个刚片。同时，若刚片只用两个铰与其他部分相连，则该刚片可视作链杆，如图 14-18 所示刚片可看作虚线连接的链杆。

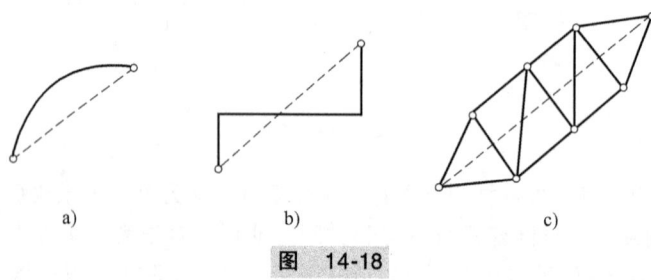

图 14-18

2) 从一个几何不变部分开始组装，逐步扩大刚片的范围。

【例 14-1】 试对图 14-19 所示体系进行几何组成分析。

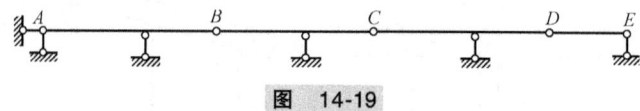

图 14-19

【解】 如图 14-20 所示，将体系中地基视为刚片Ⅰ，AB 视为刚片Ⅱ，两刚片通过不在一条直线上的铰 A 和链杆相连，根据二刚片规则，该部分为几何不变部分，形成扩大的刚片；BC 通过不在一条直线上的铰 B 和一链杆与扩大的刚片相连，为几何不变部分；同理可知 CD 与 DE 均为按照两刚片规则相连，均为几何不变部分，因此体系为无多余约束的几何不变体系。

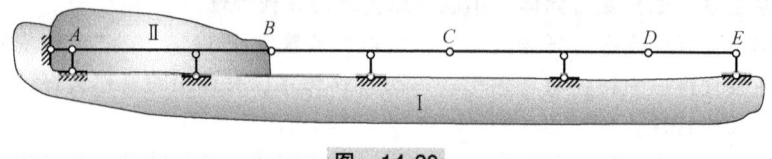

图 14-20

3) 增加或拆去二元体不影响体系的几何组成特性。

【例 14-2】 试对图 14-21 所示体系进行几何组成分析。

【解】 对于链杆体系，一般采用二元体规则进行判断与分析。图 14-21 所示体系中在基础上依次增加二元体 ACB、CDB、CED、EFD、EGF、GHF、GIH、IJH，链杆 AD 为多余约束，由此可知该体系为有一个多余约束的几何不变体系。或者在原结构上依次拆去二元体，也可知原结构为有一个多余约束的几何不变体系。

4) 若体系不能直接视为两个或三个刚片时，可先把其中已分析出的几何不变部分视为一个刚片，使原体系简化。

【例 14-3】 试对图 14-22 所示体系进行几何组成分析。

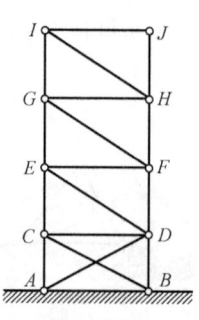

图 14-21

【解】 图 14-22 所示体系中 AEG 部分是由基本铰接三角形 ABF 开始，按规则依次增加 5 个二元体组成，是一个无多余约束的几何不变部分；同理 EIK 也是一个无多余约束的几何不变部分。把 AEG 和 EIK 视为刚片 I 和刚片 II，刚片 I 和刚片 II 通过不在一条直线上的铰 E 和链杆 GI 相连，符合两刚片规则，因此 AEK 是一个无多余约束的刚片。刚片 AEK 与地基用一个铰 A 和链杆相连，因此该体系为无多余约束的几何不变体系。

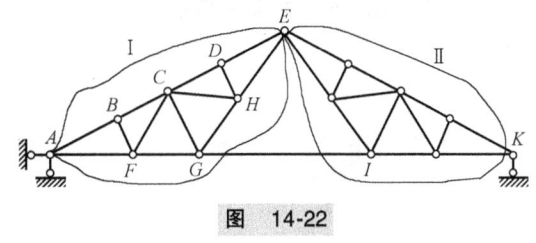

图 14-22

5）将只用两个铰与其他部分相连的刚片视作链杆。

【例 14-4】 试对图 14-23a 所示体系进行几何组成分析。

【解】 将地基视作刚片I，BDC 视作刚片II（图 14-23b），AD 杆件两端用铰 A 和 D 与其他部分相连，故可视作链杆 AD，刚片I和刚片II采用交于一点的三根链杆相连，则体系为瞬变体系。

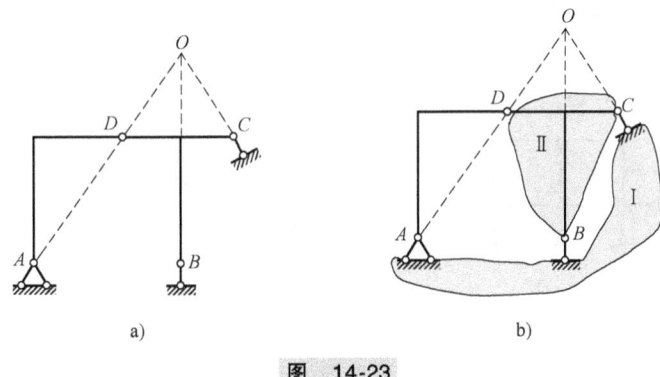

图 14-23

14.4 体系的几何构造与静定性

体系的静定性是指体系在任意荷载作用下的全部反力和内力是否可以根据静力平衡条件确定。仅由静力平衡方程即可求得结构全部内力与反力的结构称为静定结构，反之为超静定结构。体系的静定性与几何构造之间存在着必然的联系。

当体系几何不变且无多余约束时，体系自由度数目与约束个数相等，平衡方程数目与未知力数目相等，可根据平衡方程即可求得体系全部内力和反力，故体系为静定结构。当体系为几何不变且有多余约束时，约束个数多于体系自由度数目，平衡方程数目少于未知力数目，此时解答有无穷组，仅靠平衡条件不能求得体系的全部内力和反力，故体系是超静定结构。

图 14-24a 所示为无多余约束的几何不变体系，在荷载作用下体系产生三个约束反力，取整体结构分析，可建立三个独立的静力平衡方程，由三个平衡方程可以求解三个约束反力，体系的内力从而也可以求得，因此体系是静定的，该体系为静定结构。

图 14-24b 所示为有一个多余约束的几何不变体系，在荷载作用下体系产生四个约束反力，取整体结构分析，可建立三个独立的静力平衡方程，由于约束反力的个数大于静力平衡方程的个数，约束反力无法由静力平衡方程全部求得，则该结构为超静定结构。

综上所述，根据前面基本组成规则组成的体系中，无多余约束的几何不变体系为静定结构，有多余约束的几何不变体系为静定结构。读者可根据结构的几何构造来判定结构是静定的还是超静定的。

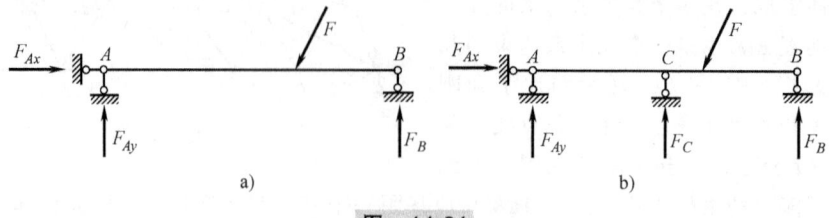

图 14-24

思考题与习题

一、简答题

1. 何谓单铰、复铰、虚铰？体系中的任何两根链杆是否都相当于其交点处的一个虚铰？
2. 何谓瞬变体系？为什么土木工程中要避免采用瞬变体系？

二、分析题

对图 14-25 所示体系进行几何组成分析。

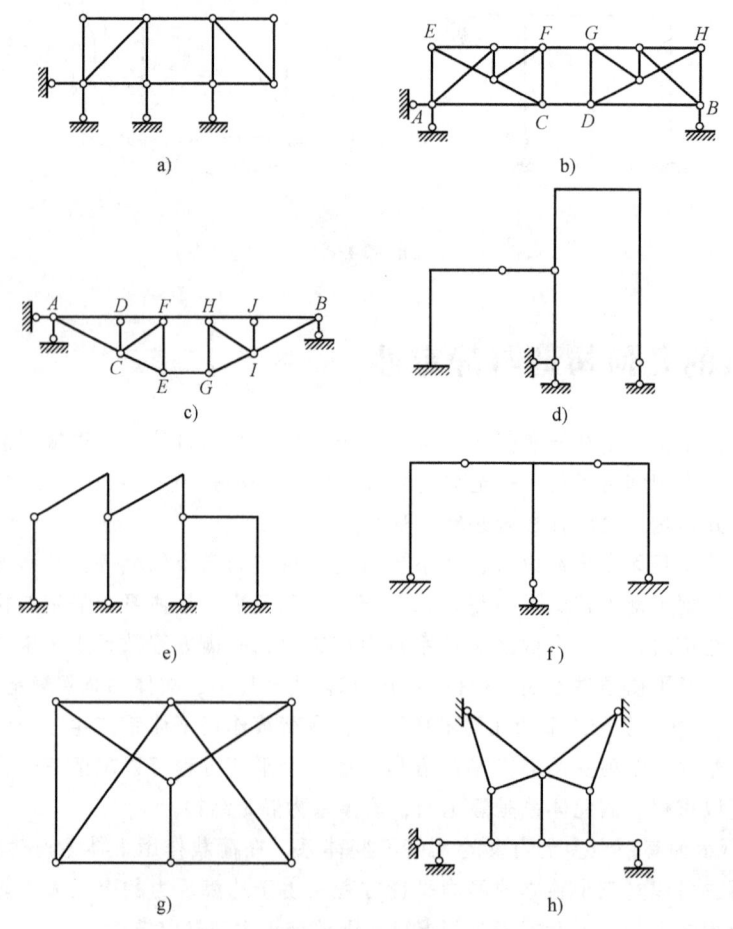

图 14-25

第 15 章

静定结构的内力分析

学习目标

掌握静定梁（单跨和多跨）的内力计算以及作内力图的方法；掌握静定平面刚架的内力计算以及作内力图的方法；掌握静定平面桁架的内力计算；了解并理解组合结构的内力计算；了解静定结构的特性。

15.1 静定梁

梁是一种以弯曲变形为主的结构构件。它的内力计算与内力图绘制是多跨梁、刚架等结构受力分析的基础。静定梁分为单跨静定梁和多跨静定梁。

1. 单跨静定梁（简支梁、外伸梁、悬臂梁）

（1）单跨静定梁的反力和内力的计算

1) 支座反力计算。以整体为研究对象，利用静力平衡条件求支座反力。

2) 内力计算（隔离体法）。如图 15-1a 所示，求 K 截面内力时，沿 m—m 截面切开，取左侧为隔离体，利用静力平衡条件求截面内力。平面结构在任意荷载作用下，其杆件横截面上一般有三个内力分量，即轴力 F_N、剪力 F_S、弯矩 M，如图 15-1b 所示。轴力 F_N 等于截面一侧所有外力（包括荷载和反力）在垂直于截面方向（截面法向）投影的代数和。剪力 F_S 等于截面一侧所有外力在平行于截面方向（截面切向）投影的代数和。弯矩 M 等于截面一侧所有外力对截面形心力矩的代数和。

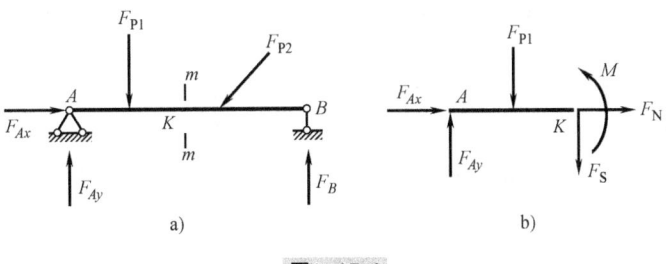

图 15-1

3) 内力的正负号通常规定如图 15-2 所示，轴力以拉力为正，压力为负；剪力以使隔离体产生顺时针旋转者为正，反之为负；弯矩以使杆件下侧纤维受拉为正，反之为负。一般情况下作内力图时，剪力图和轴力图可绘在杆轴的任意一侧，但必须标注正负号，规定弯矩图纵标画在受拉一侧时，不标注正负号。

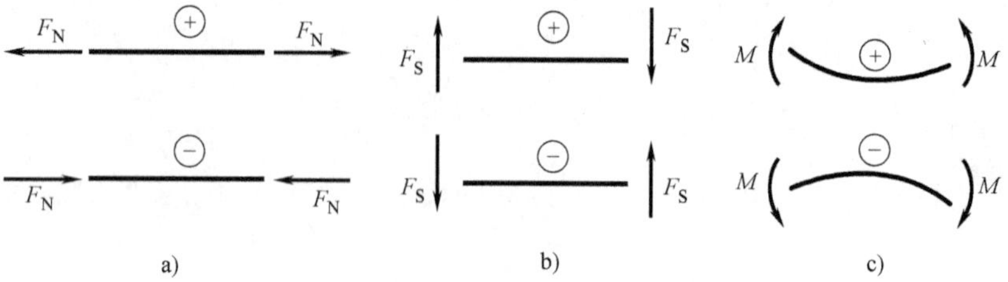

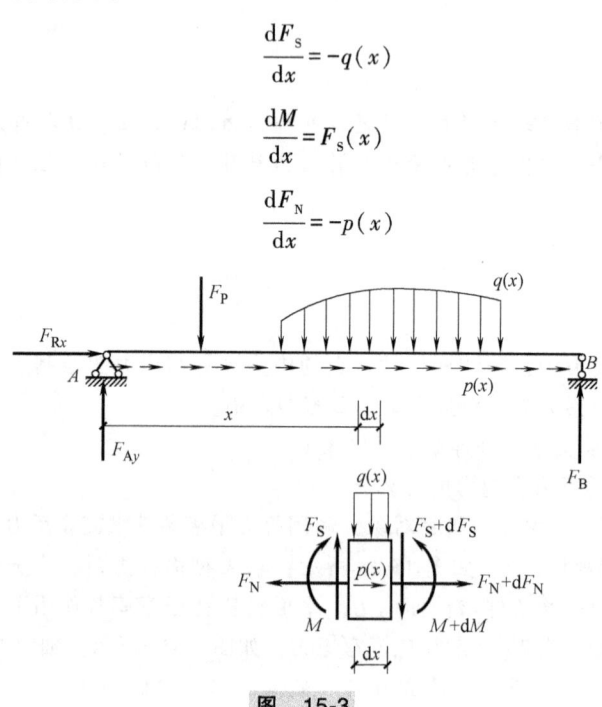

图 15-2

(2) 荷载与内力之间的微分关系 如图15-3所示，在直梁中，由微段的平衡条件可导出内力和外力间具有如下的微分关系

$$\frac{dF_S}{dx} = -q(x)$$

$$\frac{dM}{dx} = F_S(x)$$

$$\frac{dF_N}{dx} = -p(x)$$

图 15-3

上式的几何意义是：剪力图上某点处切线斜率等于该点处的横向荷载集度，但符号相反；弯矩图上某点处切线斜率等于该点处的剪力；轴力图上某点处切线斜率等于该点处的轴向荷载集度，但符号相反。

据此可以推知荷载情况与内力图形之间的一些关系如下：

1) 在无荷载区段 $q(x)=0$，剪力图为水平直线，弯矩图为斜直线，其斜率为杆中的剪力。

2) 在 $q(x)$ 为常量段，剪力图为斜直线，弯矩图为二次抛物线，其凹下去的曲线像锅底一样兜住 $q(x)$ 的箭头。

3) 杆件剪力为零处，弯矩的切线与杆轴线平行，此时弯矩取得极值。

4) 在 $q(x)$ 为一次幂段，根据微分关系，剪力图和弯矩图的函数幂次也相应提高一次。

5) 在无轴向荷载作用的区段，杆件的轴力保持常数，在有轴向均布荷载的区段，轴力图为倾斜直线。

利用内力图之间的上述关系，可不必列出内力方程，只需求得控制截面的内力值就能快速绘制梁的内力图。

【例 15-1】 利用荷载与内力图形之间的关系绘制图 15-4a、b 所示结构的弯矩图和剪力图。

【解】 1) 图 15-4a 所示梁，CA、AB、BD 段无外荷载，弯矩图为直线，只需确定 A 点和 B 点的弯矩，即可绘制出梁的弯矩图，如图 15-4c 所示。取每段弯矩的斜率，即可得到剪力，如图 15-4e 所示。

2) 图 15-4b 所示梁，AB 段弯矩为二次抛物线，BC 段弯矩为直线。只需确定 B 点的弯矩，即可绘制梁的弯矩图，如图 15-4d 所示。BC 段弯矩的斜率为剪力，通过隔离体法可确定 AB 段的剪力，如图 15-4f 所示。

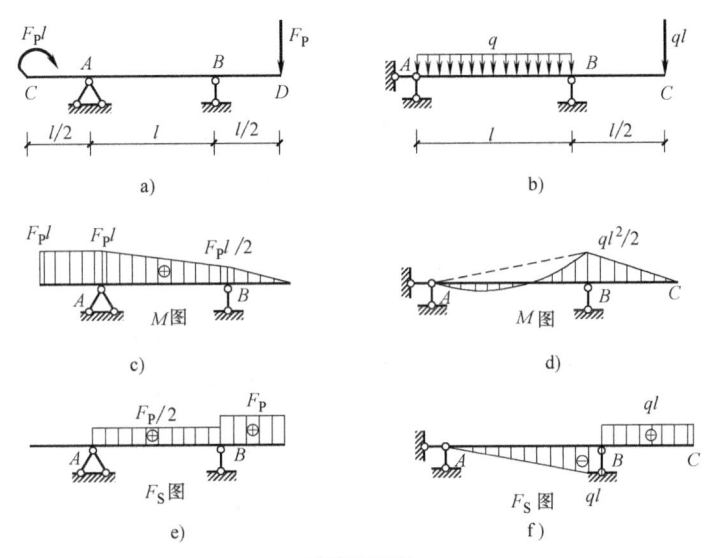

图 15-4

(3) 区段叠加法绘制弯矩图　利用叠加法绘制弯矩图是一种常用的简便绘图方法。如图 15-5a 所示梁中区段 AB 的弯矩图，取出该段为隔离体（图 15-5b），区段 AB 隔离体的受力可等效为图 15-8c 所示的简支梁的受力，两者具有相同的弯矩图；求出端截面的弯矩 M_A、M_B 并连接（虚线），在此直线上叠加相应简支梁在均布荷载 q 作用下的弯矩图，如图 15-5d 所示。应用叠加法绘制弯矩图时一定要注意这里所述的弯矩图的叠加是指竖坐标的代数相加。

(4) 弯矩图绘制的一般步骤　弯矩图绘制的一般步骤为求支座反力→分段→定点→连线。

1) 求支座反力。根据平衡方程求解支座反力。

2) 分段。外力不连续处均应作为分段点（集中力或力偶处、均布荷载起止点作为分段点）。

3) 定点。利用隔离体法计算分段点处的弯矩值。

4) 连线。根据各段梁的弯矩图形状，分别用直线将各控制点依次相连，再根据叠加法进行区段弯矩图叠加。

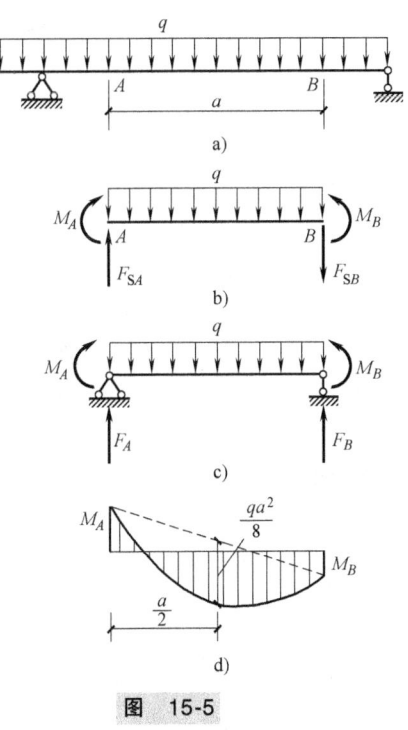

图 15-5

(5) 通过弯矩图绘制剪力图 根据荷载与内力微分关系可知,杆件剪力大小等于弯矩图的斜率,为此可直接通过求弯矩图的斜率来求该区段的剪力。

1) 弯矩图为直线的杆件:杆件剪力大小=弯矩图的斜率。

$$杆件剪力符号=\begin{cases}+ & 当弯矩斜率绕杆轴线顺时针转动时\\- & 当弯矩斜率绕杆轴线逆时针转动时\end{cases}$$

2) 弯矩图为直线的杆件:根据隔离体平衡方程来求截面剪力,剪力绕隔离体顺时针为正,逆时针为负。

【例 15-2】 作图 15-6a 所示梁的内力图。

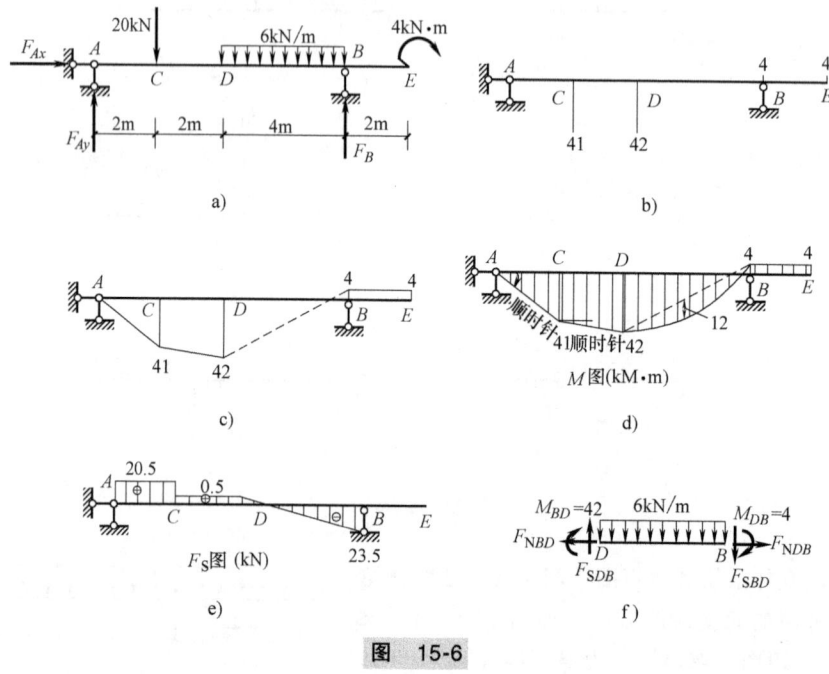

图 15-6

【解】 1) 求支座反力。根据静力平衡条件可求得支座反力,如图 15-6a 所示。

2) 分段定性。集中力、均布荷载起止点作为分段点将梁分为 AC、CD、DB 与 BE 四段,AC、CD 与 BE 段上无荷载作用,弯矩图为直线(两点定直线);DB 段有均布荷载,弯矩图为二次抛物线(以两端连线为基线,用区段叠加法绘制弯矩)。

3) 定点求弯矩。支座 A 的弯矩为零,自由端 E 点处的弯矩与集中力矩相等,上侧受拉。将 C、D、B 点作为控制点,利用隔离体法计算其弯矩,如图 15-6b 所示。

4) 连线。弯矩为直线的区段,直接连接两端弯矩;弯矩图为曲线的区段,先以虚直线连接两端弯矩,并以虚线为新的基线,叠加简支梁在均布荷载作用下的弯矩图,如图 15-6c、d 所示。

5) 根据弯矩图绘制剪力图。弯矩图为直线段的区段,求斜率得到区段剪力的大小,根据弯矩图的转动方向,确定剪力的正负号,如图 15-6e 所示。弯矩图为曲线区段,根据隔离体法确定控制截面的剪力,如图 15-6f 所示。

AC 段:$F_{SAC}=\dfrac{41}{2}\text{kN}=20.5\text{kN}$;$CD$ 段:$F_{SCD}=\dfrac{42-41}{2}\text{kN}=0.5\text{kN}$;$BE$ 段:$F_{SBE}=\dfrac{4-4}{2}\text{kN}=0\text{kN}$

DB 段:$\sum M_B=0$,$F_{SDB}=0.5\text{kN}$;$\sum M_D=0$,$F_{SBD}=-23.5\text{kN}$

2. 多跨静定梁

（1）多跨静定梁的几何组成及静力分析特点　由中间铰将若干根单跨梁（悬臂梁、简支梁、外伸梁）相连，并用若干支座与基础连接而组成的静定梁，称为多跨静定梁。图 15-6 所示为用于公路桥的钢筋混凝土多跨静定梁，各单跨梁之间的连接采用企口结合的形式，这种结点可看作铰接点，其计算简图如图 15-7b、c 所示。

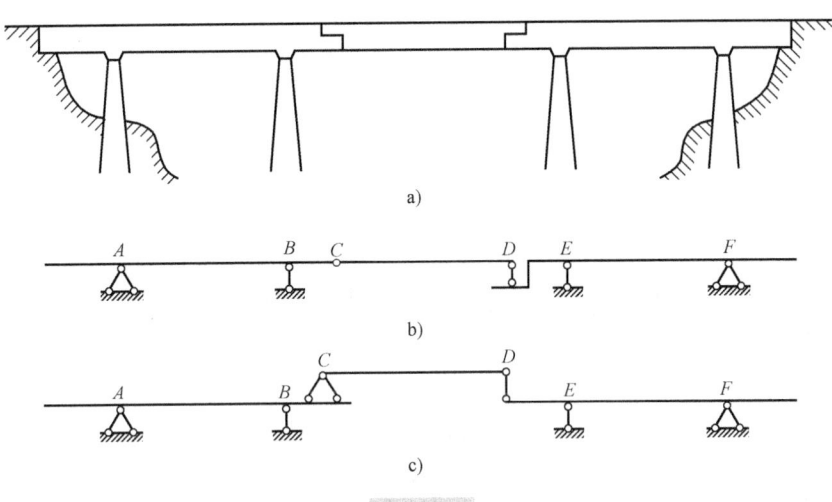

图 15-7

从几何组成的特点来看，多跨静定梁可分为基本部分和附属部分两部分。不依靠其他部分而能保持其几何不变性的几何不变体系称为基本部分；必须依靠基本部分，才能保持其几何不变性的几何不变体系称为附属部分。

从力的传递来看，荷载作用在基本部分上时，将只有基本部分受力而不影响附属部分。当荷载作用在附属部分上时，力将通过铰传递给基本部分，因而使基本部分受力。因此，多跨静定梁在计算过程中，先计算附属部分，再计算基本部分。计算中将附属部分的支座反力，反其指向加于基本部分进行计算，与几何组成的顺序相反。

（2）多跨静定梁的内力计算

1）几何构造分析，确定基本部分与附属部分，画出结构层次图，将多跨梁分解为多个单跨梁。

2）依据结构层次图，首先计算最上一层的附属部分的支座反力和内力，然后将附属部分支座反力等值反向加于下一层梁上，依次计算各跨梁的反力和内力。

3）将各个单跨梁的内力图连在一起，形成多跨梁内力图。

4）弯矩图和剪力图的画法同单跨梁相同。

【例 15-3】　试作图 15-8a 所示多跨静定梁的内力图。

【解】　ABC 为基本结构，CDE 为附属结构。先算附属结构，后算基本结构，如图 15-8b、c 所示。作出弯矩图和剪力图如图 15-8d、e 所示。

【例 15-4】　试作图 15-9a 所示多跨静定梁的内力图。

【解】　根据几何组成分析可知，ABC 为基本结构，CDE、EFG 为附属结构。先计算附属结构 EFG，再计算附属结构 CDE，最后计算基本结构 ABC，如图 15-9b、c 所示。作出弯矩图和剪力图如图 15-9d、e 所示。

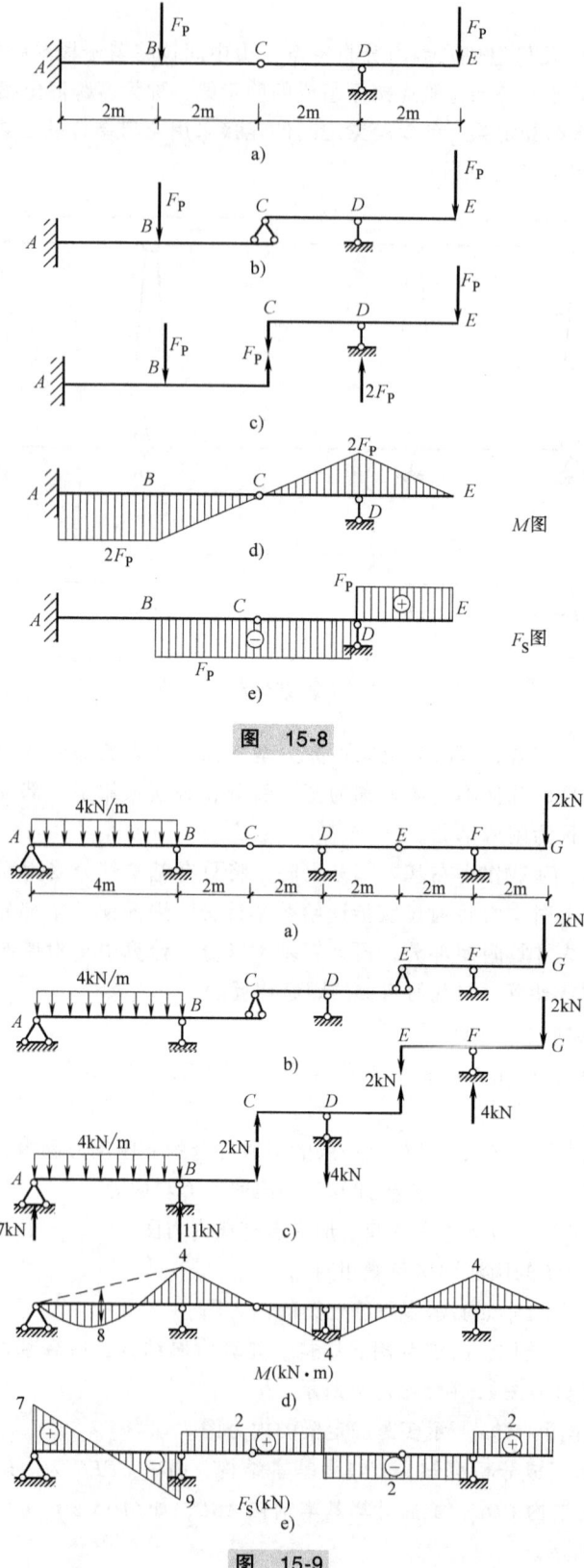

图 15-8

图 15-9

15.2 静定平面刚架

1. 刚架的特点及分类

刚架是由梁和柱以刚性结点相连组成的,其优点是将梁柱形成一个刚性整体,使结构具有较大的刚度,内力分布也比较均匀合理,便于形成大空间。图 15-10 所示是常见的几种刚架:图 15-10a 所示是车站雨篷,图 15-10b 所示是多层多跨房屋,图 15-10c 所示是具有部分铰结点的刚架。

刚架结构与其他结构相比的优点是:内部有效使用空间大;结构整体性好、刚度大;内力分布均匀,受力合理,如图 15-10d、e 所示。

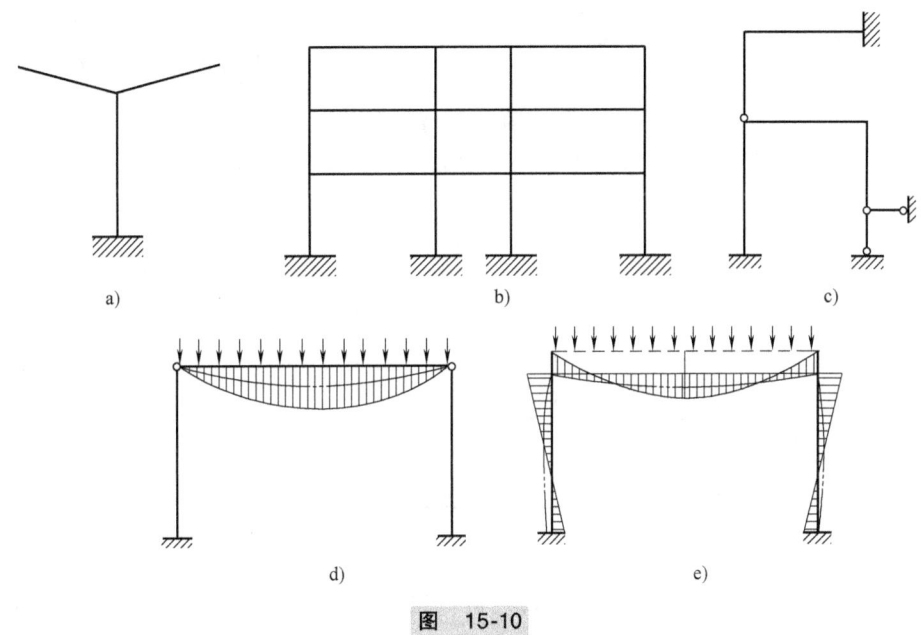

图 15-10

常见的静定刚架类型可以分为悬臂刚架、简支刚架、三铰刚架和主从刚架(有附属结构),如图 15-11 所示。

2. 静定刚架的内力分析

静定刚架的内力计算方法原则上和静定梁相同,内力一般包括弯矩、剪力、轴力。为了更准确地表达各杆的内力,规定杆件内力常在其右下方采用两个角标表示。例如,M_{AB} 表示 AB 杆 A 端截面的弯矩,F_{SAB} 表示 AB 杆 A 端截面的剪力,F_{NAB} 表示 AB 杆 A 端截面的轴力。在刚架内力分析时,弯矩以使刚架内侧受拉为正,当不便区分内外侧时,可假定任一侧受拉为正,弯矩图绘制在杆件受拉侧,不标注正负号。剪力和轴力的正负号规定与梁的规定相同,剪力图和轴力图可绘制在杆件的任一侧,需注明正负号。

刚架分析的步骤一般是先求出支座反力,再求出各杆控制截面的内力,然后再绘制各杆的弯矩图和刚架的内力图。在支座反力的计算过程中,应尽可能建立独立方程。如图 15-12 所示,两跨刚架可先建立投影方程 $\sum F_y = 0$ 计算 F_C,再对 F_C 和 F_B 的交点 O 取矩,建立力矩方程 $\sum M_O = 0$,计算 F_A,最后建立投影方程 $\sum F_x = 0$ 计算 F_B。

图 15-13a 所示是一个多跨刚架,具有四个支座反力,根据几何组成分析:C 点以右是基本

部分，C 点以左是附属部分，分析顺序应从附属部分到基本部分。

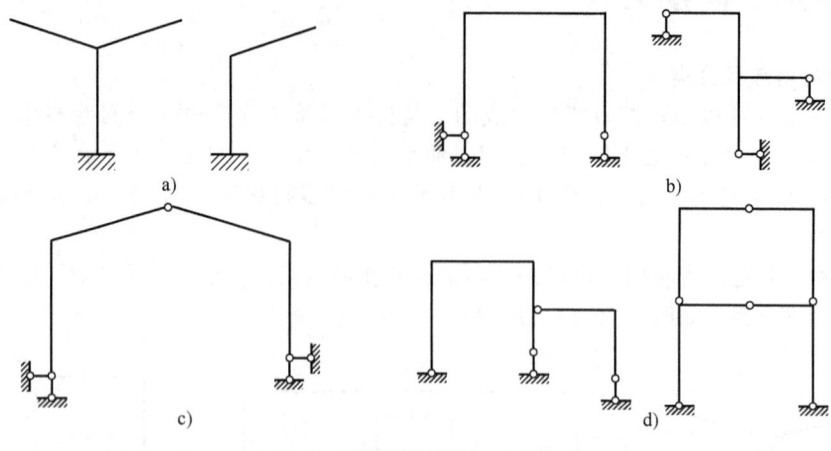

图 15-11

a）悬臂刚架　b）简支刚架　c）三铰刚架　d）主从刚架（有附属结构）

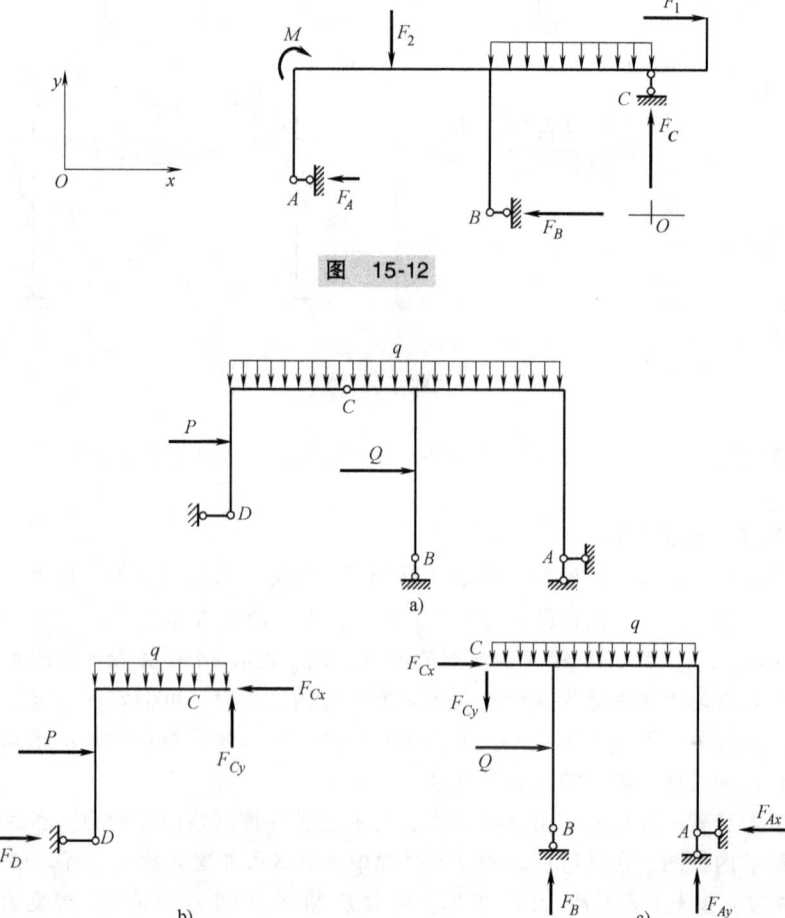

图 15-13

(1) 静定平面刚架内力图绘制步骤如下：

1) 分段，即根据荷载不连续点（集中荷载作用点、均布荷载起始点、支座处等）及杆件连接点进行分段。

2) 定形，即根据每段内的荷载情况确定弯矩图的形状。

3) 求值，即由截面法或内力算式，求出各控制截面的弯矩值。

4) 连线画图，即画 M 图时，将两端弯矩竖标画在受拉侧，连以直线，再叠加上横向荷载产生简支梁的弯矩图。在弯矩图绘制完成后，可利用微分关系或杆件的平衡条件计算剪力并绘制剪力图，利用剪力图或根据平衡关系作轴力图。

绘制刚架弯矩图时应注意以下规律：刚结点处力矩应该平衡，凡是只有两杆汇交的刚结点，若结点上无外力偶作用，则两杆在此处杆端弯矩必大小相等且使杆件同侧受拉；铰结点处无力偶作用弯矩必为零；无荷载作用的区段，弯矩图为直线；有均布荷载作用的区段，弯矩图为曲线，曲线的凸向与荷载箭头的指向一致。

【例 15-4】 试计算图 15-14a 所示简支刚架的支座反力，并绘制 M、F_S 和 F_N 图。

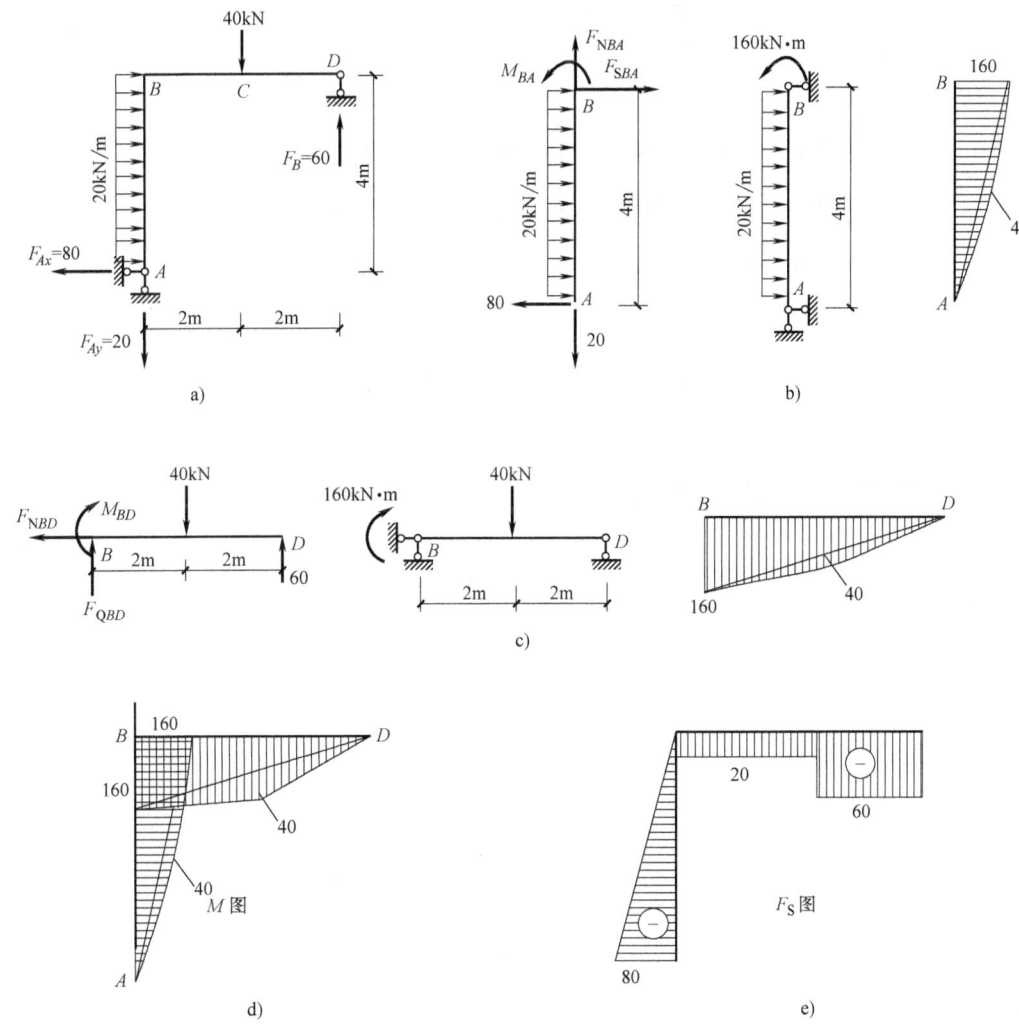

图 15-14

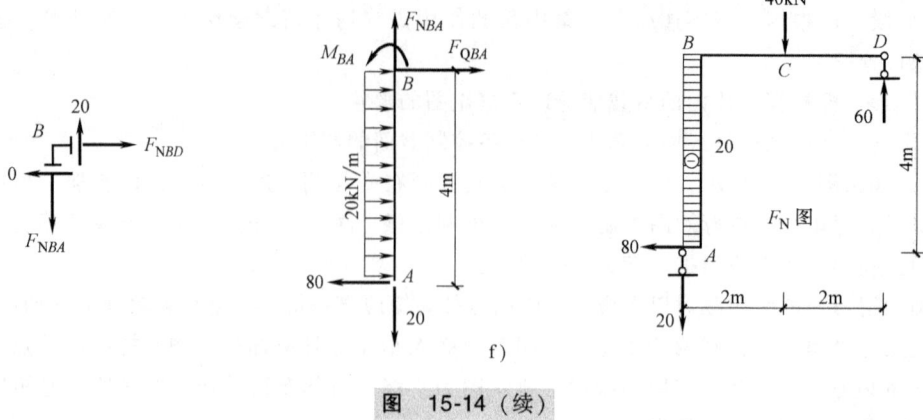

图 15-14（续）

【解】 (1) 支座反力

$$F_{Ax} = 80\text{kN}, F_{Ay} = 20\text{kN}, F_B = 60\text{kN}$$

(2) 求杆端力并画杆单元弯矩图

由图 15-14b 得

$$\sum F_x = 0, F_{SBA} + 20\text{kN/m} \times 4\text{m} - 80\text{kN} = 0, F_{SBA} = 0$$

$$\sum F_y = 0, F_{NBA} - 20\text{kN} = 0, F_{NBA} = 20\text{kN}$$

$$\sum M_B = 0, M_{BA} + 20\text{kN/m} \times 4\text{m} \times 2\text{m} - 80\text{kN} \times 4\text{m} = 0, M_{BA} = 160\text{kN} \cdot \text{m}$$

由图 15-14c 得

$$\sum F_x = 0, \sum F_y = 0, \sum M_D = 0$$

$$N_{BD} = 0, F_{QBD} = -20\text{kN}, M_{BD} = 160\text{kN} \cdot \text{m}$$

该例题的详细计算过程和绘图过程，请读者自行完成。最终得弯矩图、剪力图、轴力图，分别如图 15-14d、e、f 所示。

【例 15-5】 试绘制图 15-15a 所示三铰刚架的内力图。

【解】 计算支座反力，由刚架的整体平衡得

$$\sum M_B = 0, F_{Ay} = 30\text{kN}(\uparrow)$$

$$\sum F_y = 0, F_{By} = 10\text{kN}(\uparrow)$$

取刚架右半部为隔离体

$$\sum M_C = 0, F_{Bx} = 6.67\text{kN}(\leftarrow)$$

$$\sum F_x = 0, F_{Ax} = 6.67\text{kN}(\rightarrow)$$

绘制弯矩图如图 15-15b 所示

$$M_{CD} = 0, M_{DC} = 26.7\text{kN} \cdot \text{m}(外)$$

由图 15-15c 所示，结点上无外力矩作用的两杆汇交的刚结点，两杆端弯矩大小相等同侧受拉。

绘制剪力图和轴力图，如图 15-15d、e 所示；

取 AD 为隔离体如图 15-15f 所示。

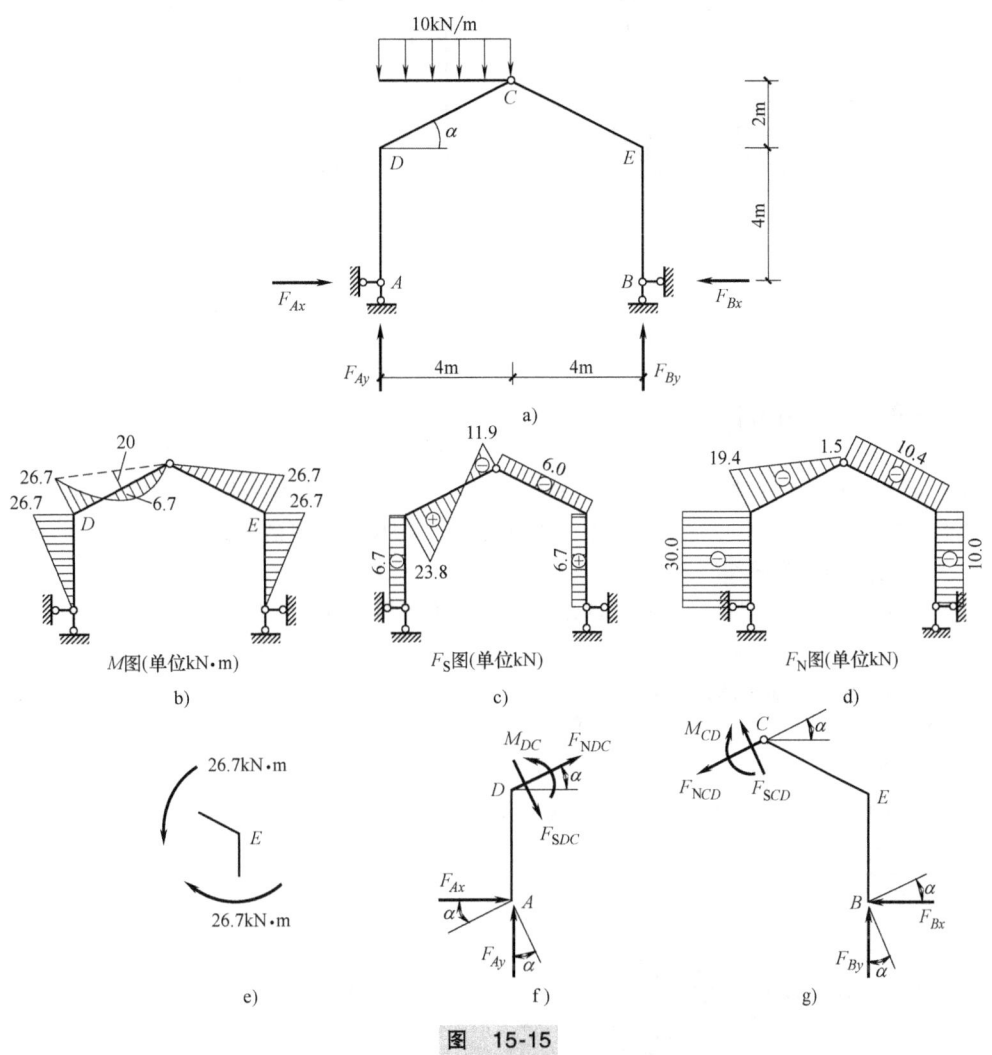

图 15-15

$$F_{SDC} = F_{Ay}\cos\alpha - F_{Ax}\sin\alpha = 23.8\text{kN}$$
$$F_{NDC} = -F_{Ay}\sin\alpha - F_{Ax}\cos\alpha = -19.4\text{kN}$$

取 CEB 为隔离体如图 15-15g 所示。

$$F_{SCD} = -F_{By}\cos\alpha - F_{Bx}\sin\alpha = -11.9\text{kN}$$
$$F_{NCD} = F_{By}\sin\alpha - F_{Bx}\cos\alpha = -1.5\text{kN}$$

  在绘制弯矩图过程中，也可以少求或不求反力绘制弯矩图。利用特定截面的弯矩及弯矩图的形状特征，快速绘制弯矩图。在绘制过程中应注意的是，悬臂部分、简支梁部分，可直接绘制其弯矩图；荷载与杆轴重合时不产生弯矩；荷载与杆轴平行时，杆中弯矩为常数；利用弯矩、剪力之间的微分关系绘制弯矩图。

  【例 15-6】 试绘制图 15-16 所示刚架的弯矩图。

  【解】 三根竖杆为悬臂杆，可绘出其弯矩图；EF 区段剪力为零，根据微分关系可知弯矩图为平行于杆件轴线的直线；CD 段和 DE 段的剪力是相等的，因而弯矩图平行；AB 段和 BC 段的剪力是相等的，因而弯矩图平行。

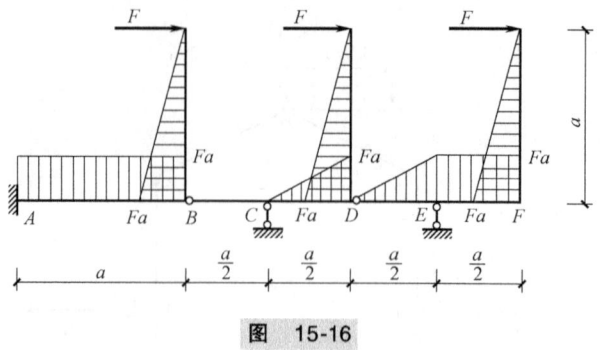

图 15-16

15.3 静定平面桁架

桁架是由许多细长杆件铰接连接而成的空腹形式的结构,杆件主要承受轴力,被广泛应用于各种土木工程结构。例如,公路与铁路的桁桥、工业与民用建筑的屋架等。

1. 平面桁架的计算简图

如图 15-17 所示,桁架是一种重要的结构形式。为了简化计算工作,通常对具体桁架做如下假定:

1) 各结点都是无摩擦的理想铰。
2) 各杆轴线绝对平直,在同一平面内且通过铰的中心。
3) 荷载和支座反力都作用在结点上并位于桁架平面内。

在上述理想情况下,桁架各杆均为两端铰接的直杆,仅在两端受约束力作用,故只产生轴力,这类杆件也称为"二力杆"。

a)
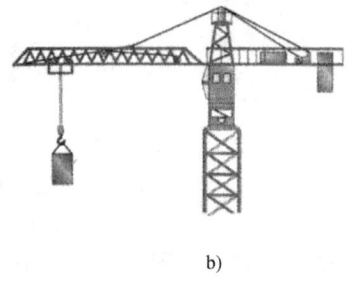
b)

图 15-17

如图 15-18 所示,桁架的杆件按所处的位置不同分为弦杆和腹杆。弦杆是指桁架上下外围的杆件,上边的杆件称为上弦杆,下边的杆件称为下弦杆。腹杆是指桁架上弦杆和下弦杆之间的杆件,又分为斜杆和竖杆。弦杆上相邻结点之间的区间称为节间,其间距离 d 称为节间长度,两支座间的水平距离 l 称为跨度,支座连线至桁架最高点的距离 h 称为桁高。

桁架可根据不同的特征进行分类。按外形,可分为平行弦桁架、折弦桁架和三角形桁架,如图 15-19 所示。

按几何组成方式,可分为简单桁架、联合桁架、复杂桁架三种类型。简单桁架是由基础或基本铰接三角形开始,依次增加二元体而形成的桁架,如图 15-20a 所示。联合桁架是由若干个

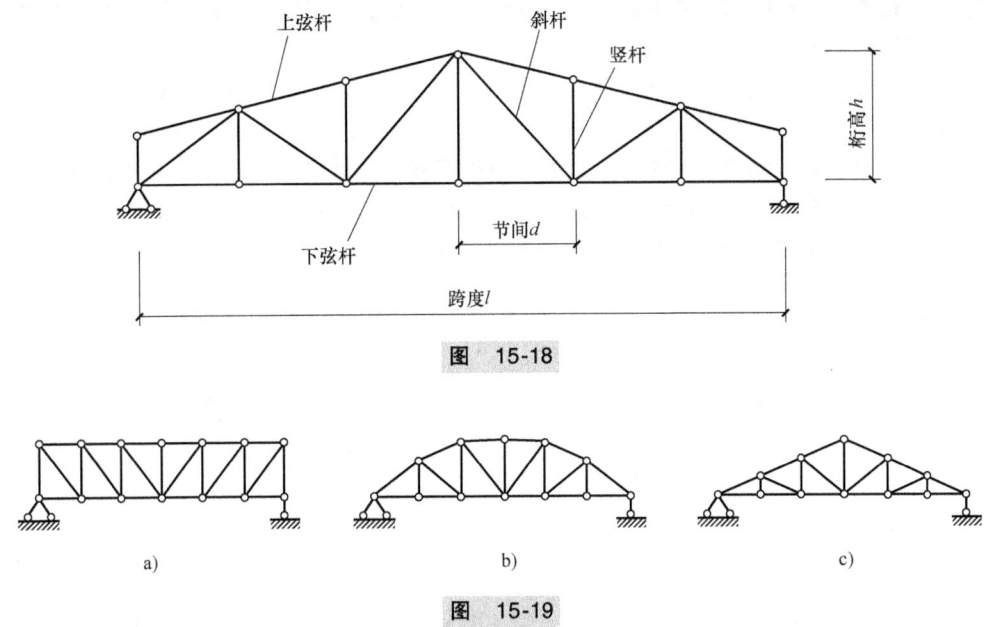

图 15-18

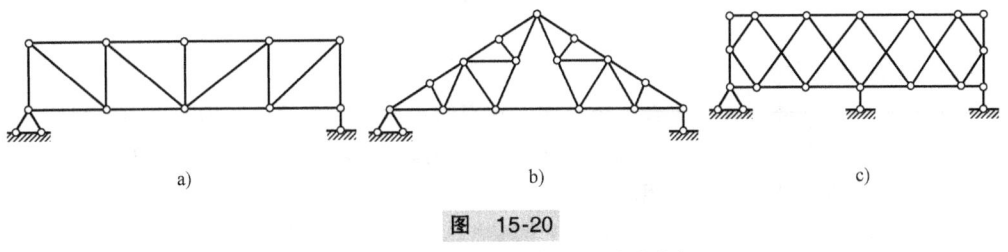

图 15-19

a) 平行弦桁架 b) 折弦桁架 c) 三角形桁架

简单桁架按几何不变体系组成规则铰接而成的桁架，如图 15-20b 所示。复杂桁架是由不属于以上两类的静定桁架，如图 15-20c 所示。

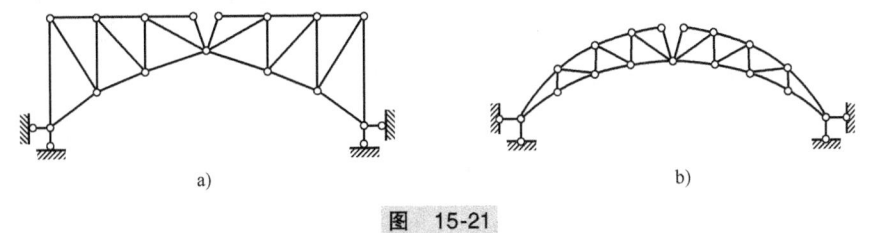

图 15-20

a) 简单桁架 b) 联合桁架 c) 复杂桁架

按竖向荷载作用下支座是否产生水平推力，还可分为无推力桁架（梁式桁架）和有推力桁架（拱式桁架）。有推力桁架如图 15-21 所示。

图 15-21

2. 静定平面桁架的计算

在桁架结构体系中有些特殊结点，掌握这些特殊结点的内力规律，可以简化内力计算。例如，求解之前寻找内力特殊杆件，如零杆与特殊杆件。现将几种主要的特殊情况列举如下：

1) L形结点：两杆不平行，结点上无荷载作用，两杆内力为零，如图 15-22a 所示。

2）T形结点：三杆结点，其中两杆在一直线上，当结点无荷载时，第三杆（单杆）必为零杆，共线两杆内力相等、符号相同，如图15-22b所示。

3）X形结点：四杆结点，且两两共线，当结点上无荷载时，则共线两杆内力相等，符号相同，如图15-22c所示。

4）K形结点：四杆结点，其中两杆共线，另外两杆在此直线同侧且交角相等，结点上无荷载时，则非共线两杆内力大小相等，符号相反，如图15-22d所示。

5）根据结点平衡条件可直接求得内力的杆件，如图15-22e、f、g所示。

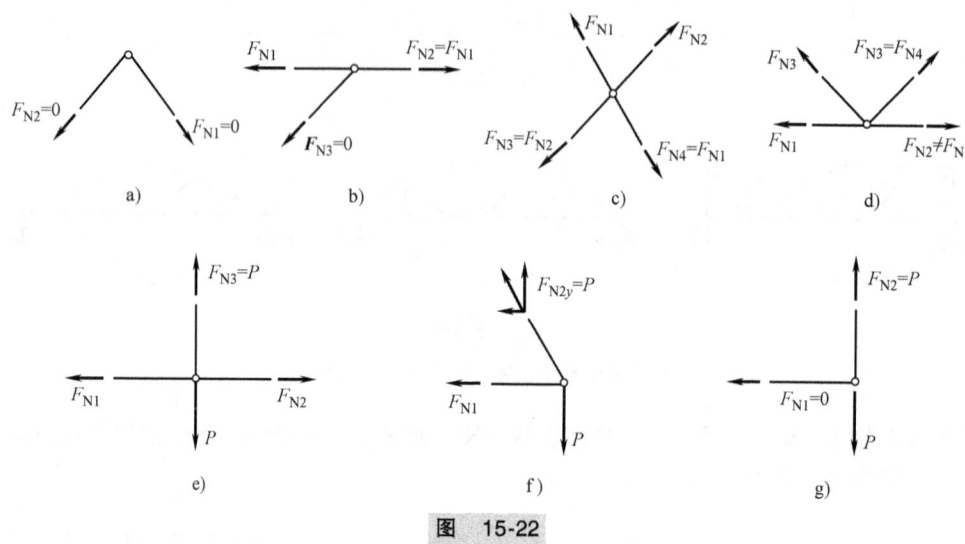

图 15-22

平面桁架的计算方法

1）结点法：所取隔离体只包含一个结点，利用结点的平衡条件求解桁架内力的方法。

2）截面法：所取隔离体不止包含一个结点，根据隔离体的平衡方程求解桁架内力的方法。

3）结点法与截面法的联合应用

（1）结点法　结点法是指取桁架的结点为隔离体，所取隔离体只包含一个结点，利用结点的平衡条件求解桁架内力的方法。因为理想桁架中的各杆只承受轴力，作用在结点上的各力组成一平面汇交力系。分析桁架时一般先由整体平衡条件求得它的支座反力，然后从未知力不超过两个杆件的结点开始，依次应用结点的平衡条件列平衡方程，求解各杆件的内力（轴力）。在内力计算时，一般先假定杆件受拉，如果求得结果为正，则表明杆件所受的力为拉力，反之为负。

【例 15-7】　用结点法计算图15-23a所示静定桁架。

【解】　1）计算支反力

$$F_{Ay} - 3 \times 15 \text{kN} = 0, F_{Ay} = 45 \text{kN}$$

$$F_{Bx} \times 3\text{m} - 15\text{kN} \times (3 \times 4\text{m} + 2 \times 4\text{m} + 4\text{m}) = 0$$

$$F_{Bx} = +120 \text{kN}, F_{Ax} = 120 \text{kN}$$

2）判断零杆，如图15-23b所示。

3）找出直接能够求出内力的杆件，计算过程略。

4）找出含有两个未知力的结点，利用平衡条件求解杆件内力，计算过程略，计算结果如图

15-23b 所示。

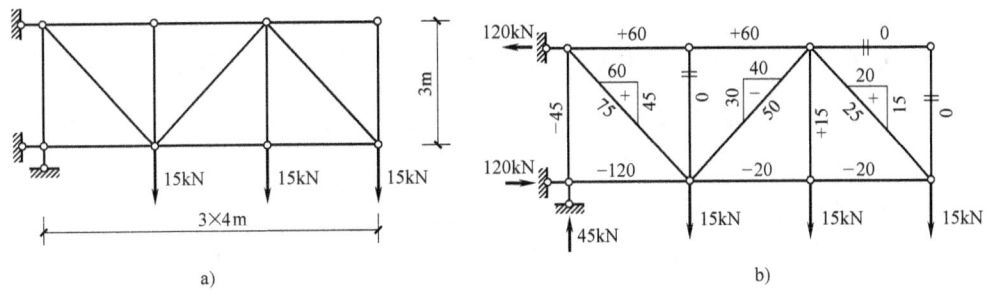

图 15-23

（2）截面法　截面法是用假想截面将桁架截成两部分，取其中任一部分为隔离体，建立隔离体平衡方程，求解杆件内力的方法。截取桁架中包含两个结点以上的隔离体，利用平面任意体系的平衡条件（投影和力矩平衡方程），可求解被截未知力。

【例 15-8】　图 15-24a 所示简支桁架，设支座反力已求出，现要求 EF、DG、CD 杆件的内力。

【解】

1）力矩法：取Ⅰ-Ⅰ截面左侧部分为隔离体，如图 15-24b 所示。

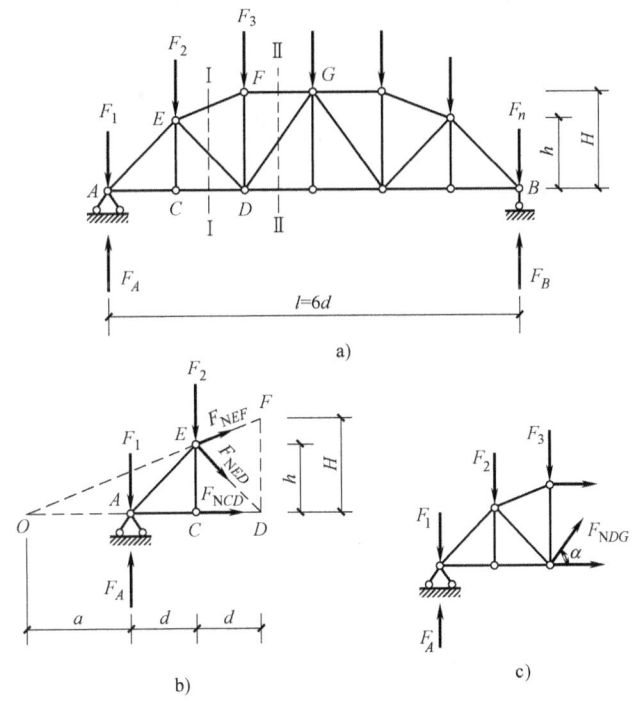

图 15-24

由力矩平衡方程得

$$\sum M_E = 0, F_{NCD} = \frac{F_A d - F_1 d}{h}$$

$$\sum M_O = 0, F_{yED} = \frac{F_A d - F_1 d - F_2(a+d)}{a+2d}$$

2）投影法（剪力法）：取Ⅱ-Ⅱ截面左侧部分为隔离体，如图15-24c所示。

$$\sum F_y = 0, F_{yDG} = F_{NDG}\sin\alpha = -(F_A - F_1 - F_2 - F_3)$$

（3）对称性的利用

1）对称结构是指几何形状和支座对某轴对称的结构，如图15-25a所示。

2）对称荷载是指作用在对称结构的对称轴两侧，大小相等，方向和作用点对称的荷载，如图15-25b所示。

3）反对称荷载是指作用在对称结构的对称轴两侧，大小相等，作用点对称，方向反对称的荷载，如图15-25c所示。

4）对称结构的受力特点：在对称荷载作用下内力是对称的，如图15-25d所示。在反对称荷载作用下内力是反对称的，如图15-25e所示。利用这一特性，可只计算半边结构的内力，利用对称特性便可得到另一半结构的内力。利用对称性还可以判断桁架的零杆。当荷载对称时，位于对称轴上的K型结点无外力作用时，则两斜杆的内力为零，如图15-25d所示。当荷载反对

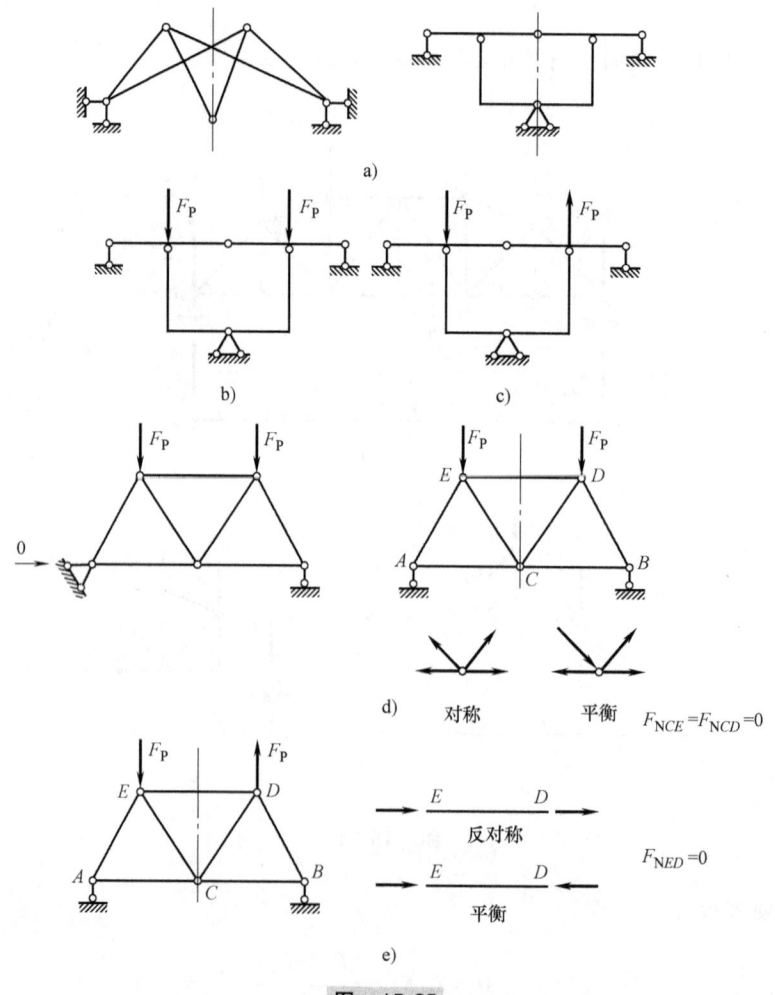

图 15-25

称时,位于对称轴上的杆件,其内力为零,如图 15-25e 所示。

3. 组合结构的计算

组合结构中包含以下两类受力性质不同的杆件:一类是仅受轴力的桁架杆;另一类是既能受弯、受剪,也能承受轴力的梁式杆,如图 15-26 所示。桁架杆只受轴力作用,也称为二力杆;梁式杆是除受轴力外还承受弯矩和剪力的杆件。

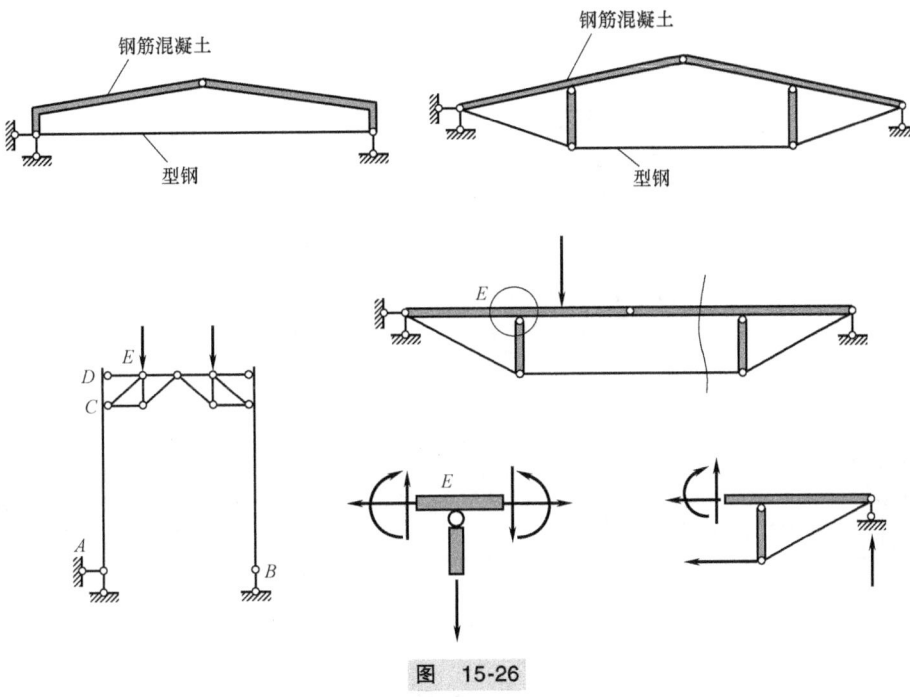

图 15-26

在组合结构的计算中,首先要分清哪根杆是桁架杆,哪根杆是梁式杆。两端铰接且无荷载作用的杆为桁架杆,其余为梁式杆。组合结构计算可采用结点法或截面法。分析组合结构内力的步骤一般是先求解支座反力,然后计算各桁架杆的轴力,最后再分析梁式杆的内力。

【例 15-9】 试分析图 15-27a 所示组合结构的内力。

【解】 1)结构的支座反力如图 15-27a 所示。

2)判断桁架杆件和梁式杆:AB 杆上作用有荷载,为梁式杆,AD、DG、EH、EB 和 DE 为桁架杆件。

3)几何组成分析,确定计算顺序:ADC 与 CEB 为两刚片,通过铰 C 和链杆 DE 相连形成无多余约束的几何不变体系。因此通过铰 C 和链杆 DE 的截面截取隔离体,如图 15-27a 所示,对 C 点取矩可得 $F_{NDE}=\dfrac{3}{4}F_P$。

4)先计算桁架杆件轴力,然后计算梁式杆:取结点 D 和结点 E 分析,如图 15-27c 所示,利用平衡方程可得

$$F_{NDAx}=\frac{3}{4}F_P, \quad F_{NDAy}=\frac{3}{4}F_P, \quad F_{NDG}=-\frac{3}{4}F_P$$

5)计算梁式杆:将求解得到的桁架杆件作用于梁式杆 AC 和杆 BC 上,计算梁式杆的内力,如图 15-27d 所示。

建筑力学

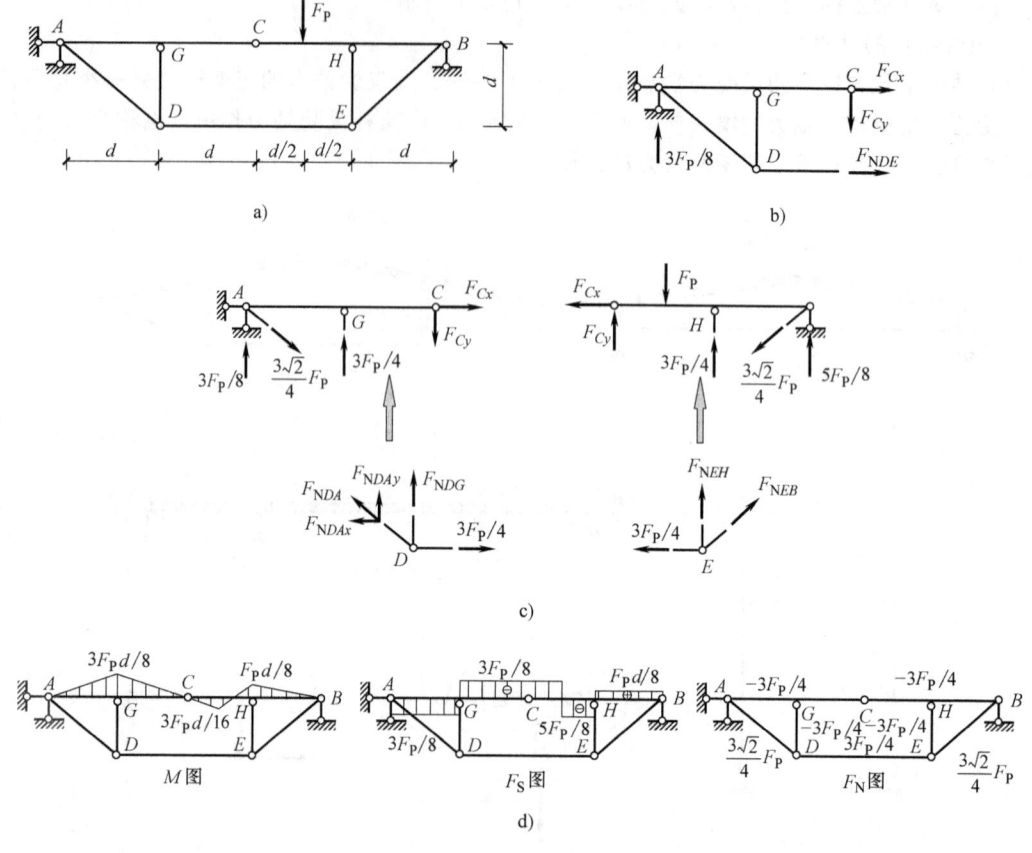

图 15-27

15.4 静定结构的一般性质

静定结构存在的一些共同的特性如下:

1) 静力解答的唯一性。静定结构全部反力和内力可由平衡条件确定,且解答只有一种。

2) 静定结构只有荷载作用引起内力,其他因素如温度改变、支座移动、制造误差和材料收缩等均不会引起静定结构内力变化,如图 15-28 所示。静定结构的内力与刚度无关,与材料性质(弹性模量 E、剪切模量 G)以及构件截面尺寸无关。

3) 平衡力系组成的荷载作用于静定结构的某一本身为几何不变的部分上时,只有此部分受力,其余部分的反力和内力为 0。例如图 15-29a 中,除 DE 外其余部分内力均为 0;图 15-29b 中,除 BG 外其余部分均不受力;图 15-29c 中,除 HBJ 外其余部分也不受力;图 15-29d 则为特例:KBC 的轴力与荷载维持平衡。

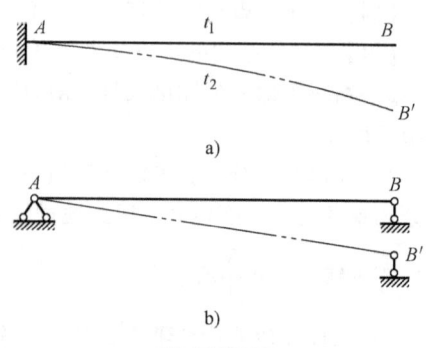

图 15-28
a) 温度改变:有变形,无反力和内力;
b) 支座位移:有位移,无反力和内力

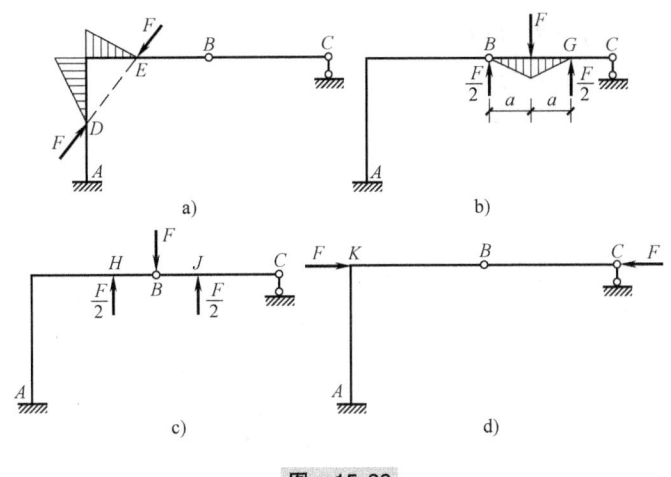

图 15-29

4) 合力与合力矩相同的各种荷载称为静力等效的荷载；一种荷载变换为另一种静力等效的荷载称为等效变换。作用在静定结构的某一本身为几何不变部分上的荷载在该部分范围内做等效变换时，只有此部分的内力发生变化，其余部分内力为保持不变。如图 15-30 所示，结构分别在两个静力等效荷载作用下，结构的弯矩图仅在 *CD* 段不同，其余部分保持不变。

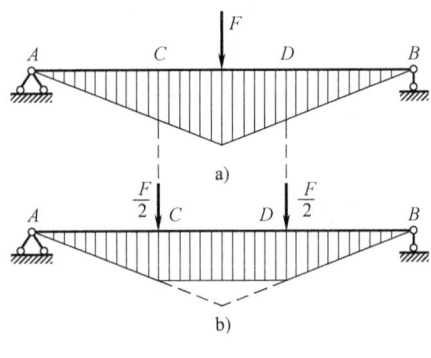

图 15-30

思考题与习题

一、判断题

1. 荷载作用在静定多跨梁的附属部分，基本部分一般内力不为零（　　）

2. 当外荷载作用在基本部分时，附属部分不受力；当外荷载作用在某一附属部分时，整个结构必受力。（　　）

3. 图 15-31 所示梁上荷载 P，将使 CD 杆产生内力（　　）

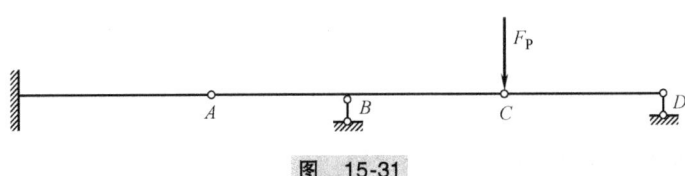

图 15-31

二、绘图题

1. 试绘制图 15-32 所示刚架的内力图。
2. 绘制图 15-33 所示刚架的弯矩图。

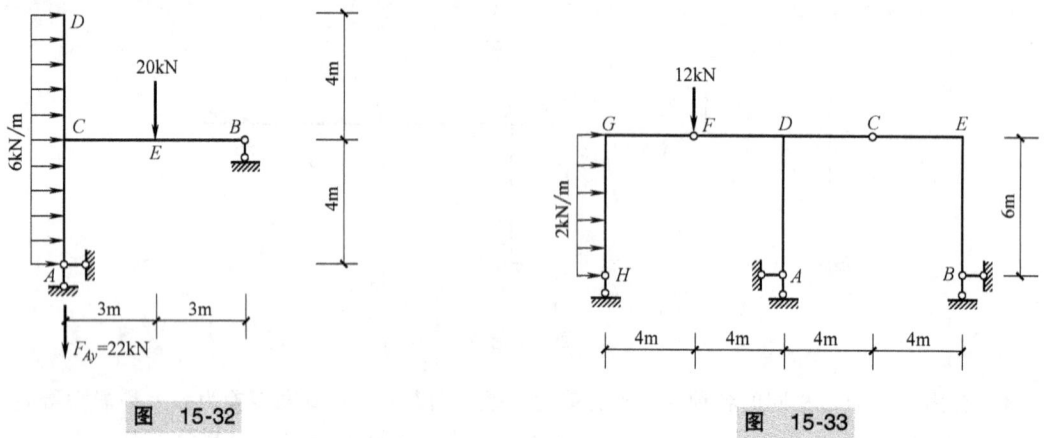

图 15-32   图 15-33

3. 试计算图 15-34 所示刚架并绘制内力图。

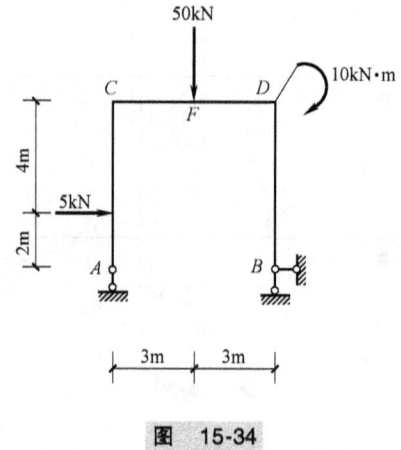

图 15-34

4. 试绘制图 15-35 所示多跨静定梁的内力图,并求出各支座反力。

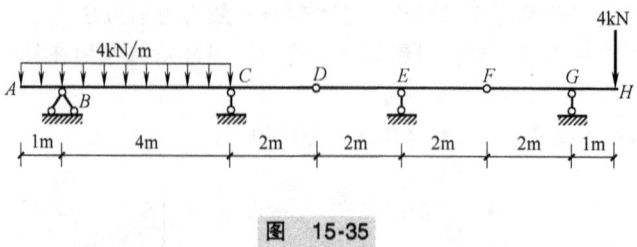

图 15-35

三、计算题

1. 试求图 15-36 所示 K 式桁架中 a、b 杆的内力。

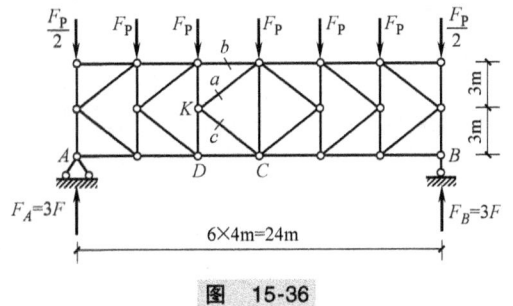

图 15-36

2. 试求图 15-37 所示桁架 HC 杆的内力。

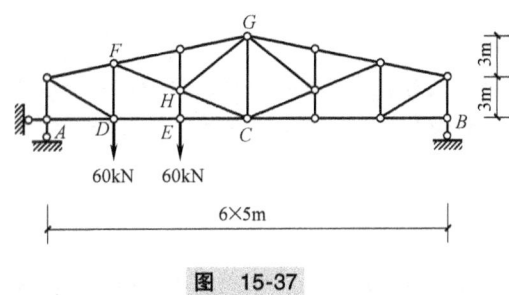

图 15-37

3. 对图 15-38 所示静定梁,欲使 AB 跨的最大正弯矩与支座 B 截面的负弯矩的绝对值相等,确定铰 D 的位置。

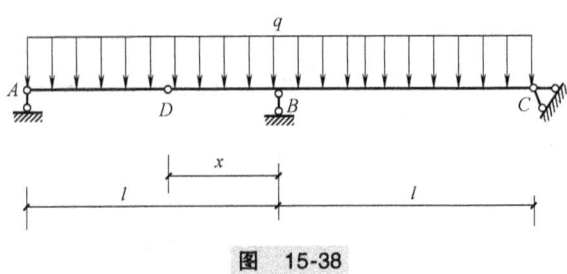

图 15-38

第 16 章

静定结构的位移计算

学习目标

了解静定结构位移的相关概念;掌握虚功原理、位移计算一般公式、单位荷载法及图乘法;掌握结构在温度变化、支座移动时发生位移的计算方法;理解并掌握线弹性体系的互等原理。

16.1 概述

任何结构都是由可变形固体材料组成的,在荷载或其他外部因素(如温度变化、材料涨缩、支座沉降、制造误差)作用下将会产生变形和位移。所谓变形就是结构(或其中一部分)形状的改变,而位移则是指结构各截面位置的移动或转动。如图 16-1a 所示结构在集中荷载作用下发生如双点画线所示的变形,使 O 点移到了 O' 点,线段 OO' 称为 O 点的线位移,记为 Δ_O,它还可以分为水平线位移 Δ_{Ox} 和竖向线位移 Δ_{Oy} 两个分量(图 16-1b)。同时,AO 还转动了一个角度,称为 AO 的角位移,用 φ_O 表示。又如图 16-2 所示刚架,在均布荷载作用下发生图中双点画线所示变形,截面 C 的角位移为 φ_C,顺时针方向;截面 D 的角位移为 φ_D,逆时针方向;C、D 截面的方向相反的角位移之和,组成了截面 C、D 的相对角位移,即 $\varphi_{CD}=\varphi_C+\varphi_D$。同样,$A$、$B$ 两点的水平线位移分别为 Δ_A(向右)和 Δ_B(向左),这两个指向相反的水平位移之和就称为 A、B 两点的水平相对线位移,即水平相对线位移,即 $\Delta_{AB}=\Delta_A+\Delta_B$。

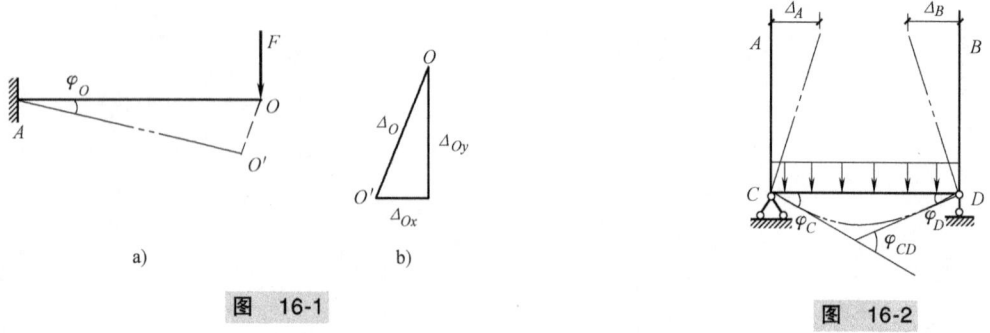

图 16-1   图 16-2

1. 计算结构位移的目的

(1) 结构刚度验算 结构既需要满足强度要求,也需要满足一定的刚度要求。结构在施工和使用过程中如果位移太大,会影响施工或使用,因此若想控制结构的位移就需要会计算结构的位移。

(2) 计算超静定结构的基础　超静定结构的内力仅仅凭借静力平衡条件不能全部解出，在计算中还要考虑变形条件，建立变形条件时须计算结构位移。

(3) 结构动力计算和稳定分析　结构的动力计算和稳定分析中，都常需计算结构的位移。

2. 位移计算方法

结构位移计算方法有多种，如材料力学中计算梁挠度的积分法。本章介绍基于变形体虚功原理导出的单位荷载法，该方法能直接求出结构任一截面、任一形式的位移，适用于各种外因和各种结构。

16.2　变形体虚功原理

1. 功、实功和虚功

功是一个物理量，是力对物体作用的累计效果的度量。当力的大小、方向不变时，力所做的功等于力与力的作用点沿力的方向上的位移的乘积，即

$$W = F_P \Delta$$

功是一个标量，当力与位移方向一致时为正，反之为负。

作用在结构的外力在结构的位移上做功分为两种情况：力在自身所产生的位移上所做的功称为实功；力在非自身所产生的位移上所做的功称为虚功。

如图 16-3a 所示，结构在集中荷载 F_P 作用下产生位移 Δ，此刻 F_P 在位移 Δ 上所做的功为实功，值为

$$W_{实} = \frac{1}{2} F_P \Delta$$

若在图 16-3a 上再加温度荷载（$+t^\circ\!\text{C}$），如图 16-3b 所示，B 点又产生新的竖向位移 Δ_t。由于 Δ_t 不是由 F_P 引起而是由温度荷载引起的，因此 F_P 在 Δ_t 上做的功为虚功，即

$$W_{虚} = F_P \Delta_t$$

式中　Δ_t——虚位移。

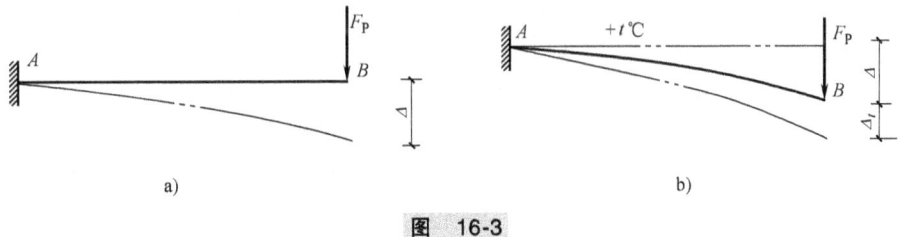

图 16-3

2. 广义力与广义位移

做虚功的力可能是一个集中力，也可能是一个力系。一个力系所做的总虚功可以写成

$$W = F_P \Delta$$

式中　F_P——广义力，即集中力、力偶、一对集中力、一对力偶、某一力系的统称。

Δ——广义位移，即线位移、角位移、相对线位移、相对角位移、某一组位移的统称。

常见的广义力和广义位移有：

1) 集中力在图 16-4a 所示虚位移上做的虚功

$$W = F_P \Delta$$

2) 集中力偶在图 16-4b 所示虚位移上做的虚功

$$W = M\theta$$

3）一对集中力偶在图 16-4c 所示虚位移上做的虚功

$$W = M(\theta_A + \theta_B) = M\theta_{AB}$$

4）一对集中力在图 16-4 所示虚位移上做的虚功

$$W = F_P(\Delta_A + \Delta_B) = F_P\Delta_{AB}$$

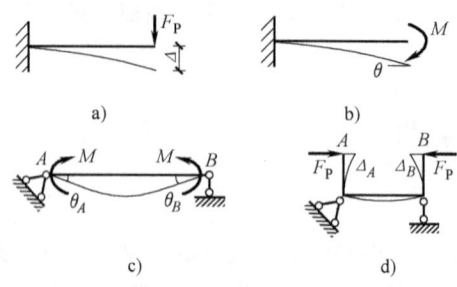

图 16-4

3. 变形体虚功原理

对于杆件体系而言，变形体虚功原理为：变形体系处于平衡的必要和充分条件是，对于任何符合约束条件的任意微小虚位移，变形体系上外力所做虚功总和等于各微段上的内力在其变形虚位移上所做的虚功总和，简单地说，外力虚功 $W_\text{外}$ 等于变形虚功 $W_\text{变}$，即

$$W_\text{外} = W_\text{变}$$

式中 $W_\text{外}$——外力虚功，整个结构所有外力（荷载与支座反力）在其相应的虚位移上所做虚功的总和，$W_\text{外} = \sum F_P \Delta$。

$W_\text{变}$——变形虚功，所有微段两侧截面上的内力（弯矩 M、剪力 F_S 和轴力 F_N）在微段的变形上所做虚功的总和，也称为内力虚功或虚应变能。

图 16-5a 表示一个平面杆系结构在力系作用下处于平衡状态，图 16-5b 表示该结构由于某些原因而产生的虚位移状态，并分别称之为力状态和位移状态。在此，虚位移可以是假想的，也可以是与力状态无关的其他任意原因（如支座位移、温度变化）引起的。但虚位移必须是微小的，并且被支撑约束条件及变形连续条件允许，即所谓的协调的位移。

从图 16-5a 的力状态中取出一个微段来研究，作用在微段上的力除外力 $q(x)$ 外，还有两侧截面上的内力即轴力、弯矩和剪力。在图 16-5b 的位移状态中此微段发生了位移，于是上述作用在微段上的各力将在相应的位移上做虚功。把所有微段的虚功加起来，便是整个结构的虚功。

略去高阶微量，微段上各力在其变形上所做虚功为

$$W_\text{变} = \sum \int F_{N1} du_2 + \sum \int F_{S1} du_2 + \sum \int M_1 d\varphi_2$$

对整个结构有

$$W_\text{变} = \sum \int dW_\text{变} = \sum \int F_N du + \sum \int F_S \gamma ds + \sum \int M d\varphi$$

如果把外力虚功 $W_\text{外}$ 表示为 W，则虚功方程为

$$W = W_\text{变} \tag{16-1}$$

$$W = \sum \int F_N du + \sum \int F_S \gamma ds + \sum \int M d\varphi \tag{16-2}$$

从上面可见，变形体虚功原理适用于任何变形体。只要体系平衡、虚位移是连续的这两个

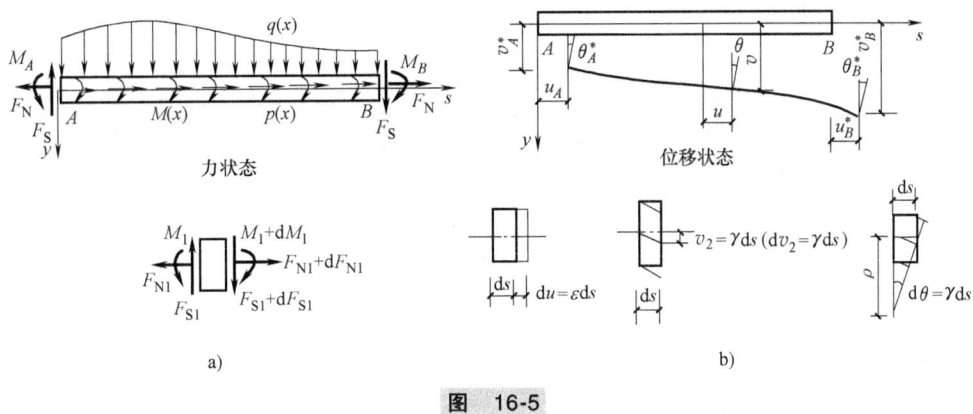

图 16-5

条件满足,虚功方程 $W=W_{变}$ 就一定成立。

虚功原理在具体应用时有两种方式:一种是对于给定的力状态,另外虚设一个位移状态,利用虚功方程来求解实际力状态中的未知力,此刻的虚功原理也称为虚位移原理;另一种应用方式是对于给定的位移状态,另外虚设一个力状态,利用虚功方程来求解实际位移状态中的位移,此时虚功原理称为虚力原理。

16.3 荷载作用下的位移计算

1. 单位荷载法

如图 16-6a 所示为平面杆件结构,由于荷载、温度变化及支座位移等因素引起的结构位移和杆件变形,现求任一指定截面 K 沿着任一指定方向 K-K 上的位移 Δ_K。

应用虚功原理时,需要力状态和位移状态两个状态。目前,需要求的位移是由于荷载、温度变化及支座位移等因素引起,因此将此作为该结构的位移状态,称之为实际状态。另外,还需要有一个力状态。因为力状态和位移状态是彼此独立的,因此力状态可以根据计算需要来假设。为了使力状态的外力在所求位移 Δ_K 上做虚功,在截面 K 沿着 K-K 方向虚设一个单位广义力 $F_P=1$,箭头指向任意假设,如图 16-6b 所示,此状态被称为单位力状态。单位力状态是一个平衡的力状态。由于这个力状态是虚拟假设的,故可称为虚拟力状态。

外力虚功包括荷载和支座反力所做的虚功,假设在虚拟力状态中由于单位广义力 $F_P=1$ 所引起的支座反力为 $\overline{F}_{R1}$、$\overline{F}_{R2}$、$\overline{F}_{R3}$,在实际状态中对应的支座的位移为 c_1、c_2、c_3,则外力虚功为

$$W_{外} = F_P\Delta_K + \overline{F}_{R1}c_1 + \overline{F}_{R2}c_2 + \overline{F}_{R3}c_3 = 1\cdot\Delta_K + \sum\overline{F}_{Ri}c_i$$

假设虚拟状态中有单位荷载 $F_P=1$ 的作用引起的某个微段上内力 $\overline{F}_N$、$\overline{F}_S$、$\overline{M}$,实际位移状态下微段的相应的变形为 du、γds、$d\varphi$,则变形虚功为

$$W_{变} = \sum\int\overline{F}_N du + \sum\int\overline{F}_S\gamma ds + \sum\int\overline{M}d\varphi$$

由虚功原理 $W_{外}=W_{变}$ 得

$$1\cdot\Delta_K + \sum\overline{F}_{Ri}c_i = \sum\int\overline{F}_N du + \sum\int\overline{F}_S\gamma ds + \sum\int\overline{M}d\varphi$$

移项后可得平面杆件结构位移计算的一般公式

建筑力学

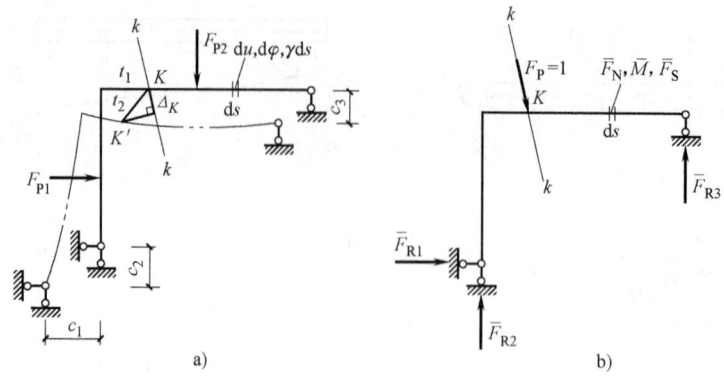

图 16-6

a) 位移状态（实际状态） b) 力状态（虚拟状态）

$$\Delta_K = \sum \int \overline{F}_N du + \sum \int \overline{F}_S \gamma ds + \sum \int \overline{M} d\varphi - \sum \overline{F}_R c \qquad (16\text{-}3)$$

如果计算结果为正，表示单位荷载所做的虚功为正，因此所求的位移 Δ_K 的实际指向与所假设的单位荷载 $F_K = 1$ 的指向相同，若为负则相反。

当遇到实际问题时，计算的可能为线位移，也可能为角位移、相对位移等。

图 16-7a 所示为求 A 点水平位移时的虚拟力状态；图 16-7b 所示为求 A 截面转角时的虚拟力状态；图 16-7c 为求 A、B 两点在其连线上相对线位移时的虚拟力状态；图 16-7d 所示为求 A、B 两个截面相对转角时的虚拟力状态。

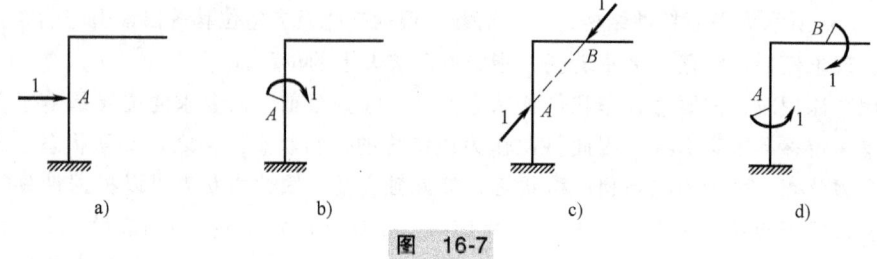

图 16-7

在求桁架中某杆的角位移时，因为桁架只能承受结点集中荷载，因此将单位力偶换为等效的结点集中荷载，即在杆的两端加上一对方向与杆件垂直、大小等于杆长倒数而指向相反的集中力，如图 16-8a 所示。在位移微小的前提下，桁架杆件的角位移等于其两端在垂直于杆轴方向上的相对线位移除以杆长，如图 16-8b 所示。

$$\varphi_{AB} = \frac{\Delta_A + \Delta_B}{d}$$

此时，荷载所做的虚功（杆件的角位移）

$$\frac{1}{d}\Delta_A + \frac{1}{d}\Delta_B = \frac{\Delta_A + \Delta_B}{d} = \varphi_{AB}$$

2. 静定结构在荷载作用下的位移计算

图 16-9a 所示结构受到荷载作用，求 K 点沿着指定方向的位移 Δ_{KP}。由于不考虑支座移动，$-\sum \overline{F}_R c$ 为零，因此位移的计算公式为

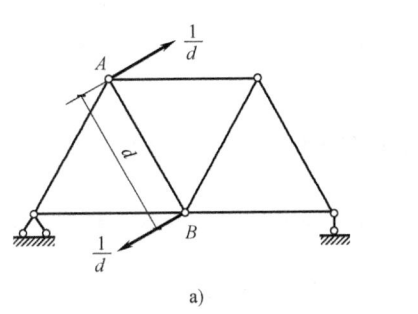
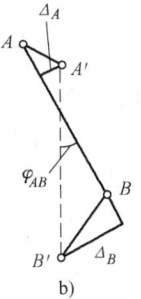

图 16-8

$$\Delta_{KP} = \sum \int \overline{M} \mathrm{d}\varphi_P + \sum \int \overline{F}_N \mathrm{d}u_P + \sum \int \overline{F}_S \gamma_P \mathrm{d}s \tag{16-4}$$

式中 $\overline{F}_N$、$\overline{M}$、$\overline{F}_S$——虚拟状态下微段上的内力（图 16-9b）；

$\mathrm{d}u_P$、$\gamma_P \mathrm{d}s$、$\mathrm{d}\varphi_P$——实际荷载下微段的变形。

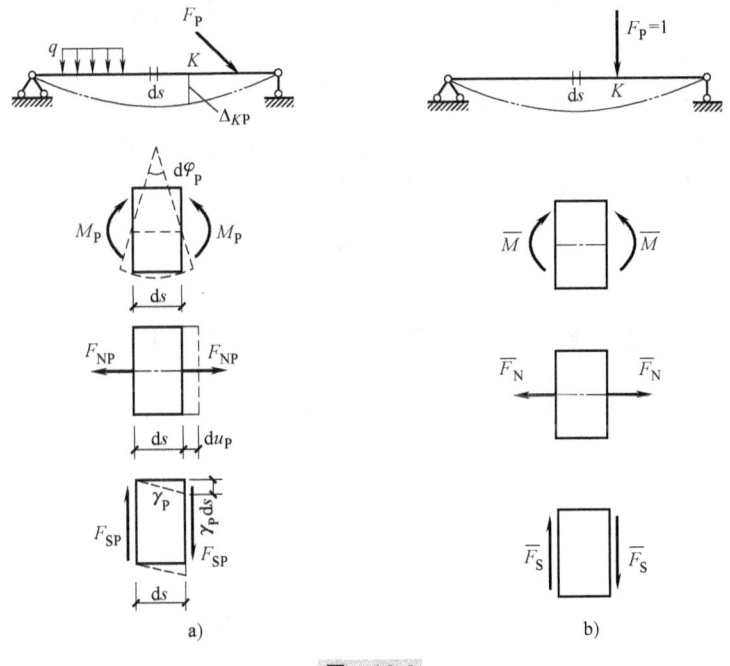

图 16-9

a) 实际状态　b) 虚拟状态

记实际荷载作用状态中微段的内力为 M_P、F_{NP}、F_{SP}，则根据材料力学可得引起的微段的弯曲变形、轴力变形及剪切变形可表示为

$$\mathrm{d}\varphi_P = \frac{M_P \mathrm{d}s}{EI}$$

$$\mathrm{d}u_P = \frac{F_{NP} \mathrm{d}s}{EA}$$

$$\gamma_P ds = \frac{kF_{SP}ds}{GA}$$

式中　E——材料的弹性模量；

　　　I、A——杆件截面二次矩（即惯性矩）和面积；

　　　G——材料的切变模量；

　　　k——切应变沿截面分布不均匀而引起的改正系数，其值与截面形状有关，对于矩形截面 $k=\frac{6}{5}$，圆形截面 $k=\frac{10}{9}$，薄壁圆环截面 $k=2$。

平面杆系结构在荷载作用下的位移计算一般公式为

$$\Delta_K = \sum \int \frac{\overline{F}_N F_{NP} ds}{EA} + \sum \int \frac{k\overline{F}_S F_{SP} ds}{GA} + \sum \int \frac{\overline{M} M_P ds}{EI} \tag{16-5}$$

1）桁架结构中没有弯矩、剪力，因此

$$\Delta_K = \sum \int \frac{\overline{F}_N F_{NP} ds}{EA} = \sum \frac{\overline{F}_N F_{NP}}{EA} \int ds = \sum \frac{\overline{F}_N F_{NP} l}{EA} \tag{16-6}$$

式中　l——杆件长度。

上式中推导的依据是桁架中的一根等截面杆件上的轴力是常数，与截面位置 x 无关。

2）对于梁和刚架，位移主要是由杆件弯曲变形造成的，剪切变形和轴力变形对位移的影响很小，可以忽略不计，因此刚架（梁）的位移计算公式为

$$\Delta_K = \sum \int \frac{\overline{M} M_P ds}{EI} \tag{16-7}$$

3）组合结构中梁式杆主要受弯，桁架杆件只受轴力，因此位移计算公式为

$$\Delta_K = \sum \int \frac{\overline{F}_N F_{NP} ds}{EA} + \sum \int \frac{\overline{M} M_P ds}{EI} \tag{16-8}$$

式中前一个求和是对拉压杆进行，后一个求和是对结构中所有弯曲杆进行。

单位荷载法的计算步骤

1）施加相应的单位荷载，列出虚设力状态下的内力（$\overline{M}$、$\overline{F}_N$ 和 $\overline{F}_S$）方程。

2）列出实际荷载作用下结构内力（M_P、F_{NP} 和 F_{SP}）方程。

3）将虚设力状态下的内力方程和实际状态下的内力方程代入结构位移计算式（16-5），求出拟求位移。

【例 16-1】　试求图 16-10a 所示刚架 A 点的竖向位移 Δ_{Ay}。各杆的材料相同，截面的 I、A 均为常数。

【解】　（1）虚拟力状态如图 16-10b 所示，各杆内力为

AB 段：$\overline{M} = -x$，$\overline{F}_N = 0$，$\overline{F}_S = 1$

BC 段：$\overline{M} = -l$，$\overline{F}_N = -1$，$\overline{F}_S = 0$

（2）实际位移状态中，各杆内力为

AB 段：$M_P = -\frac{qx^2}{2}$，$F_{NP} = 0$，$F_{SP} = qx$

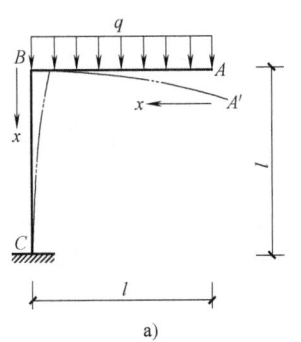
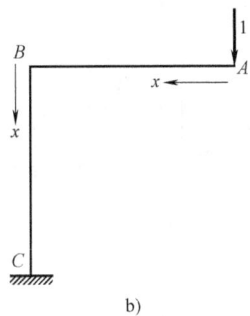

图 16-10
a) 实际状态 b) 虚拟状态

BC 段：$M_P = -\dfrac{ql^2}{2}$，$F_{NP} = -ql$，$F_{SP} = 0$

（3）代入位移计算公式（16-5）得

$$\Delta_{Ay} = \sum\int\dfrac{\overline{F}_N F_{NP}\,\mathrm{d}s}{EA} + \sum\int\dfrac{k\overline{F}_S F_{SP}\,\mathrm{d}s}{GA} + \sum\int\dfrac{\overline{M}M_P\,\mathrm{d}s}{EI} = \dfrac{5}{8}\times\dfrac{ql^4}{EI} + \dfrac{ql^2}{EA} + \dfrac{kql^2}{2GA}$$

$$= \dfrac{5}{8}\times\dfrac{ql^4}{EI}\left(1 + \dfrac{8}{5}\times\dfrac{I}{Al^2} + \dfrac{4}{5}\times\dfrac{kEI}{GAl^2}\right)$$

（4）讨论

$$\Delta_{Ay} = \dfrac{5}{8}\times\dfrac{ql^4}{EI}\left(1 + \dfrac{8}{5}\times\dfrac{I}{Al^2} + \dfrac{4}{5}\times\dfrac{kEI}{GAl^2}\right)$$

上式中，第一项为弯矩的影响，第二、三项分别为轴力、剪力的影响。

假设：杆件截面为矩形，宽度为 b、高度为 h，$A = bh$，$I = \dfrac{bh^2}{12}$，$k = \dfrac{6}{5}$，代入上式

$$\Delta_{AY} = \dfrac{5}{8}\times\dfrac{ql^4}{EI}\left[1 + \dfrac{2}{15}\times\left(\dfrac{h}{l}\right)^2 + \dfrac{2}{25}\times\dfrac{E}{G}\left(\dfrac{h}{l}\right)^2\right]$$

可以看出，截面高度与杆长之比 $\dfrac{h}{l}$ 越大，轴力和剪力影响所占比例越大。当 $h/l = 1/10$，$G = 0.4E$ 时，计算得

$$\Delta_{AY} = \dfrac{5}{8}\times\dfrac{ql^4}{EI}\left[1 + \dfrac{1}{750} + \dfrac{1}{500}\right]$$

可见对于细长杆，轴力和剪力的影响不大，可以略去。

【例 16-2】 求图 16-11a 所示对称桁架结点 D 的竖向位移 Δ_D。图中右半部各括号内数值为杆件的截面面积 A（$\times 10^{-4}\mathrm{m}^2$），$E = 210\mathrm{GPa}$。

【解】 实际状态各杆内力如图 16-11a（左半部）；虚拟状态各杆内力如图 16-11b（左半部）。注意桁架杆件轴力是正对称的。

$$\Delta_D = \sum\dfrac{\overline{F}_N F_{NP} l}{EA} = 8\mathrm{mm}\quad(\downarrow)$$

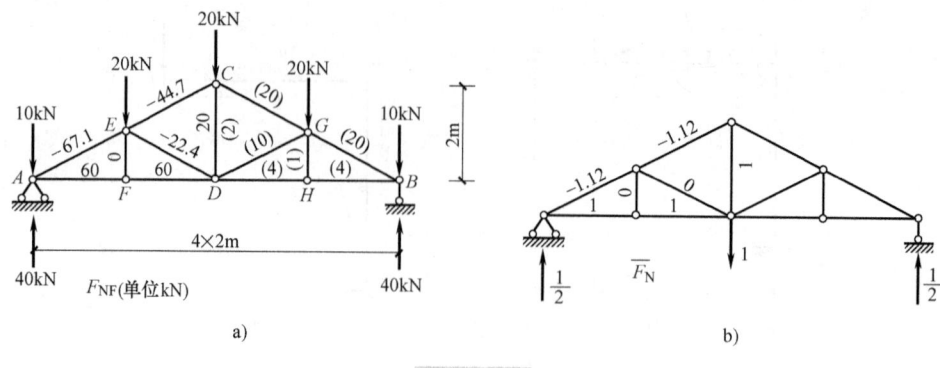

图 16-11

16.4 图乘法

根据荷载作用下结构位移计算公式可知，梁和刚架在荷载作用下的位移计算公式可简化为

$$\Delta_K = \sum \int \frac{\overline{M} M_P \mathrm{d}s}{EI} \qquad (\mathrm{a})$$

上式中的积分运算比较麻烦，当结构中各杆段满足杆轴为等截面直线，杆端的抗弯刚度 EI = 常数，且同时满足虚拟状态弯矩 $\overline{M}$ 和实际状态弯矩 M_P 两个弯矩图中至少有一个是直线图形的条件时，则可以用下述图乘法进行计算。

如图 16-12 所示，假设等截面直杆 AB 段上的两个弯矩图中，$\overline{M}$ 图为一段直线，M_P 为任意形状。以杆轴为 x 轴，以 $\overline{M}$ 图的延长线与 x 轴的交点 O 为原点并设置 y 轴。杆轴为直线则积分式为 $\int \frac{\overline{M} M_P \mathrm{d}s}{EI}$，式中 $\mathrm{d}s$ 可用 $\mathrm{d}x$ 代替。$\overline{M}$ 图为直线，则可表达为 $\overline{M} = x\tan\alpha$，其中 $\tan\alpha$ 为常数，故

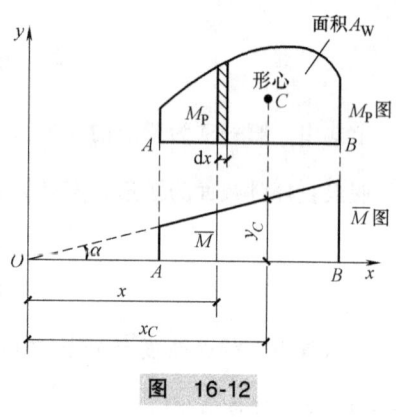

图 16-12

$$\int \frac{\overline{M} M_P \mathrm{d}s}{EI} = \frac{\tan\alpha}{EI} \int x M_P \mathrm{d}x = \frac{\tan\alpha}{EI} \int x \mathrm{d}A$$

$$\mathrm{d}A = M_P \mathrm{d}x$$

式中 $\int x \mathrm{d}A$ ——整个 M_P 图的面积对 y 轴的静矩，根据面积矩定理有

$$\int x \mathrm{d}A = A x_C$$

因此

$$\int \frac{\overline{M} M_P \mathrm{d}s}{EI} = \frac{\tan\alpha}{EI} A x_C = \frac{A y_C}{EI}$$

式中 y_C ——M_P 图的形心 C 处对应的 $\overline{M}$ 图的竖标。

这样就把积分运算问题转化为计算面积和形心处竖标问题，则得到图乘法计算位移公式

$$\Delta = \sum \frac{Ay_C}{EI} \qquad (b)$$

应用图乘法时应注意如下事项：

1) y_C 必须取自直线图形，如图 16-13 所示。

2) 当弯矩图为分段直线图形时，必须分段计算，如图 16-14 所示。

3) 当杆件为变截面时也应分段计算，如图 16-15 所示。

4) 图乘有正负之分：弯矩图在杆轴线同侧时，取正号；异侧时，取负号，如图 16-16 所示。

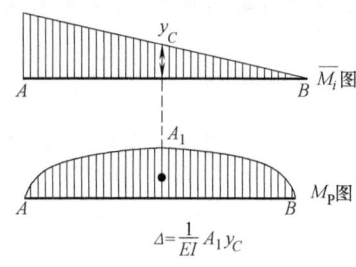

图 16-13

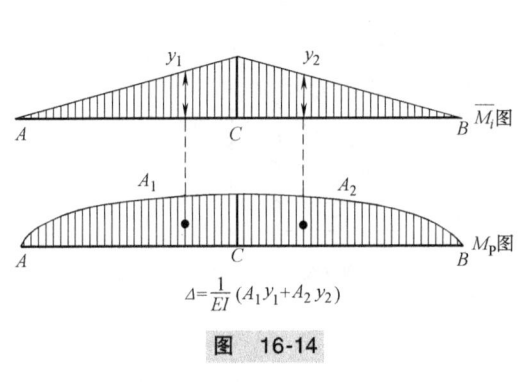

图 16-14

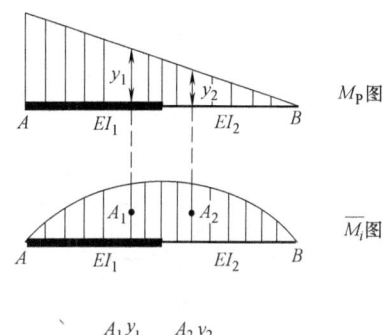

图 16-15

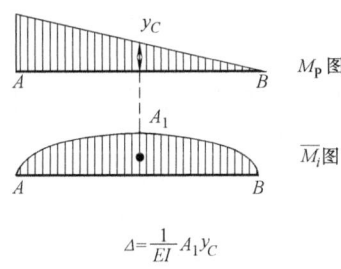

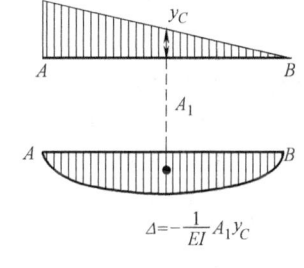

图 16-16

5) 若两个图形均为直线图形时，则面积、纵标可任意分别取自两图形，如图 16-17 所示。

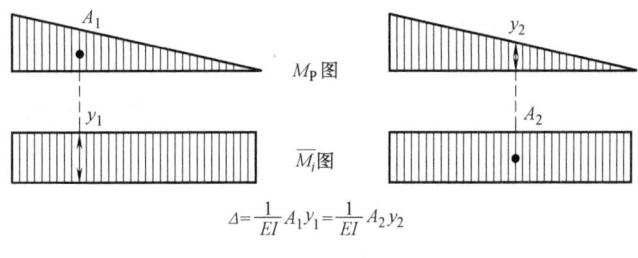

图 16-17

6) 几种常见图形的面积和形心的位置，如图 16-18 所示。图中抛物线均为标准抛物线，顶点处切线与基线平行,该处剪力为零。

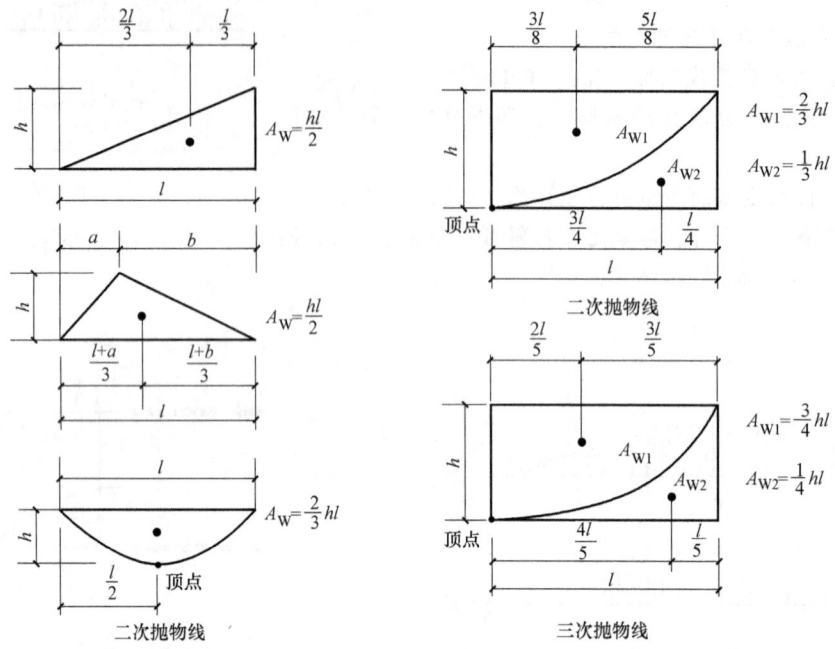

图 16-18

7)复杂图形的图乘。若弯矩图为复杂的图形,因其面积和形心不便确定,可利用叠加法的逆运算,将弯矩图分解为简单的弯矩图(如三角形、矩形、标准二次抛物线等),分别与直线弯矩图互乘,然后叠加。

① 直线图形图乘。如图 16-19 所示,两个梯形互乘时,可将梯形分解为两个三角形,也可分解为一个矩形和一个三角形,则图乘得

$$\Delta = \sum \frac{Ay_c}{EI} = \frac{1}{EI}(A_1y_1 + A_2y_2)$$

$$= \frac{al}{2EI}\left(\frac{2c}{3} + \frac{d}{3}\right) + \frac{bl}{2EI}\left(\frac{c}{3} + \frac{2d}{3}\right)$$

$$= \frac{l}{6EI}(2ac + 2bd + ad + bc)$$

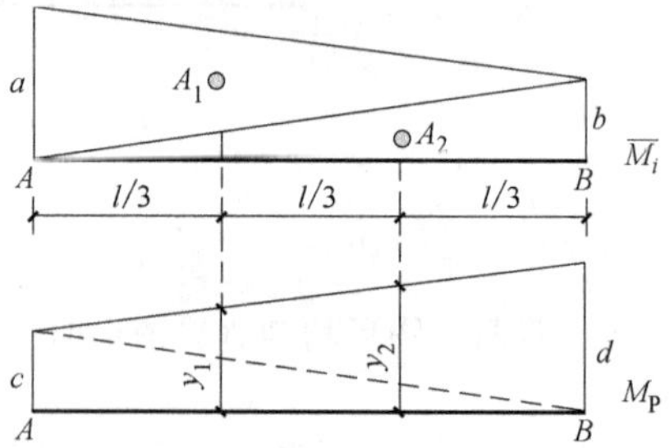

各种直线形图乘,均可以用该公式处理。若竖标在基线同侧乘积取正,否则取负。

图 16-19

【例 16-3】 利用图乘法计算图 16-20 所示各图图乘位移,AB 杆 EI 为常数。

【解】
a) $\sum \dfrac{Ay_c}{EI} = \dfrac{9}{6EI} \times (2 \times 6 \times 2 + 2 \times 4 \times 3 + 6 \times 2 + 4 \times 2) = 111$

b) $\sum \dfrac{Ay_c}{EI} = \dfrac{9}{6EI} \times (2 \times 6 \times 2 - 2 \times 4 \times 3 + 6 \times 3 - 4 \times 2) = 15$

c) $\sum \dfrac{Ay_c}{EI} = \dfrac{9}{6EI} \times (2 \times 6 \times 2 + 2 \times 4 \times 3 - 6 \times 3 - 4 \times 2) = 33$

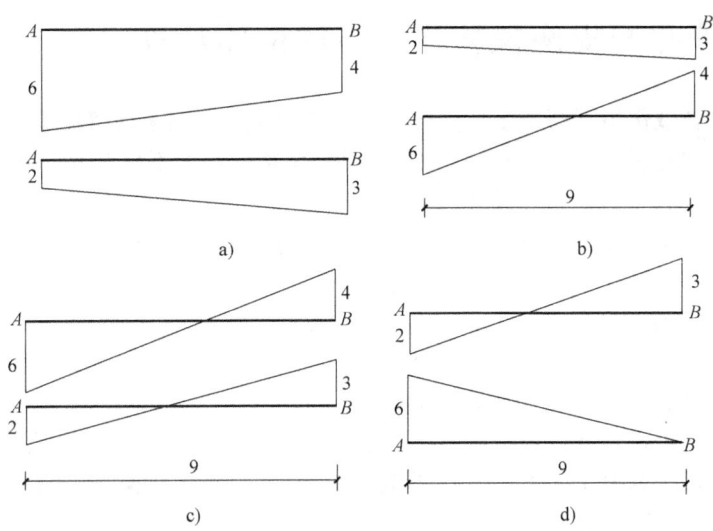

图 16-20

d) $\sum \dfrac{Ay_C}{EI} = \dfrac{9}{6EI} \times (-2\times6\times2+2\times0\times3+6\times3-0\times2) = -9$

② 非标准抛物线与直线图乘。如图 16-21 所示，非标准抛物线与直线图乘，可先将非标准抛物线分解为直线图形和标准抛物线图形，然后再与直线图形图乘，最后求和。

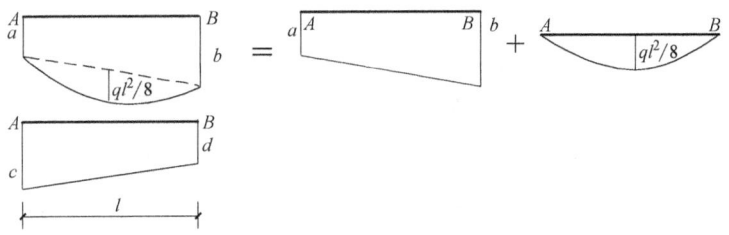

图 16-21

8) 当图乘法的适用条件不满足时，只能用积分法求位移。

【例 16-4】 求图 16-22 所示简支梁 B 截面转角位移。

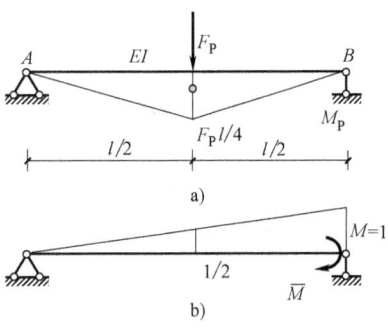

图 16-22

【解】 1) 做简支梁在荷载作用下的弯矩图，如图 16-22a 所示。

2) 在截面 B 处施加单位力矩，并绘制弯矩图，如图 16-22b 所示。

3) 运用图乘法计算 B 截面转角

$$\varphi_B = -\dfrac{1}{EI} \times \dfrac{l}{2} \times \dfrac{F_P}{4} \times l \times \dfrac{1}{2} = -\dfrac{F_P l^2}{16EI} \ (逆时针)$$

16.5 温度变化及支座位移作用下的位移计算

静定结构除了荷载作用下会产生位移外,在温度变化、支座移动等因素下也会产生位移。例如,大跨度钢结构屋盖在温度变化时产生的位移对结构的影响不可忽视,另外有些结构采用弹性支座也会引起结构位移。结构设计时应该充分考虑这些外部因素所引起的位移对结构的影响。

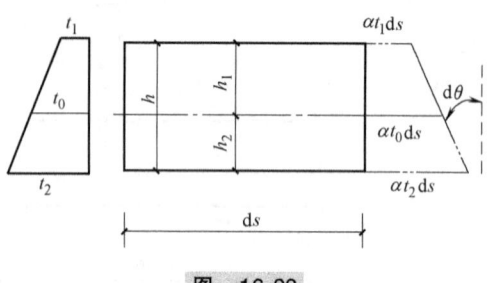

图 16-23

1. 静定结构温度变化时的位移计算

当静定结构的温度发生变化时,由于材料热胀冷缩,因而会使结构产生变形和位移。温度改变对静定结构不产生内力。

现在来研究实际状态中任一微段 ds 由于温度变化产生的变形,如图 16-23 所示。微段上、下边缘纤维的伸长分别为 $\alpha t_1 ds$ 和 $\alpha t_2 ds$,这里的 α 是材料的线膨胀系数。

假设温度沿着杆件长度均匀分布且温度沿截面高度为线性分布。

$$t_0 = \frac{(h_1 t_2 + h_2 t_1)}{h}$$

$$\Delta_t = t_2 - t_1$$

而微段两端截面的相对转角为

$$d\theta = \frac{\alpha t_2 ds - \alpha t_1 ds}{h} = \frac{(t_2 - t_1)\alpha ds}{h} = \frac{\Delta_t \alpha ds}{h}$$

对于杆系结构,温度变化并不引起剪切变形,即 $\gamma = 0$。将以上温度变形代入可得位移为

$$\Delta_{K_t} = \sum \int \overline{F}_N dt ds + \sum \int \overline{M} \frac{\alpha \Delta_t ds}{h} = \sum \alpha t \int \overline{F}_N ds - \sum d\Delta_t \int \overline{M} \frac{ds}{h} \tag{16-9}$$

$$\Delta_{K_t} = \sum \alpha t A_{\omega \overline{F}_N} + \sum \frac{\alpha \Delta_t}{h} A_{\omega \overline{M}} \tag{16-10}$$

式中 $A_{\omega \overline{F}_N}$ ——$\overline{F}_N$ 图的面积;

$A_{\omega \overline{M}}$ ——$\overline{M}$ 图的面积。

以上公式仅适用于静定结构。

温度变化以升温为正,轴力以拉力为正。当实际温度变形与虚拟内力方向一致时,变形虚功为正,其乘积为正,反之为负。对于梁和刚架,在计算温度变化引起的位移时,轴线变形的影响一般不能忽略。对于桁架,在温度变化时,其位移计算公式是

$$\Delta_{K_t} = \sum \overline{F}_N \alpha t l \tag{16-11}$$

对于桁架,当桁架的杆件长度因制造误差而与设计长度不符合时,由此引起的位移计算与温度变化时相类似。假设各杆件长度的误差为由于杆件制造误差为 Δ_l,(伸长为正,缩短为负),则位移计算公式为

$$\Delta_K = \sum \overline{F}_N \Delta_l \qquad (16\text{-}12)$$

【例 16-5】 如图 16-24 所示桁架，上弦杆温度升高 $t\,℃$，求 AB 杆转角，杆件线膨胀系数为 α。

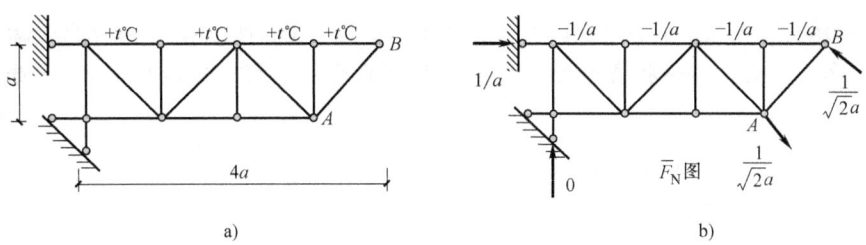

图 16-24

【解】 1) 对 AB 杆施加单位力偶，并计算桁架杆件轴力，如图 16-24b 所示。

2) 采用图乘法计算 AB 杆转角

$$\theta_{AB} = \sum \overline{F}_N \alpha t l = \alpha t \left(-\frac{1}{\alpha}\right) a \times 4 = -4\alpha t \quad （顺时针）$$

2. 静定结构支座移动时的位移计算

设图 16-25a 所示静定结构，其支座产生了水平位移、竖向沉陷和转角，现在要求由此引起的任何一点沿着任何一个方向的位移。

由于静定结构支座移动不会产生内力和变形，所以 $\varepsilon = 0$，$k = 0$，$\gamma = 0$。将其代入下式

$$\Delta = \sum \int (\overline{M}_1 k_2 + \overline{F}_{S1} \gamma_2 + \overline{F}_{N1} \varepsilon_2) \mathrm{d}s - \sum \overline{F}_{Rk} c_k$$

得到

$$\Delta_{ic} = -\sum \overline{F}_{Rk} c_k \qquad (16\text{-}13)$$

由此得图 16-25 位移为

$$\Delta = -\sum \overline{R}_c = -\frac{a}{h} \quad （弧度）$$

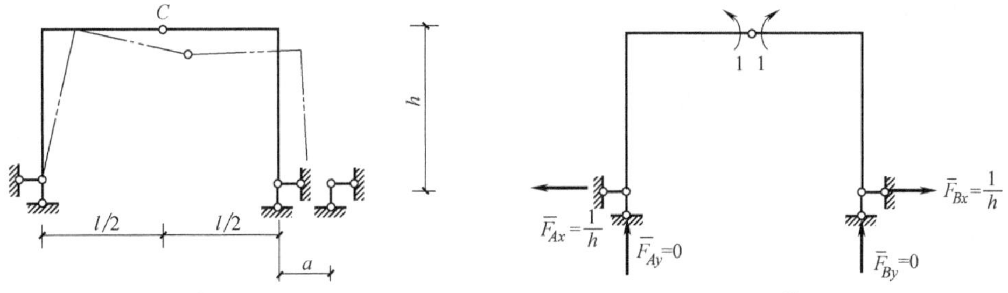

图 16-25

a) 实际状态 b) 虚拟状态

16.6 线弹性体系的互等定理

由变形体虚功原理可以推得功的互等定理、位移互等定理、反力互等定理和反力位移互等定理。其中最基本的是功的互等定理，其他三个定理都可由功的互等定理推导出来。

1. 功的互等定理

第一状态的外力在第二状态的位移上所做的虚功，等于第二状态的外力在第一状态的位移上所做的虚功。

如图 16-26a、b 所示，假设有两组外力分别作用于同一线弹性结构，分别称为结构的第一状态和第二状态。首先，第一状态的外力在第二状态相应的位移上做虚功 W_{12}，根据虚功原理 $W_{12} = W_{i12}$，

$$F_{P1}\Delta_{12} = \sum \int \frac{M_1 M_2 \mathrm{d}s}{EI} + \sum \int \frac{F_{N1} F_{N2} \mathrm{d}s}{EA} + \sum \int k \frac{F_{S1} F_{S2} \mathrm{d}s}{GA} \qquad (a)$$

其次，第二状态的力在第一状态相应的位移上做虚功，根据虚功原理

$$F_{P2}\Delta_{21} = \sum \int \frac{M_2 M_1 \mathrm{d}s}{EI} + \sum \int \frac{F_{N2} F_{N1} \mathrm{d}s}{EA} + \sum \int k \frac{F_{S2} F_{S1} \mathrm{d}s}{GA} \qquad (b)$$

对比以上两式可得

$$F_{P1}\Delta_{12} = F_{P2}\Delta_{21} \qquad (16\text{-}14)$$

或

$$W_{12} = W_{21} \qquad (16\text{-}15)$$

图 16-26
a）第一状态 b）第二状态

2. 位移互等定理

第二个单位力所引起的第一个单位力作用点沿其方向的位移，等于第一个单位力所引起的第二个单位力作用点沿其方向的位移。

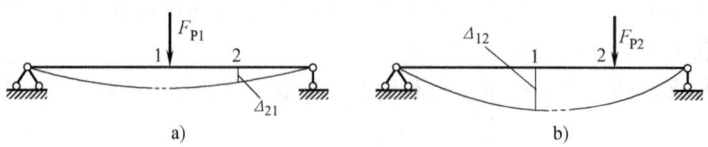

假设图 16-27 中 $F_{P1}=1$，$F_{P2}=1$，单位力引起的位移用小写字母 δ_{12} 和 δ_{21} 表示，由功的互等定理得

$$1 \times \delta_{12} = 1 \times \delta_{21}$$

可得

$$\delta_{12} = \delta_{21}$$

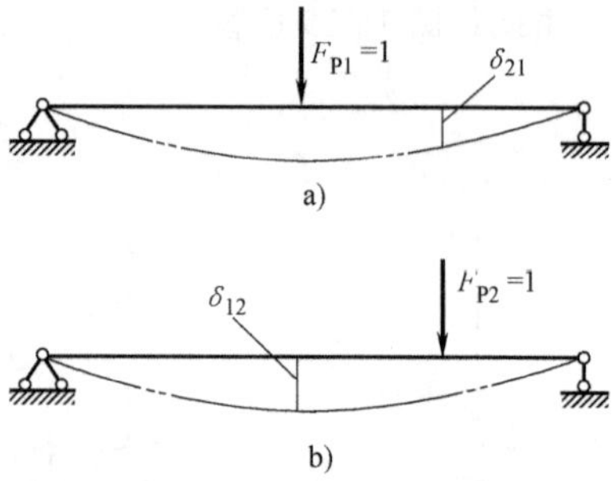

图 16-27

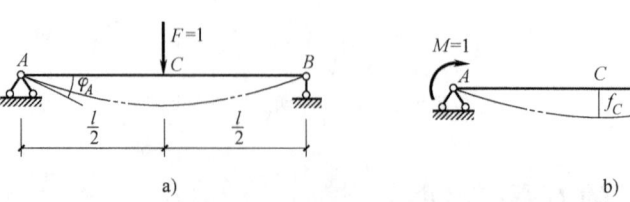

图 16-28

例如在图 16-28 的两个状态中，根据位移互等定理，应该有 $\varphi_A = f_C$。实际情况下，由材料力学可知

$$\varphi_A = \frac{Fl^2}{16EI}, \quad f_C = \frac{Ml^2}{16EI}$$

由于 $F=1$，$M=1$ 的量纲为 1，φ_A、f_C 含义不同，但此时两者在数值上是相等的，量纲也相等。

3. 反力互等定理

如图 16-29 所示，支座 1 发生单位位移所引起的支座 2 的反力，等于支座 2 发生单位位移所引起的支座 1 的反力。

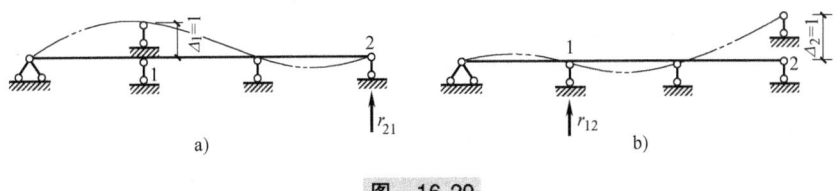

图 16-29

图 16-29a 表示支座 1 发生单位位移的状态，此时支座 2 产生的反力为 r_{21}；图 16-29b 表示支座 2 发生单位位移的状态，此时支座 1 产生的反力为 r_{12}。根据功的互等定理，有

$$r_{21} \times \Delta_2 = r_{12} \times \Delta_1$$

现 $\Delta_1 = \Delta_2 = 1$，因此

$$r_{21} = r_{12} \tag{16-16}$$

此定理对结构上任何两个支座都适用，但是需要注意反力和位移在做功的关系上应相对应，即力对应于线位移，力偶对应于角位移。

4. 反力位移互等定理

单位力所引起的结构某支座反力，等于该支座发生单位位移时所引起的单位力作用点沿其方向的位移，符号相反。

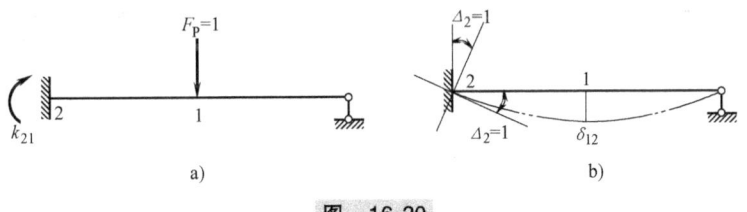

图 16-30

图 16-30a 表示 $F_P = 1$ 作用时，支座 1 的反力偶为 k_{21}，方向如图所示；图 16-30b 表示支座 1 顺 k_{21} 方向发生单位转角时，F_P 作用点沿其方向的位移为 δ_{12}。对这两个状态应用功的互等定理有

$$k_{21}\Delta_2 + F_P \delta_{12} = 0$$

现 $k_{21} = 1$，$F_P = 1$，因此有

$$k_{21} = -\delta_{12} \tag{16-17}$$

【例 16-6】 已知图 16-31a 所示结构的弯矩图，求同一结构（图 16-31b）由于支座 A 的转动引起 C 点的挠度。

【解】
$$W_{12} = W_{21}$$

因为 $W_{21} = 0$

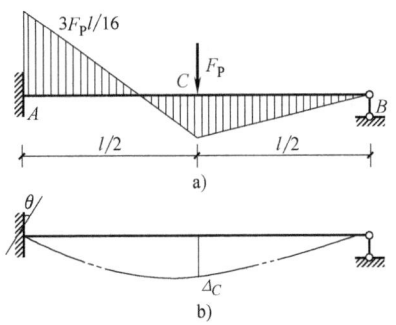

图 16-31

所以
$$W_{12} = F_P \Delta_c - \frac{3F_P l}{16} \times \theta = 0$$

由此得出
$$\Delta_c = \frac{3l\theta}{16}$$

思考题与习题

1. 求图 16-32 所示梁 B 点竖直向的线位移。

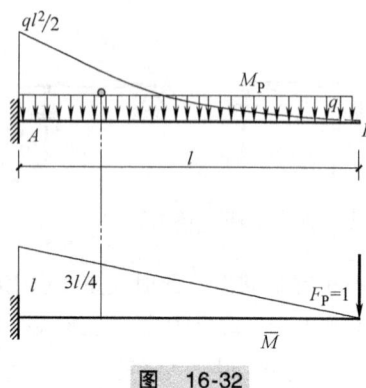

图 16-32

2. 求图 16-33 所示梁中点的挠度。

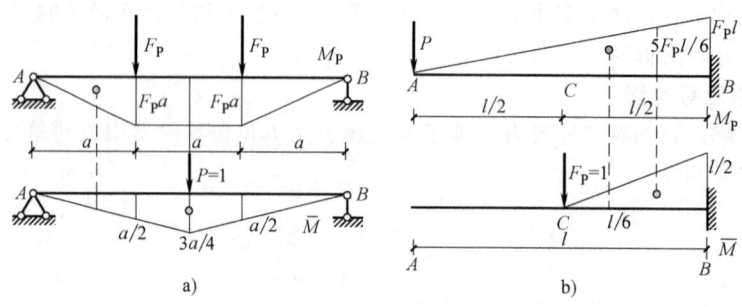

图 16-33

3. 求图 16-34 所示 B 点竖直向的位移。

4. 求图 16-35 所示 B 点转角。

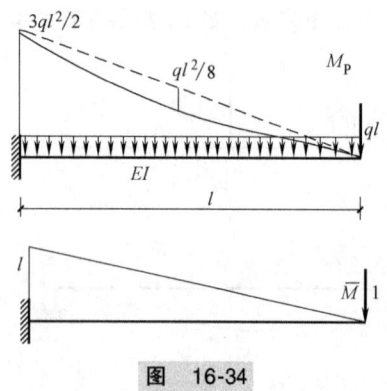

图 16-34

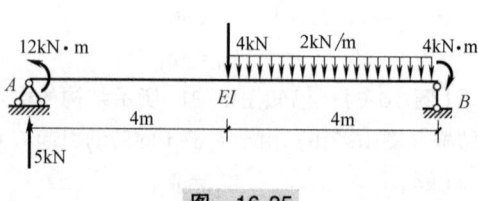

图 16-35

5. 图 16-36 所示为一组合结构，试求 D 点的竖直向的位移。
6. 求图 16-37 所示 B 点的竖直向的位移。

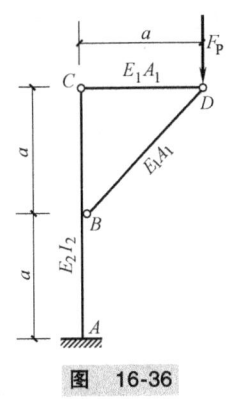

图 16-36

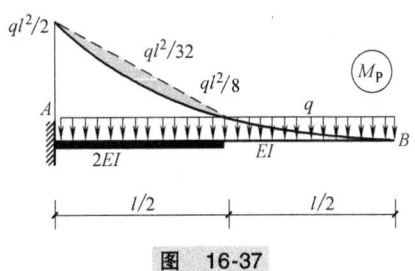

图 16-37

第 17 章

力 法

学习目标

掌握超静定结构的概念；掌握力法的概念及力法的基本方程；掌握力法绘制超静定结构内力图的方法；掌握结构的对称性，并能利用对称性绘制内力图；了解超静定结构在温度变化、支座移动情况下的计算。

17.1 概述

1. 超静定结构的概念

由静力平衡条件不能确定全部反力和内力的结构被称为超静定结构。

超静定结构在几何构造上的特征就是几何不变并且具有多余约束。这里的"多余"是指这些约束仅仅就保持结构的几何不变来说是没有必要的。其中，在多余联系中产生的力被称为多余未知力（赘余力或冗力）。

工程中常见的超静定结构的类型有：超静定梁（图 17-1a）、超静定桁架（图 17-1b）、超静定拱（图 17-1c）、超静定刚架（图 17-1d）及超静定组合结构（图 17-1e）。

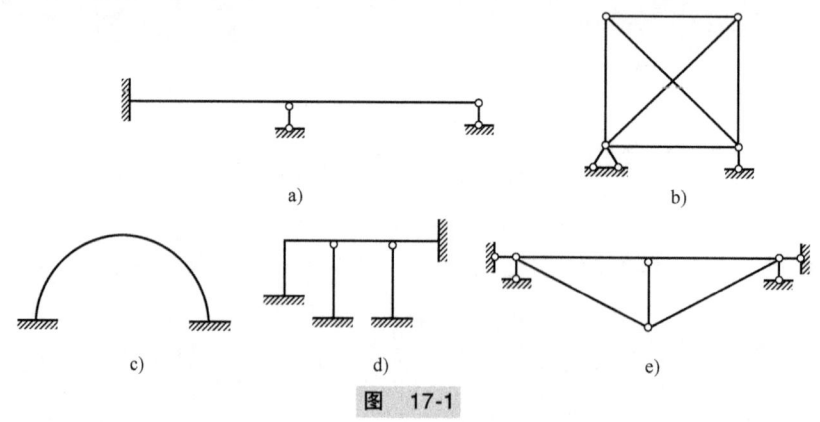

图 17-1

在求解任何超静定问题时，都必须综合考虑以下三个方面：

1) 平衡条件，即结构的整体以及任何一部分的受力状态都需要满足平衡条件。
2) 几何条件，也被称为位移条件、变形条件、协调条件、相容条件等，是结构的位移和变形必须符合支撑约束条件和各部分之间的变形连续条件。
3) 物理条件，即变形或位移与力之间的物理关系。

2. 超静定次数的确定

由于超静定结构具有多余未知力,使得平衡方程的数目少于未知力的数目,因此依靠平衡条件不能确定其全部的反力和内力,需要考虑位移条件来建立补充方程。用力法来计算超静定结构时,首先必须要确定多余约束或多余未知力的数目。多余约束或多余未知力的数目,称为超静定结构的超静定次数。

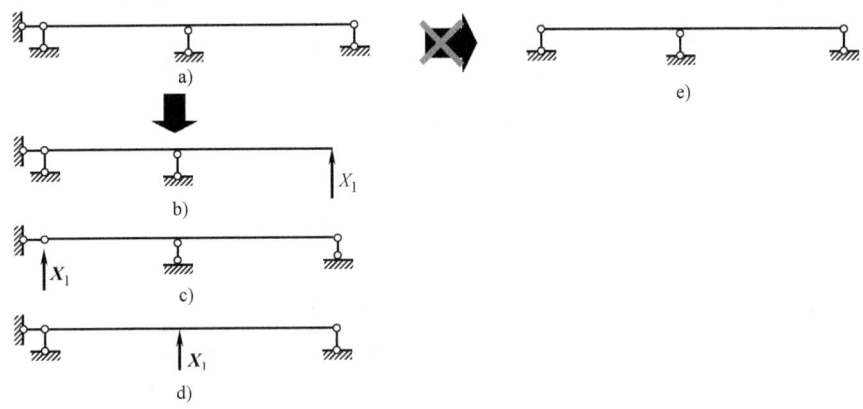

图 17-2

在几何构造上,超静定结构可以看作是在静定结构上增加若干多余约束。因此,确定超静定次数的方法就是解除多余约束,使原结构变成一个静定结构,所去掉的多余约束的数目就是原结构的超静定次数。如图 17-2a 所示,多余约束的位置不唯一。应注意的是,去掉多余约束的方法有多种,但所得到最终结果的必须是几何不变体系。

解除多余约束的方式通常有:
1) 去掉或切断一根链杆相当于去掉一个约束(图 17-3a)。
2) 拆开一个单铰,相当于去掉两个约束(图 17-3b)。
3) 切开一个刚结点,或去掉一个固定端,相当于去掉三个约束(图 17-3c)。
4) 刚结改为单铰连接,相当于去掉一个约束(图 17-3d)。

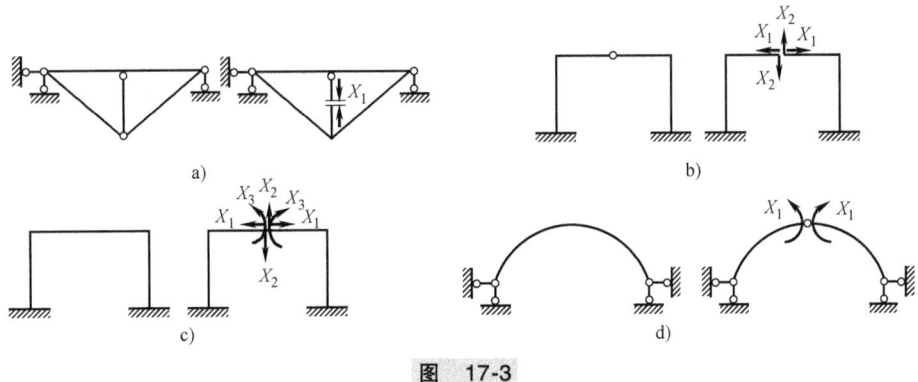

图 17-3

5) 对于具有较多框格的结构,按照框格的数目来确定超静定次数是相对方便的,一个封闭无铰的框格,其超静定次数等于 3。当结构有 f 个封闭无铰框格时,其超静定次数 $n = 3f$。如图 17-4e 所示结构,超静定次数 $n = 3f = 3 \times 7 = 21$;图 17-4a 所示结构上还有若干铰接处,设单铰数目为 h,则超静定次数 $n = 3f - h = 3 \times 3 - 3 = 6$;图 17-4f 所示结构的超静定次数 $n = 3f - h = 3 \times 7 - 5 = 16$;在确定封闭框格数目时,应该注意由地基本身所围成的框格不应该计算在内,也就是说地基应作为一个开口刚片，如图 17-4g 所示结构，其封闭框格数为 3 而不是 4，超静定次数 $n = 3f = 3 \times 3 = 9$。

6）通过计算自由度 W 确定超静定次数 n：$n = -W$。

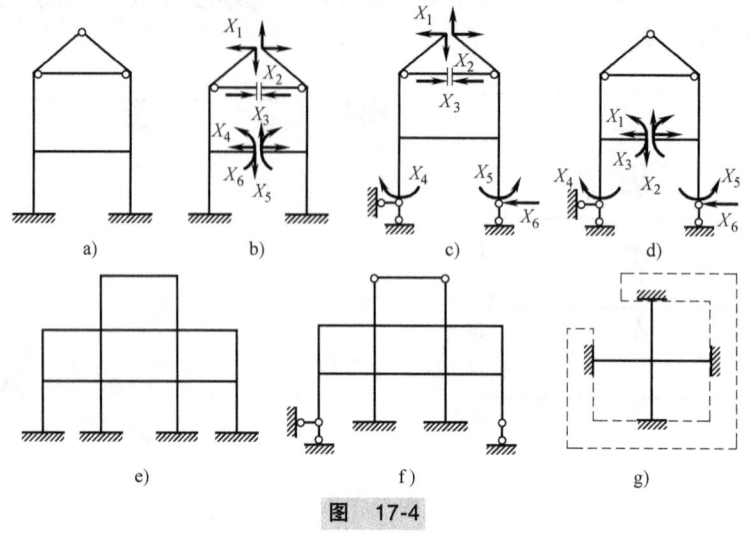

图 17-4

17.2 力法的基本原理

1. 基本结构与基本体系

力法的基本结构是将超静定结构中的多余约束去掉后得到的结构，如图 17-5c 所示。确定超静定次数的方法之一就是拆除多余约束，当将结构变为静定结构时，拆除掉的多余约束的个数就是超静定次数，得到的静定结构就是力法基本结构，与此同时确定力法的基本未知量。基本结构在原有荷载和多余未知力共同作用下的体系被称为力法的基本体系，如图 17-5d 所示。在变形条件成立条件下，基本体系的内力和位移与原结构相同。

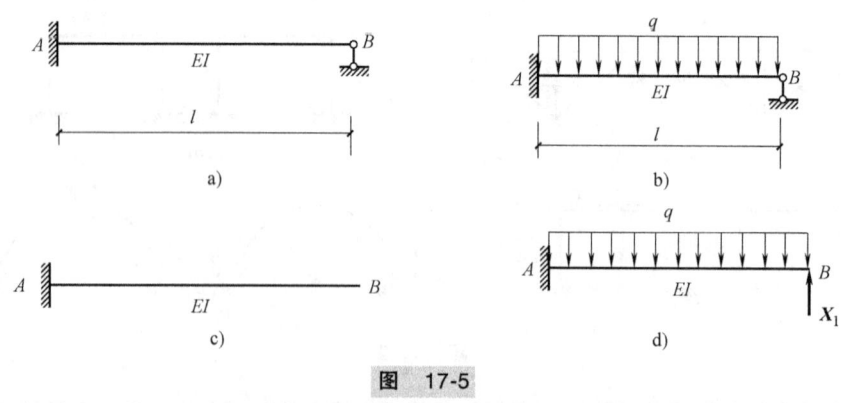

图 17-5

a）原结构　b）原结构体系　c）基本结构　d）基本体系

2. 力法求解思路

图 17-6a 所示梁是一次超静定结构。将支座 B 作为多余约束去掉后得到如图 17-6b 所示静定结构。

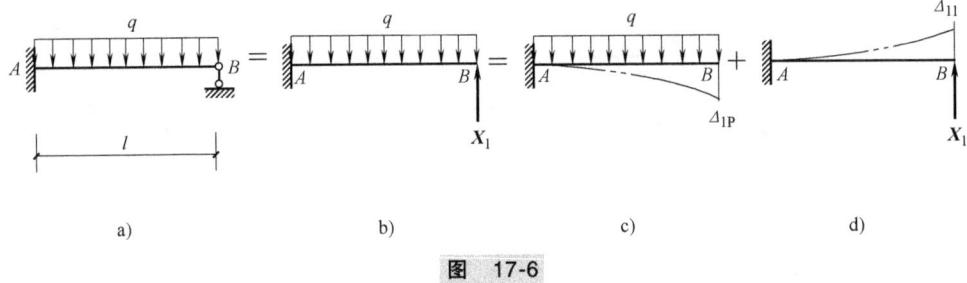

图 17-6

为了确定多余未知力 X_1，就需要考虑变形条件以建立补充方程。在变形条件成立条件下，基本体系的内力和位移与原结构相同，则在均布荷载 q 和多余未知力 X_1 共同作用下，其 B 点竖向位移 Δ_1 也应该等于零，即

$$\Delta_1 = \Delta_{1P} + \Delta_{11} = 0 \tag{17-1}$$

式中　Δ_{1P}——基本结构在荷载作用下沿着 X_1 方向位移，沿 X_1 方向为正。

　　　Δ_{11}——基本结构在多余未知力 X_1 作用下沿 X_1 方向位移，沿 X_1 方向为正。

因为
$$\Delta_{11} = \delta_{11} X_1$$

式中　δ_{11}——$X_1 = 1$ 时，B 点沿 X_1 方向的位移。

所以
$$\delta_{11} X_1 + \Delta_{1P} = 0 \tag{17-2}$$

故
$$X_1 = -\frac{\Delta_{1P}}{\delta_{11}}$$

以图 17-7 所示结构为例，设一次超静定结构的多余未知力为 X_1，如图 17-7b 所示。

列力法方程为
$$\delta_{11} X_1 + \Delta_{1P} = 0$$

其中
$$\delta_{11} = \frac{1}{EI} \times \left(\frac{l \times l}{2}\right) \times \left(\frac{2l}{3}\right) = \frac{l^3}{3EI}$$

$$\Delta_{1P} = -\frac{1}{EI} \times \left(\frac{1}{3} \times l \times \frac{ql^2}{2}\right) \times \left(\frac{3l}{4}\right) = -\frac{ql^4}{8EI}$$

将 δ_{11}、Δ_{1P} 代入力法方程得

$$X_1 = -\frac{\Delta_{1P}}{\delta_{11}} = \frac{3}{8} ql$$

多余未知力 X_1 求出后，其余的反力、内力的计算为静定结构内力计算。在绘制最后的弯矩图时，可以按照叠加法绘制，即

$$M = \overline{M}_1 X_1 + M_P \tag{17-3}$$

绘制的弯矩图、剪力图分别如图 17-7e、f 所示。

由于力法的基本结构不是唯一的，只要满足几何不变，且无多余约束即可，对图 17-7a 所示结构可另选一基本结构求解，如图 17-8 所示。

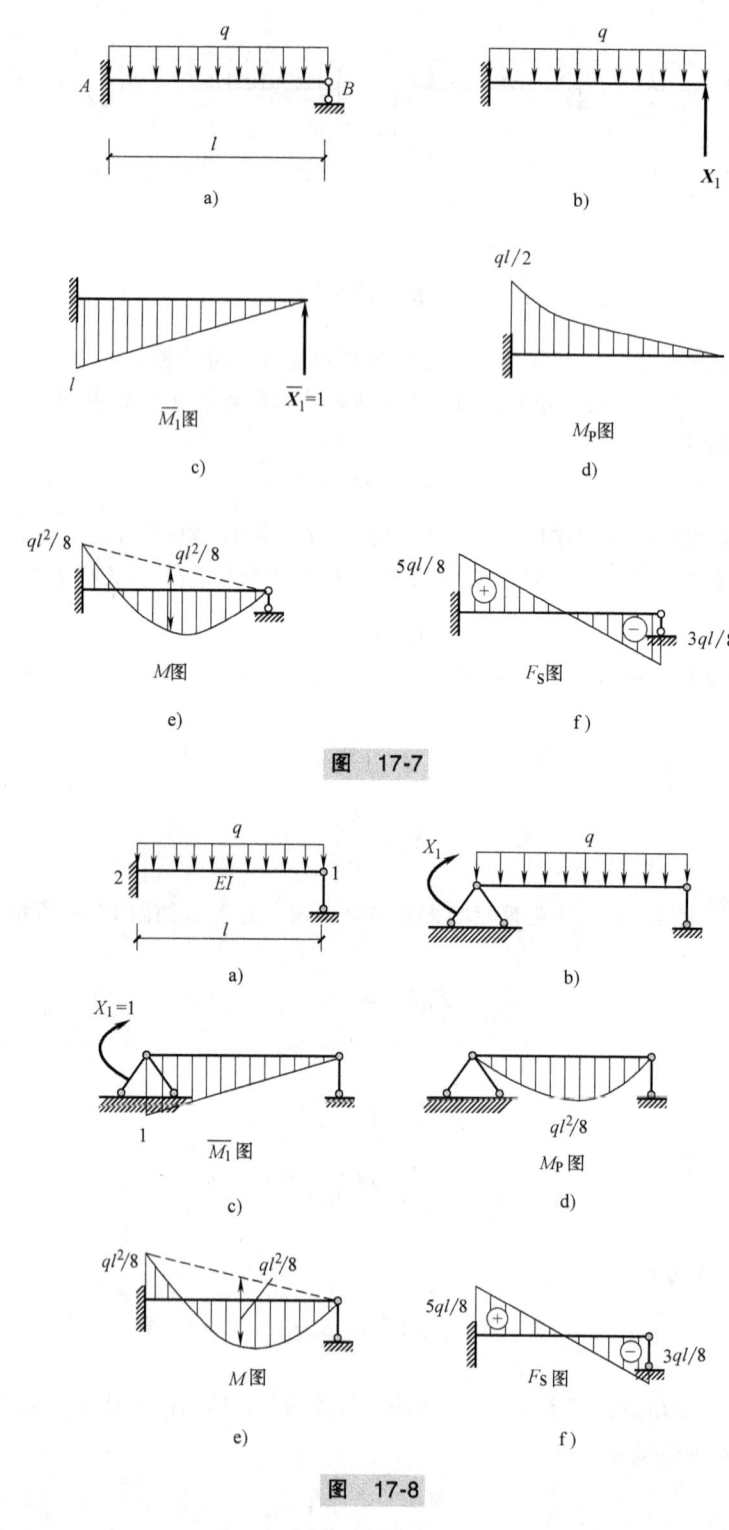

图 17-7

图 17-8

则力法方程为

$$\delta_{11}X_1 + \Delta_{1P} = 0$$

其中

$$\delta_{11} = \frac{1}{EI} \times \left(\frac{1 \times l}{2}\right) \times \left(\frac{2l}{3}\right) = \frac{l^2}{3EI}$$

$$\Delta_{1P} = \frac{1}{EI} \times \left(\frac{2}{3} \times l \times \frac{ql^2}{8}\right) \times \left(\frac{1 \times l}{2}\right) = \frac{ql^4}{24EI}$$

将 δ_{11}、Δ_{1P} 代入典型方程得

$$X_1 = -\frac{\Delta_{1P}}{\delta_{11}} = -\frac{1}{8}ql^2$$

绘制的弯矩图、剪力图分别如图 17-8e、f 所示。

综上所述，力法是以多余力为基本未知量，以多余未知量代替多余约束后的静定结构作为基本结构，先根据变形协调方程求出多余未知力，然后根据平衡方程求内力，最后采用叠加法绘制内力图。

【**例 17-1**】 试用力法绘制图 17-9 所示结构的弯矩图。

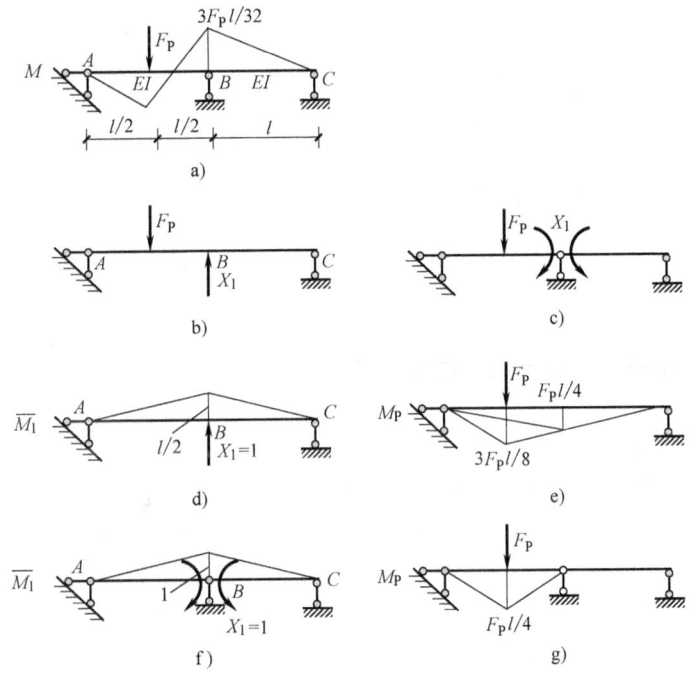

图 17-9

【**解**】 解法 1：
1) 选择基本体系如图 17-9b 所示，B 支座反力为多余未知力 X_1，力法方程为

$$\delta_{11}X_1 + \Delta_{1P} = 0$$

2) $\overline{M}_1$ 图与 M_P 图如图 17-9d、e 所示，计算系数 δ_{11} 和自由项 Δ_{1P}

$$\delta_{11} = \frac{l^3}{6EI}$$

$$\Delta_{1P} = -\frac{1}{EI} \times \left(\frac{1}{2} \times l \times \frac{F_P l}{4} \times \frac{2}{3} \times \frac{1}{2} \times 2 + \frac{1}{2} \times l \times \frac{F_P l}{4} \times \frac{l}{4}\right) = -\frac{11 F_P l^3}{96 EI}$$

3）将 δ_{11}、Δ_{1P} 代入典型方程得

$$X_1 = -\frac{\Delta_{1P}}{\delta_{11}} = \frac{11F_P}{16}$$

4）采用叠加法绘制最后的弯矩图

$$M = \overline{M}_1 X_1 + M_P$$

结构的弯矩图如图 17-9a 所示。

解法 2：

1）选择基本体系如图 17-9d 所示，多余未知力为 X_1，则力法方程为

$$\delta_{11} X_1 + \Delta_{1P} = 0$$

2）绘制 $\overline{M}_1$ 图与 M_P 图如图 17-9f、g 所示，计算系数 δ_{11} 与自由项 Δ_{1P}

$$\delta_{11} = \frac{2l}{3EI}$$

$$\Delta_{1P} = -\frac{1}{EI} \times \frac{1}{2} \times l \times \frac{F_P l}{4} \times \frac{1}{2} = -\frac{F_P l^2}{16EI}$$

3）将 δ_{11}、Δ_{1P} 代入典型方程得

$$X_1 = -\frac{\Delta_{1P}}{\delta_{11}} = \frac{3F_P l}{32}$$

4）采用叠加法绘制最后的弯矩图

$$M = \overline{M}_1 X_1 + M_P$$

结构的弯矩图如图 17-9a 所示。

17.3 力法的典型方程及其应用

1. 力法的典型方程

对于多次超静定结构，其计算原理与一次超静定结构原理完全相同。

图 17-10 所示为三次超静定结构，用力法分析时，需去掉三个多余联系。假设去掉固定支座 B，代之以相应的多余未知力 X_1、X_2、X_3。由于原结构在固定支座 B 处无任何位移，即水平位移、竖向位移和角位移都等于零，因此基本结构在荷载和多余未知力共同作用下，B 点沿着 X_1、X_2、X_3 方向上的相应位移 Δ_1、Δ_2、Δ_3 都等于 0，即位移条件为

$$\begin{cases} \Delta_1 = 0 \\ \Delta_2 = 0 \\ \Delta_3 = 0 \end{cases} \tag{17-4}$$

假设各单位多余未知力 $\overline{X}_1 = 1$、$\overline{X}_2 = 1$、$\overline{X}_3 = 1$ 和荷载 F_P 分别作用于基本结构上时，B 点沿 X_1 方向的位移分别为 δ_{11}、δ_{12}、δ_{13} 和 Δ_{1P}，沿 X_2 方向的位移分别为 δ_{21}、δ_{22}、δ_{23} 和 Δ_{2P}，沿 X_3 方向的位移分别为 δ_{31}、δ_{32}、δ_{33} 和 Δ_{3P}，则根据叠加原理，上述位移条件为

$$\begin{cases} \Delta_1 = \delta_{11} X_1 + \delta_{12} X_2 + \delta_{13} X_3 + \Delta_{1P} = 0 \\ \Delta_2 = \delta_{21} X_1 + \delta_{22} X_2 + \delta_{23} X_3 + \Delta_{2P} = 0 \\ \Delta_3 = \delta_{31} X_1 + \delta_{32} X_2 + \delta_{33} X_3 + \Delta_{3P} = 0 \end{cases} \tag{17-5}$$

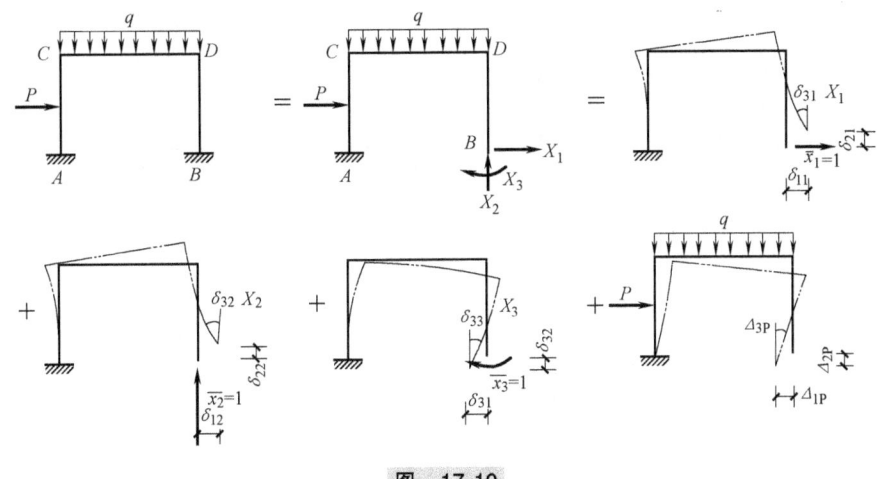

图 17-10

n 次超静定结构，有 n 个多余未知力，有 n 个已知位移条件，可建立 n 个方程。当原结构上各多余未知力作用处的位移条件为 0 时，方程为

$$\begin{cases} \delta_{11}X_1 + \delta_{12}X_2 + \cdots + \delta_{1i}X_i + \cdots + \delta_{1n}X_n + \Delta_{1P} = 0 \\ \delta_{i1}X_1 + \delta_{i2}X_2 + \cdots + \delta_{ii}X_i + \cdots + \delta_{in}X_n + \Delta_{iP} = 0 \\ \delta_{n1}X_1 + \delta_{n2}X_2 + \cdots + \delta_{ni}X_i + \cdots + \delta_{nn}X_n + \Delta_{nP} = 0 \end{cases} \tag{17-6}$$

上式为 n 次超静定结构的力法典型方程。方程的物理意义为：基本结构在全部多余未知力和荷载共同作用下，在去掉各多余联系处沿着各多余未知力方程的位移，应与原结构相应的位移相等。

在式（17-6）中，主斜线上的系数 δ_{ii} 称为主系数或主位移，它是单位多余未知力 $\overline{X}_i = 1$ 单独作用于基本结构时所引起的沿着其本身方向上的位移，其值恒为正，且不会等于零。其他的系数 δ_{ij} 称为副系数或副位移，它是单位多余未知力 $\overline{X}_j = 1$ 单独作用于基本结构时所引起的沿着 X_i 方向的位移。Δ_{iP} 称为自由项，它是荷载 F_P 单独作用时所引起的沿着 X_i 方向的位移。副系数和自由项的值可能为正、负和零。根据位移互等定理可得，在主斜线两边处于对称位置的两个副系数 δ_{ij} 和 δ_{ji} 是相等的，即

$$\delta_{ij} = \delta_{ji} \tag{17-7}$$

2. 力法的应用

用力法求解超静定结构的计算步骤归结如下：

1) 确定超静定次数 n，去掉多余约束，得到静定的基本结构，以多余未知力 X_i 代替相应多余联系。

2) 根据原结构的多余约束处的位移条件，建立力法典型方程。

3) 绘制基本结构单位弯矩图和荷载弯矩图。

4) 计算系数 δ_{ij} 和自由项 Δ_{iP}。δ_{ij} 为 $\overline{M}_i$ 图与 $\overline{M}_j$ 图图乘，Δ_{iP} 为 $\overline{M}_i$ 图与 M_P 图图乘。

5) 解算典型方程，求出各多余未知力 X_i。

6) 由平衡条件或叠加法求得最后弯矩图，即 $M = \sum_{i=1}^{n} \overline{M}_i X_i + M_P$。

【例 17-2】 试绘制图 17-11 所示梁的弯矩图。设 B 端弹簧支座的弹簧刚度系数为 k，梁抗弯刚度 EI 为常数。

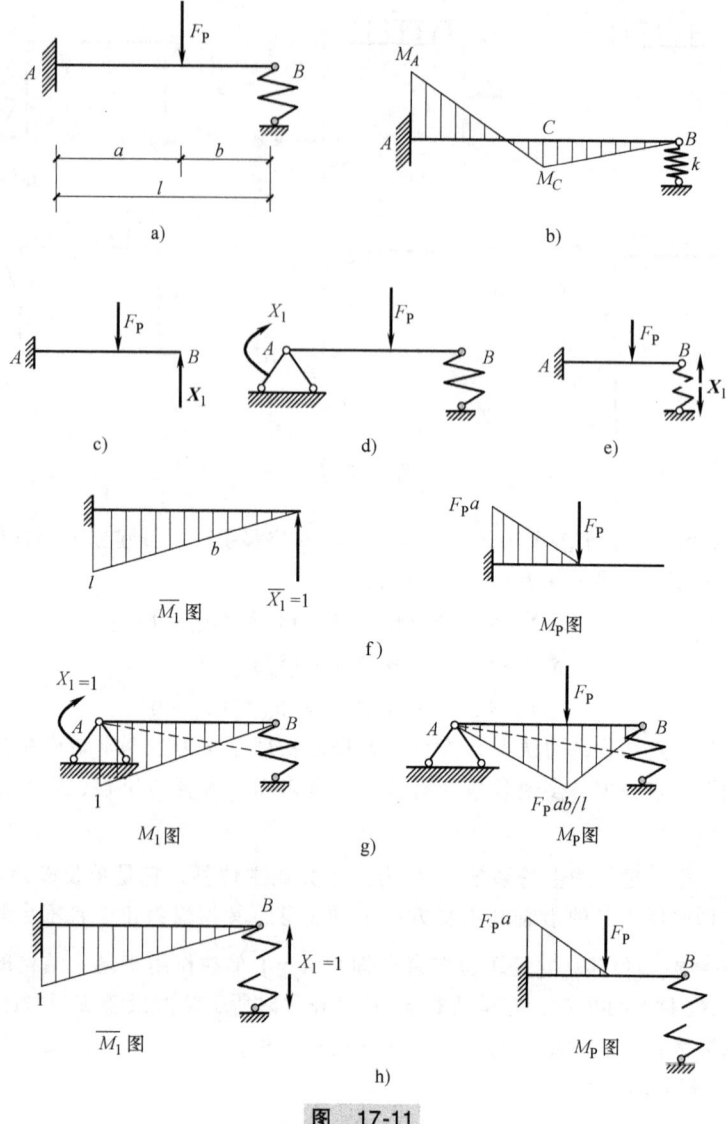

图 17-11

【解】 解法1：

基本结构如图 17-11c 所示，建立力法典型方程为

$$\delta_{11}X_1 + \Delta_{1P} = -\frac{X_1}{k}$$

由图 17-11f 求得系数和自由项

$$\delta_{11} = \frac{1}{EI}\left(\frac{l \times l}{2}\right) \times \left(\frac{2l}{3}\right) = \frac{l^3}{3EI}$$

$$\Delta_{1P} = -\frac{1}{EI}\left(\frac{1}{2} \times F_P a \times a\right) \times \left(\frac{2l}{3} + \frac{b}{3}\right) = -\frac{F_P a^2}{6EI}(2l+b)$$

将系数及自由项代入典型方程得

$$X_1 = \frac{F_P a^3 \left(1 + \dfrac{3b}{2a}\right)}{l^3 \left(1 + \dfrac{3EI}{kl^3}\right)}$$

在绘制最后的弯矩图时，可以按照叠加法绘制，即

$$M = \overline{M}_1 X_1 + M_P$$

绘制的弯矩图如图 17-11b 所示。

解法 2：

基本结构如图 17-11d 所示，建立力法典型方程为

$$\delta_{11} X_1 + \Delta_{1P} + \Delta_{1C} = 0$$

解法 3：

基本结构如图 17-11e 所示，建立力法典型方程为

$$\delta_{11} X_1 + \Delta_{1P} = 0$$

17.4 对称性的利用

用力法分析超静定结构时，结构的超静定次数越高，计算工作量也越大，其中的主要工作量是要计算大量的系数、自由项，并求解线性方程组。为此，力法简化的主要目标是使尽可能多的副系数以及自由项等于零。工程中很多结构是对称的，利用其对称性可简化计算。

1. 对称性的概念

几何形状、支承情况、刚度分布对称的结构称为对称结构，如图 17-12a 所示。图 17-12b 所示为支承不对称的结构；图 17-12c 所示为刚度不对称的结构。作用在对称结构对称轴两侧，大小相等，方向和作用点对称的荷载称为对称荷载，如图 17-12d 所示；作用在对称结构对称轴两侧，大小相等，作用点对称，方向反对称的荷载称为反对称荷载，如图 17-12e 所示。

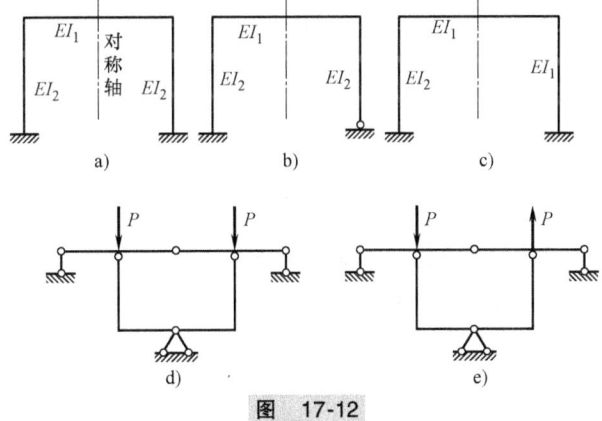

图 17-12

2. 选取对称基本结构，对称基本未知量和反对称基本未知量分组

图 17-13a 所示为一对称结构，沿对称轴上梁截面切开，得到一个对称的基本结构（图 17-13b）。此时，多余未知力包括三对力：一对弯矩 X_1、一对轴力 X_2 和一对剪力 X_3。其中，X_1、X_2 是正对称的，X_3 是反对称的，如图 17-13b 所示。

如图 17-14 所示，绘出基本结构的各单位弯矩图，可以看出 $\overline{M}_1$ 图和 $\overline{M}_2$ 图是正对称的，而 $\overline{M}_3$ 图是反对称的。由于正、反对称的两图相乘时恰好正负抵消，结果为零，因而可知副系数于

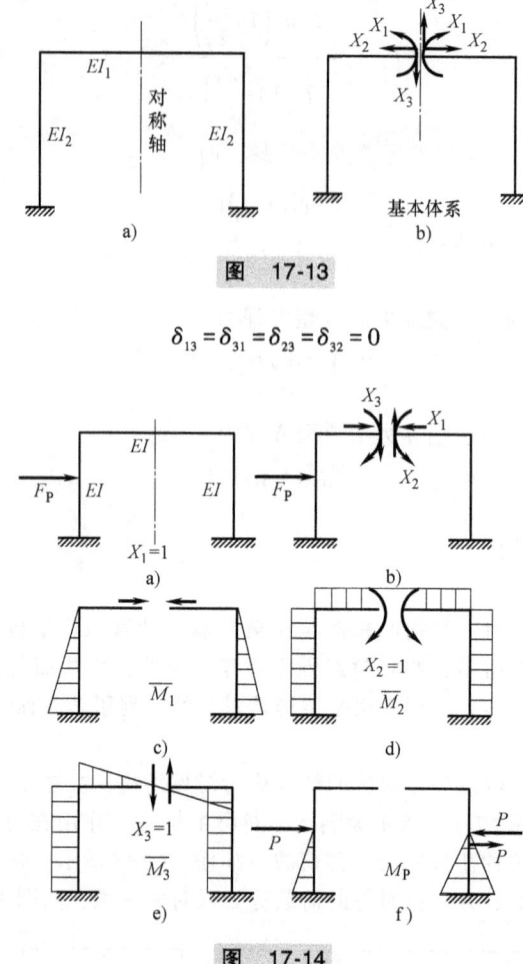

图 17-13

$$\delta_{13}=\delta_{31}=\delta_{23}=\delta_{32}=0$$

图 17-14

是典型方程便简化为

$$\begin{cases}\delta_{11}X_1+\delta_{12}X_2+\Delta_{1P}=0\\ \delta_{21}X_1+\delta_{22}X_2+\Delta_{2P}=0\\ \delta_{33}X_3+\Delta_{3P}=0\end{cases} \quad (17\text{-}8)$$

可见，典型方程分为两组，一组只含对称未知量 X_1 和 X_2，另一组只含反对称未知量 X_3。

若作用在结构上的荷载是正对称的（图 17-15），则 M_P 图也是正对称的，于是自由项 $\Delta_{3P}=0$。由典型方程的第三式可得反对称的多余未知力 $X_3=0$，因此只有正对称的多余未知力 X_1 和 X_2。最后的弯矩图为 $M=\overline{M}_1X_1+\overline{M}_2X_2+M_P$，它将是正对称的。由此得出，对称结构在正对称荷载作用下，其弯矩图和轴力图是正对称的，剪力图反对称，变形与位移对称。

若作用在结构上的荷载是反对称的（图 17-16），则 M_P 图也是反对称的，同理可得反对称的多余未知力 $X_1=X_2=0$，因此只有正对称的多余未知力 X_3。最后的弯矩图为 $M=\overline{M}_3X_3+M_P$，它将是反对称的。由此得出，对称结构在反对称荷载作用下，其弯矩图和轴力图是反对称的，剪力图正对称，变形与位移反对称。

3. 未知力分组及荷载分组

图 17-17a 所示为对称刚架，作用非对称荷载，其基本体系如图 17-17b 所示。为利用对称

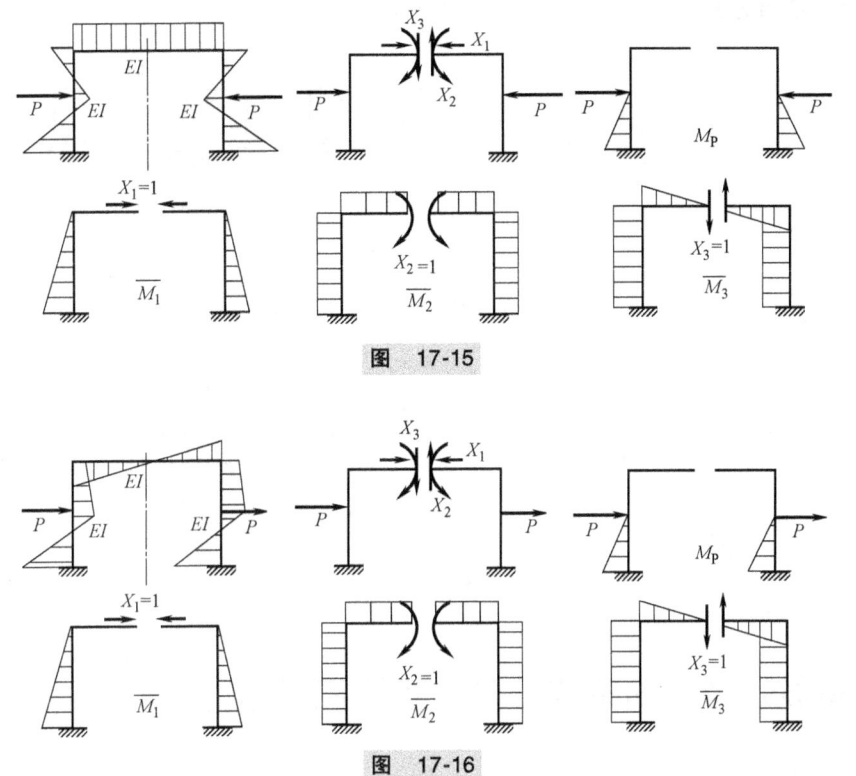

图 17-15

图 17-16

性，可将多余未知力 X_1、X_2 进行分组；分解为正对称的未知力 Y_1 和反对称的未知力 Y_2，如图 17-18 所示。

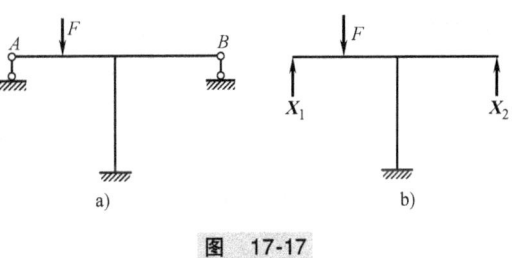

图 17-17

令
$$X_1 = Y_1 + Y_2, X_2 = Y_1 - Y_2 \quad (17\text{-}9a)$$
则
$$Y_1 = \frac{X_1 + X_2}{2}, Y_2 = \frac{X_1 - X_2}{2} \quad (17\text{-}9b)$$

式中　Y_1——对正对称的未知力组；

　　　Y_2——对反对称的未知力组。

将求解未知力 X_1、X_2 的问题转变为求解两对未知力组 Y_1、Y_2，如图 17-18a 所示。作 $Y_1 = 1$、$Y_2 = 1$ 的弯矩图，如图 17-18b、c 所示，其中图 17-18b 为正对称的，图 17-18c 为反对称的。由此得

$$\delta_{12} = \delta_{21} = 0 \quad (17\text{-}10)$$

则典型方程简化为

$$\delta_{11} Y_1 + \Delta_{1P} = 0$$
$$\delta_{22} Y_2 + \Delta_{2P} = 0$$

其中，Y_1、Y_2 为广义力，典型方程的物理意义也转变为相应的广义位移条件。第一式代表 A、B 两点同方向的竖向位移之和为 0；第二式代表 A、B 两点反方向的竖向位移之和为 0。

对称结构作用一般非对称荷载时，可以将荷载分解为正、反对称两组，如图 17-19 所示。正对称荷载作用只有正对称的多余未知力，反对称荷载作用只有反对称的多余未知力，两

者叠加即为原结构的解。

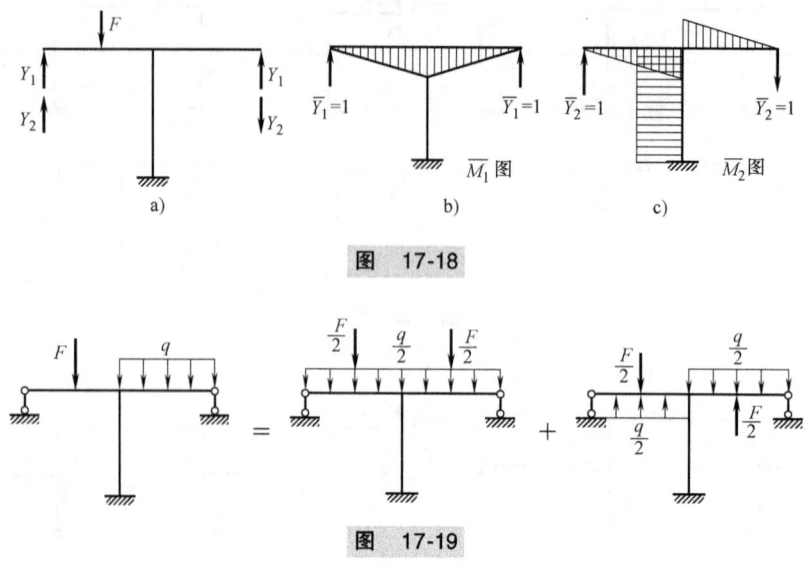

图 17-18

图 17-19

17.5 超静定结构的位移计算及内力图校核

1. 超静定结构的位移计算

前述的位移计算的单位荷载法，对超静定结构也是适用的。图 17-20a 为刚架在荷载作用下的所示弯矩图。若求 CB 杆中点 K 的竖向位移 Δ_{Ky}，需假定虚设力状态及绘制弯矩图如图 17-20b

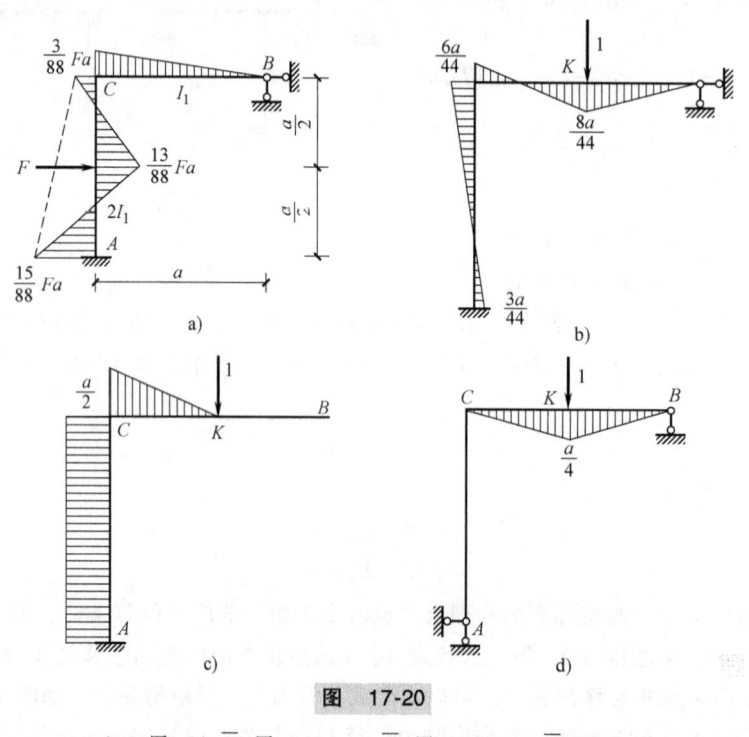

图 17-20
a) M 图 b) $\overline{M}_K$ 图（一） c) $\overline{M}_K$ 图（二） d) $\overline{M}_K$ 图（三）

所示，需要解算一个 2 次超静定结构，此方法比较麻烦。由力法计算超静定结构可知，在荷载及多余未知力共同作用下，基本结构的受力和位移与原结构完全一致。因此求超静定结构的位移可以用求基本结构的位移代替。虚拟状态如图 17-20c、d 所示。

由上述分析可以得出计算超静定结构位移的步骤：
1) 求解超静定结构在荷载作用下的弯矩图。
2) 任选一种基本结构，虚拟力单位力状态，并绘制相应的弯矩图。
3) 用图乘法计算指定截面位移。

2. 超静定结构的内力图校核

对计算过程及计算结果的校核可采用平衡条件和位移条件分别校核。

(1) 平衡条件校核

1) 弯矩图校核，以图 17-21a 所示结构为例，取 E 点为隔离体，如图 17-21b 所示，应满足 $\sum M_E = 0$

即
$$M_{ED} + M_{EB} + M_{EF} = 0$$

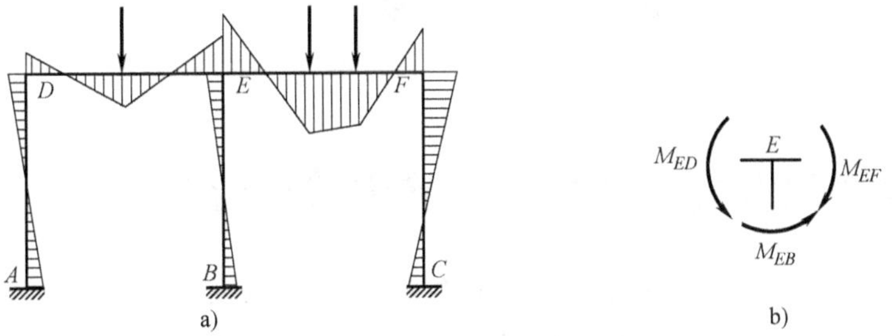

图 17-21

2) 剪力图和轴力图校核，可取结点、杆件或结构的一部分为隔离体，考察是否满足
$$\sum F_x = 0 \text{ 和 } \sum F_y = 0$$

(2) 位移条件校核　对于刚架，为了简化计算，可检查多余约束处的位移是否与原结构相同，即将 $\overline{M}_i$ 图与结构最终弯矩 M 图乘，检查多余约束 X_i 处的位移是否与原结构位移相同。检查图 17-22a 所示刚架 A 处的水平位移是否为 0，首先虚拟力状态并绘制弯矩图如图 17-22b 所示。利用图 17-22a、b 图乘，得
$$\Delta_{Ax} = 0$$
满足位移条件。

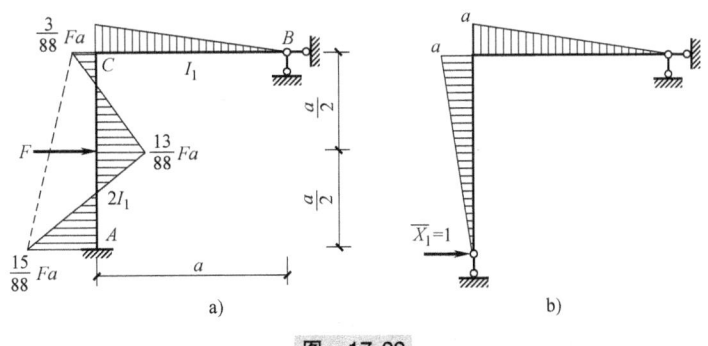

图 17-22

a) M 图　b) $\overline{M}_1$ 图

建筑力学

对于具有封闭无铰框格的刚架，如图 17-23a 所示，取图 17-23b 所示的虚拟力状态，检查 K 截面相对转角是否为 0。

$$\Delta_K = \Sigma \int \frac{\overline{M}_K M \mathrm{d}s}{EI} = \Sigma \int \frac{M \mathrm{d}s}{EI} = 0 \qquad (17\text{-}11)$$

式（17-11）表明，在任一封闭无铰的框格上，弯矩图的面积除以相应刚度的代数和等于 0，利用这一条件可以较为方便地校核位移条件是否满足。

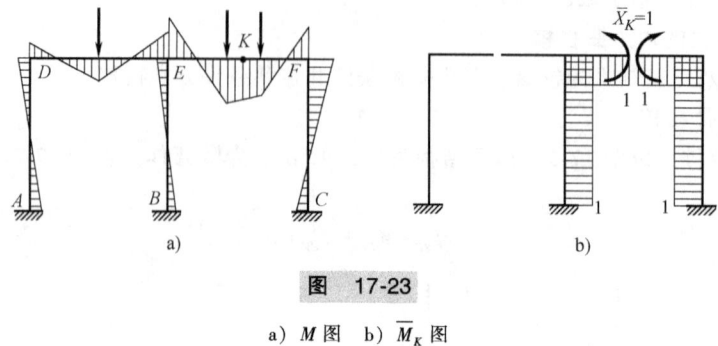

图 17-23

a) M 图 b) $\overline{M}_K$ 图

17.6 温度变化及支座位移时超静定结构的计算

支座移动、温度改变、材料收缩、制造误差等所有使结构发生变形的因素，都能使超静定结构产生内力，这种内力称为结构的自内力。用力法求解自内力时，计算思路与计算步骤与荷载作用的情况相同。

1. 温度变化时超静定结构的计算

对于静定结构，温度变化将使其产生变形和位移，但不会引起内力。如图 17-24a 所示静定梁，当温度改变时，梁可以自由地变形不受任何阻碍。图 17-24b 所示超静定梁，当温度改变时，梁的变形受到两端支座的限制，因而产生支座反力及内力。图 17-24c 所示刚架的一种基本体系如图 17-24d 所示，基本体系在外因和多余未知力共同作用下，去掉多余约束处的位移与原结构的位移相符。

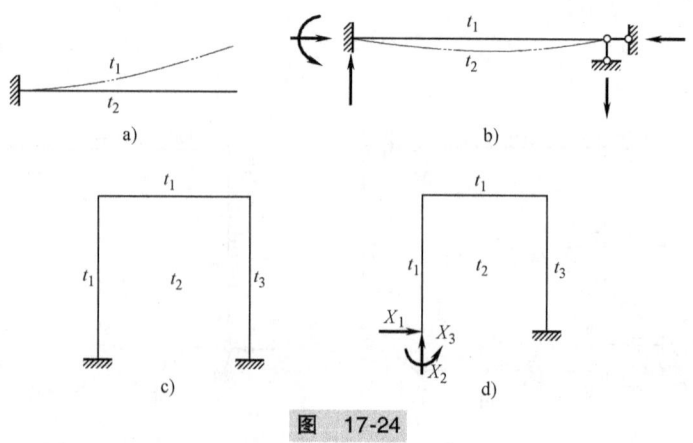

图 17-24

力法典型方程为

$$\begin{cases} \delta_{11}X_1 + \delta_{12}X_2 + \delta_{13}X_3 + \Delta_{1t} = 0 \\ \delta_{21}X_1 + \delta_{22}X_2 + \delta_{23}X_3 + \Delta_{2t} = 0 \\ \delta_{31}X_1 + \delta_{32}X_2 + \delta_{33}X_3 + \Delta_{3t} = 0 \end{cases}$$

式中系数的计算与以前相同，与外因无关。自由项为基本结构由于温度变化引起的位移，计算式为

$$\Delta_{it} = \sum \overline{F}_{Ni}\alpha t l + \sum \frac{\alpha \Delta_t}{h} \int \overline{M}_i \mathrm{d}s \tag{17-12}$$

因基本结构是静定的，温度变化不引起内力，最后弯矩为

$$M = \overline{M}_1 X_1 + \overline{M}_2 X_2 + \overline{M}_3 X_3 \tag{17-13}$$

对于刚架位移计算公式为

$$\Delta_K = \sum \int \frac{\overline{M}_K M \mathrm{d}s}{EI} + \Delta_{Kt} = \sum \int \frac{\overline{M}_K M \mathrm{d}s}{EI} + \sum \overline{F}_{Ni}\alpha t l + \sum \frac{\mathrm{d}\Delta_t}{h} \int \overline{M}_i \mathrm{d}s \tag{17-14}$$

对多余未知力 X_i 方向的位移校核式为

$$\Delta_i = \sum \int \frac{\overline{M}_i M \mathrm{d}s}{EI} + \Delta_{it} = 0 \tag{17-15}$$

与荷载作用情况不同的是，超静定结构由温度作用引起的多余未知力 X_i 中含有 EI，结构弯矩中也含有 EI，即超静定结构由于温度作用引起的内力与刚度 EI 的绝对值成正比。

2. 支座位移时超静定结构的计算

图 17-25a 所示静定梁，当支座 B 发生竖向位移时，结构只随之发生刚体位移，不产生弹性变形和内力。图 17-25b 所示超静定梁，当支座 B 发生竖向位移时将受到支座的牵制，使各支座产生反力，梁产生内力。

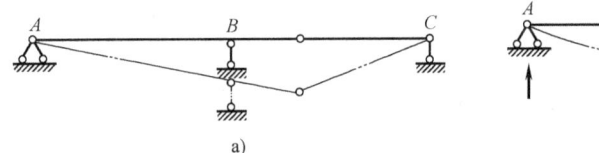

图 17-25

如图 17-26a 所示刚架，当支座 B 由于某种原因发生图示位移时，其基本体系如图 17-26b 所示，典型方程为

$$\begin{cases} \delta_{11}X_1 + \delta_{12}X_2 + \delta_{13}X_3 + \Delta_{1\Delta} = 0 \\ \delta_{21}X_1 + \delta_{22}X_2 + \delta_{23}X_3 + \Delta_{2\Delta} = \varphi \\ \delta_{31}X_1 + \delta_{32}X_2 + \delta_{33}X_3 + \Delta_{3\Delta} = -a \end{cases}$$

系数的计算同前。自由项代表基本结构由于支座移动引起的位移，有

$$\Delta_{i\Delta} = -\sum \overline{F}_{Ri} c \tag{17-16}$$

多余未知力分别等于 1 时的弯矩图，如图 17-26c、d、e 所示。

$$\begin{cases} \Delta_{1\Delta} = -\left(-\frac{1}{l} \times b\right) = \frac{b}{l} \\ \Delta_{2\Delta} = -\left(\frac{1}{l} \times b\right) = -\frac{b}{l} \\ \Delta_{3\Delta} = 0 \end{cases}$$

刚架最后的内力由多余未知力引起，即

$$M = \overline{M}_1 X_1 + \overline{M}_2 X_2 + \overline{M}_3 X_3 \tag{17-17}$$

同样地，超静定结构由于支座移动引起的内力与杆件刚度 EI 的绝对值成正比。

位移计算为

$$\Delta_K = \sum \int \frac{\overline{M}_K M \mathrm{d}s}{EI} - \sum \overline{F}_{RK} c \tag{17-18}$$

X_i 方向位移条件校核式为

$$\Delta_i = \sum \int \frac{\overline{M}_i M \mathrm{d}s}{EI} - \sum \overline{F}_{RK} c = 0 \tag{17-19}$$

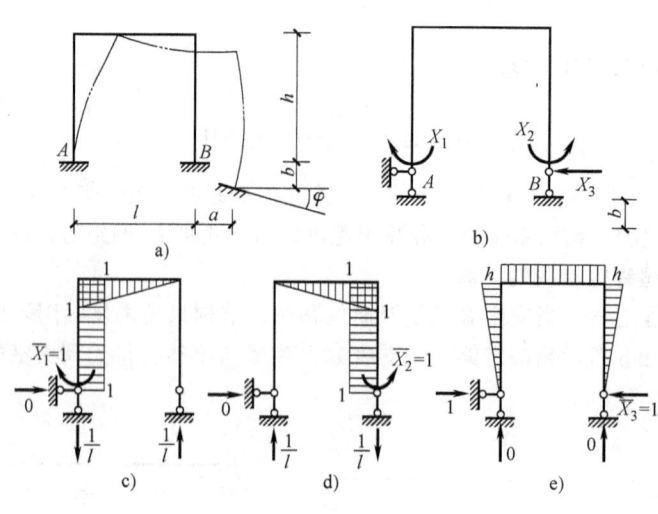

图 17-26

a) 刚架及位移　b) 基本体系　c) $\overline{M}_1$ 图，F_{R1}　d) $\overline{M}_2$ 图，F_{R2}　e) $\overline{M}_3$ 图，F_{R3}

17.7 超静定结构的特性

与静定结构相比，超静定结构有如下特性：

1) 内力分布与结构各杆件的刚度有关，即与杆件截面的几何性质、材料的物理性质有关。荷载不变，改变各杆刚度一般会使内力重新分布。

2) 在荷载作用下，内力分布与各杆件的刚度比值有关，而与刚度的绝对值无关。

3) 温度改变、支座位移、制造误差一般会使结构产生内力。一般情况下，这种内力与刚度的绝对值成正比。

4) 抵抗破坏的能力较强。当一些多余约束失去作用后，仍具有一定的承载能力。

5) 内力分布较均匀。

思考题与习题

1. 采用力法解图 17-27 所示结构，仅求系数和自由项，绘制 M 图。
2. 用力法解图 17-28 所示结构。

图 17-27　　　　　　　　图 17-28

3. 列出图 17-29 所示结构的力法方程。

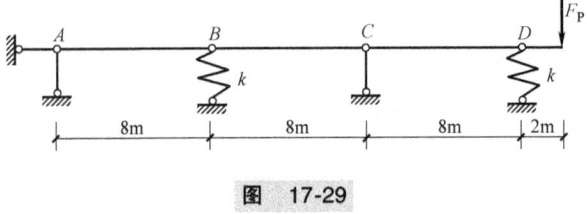

图 17-29

4. 用力法计算图 17-30 所示结构，绘制 M 图。DE 杆抗弯刚度为 EI，AB 杆抗弯刚度为 $2EI$，BC 杆 $EA=\infty$。

5. 求图 17-31 所示 A 截面转角。

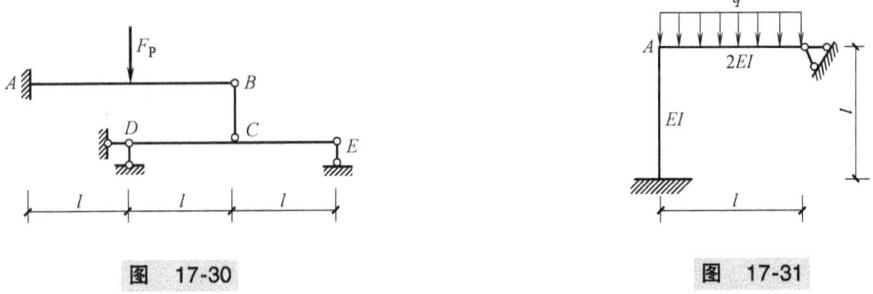

图 17-30　　　　　　　　图 17-31

6. 绘制图 17-32 所示梁弯矩图。

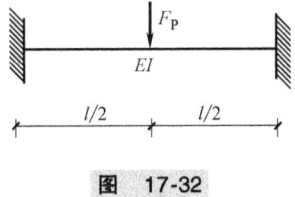

图 17-32

7. 找出图 17-33 所示的半结构。

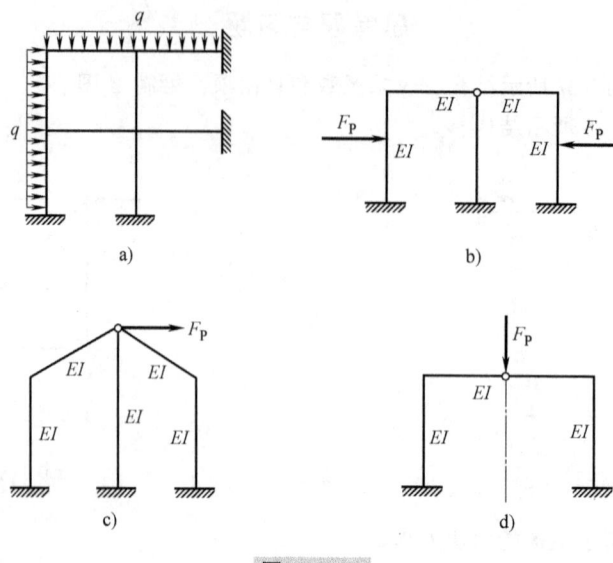

图 17-33

8. 绘制图 17-34 所示对称结构的弯矩图。

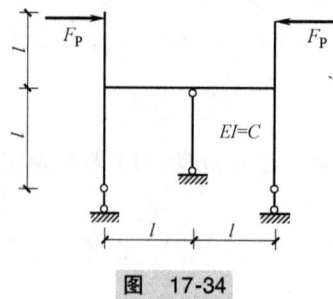

图 17-34

第 18 章

位移法与力矩分配法

学习目标

掌握位移法的基本未知量和基本结构的确定方法；了解等截面直杆的杆端力和杆端位移的计算；掌握几种常见荷载产生的杆端弯矩、杆端剪力，以及结点转角、结点线位移、杆端弯矩、杆端剪力正负号的规定；掌握等截面直杆的固端弯矩和固端剪力表格的使用；掌握运用位移法典型方程求解结构内力的方法；理解转动刚度、分配系数和传递系数的物理意义。

18.1 位移法

位移法是求解超静定结构的另一种基本方法，是以结构的结点位移作为基本未知量来分析结构的一种方法。与力法相比，位移法计算超静定次数较高的结构时更为简单，同时位移法也是力矩分配法与矩阵位移法的基础。

位移法求解超静定结构时，一般假定：忽略杆件的轴向变形；变形后的杆件的长度与原杆件长度相同。

对于线弹性结构，结构的内力与变形之间存在着一定的对应关系，当已知结构的内力时，可根据虚功原理求得结构的位移与变形；反之，当已知结构中结点的位移时，可通过内力与结点位移之间的关系得到杆件的内力。位移法就是通过结点位移求结构内力的方法，通过"结构离散—结点平衡—求结点位移—求解结构内力"的路线与方法来求解超静定结构。

1. 结构离散

平面杆件结构是由杆件采用刚结点、铰结点连接，与地基通过一定的连接方式而构成的。任何一类刚架都可以拆分成三种类型的杆件：两端固定、一端固定一端简支、一端固定一端滑动支座的杆件。采用位移法分析超静定结构时，首先将结构离散（拆分）成三种类型的杆件。如图 18-1a 所示刚架，在荷载作用下产生虚线所示变形，根据结构的组成特征，在刚接点 1 处将杆件拆分成两端固定、一端固定一端简支的两类杆件，如图 18-1b 所示。通过在结点 1 处施加附加约束（刚臂或链杆）来实现结构拆分，如图 18-1c 所示。

2. 找到结点位移与杆件内力之间的关系

原刚架结构在荷载作用下结点 1 处有转角，记作 Z_1。令拆分后的杆件 1A 与杆件 1B 在 1 点产生相同的转角 Z_1，如图 18-1d、e 所示。不计轴向变形，杆件 1A 为一次超静定单跨梁，当支座 1 产生转角时，可以根据力法得到杆件的杆端弯矩 M_{1A}。杆件 1B 为二次超静定单跨梁，在支座 1 发生转角和荷载共同作用时，可以根据力法得到杆件的杆端弯矩 M_{1B}。杆件 1A 与杆件 1B 的杆端弯矩 M_{1A} 与 M_{1B} 均为结点位移 Z_1 的函数。

建筑力学

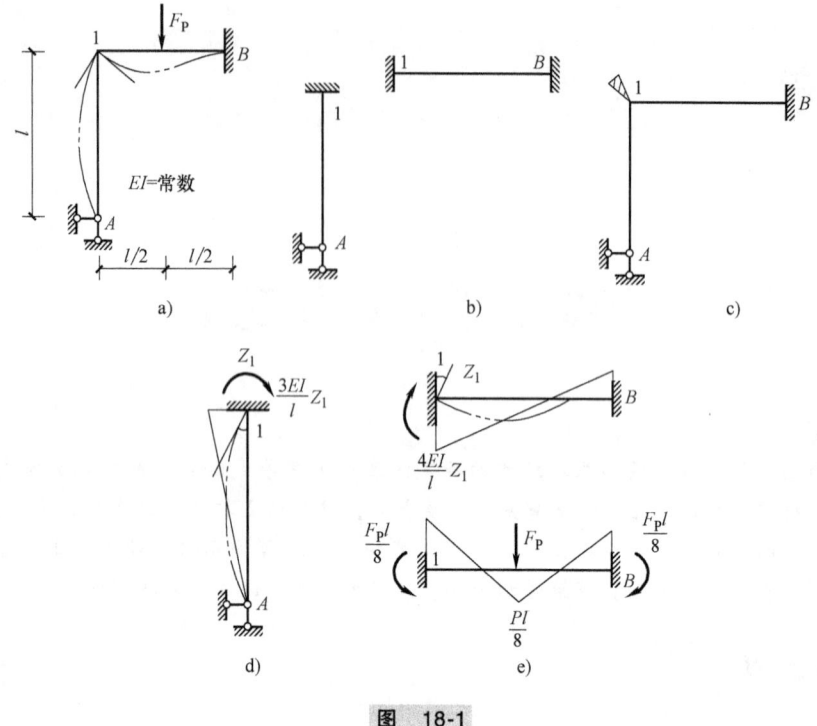

图 18-1

3. 拼装求结点位移

将拆分后的杆件在结点 1 处进行装配与组合,在满足平衡条件的情况下,组合后体系的内力与变形与原结构的内力与变形相同,由此可列出带有结点位移 Z_1 的平衡方程 $M_{1A}+M_{1B}=0$,故可求得结构在荷载作用下的结点位移。

4. 求结构内力

根据求得的结点位移以及杆端位移与杆端内力之间的关系确定结构的内力,从而得到结构内力。

18.2 等截面直杆的转角位移方程

1. 杆端力的有关规定

为了计算方便,对杆端力的正负号做统一规定:弯矩 M_{AB} 表示 AB 杆 A 端的弯矩,对杆端而言,顺时针为正,逆时针为负;对结点而言,顺时针为负,逆时针为正,如图 18-2a 所示。剪力 F_{SAB} 表示 AB 杆 A 端的剪力,正负号规定同前,如图 18-2b 所示。单跨超静定梁由于荷载或温度的作用所产生的杆端弯矩称为固端弯矩,用 M_{AB}^F、M_{BA}^F 表示。

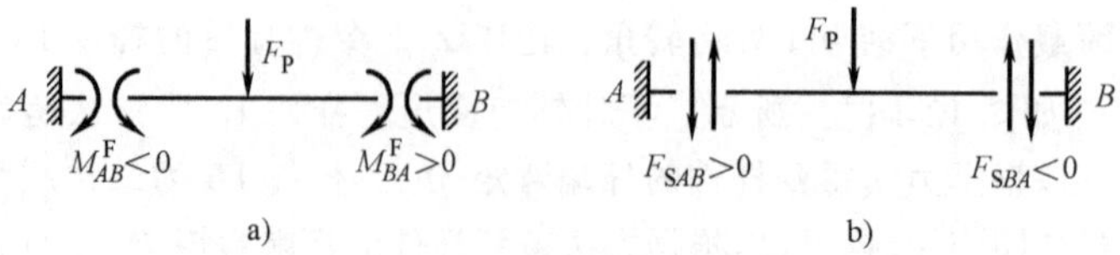

图 18-2

2. 两端固定梁的转角位移方程

图 18-3a 所示两端固定的等截面梁,两端支座发生了位移。选取基本体系如图 18-3b 所示,根据沿着 X_1 和 X_2 方向的位移条件,可建立力法典型方程为

$$\delta_{11}X_1 + \delta_{12}X_2 + \Delta_{1\Delta} = \varphi_A$$
$$\delta_{21}X_1 + \delta_{22}X_2 + \Delta_{2\Delta} = \varphi_B$$

作 X_1、X_2 分别等于 1 时的弯矩图如图 18-4c、d 所示。由图乘法可得出

$$\delta_{11} = \frac{l}{3EI}, \delta_{22} = \frac{l}{3EI}$$

$$\delta_{12} = \delta_{21} = -\frac{l}{6EI}$$

由图 18-4e 所示可得

$$\Delta_{1\Delta} = \Delta_{2\Delta} = \beta_{AB} = \frac{\Delta_{AB}}{l}$$

式中 β_{AB} ——弦转角,也是以顺时针方向为正。

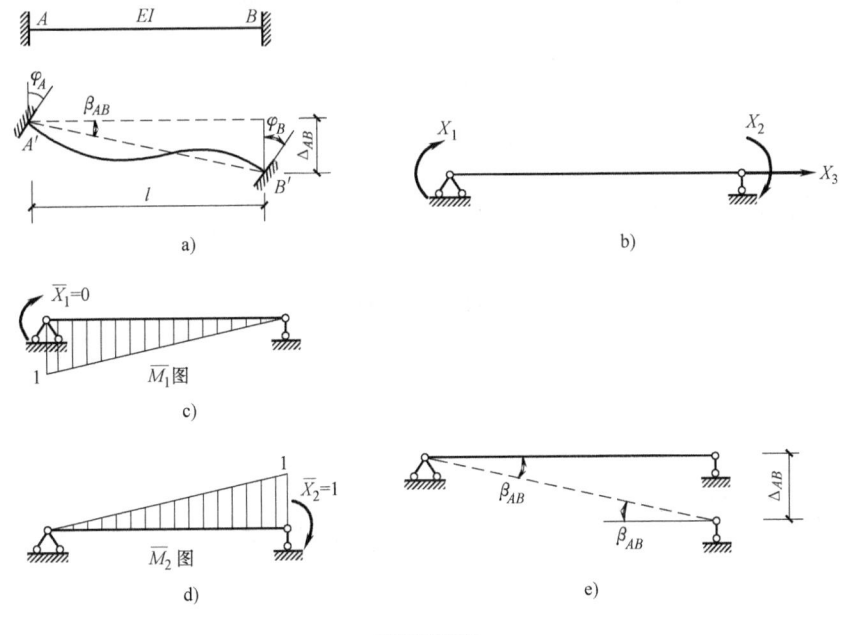

图 18-3

将以上系数和自由项代入典型方程,可解得

$$X_1 = \frac{4EI}{l}\varphi_A + \frac{2EI}{l}\varphi_B - \frac{6EI}{l^2}\Delta_{AB}$$

$$X_2 = \frac{4EI}{l}\varphi_B + \frac{2EI}{l}\varphi_A - \frac{6EI}{l^2}\Delta_{AB}$$

令

$$i = \frac{EI}{l}$$

式中 i ——杆件的线刚度。此外,用 M_{AB} 代替 X_1,用 M_{BA} 代替 X_2,上式便可写成

$$\begin{cases} M_{AB} = 4i\varphi_A + 2i\varphi_B - \dfrac{6i}{l}\Delta_{AB} \\ M_{AB} = 4i\varphi_B + 2i\varphi_A - \dfrac{6i}{l}\Delta_{AB} \end{cases} \tag{18-1}$$

当单跨梁除支座位移外,还受到荷载作用及温度变化时,其杆端弯矩为

$$\begin{cases} M_{AB} = 4i\varphi_A + 2i\varphi_B - \dfrac{6i}{l}\Delta_{AB} + M_{AB}^F \\ M_{AB} = 4i\varphi_B + 2i\varphi_A - \dfrac{6i}{l}\Delta_{AB} + M_{BA}^F \end{cases} \tag{18-2}$$

式中 M_{AB}^F、M_{BA}^F——此两端固定梁在荷载和温度变化条件等外因作用下的杆端弯矩,称为固端弯矩。

式(18-2)为两端固定等截面转角位移方程。

3. 一端固定、另一端铰支梁的转角位移方程

如图18-4所示,一端固定,另一端铰支梁的转角位移方程为

$$M_{AB} = 3\dfrac{EI}{l}\varphi_A - 3\dfrac{EI}{l^2}\Delta + M_{AB}^F$$

$$M_{BA} = 0$$

假定 $i = \dfrac{EI}{l}$,$\beta_{AB} = \dfrac{\Delta}{l}$,则

$$\begin{cases} M_{AB} = 3i\varphi_A - \dfrac{3i}{l}\Delta + M_{AB}^F \\ M_{BA} = 0 \end{cases} \tag{18-3}$$

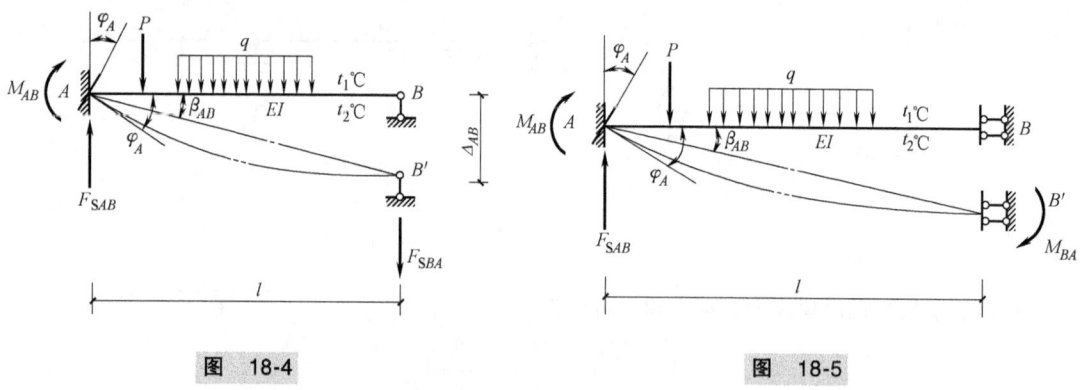

图 18-4　　　　　　　　　　　　图 18-5

4. 一端固定、另一端定向支承梁的转角位移方程

如图18-5所示,一端固定、另一端定向支承梁的转角位移方程为

$$\begin{cases} M_{AB} = i\varphi_A + M_{AB}^F \\ M_{BA} = -i\varphi_A + M_{BA}^F \end{cases} \tag{18-4}$$

5. 单跨超静定梁的形常数和载常数

为了在后续位移法计算中应用方便,通常将常见等截面单跨超静定梁在杆端单位位移

($\theta_A = 1$,$\Delta = 1$)及常见荷载作用下的杆端力制成表格,以备查用。其中,由单位杆端位移引起的杆端力为等截面直杆的刚度系数,刚度系数只与杆件的材料性质、截面尺寸及几何形状有关,故称为形常数;由荷载或温度变化引起的杆端力称为载常数。

等截面直杆的形常数表和载常数表见表 18-1 和表 18-2。

表 18-1 等截面直杆的形常数

编号	计算简图	杆端弯矩		杆端剪力	
		M_{AB}	M_{BA}	F_{QAB}	F_{QBA}
1		$\dfrac{4EI}{l}=4i$	$\dfrac{2EI}{l}=2i$	$-\dfrac{6EI}{l}=-\dfrac{6i}{l}$	$-\dfrac{6EI}{l}=-\dfrac{6i}{l}$
2		$-\dfrac{6EI}{l^2}=-\dfrac{6i}{l}$	$-\dfrac{6EI}{l^2}=-\dfrac{6i}{l}$	$\dfrac{12EI}{l^3}=\dfrac{12i}{l^2}$	$\dfrac{12EI}{l^3}=\dfrac{12i}{l^2}$
3		$\dfrac{3EI}{l}=3i$	0	$-\dfrac{3EI}{l^2}=-\dfrac{3i}{l}$	$-\dfrac{3EI}{l^2}=-\dfrac{3i}{l}$
4		$-\dfrac{3EI}{l^2}=-\dfrac{3i}{l}$	0	$\dfrac{3EI}{l^3}=\dfrac{3i}{l^2}$	$\dfrac{3EI}{l^3}=\dfrac{3i}{l^2}$
5		$\dfrac{EI}{l}=i$	$-\dfrac{EI}{l}=-i$	0	0

表 18-2 等截面直杆的载常数

编号	计算简图	固端弯矩		固端剪力	
		M_{AB}^F	M_{BA}^F	F_{QAB}^F	F_{QBA}^F
1		$-\dfrac{ql^2}{12}$	$\dfrac{ql^2}{12}$	$\dfrac{ql}{2}$	$-\dfrac{ql}{2}$
2		$-\dfrac{F_P ab^2}{l^2}$	$\dfrac{F_P a^2 b}{l^2}$	$\dfrac{F_P b^2(1+2a)}{l^3}$	$-\dfrac{F_P a^2(1+2b)}{l^3}$

(续)

编号	计算简图	固端弯矩		固端剪力	
		M_{AB}^F	M_{BA}^F	F_{QAB}^F	F_{QBA}^F
3		$-\dfrac{F_P l}{8}$	$\dfrac{F_P l}{8}$	$\dfrac{F_P}{2}$	$-\dfrac{F_P}{2}$
4		$-\dfrac{ql^2}{8}$	0	$\dfrac{5}{8}ql$	$-\dfrac{3}{8}ql$
5		$-\dfrac{F_P b(l^2-b^2)}{2l^2}$	0	$\dfrac{F_P b(3l^2-b^2)}{2l^3}$	$-\dfrac{F_P a^2(3l-a)}{2l^3}$
6		$-\dfrac{3F_P l}{16}$	0	$\dfrac{11}{16}F_P$	$-\dfrac{5}{16}F_P$
7		$-\dfrac{ql^2}{3}$	$-\dfrac{ql^2}{6}$	ql	0
8		$-\dfrac{F_P a(2l-a)}{2l}$	$-\dfrac{F_P a^2}{2l}$	F_P	0
9		$-\dfrac{3F_P l}{8}$	$-\dfrac{F_P l}{8}$	F_P	0
10		$-\dfrac{F_P l}{2}$	$-\dfrac{F_P l}{2}$	F_P	$F_{QB}^{左}=F_P$ $F_{QB}^{右}=0$
11		$-\dfrac{EI\alpha\Delta t}{h}$ ($\Delta t=t_2-t_1$)	$\dfrac{EI\alpha\Delta t}{h}$	0	0
12		$-\dfrac{3EI\alpha\Delta t}{2h}$ ($\Delta t=t_2-t_1$)	0	$\dfrac{3EI\alpha\Delta t}{2hl}$	$\dfrac{3EI\alpha\Delta t}{2hl}$
13		$-\dfrac{EI\alpha\Delta t}{h}$ ($\Delta t=t_2-t_1$)	$\dfrac{EI\alpha\Delta t}{h}$	0	0

18.3 位移法的基本未知量和基本结构

1. 位移法基本未知量

位移法基本未知量为结点独立位移,包括结点的独立角位移和独立线位移。为了减少未知量数量,引入两个假设;忽略轴向力产生的轴向变形,认为变形后的曲杆与原直杆等长;变形后的曲杆长度与其弦等长。

结构中每一个刚结点为一个独立的角位移,结构上刚结点数即为位移法的结点角位移数。每个结点有两个线位移,若结构中结点的线位移一致,可视为一个线位移。独立线位移数可用几何方法确定;将结构中所有刚结点和固定支座,代之以铰结点和铰支座,分析新体系的几何构造性质,若为几何可变体系,则通过增加支座链杆使其变为无多余约束的几何不变体系,所需增加的链杆数,即为原结构位移法计算时的线位移数。如图 18-6 所示结构,有 C、D 两个刚结点,因此结构有两个角位移;结点 C 和 D 水平位移相同,竖向位移为零,因此结构有一个线位移。图 18-6b 所示结构,结点 D、E、F 为铰结点,其水平位移相同,竖向位移为零,此结构有一个线位移。图 18-6c 所示结构,有 C、D、E、F 共 4 个刚结点,因此有 4 个角位移;结点 C 和 D 水平位移相同,结点 E 和 F 水平位移相同,竖向位移为零,因此有两个线位移。

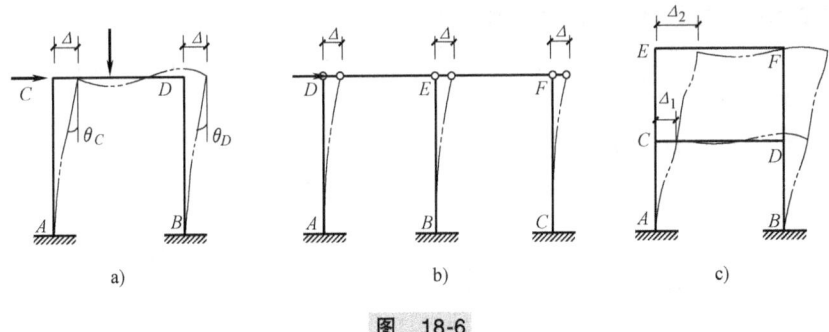

图 18-6

2. 位移法基本结构

在原结构刚结点上施加附加刚臂,线位移方向施加附加链杆得到的结构为位移法基本结构。对附加刚臂而言,其阻止刚结点的转动,但不能阻止结点的线位移;对附加支座链杆而言,其阻止结点的线位移,但不阻止结点的转动。

如图 18-7a 所示刚架,在刚结点 1、3 处分别加上刚臂,在结点 3 处加上一根水平支座链杆,则原结构的每根杆件都成为单跨超静定梁。这个单跨超静定梁的组合体称为位移法的基本结构,如图 18-7b 所示。

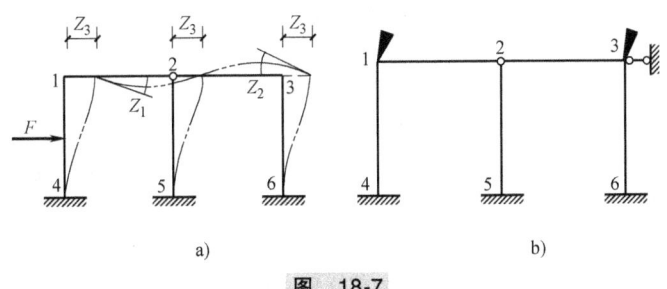

图 18-7

a) 原结构 b) 基本结构

【例 18-1】 确定图 18-8 所示各结构体系的线位移和角位移数目。

【解】 1) 图 18-8a 所示刚架,结点 1、3、4 为刚结点,结点 2 为组合结点,也视为 1 个刚结点,因此结构角位移数目为 4。结点 1、2 水平线位移相同,竖向线位移为零,结点 3、4 水平线位移相同,竖向线位移为零,因此结构线位移数目为 2。

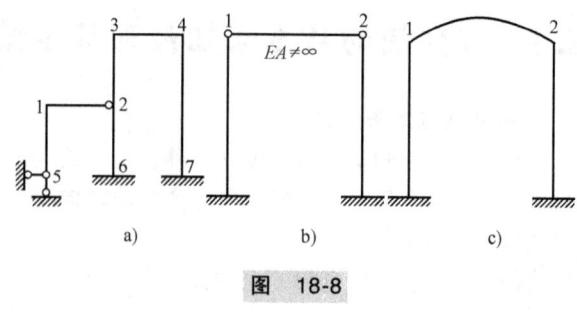

图 18-8

2) 图 18-8b 所示刚架,由于杆件 12 的抗拉刚度 $EA \neq \infty$,12 杆可以拉伸或压缩,因此结点 1 和结点 2 之间的水平线位移不同,结构线位移数目为 2。

3) 图 18-8c 所示刚架,由于杆件 12 为曲线杆件,杆件两端的水平线位移不相等,因此结构角位移数目为 2,结构线位移数目为 2。

18.4 位移法的典型方程及其应用

1. 确定基本未知量数目及位移法基本体系

如图 18-9a 所示连续梁(EI 为常数),只有一个独立结点角位移 Z_1。在结点 B 加一附加刚臂得到基本结构。

荷载和基本未知量共同作用下的基本结构称为基本体系,如图 18-9b 所示。

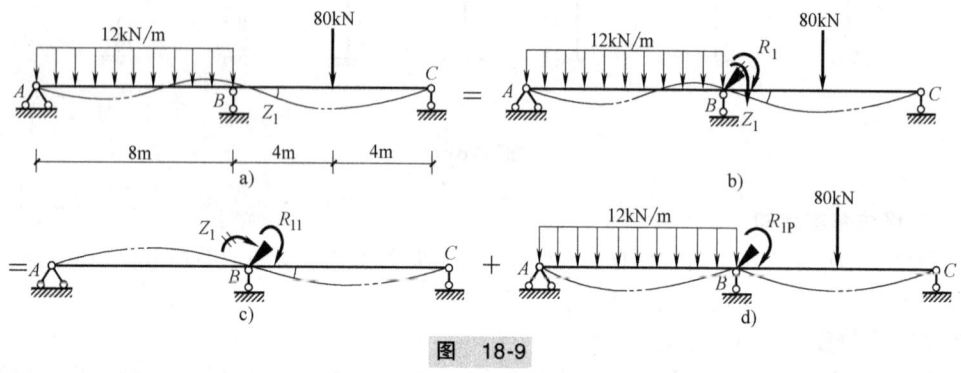

图 18-9

2. 建立位移法方程

基本体系在荷载与基本未知量共同作用下,附加刚臂中存在附加约束反力矩 R_1。若使基本体系与原结构等效,使原结构与基本体系的受力和变形一致,则需去掉刚臂,令附加刚臂中的反力矩为零,即

$$R_1 = 0$$

为此将基本体系进行分解:一部分为基本未知量单独作用于基本结构,如图 18-9c 所示,强制附加刚臂产生转角 Z_1,附加刚臂中的反力矩记为 R_{11};一部分为荷载单独作用于基本结构,如图 18-9d 所示,附加刚臂约束结点 B 的转动,结点 B 的转角为零,附加刚臂中的反力矩记为 R_{1P}。附加刚臂中的反力矩可写为

$$R_1 = R_{11} + R_{1P} = 0$$

式中,R_{11} 与 R_{1P} 表示附加约束中的反力矩,第一个下标表示该反力矩所属的附加约束,第二个

下标表示引起反力矩的原因。设 r_{11} 表示单位位移 $Z_1=1$ 引起的附加刚臂中的反力矩，则上式改写为

$$r_{11}Z_1+R_{1P}=0 \quad (18-5)$$

上式为位移法基本方程，其实质是附加约束中的反力平衡条件。式中 r_{11} 为系数，R_{1P} 为自由项。

3. 确定系数与自由项

欲求系数和自由项，则需要绘制基本结构在未知量 $Z_i=1$ 单独作用以及荷载单独作用下的弯矩图 $\overline{M}_1$ 图和 M_P 图，并通过结点平衡求得系数和自由项。基本结构为单跨超静定梁的组合体，每根梁的弯矩图可通过查表 8-1 和表 8-2 获得。如基本结构在 $Z_i=1$ 单独作用下的弯矩图，AB 杆件和 CD 杆的弯矩通过查表 8-1 第 3 项来绘制，如图 18-10a 所示；基本结构荷载单独作用下的弯矩图，AB 杆件和 CD 杆的弯矩分别通过查表 8-2 第 4 项、第 5 项来绘制，如图 18-10b 所示。

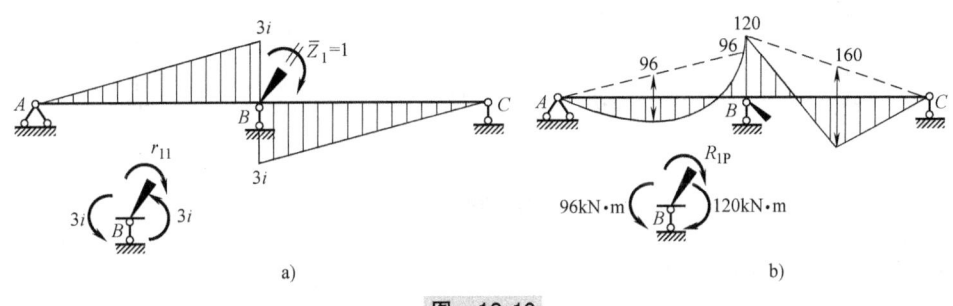

图 18-10

a) $\overline{M}_1$ 图 b) M_P 图（单位：kN·m）

如图 18-10a 所示，取结点 B 为隔离体，由 $\sum M_B=0$，可得 $r_{11}=3i+3i=6i$，其中，$i=\dfrac{EI}{3}m$

如图 18-10b 所示，取结点 B 为隔离体，由 $\sum M_B=0$，可得 $R_{1P}=-24\text{kN}\cdot\text{m}$

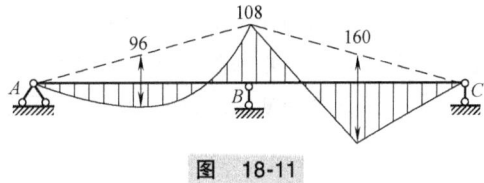

图 18-11

4. 求解结点位移并绘制结构弯矩图

将 r_{11} 和 R_{1P} 代入式（18-5）可得

$$Z_1=-\dfrac{R_{1P}}{r_{11}}=\dfrac{4}{i}\text{kN}\cdot\text{m}$$

结构的最后弯矩图由叠加法绘制，如图 18-11 所示。

$$M=Z_1\overline{M}_1+M_P \quad (18-6)$$

5. 位移法典型方程

如图 18-12a 所示刚架，荷载作用下 13 杆和 24 杆产生侧移，称为有侧移结构。在刚结点 1 施加附加刚臂阻止结点的转动，在结点 1、2 水平位移方向施加附加链杆阻止结点产生水平线位移，形成基本体系，如图 18-12b 所示。若使基本体系与原结构受力与变形一致，则附加刚臂与附加链杆中的反力为零，$R_1=0$，$R_2=0$。将未知量 $Z_1=1$、未知量 $Z_2=1$、荷载分别作用于基本结构，则有

$$R_1=R_{11}+R_{12}+R_{1P}=0 \quad (18\text{-}7\text{a})$$
$$R_2=R_{21}+R_{22}+R_{2P}=0 \quad (18\text{-}7\text{b})$$

令 r_{11}、r_{12} 分别表示 $Z_1=1$、$Z_2=1$ 引起的刚臂上的反力矩，r_{21}、r_{22} 分别表示 $Z_1=1$、$Z_2=1$

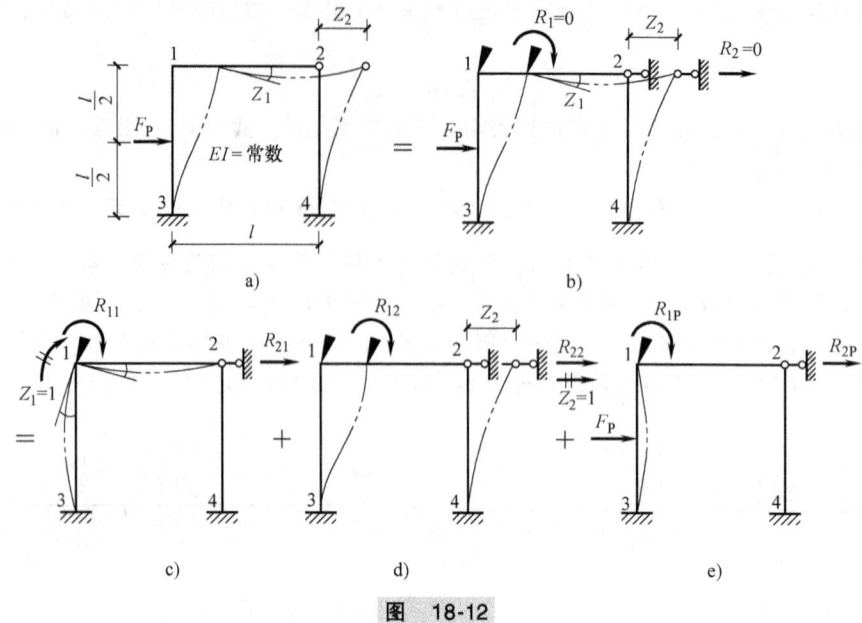

图 18-12

引起的链杆上的反力。由此可得

$$r_{11}Z_1 + r_{12}Z_2 + R_{1P} = 0 \tag{18-8a}$$

$$r_{21}Z_1 + r_{22}Z_2 + R_{2P} = 0 \tag{18-8b}$$

式（18-8）的物理意义为：基本结构在荷载等外因和各结点位移的共同作用下，每一个附加联系上的附加反力矩和附加反力都应等于零，即原结构的静力平衡条件。

对于具有 n 个独立结点位移的结构，可建立 n 个方程如下

$$\begin{cases} r_{11}Z_1 + \cdots + r_{1i}Z_i + \cdots + r_{1n}Z_n + R_{1P} = 0 \\ \vdots \qquad \vdots \qquad \vdots \qquad \vdots \\ r_{i1}Z_1 + \cdots + r_{ii}Z_i + \cdots + r_{in}Z_n + R_{iP} = 0 \\ \vdots \qquad \vdots \qquad \vdots \qquad \vdots \\ r_{n1}Z_1 + \cdots + r_{ni}Z_i + \cdots + r_{nn}Z_n + R_{nP} = 0 \end{cases} \tag{18-9}$$

式（18-9）为位移法典型方程。方程中主斜线上的系数 r_{ii} 为主系数，恒为正值；其他系数 r_{ij}（$i \neq j$）为副系数，可为正、负或零，其中 $r_{ij} = r_{ji}$（反力互等定理）。典型方程中的系数 r_{ij} 表示：当 $Z_j = 1$ 单独作用于基本结构时，在第 i 个附加约束上产生的反力；R_{iP} 为自由项，表示荷载单独作用于基本结构时，在第 i 个附加约束上，产生的反力。系数 r_{ij} 及自由项 R_{iP} 与结点位移的方向一致时为正，反之为负。

6. 位移法的计算步骤

1）确定基本未知量和基本体系：独立的结点角位移和线位移，加入附加约束得到基本结构。

2）建立位移法的典型方程：各附加约束上的反力矩或反力均应等于零。

3）绘弯矩图：绘制基本结构在各单位结点位移 $Z = 1$ 和荷载 F_P 作用下的弯矩图 $\overline{M}_i$ 图和 M_P 图，由平衡条件求系数和自由项。

4)解典型方程:求出作为基本未知量的各结点位移。

5)绘制最后弯矩图:用叠加法绘制结构弯矩图 $M = \sum \overline{M}_i Z_i + M_P$。

【例 18-2】 求图 18-13a 所示刚架的支座 A 产生转角 φ,支座 B 产生竖向位移 $\Delta = \dfrac{3}{4}l\varphi$。试用位移法绘其弯矩图,$E$ 为常数。

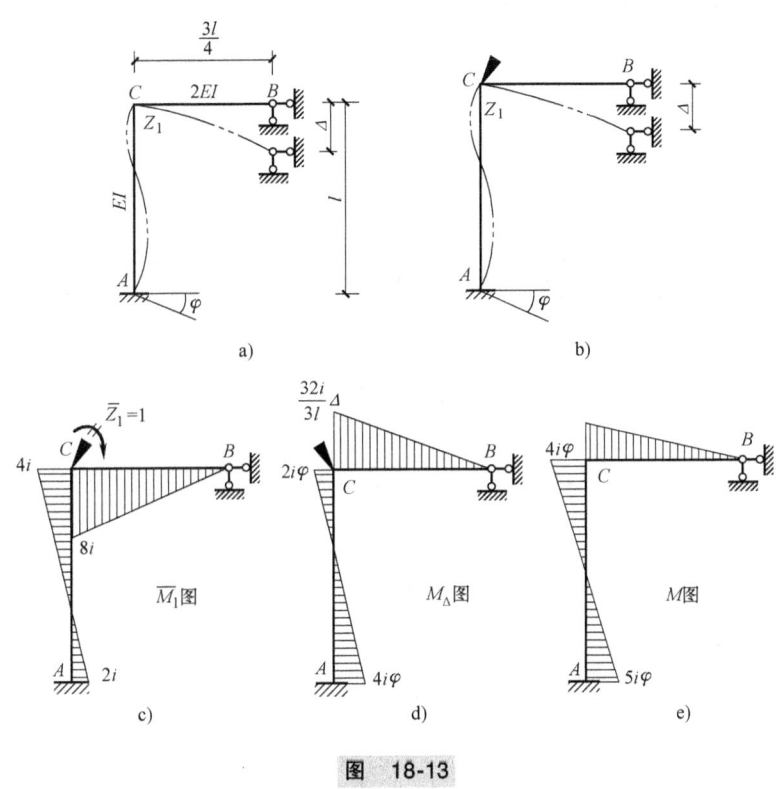

图 18-13

a) 刚架及变形 b) 基本体系 c) $\overline{M}_1$ 图 d) M_Δ 图 e) M 图

【解】 1)确定基本未知量及基本体系,列位移法方程,结点 C 的角位移为基本未知量 Z_1,基本体系如图 18-13b 所示。

典型方程为

$$r_{11}Z_1 + R_{1\Delta} = 0$$

2)绘弯矩图 $\overline{M}_1$ 图和 M_P 图,如图 18-13c、d 所示求系数和自由项。取结点 C 为隔离体,解得

$$r_{11} = 12i, R_{1\Delta} = -6i\varphi$$

3)求未知量 Z_1,代入经典方程解得

$$Z_1 = -\frac{R_{1\Delta}}{r_{11}} = \frac{\varphi}{2}$$

4)绘制最后的弯矩图,可以按照叠加法绘制,即

$$M = Z_1\overline{M}_1 + M_\Delta$$

绘制的弯矩图,如图 18-13e 所示。

18.5 直接由平衡条件建立位移法基本方程

用位移法计算超静定刚架时,需要施加附加刚臂和链杆以取得基本结构,再利用附加刚臂和附加链杆上的总反力、反力偶等于零的条件建立位移法的基本方程,而基本方程的实质就是反映原结构的平衡条件。因此可直接由平衡条件建立位移法基本方程。

图 18-14a 所示刚架用位移法求解时有两个基本未知量,刚结点 1 的转角 Z_1,结点 1、2 的水平位移 Z_2。

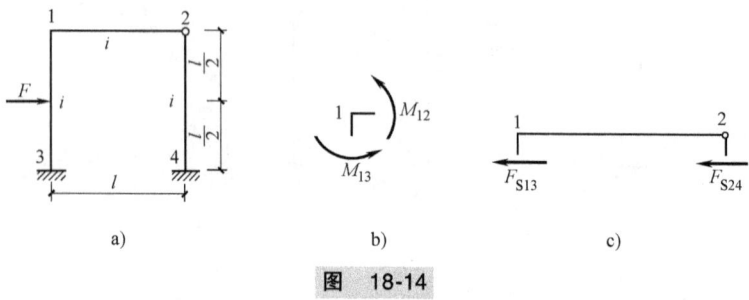

图 18-14

如图 18-14b 所示,由结点 1 的力矩平衡条件 $\sum M_1 = 0$,得

$$M_{12} + M_{13} = 0$$

如图 18-14c 所示,由隔离体的投影平衡条件 $\sum F_x = 0$,得

$$F_{S13} + F_{S24} = 0$$

设 Z_1 顺时针方向为正,Z_2 向右为正,可得

$$M_{13} = 4iZ_1 - \frac{6i}{l}Z_2 + \frac{Fl}{8}, \quad M_{12} = 3iZ_1$$

$$F_{S13} = -\frac{6i}{l}Z_1 + \frac{12i}{l^2}Z_2 - \frac{F}{2}, \quad F_{S12} = \frac{3i}{l^2}Z_2$$

由平衡条件得

$$\begin{cases} 7iZ_1 - \dfrac{6i}{l}Z_2 + \dfrac{Fl}{8} = 0 \\ -\dfrac{6i}{l}Z_1 + \dfrac{15i}{l^2}Z_2 - \dfrac{F}{2} = 0 \end{cases}$$

由上式求出 Z_1、Z_2 后,各杆端弯矩通过转角位移方程求得。

18.6 力矩分配法

计算超静定结构,不管采用力法或者位移法,都要组成和解算方程组。力矩分配法的理论基础是位移法,其特点是避免组成和解算方程组,易于掌握,适合手算,可不计算结点位移而直接求得杆端弯矩。力矩分配法适用于连续梁和无结点线位移的刚架计算。

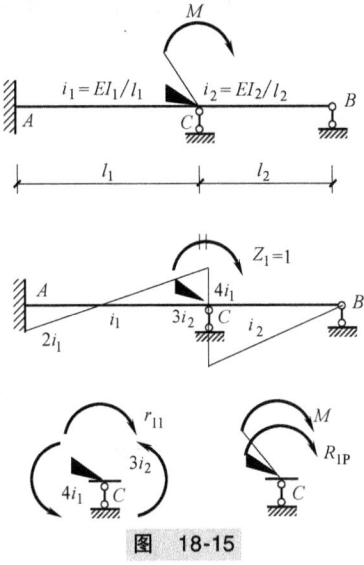

如图 18-15 所示，由此可得出

$$r_{11} = 4i_1 + 3i_2$$

$$R_{1P} = -M$$

$$Z_1 = M \times \frac{1}{4i_1 + 3i_2}$$

$$M_{CA} = M \times \frac{4i_1}{4i_1 + 3i_2}$$

$$M_{CB} = M \times \frac{3i_2}{4i_1 + 3i_2}$$

$$M_{AC} = M_{CA} \times \frac{2i_1}{4i_1}$$

$$M_{BC} = M_{CB} \times \frac{0}{3i_2}$$

由上述分析可知，结点力偶可按如下系数分配、传递到杆端。

$$\begin{cases} \mu_{CA} = \dfrac{4i_1}{4i_1 + 3i_2} \\ \mu_{CB} = \dfrac{3i_2}{4i_1 + 3i_2} \\ C_{CA} = \dfrac{1}{2}, C_{CB} = 0 \end{cases}$$

即

$$\begin{cases} M_{CA} = M \times \mu_{CA} \\ M_{CB} = M \times \mu_{CB} \\ M_{AC} = M_{CA} \times C_{CA} \\ M_{BC} = M_{CB} \times C_{CB} \end{cases}$$

如果外荷载不是结点力偶，情况又如何呢？如图 18-16 所示，相当的 C 点集中力偶 M 为

$$M = (-M_{CA}^F + M_{CB}^F)$$

叠加得最终杆端弯矩为

$$\begin{cases} M_{CA} = M \times \mu_{CA} + M_{CA}^F \\ M_{CB} = M \times \mu_{CB} + M_{CB}^F \\ M_{AC} = M \times \mu_{CA} \times C_{CA} + M_{AC}^F \\ M_{BC} = M \times \mu_{CB} \times C_{CB} + M_{BC}^F \end{cases}$$

为进一步推广，先引进一些基本概念。

1. 转动刚度

如图 18-17 所示，杆件 AB 的 A 端转动单位角时，A 端（近端）的弯矩 M_{AB} 称为该杆端的转动刚度，用 S_{AB} 表示。转动刚度标志该杆端抵抗转动能力的大小，又称为劲度系数。与杆件的线刚度及杆件另一端（远端）的支承情况有关。

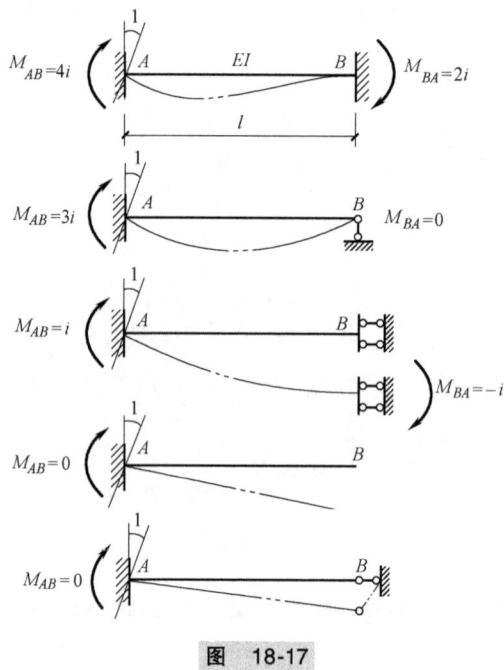

图 18-17

2. 传递系数

远端（B 端）弯矩与近端（A 端）弯矩的比值称为传递系数，用 C_{AB} 表示

$$C_{AB} = \frac{M_{BA}}{M_{AB}} \tag{18-10}$$

等截面直杆的转动刚度和传递系数见表 18-3。

表 18-3 等截面直杆的转动刚度和传递系数

远端支承情况	转动刚度 S	传递系数 C	远端支承情况	转动刚度 S	传递系数 C
固定	$4i$	0.5	滑动	i	-1
铰支	$3i$	0	自由或轴向支杆	0	0

力矩分配法是位移法演变而来的一种结构计算方法，故其结点角位移、杆端力的符号规定均与位移法相同。

【例 18-3】 如图 18-18 所示，采用力矩分配法分析结构并绘制弯矩图，各杆 EI 均为常数。

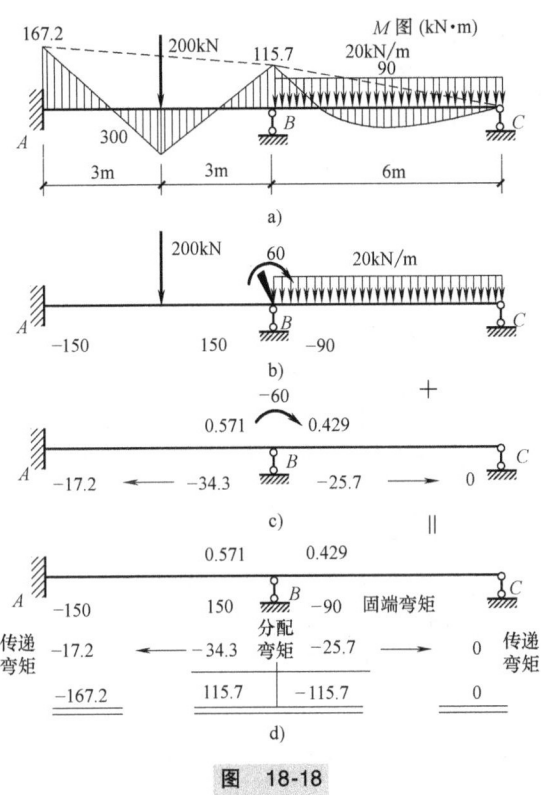

图 18-18

(1) 计算各杆转动刚度与分配系数

转动刚度

$$S_{BA} = 4i, S_{BC} = 3i$$

分配系数

$$\mu_{BA} = \frac{4i}{4i+3i} = 0.571, \mu_{BC} = \frac{3i}{4i+3i} = 0.429$$

(2) 计算各杆固端弯矩

$$M_{AB}^F = \frac{-200\text{kN} \times 6\text{m}}{8} = -150\text{kN} \cdot \text{m}$$

$$M_{BA}^F = 150\text{kN} \cdot \text{m}$$

$$M_{BC}^F = -\frac{20\text{kN/m} \times 6^2 \text{m}^2}{8} = -90\text{kN} \cdot \text{m}$$

$$M_B = M_{BA}^F + M_{BC}^F = 60\text{kN} \cdot \text{m}$$

然后放松结点 B，即加 $-60\text{kN} \cdot \text{m}$ 进行分配。

(3) 分配和传递力矩，计算过程如图 18-20b 所示。

【例 18-4】 试用弯矩分配法计算图 18-20 所示连续梁，绘弯矩图，各杆 EI 均相等。

【解】 (1) 计算各杆端分配系数

$$\mu_{BA} = \frac{4i}{4i+3i} = 0.571, \mu_{BC} = \frac{3i}{4i+3i} = 0.429$$

(2) 计算固端弯矩

$$M_{AB}^F = -\frac{F_P l}{8} = -\frac{40\text{kN} \times 4\text{m}}{8} = -20\text{kN} \cdot \text{m}$$

$$M_{BA}^F = 20\text{kN} \cdot \text{m}$$

$$M_{BC}^F = -\frac{ql^2}{8} = -40\text{kN} \cdot \text{m}$$

$$M_{CB}^F = 0$$

进行力的分配与传递，如图 18-19 所示。

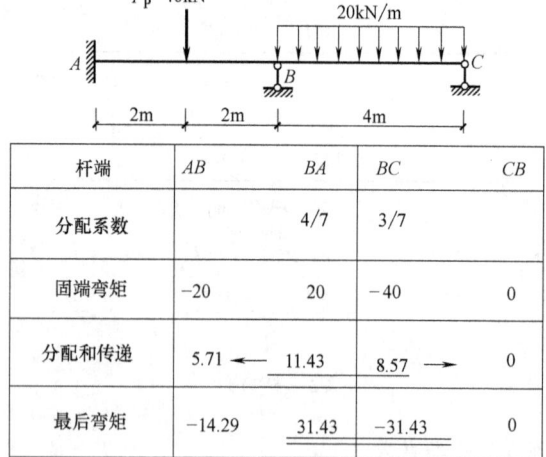

杆端	AB	BA	BC	CB
分配系数		4/7	3/7	
固端弯矩	−20	20	−40	0
分配和传递	5.71 ←	11.43	8.57 →	0
最后弯矩	−14.29	31.43	−31.43	0

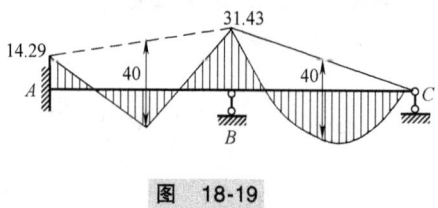

图 18-19

(3) 计算杆端最后弯矩

将固端弯矩和分配弯矩、传递弯矩叠加，便可得到各杆端的最后弯矩。据此可描绘出刚架的弯矩图，如图 18-19 所示。

通过【例 8-3】和【例 8-4】我们可以得出力矩分配法求解连续梁的基本计算步骤：

1) 固定结点。加入刚臂，产生不平衡力矩；各杆端有固端弯矩。

2) 放松结点。在结点上加上一个反号的不平衡力矩，计算各近端的分配弯矩及各远端的传递弯矩。

3) 各杆端弯矩。近端＝固端弯矩＋分配弯矩；远端＝固端弯矩＋传递弯矩。

对于多结点的连续梁、无结点位移的刚架，其计算方法与单结点的连续梁相同。

【例 18-5】 试作图 18-20a 所示刚架的弯矩图。

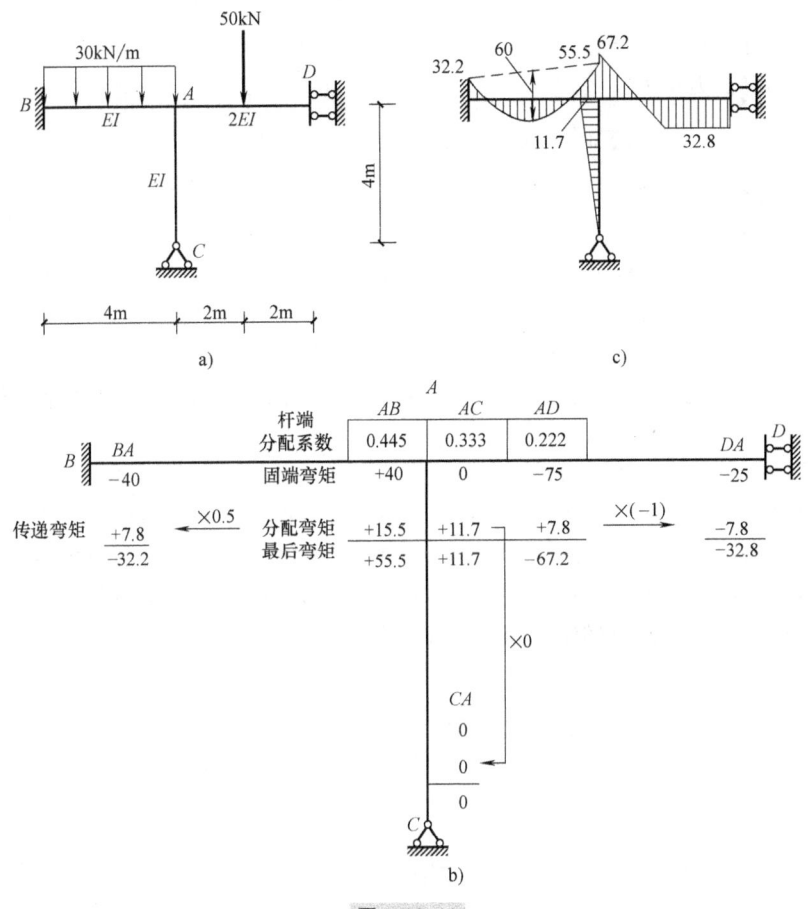

图 18-20

【解】 （1）计算各杆端分配系数

令
$$i_{AB} = i_{AC} = \frac{EI}{4} = 1，则 i_{AD} = 2$$

$$\mu_{AB} = \frac{4 \times 1}{4 \times 1 + 3 \times 1 + 2} = \frac{4}{9} \approx 0.445$$

$$\mu_{AC} = \frac{3}{9} \approx 0.333$$

$$\mu_{AD} = \frac{2}{9} \approx 0.222$$

（2）计算固端弯矩（查表 18-2 计算）。

$$M_{AB}^F = \frac{30\text{kN/m} \times 4^2 \text{m}^2}{12} = 40\text{kN} \cdot \text{m}$$

$$M_{BA}^F = -\frac{30\text{kN/m} \times 4^2 \text{m}^2}{12} = -40\text{kN} \cdot \text{m}$$

$$M_{AD}^F = -\frac{3 \times 50\text{kN} \times 4\text{m}}{8} = -75\text{kN} \cdot \text{m}$$

$$M_{DA}^F = -\frac{50\text{kN} \times 4\text{m}}{8} = -25\text{kN} \cdot \text{m}$$

(3) 进行力矩的分配和传递

结点 A 的不平衡力矩为

$$\sum M_{Aj}^F = 40\text{kN} \cdot \text{m} - 75\text{kN} \cdot \text{m} = -35\text{kN} \cdot \text{m}$$

计算过程如图 18-20b 所示，计算杆端最后弯矩，并绘制弯矩图如图 18-20c 所示。

3. 多结点力矩分配

对于具有多个结点转角但无结点线位移（简称无侧移）的结构，只需依次对各结点使用上节所述方法便可求解。做法是：先将所有结点固定，计算各杆固端弯矩；然后将各结点轮流地放松，即每次只放松一个结点，其他结点仍暂时固定，这样把各结点的不平衡力矩轮流地进行分配、传递，直到传递弯矩小到可略去时为止，以这样的逐次渐近方法来计算杆端弯矩如图 18-21 所示。

力矩分配的过程是逐步放松约束，使刚结点产生转角的过程，多次分配后，转角基本接近实际情况。单结点力矩分配法得到精确解；多结点力矩分配法得到渐近解。计算的精度按工程要求，前后两次相差<5%时，结束。通常要求 2~3 轮，首先从结点不平衡力矩绝对值较大的结点开始，结点不平衡力矩要变号分配，不能同时放松相邻结点（因定不出其转动刚度和传递系数），但可以同时放松所有不相邻的结点，以加快收敛速度。

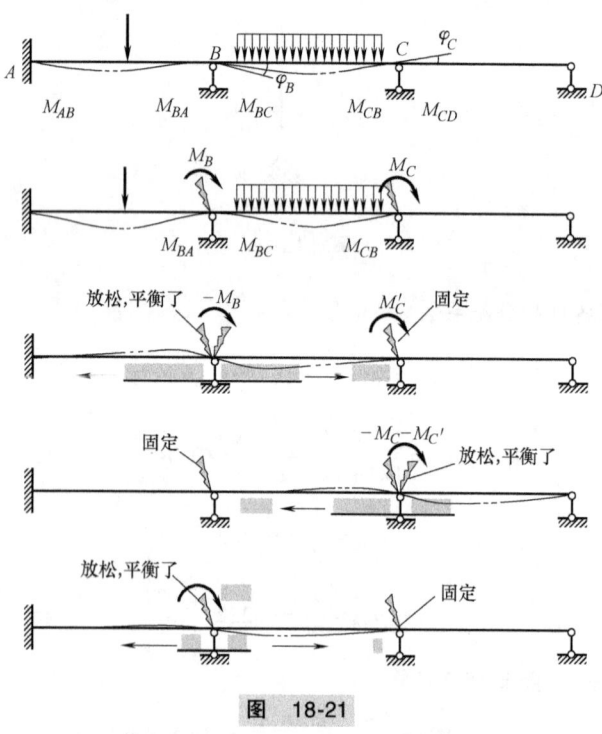

图 18-21

【**例 18-6**】 用力矩分配法列表计算图 18-22 所示连续梁。

【**解**】 （1）计算各杆端分配系数

令 $i_{AB} = i_{CD} = \frac{1}{6}$，$i_{BC} = \frac{2}{8} = \frac{1}{4}$

第18章
位移法与力矩分配法

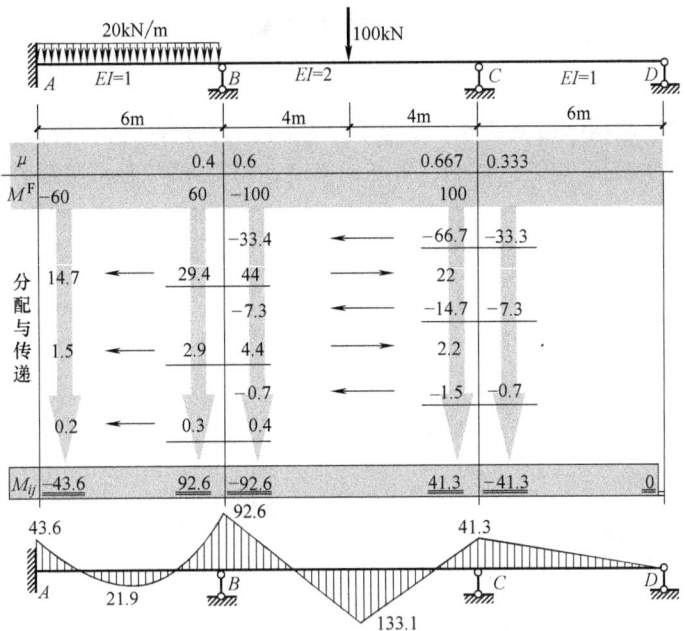

图 18-22

故
$$\begin{cases} S_{BA} = 4 \times \dfrac{1}{6} = \dfrac{2}{3} \\ S_{BC} = 4 \times \dfrac{1}{4} = 1 \\ S_{CD} = 3 \times \dfrac{1}{6} = \dfrac{1}{2} \\ S_{CB} = 4 \times \dfrac{1}{4} = 1 \end{cases}$$

$$\mu_{BA} = \dfrac{\dfrac{2}{3}}{1+\dfrac{2}{3}} = 0.4$$

$$\mu_{BC} = 0.6$$

$$\mu_{CB} = \dfrac{1}{1+\dfrac{1}{2}} \approx 0.667$$

$$\mu_{CD} = 0.333$$

(2) 计算固端弯矩 (查表 18-2 计算)

$$M_{BC}^{F} = -100 \text{kN} \cdot \text{m}$$
$$M_{BA}^{F} = 60 \text{kN} \cdot \text{m}$$
$$M_{CB}^{F} = 100 \text{kN} \cdot \text{m}$$
$$M_{CD}^{F} = 0 \text{kN} \cdot \text{m}$$

(3) 进行力矩的分配和传递, 计算过程和绘制的弯矩图如图 18-22 所示。

思考题与习题

一、填空题

1. 欲使图 18-23a 所示结构结点 B 产生单位位移，各杆长度均为 l，应施加的力为 _____。

2. 图 18-23b 所示结构，各杆长为 l，链杆的 $EA = EI/l^2$，用位移法求解时，典型方程的系数 $r_{11} =$ _____。

3. 图 18-23c 所示结构，各杆长为 l，用位移法求解时，典型方程的系数 $r_{11} =$ _____，自由项 $R_{1P} =$ _____。

4. 已知刚架的弯矩图如图 18-23d 所示，各杆 EI 为常数，杆长 $l = 4\text{m}$，则结点 B 的转角 $\varphi_B =$ _____。

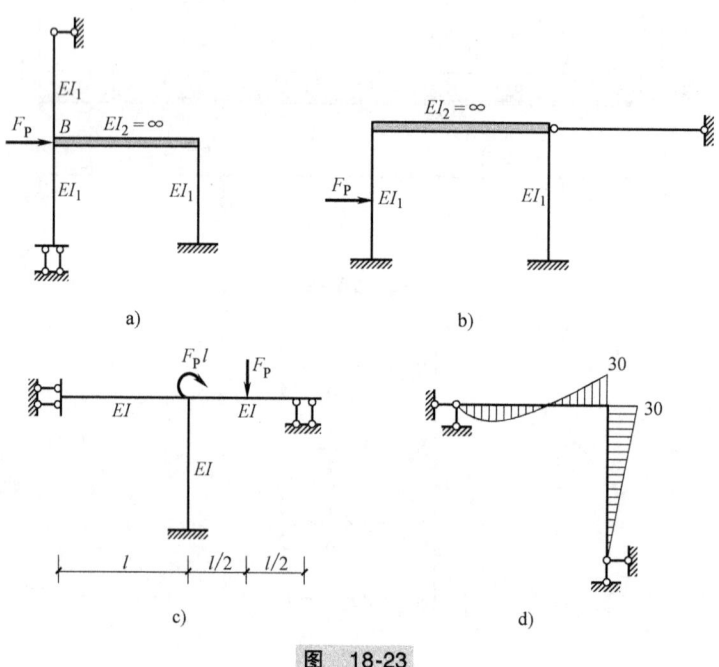

图 18-23

二、计算题

试绘制图 18-24 所示弹性支承连续梁的弯矩图，弹性支座刚度梁的 $EI =$ 常数。

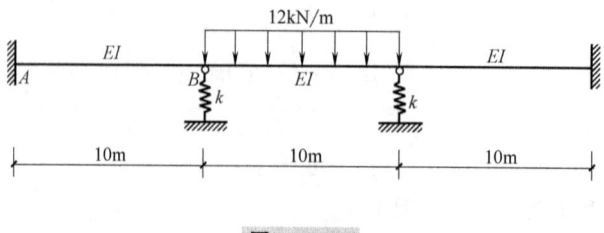

图 18-24

第 19 章

影响线及其应用

学习目标

掌握移动荷载和影响线的概念，掌握静力法作单跨静定梁的影响线，了解间接荷载作用下的影响线，熟悉静力法作桁架结构的影响线，熟悉机动法作单跨静定梁的影响线。

前面所讨论的结构受力分析问题中，结构所受的荷载是固定荷载，即荷载的大小、方向、作用点是不变的。在给定的固定荷载作用下，通过求解得到的结构内力图，可以很明确地了解结构内力的分布情况。但实际工程中，有些结构在承受固定荷载的同时，还承受移动荷载的作用，例如桥梁要承受火车、汽车等车辆荷载，厂房吊车梁承受起重机荷载等。在移动荷载作用下，结构内力有何变化规律，结构的最大内力如何求得，这些都是工程设计时需要考虑的问题。本章将研究结构在移动荷载作用下结构内力的分布情况。

19.1 移动荷载和影响线的概念

移动荷载一般是指大小和方向不变，作用点的位置在结构上移动的荷载，如图 19-1 所示，汽车在桥梁上行驶，汽车荷载可用一组间距不变的竖向移动荷载代替。图 19-2 为火车荷载，同样可用间距不变的一组荷载来代替火车对结构的作用。

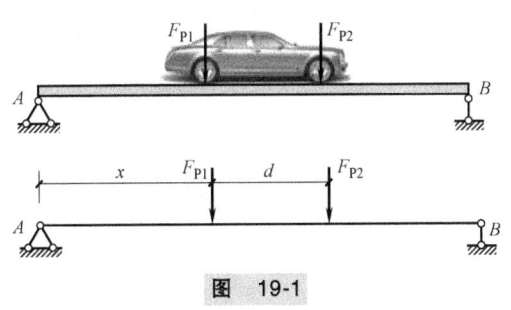

图 19-1

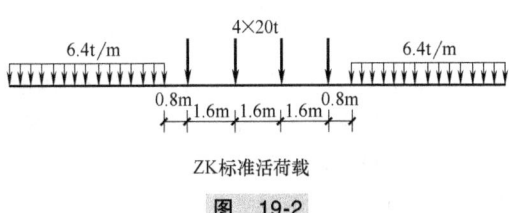

ZK标准活荷载

图 19-2

显然，在移动荷载作用下，结构的支座反力、内力和位移随着荷载位置的改变而变化。对移动荷载作用下的结构进行设计时，需要找出结构支座反力、内力和位移可能产生的最大值，为此，需要解决以下三个问题：

1) 确定结构上某一量值 S（支座反力、内力和位移）随荷载作用位置 x 变化的规律，找出两者之间的函数关系 $S=f(x)$，并用图形表示该函数，即绘制某量值 S 影响线的问题。

2) 根据量值随荷载作用位置的变化规律，找出使量值 S 达到最大时荷载的位置，该位置称为最不利荷载位置，并求出相应的最不利值。

3) 最后确定结构各个截面上内力的变化范围，确定内力的上限和下限，并绘制结构内力包络图。

本章节将解决以上三个内容，即绘制某一指定量值 S 的影响线，找出量值 S 的最不利荷载位置，最后绘制结构的内力包络图。

各种移动荷载中，荷载 $F_P=1$ 为最基本、最典型的移动荷载，在研究某量值的影响线时，为了研究方便，假定荷载 $F_P=1$ 是不带任何单位的、数值为 1、量纲为 1 的量，称之为单位荷载。

图 19-3 所示简支梁 AB，当单位荷载 $F_P=1$ 分别移动到梁的五等分点 A、1、2、3、4、B 时，支座反力 F_A 的数值分别为 1、$\dfrac{4}{5}$、$\dfrac{3}{5}$、$\dfrac{2}{5}$、$\dfrac{1}{5}$、0。现以 A 为原点，荷载位置为横坐标，以支座反力 F_A 作为纵坐标，将支座反力绘制在上述坐标系中，并将各竖坐标顶点连起来，得到的图形表示 $F_P=1$ 在梁上移动时反力 F_A 的变化规律。这一图形称为反力 F_A 的影响线。由此，定义影响线：单位移动荷载 $F_P=1$（通常为竖直向下）

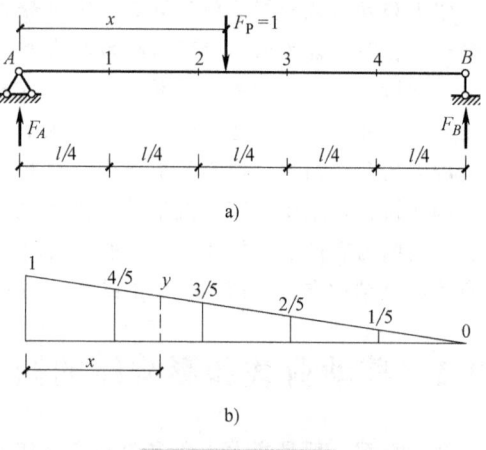

图 19-3 影响线
a) 单位移动荷载 b) 支座反力 F_A 的影响线

沿结构移动时，反映结构某一指定量值 S 变化规律的图形，称为该量值的影响线。某一量值影响线上任一点的横坐标 x 表示单位荷载 $F_P=1$ 的位置，竖标 y 表示 $F_P=1$ 作用于此点时该量值的大小。

绘制影响线的基本方法有两种：静力法和机动法。所谓静力法，就是利用平衡条件得到某指定量值 S 随单位荷载 $F_P=1$ 作用位置变化时的函数关系，然后根据函数关系绘制影响线图形的方法。所谓机动法就是在结构中去除与量值 S 相对应的约束，同时以相应的力代替，然后使得撤除约束后的结构沿着力的正方向发生单位虚位移，根据虚功原理，此时结构的虚位移图就是量值 S 的影响线。

19.2　静力法作单跨静定梁的影响线

采用静力法绘制影响线时，一般有两种方法：直接法和间接法。直接法是指通过平衡方程得到所求量值 S 与荷载作用位置 x 之间的函数关系 $S=f(x)$，该函数关系称为量值 S 的影响线方程，然后根据影响线方程来绘制影响线。间接法不直接求量值 S 的影响线方程，而是根据静力平衡方程获得量值 S 与已知量值 S' 之间的函数关系 $S=f(S')$，然后根据已知量值 S' 的影响线绘制所求量值 S 的影响线。

1. 简支梁影响线

以图 19-4 所示简支梁 AB 为例，绘制支座反力和截面 C 的弯矩和剪力影响线。

（1）支座反力影响线　选取 A 为坐标原点，水平向右为横坐标的正方向，以 x 表示单位移动荷载 $F_P=1$ 的位置。以梁整体作为研究对象，规定支座反力向上为正，由平衡条件 $\sum M_B = 0$ 则有

$$F_A l - F_P (l-x) = 0$$

可得

$$F_A = F_P \frac{l-x}{l} = \frac{l-x}{l} \quad (0 \leqslant x \leqslant l) \tag{19-1}$$

式（19-1）为 F_A 的影响线方程，是 x 的一次方程，是一条直线，可由两个竖坐标确定。

根据影响线方程确定的 F_A 影响线如图 19-4b 所示。绘制影响线时，通常规定正值的竖坐标绘制在基线的上方。

同理，利用平衡方程确定 F_B 的影响线方程，并绘制 F_B 的影响线。

由 $\sum M_A = 0$ 有

$$F_B l - F_P x = 0$$

F_B 的影响线方程为

$$F_B = \frac{x}{l} \quad (0 \leqslant x \leqslant l) \tag{19-2}$$

该方程也是 x 的一次函数，是一段直线，由两点可确定该直线。

根据影响线方程确定的 F_B 影响线如图 19-4c 所示。

式（19-1）、式（19-2）为支座反力影响线。由于单位荷载 $F=1$ 为量纲为 1 的量，因此简支梁反力影响线的竖坐标也是量纲为 1 的量，即为无单位的实数。

（2）弯矩影响线　求简支梁 AB 截面 C 的弯矩 M_C 影响线，并规定弯矩以使梁下侧纤维受拉为正。

当单位荷载 $F_P=1$ 在截面 C 左侧（$0 \leqslant x \leqslant a$）移动时，取截面 C 右侧为隔离体，由平衡条件 $\sum M_C = 0$ 可得

$$M_C = F_B b = \frac{x}{l} b \quad (0 \leqslant x \leqslant a) \tag{19-3a}$$

由上式可知，影响线在截面 C 左侧为一条直线（称为左直线）。

当单位荷载 $F=1$ 在截面 C 右侧（$a \leqslant x \leqslant l$）移动时，取截面 C 左侧为隔离体，由平衡条件 $\sum M_C = 0$ 可得

$$M_C = F_A a = \left(1 - \frac{x}{l}\right) a \quad (a \leqslant x \leqslant l) \tag{19-3b}$$

由上式可知，影响线在截面 C 右侧为一条直线（称为右直线）。

式（19-3）为弯矩 C 的影响线方程，据方程可知，弯矩影响线竖标的量纲为长度。

截面 C 的弯矩影响线如图 19-5a 所示，该图具有以下

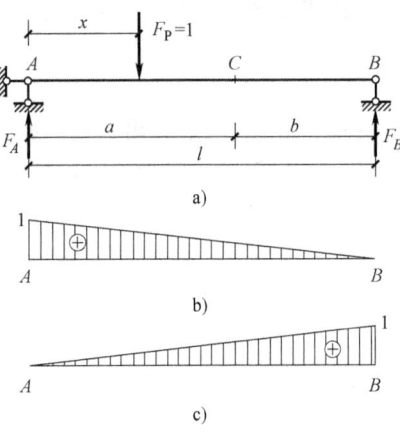

图 19-4　简支梁支座反力影响线
a) 简支梁 AB　b) F_A 影响线　c) F_B 影响线

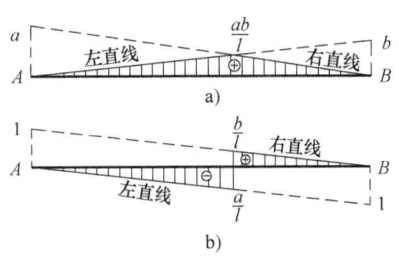

图 19-5　简支梁弯矩和剪力影响线
a) M_C 影响线　b) F_{SC} 影响线

特点：M_C 影响线的左直线、右直线和基线组成一个三角形，三角形的顶点位于截面 C 处，其竖标为 $M_C = \dfrac{ab}{l}$。

由式（19-3）可以看出，左直线可由支座反力 F_B 的影响线乘以常数 b 并取 AC 段得到，右直线可由支座反力 F_A 影响线乘以常数 a 并取 CB 段得到。这种利用已知量值的影响线（F_A、F_B 影响线为已知）来绘制所求量值的影响线的方法称为间接法。采用间接法绘制影响线时较为简便，在今后求解某一量值的影响线时，常常采用此种方法。

（3）剪力影响线　求简支梁 AB 截面 C 的剪力 F_{SC} 影响线，并规定剪力使隔离体顺时针转动为正。当单位荷载 $F=1$ 在截面 C 左侧（$0 \leqslant x \leqslant a$）移动时，取 CB 段为隔离体，由平衡条件 $\sum F_y = 0$ 可得

$$F_{SC} = -F_B = -\dfrac{x}{l} \quad (0 \leqslant x \leqslant a) \tag{19-4a}$$

式（19-4a）表明，当 $0 \leqslant x \leqslant a$ 时，截面 C 的剪力 F_{SC} 影响线也为一条直线，选取 $x=0$ 及 $x=a$ 两点便可确定剪力 F_{SC} 影响线的左直线。或者，将反力 F_B 影响线反号（画在基线下方），并取 AC 段，即可得到剪力 F_{SC} 影响线的左直线（图19-5b）。

当单位荷载 $F_P = 1$ 在截面 C 右侧（$a \leqslant x \leqslant l$）移动时，取 AC 段为隔离体，由平衡条件 $\sum F_y = 0$ 可得

$$F_{SC} = F_A = 1 - \dfrac{x}{l} \quad (a \leqslant x \leqslant l) \tag{19-4b}$$

式（19-4b）表明，当 $a \leqslant x \leqslant l$ 时，截面 C 的剪力 F_{SC} 影响线也为一条直线，选取 $x=a$ 及 $x=l$ 两点便可确定剪力 F_{SC} 影响线的右直线。或者，取反力 F_A 影响线的 CB 段，即可得到剪力 F_{SC} 影响线的右直线（图19-5b）。式（19-4）表明，剪力影响线的竖坐标是量纲为 1 的量。

由图可知，截面 C 的剪力 F_{SC} 影响线具有如下特点：影响线由两段平行的直线组成，在截面 C 处形成突变。当单位荷载 $F_P = 1$ 在 AC 段移动时，截面 C 中产生负剪力；当 $F_P = 1$ 作用在 CB 段上时，截面 C 中产生正剪力。当 $F_P = 1$ 从截面 C 左侧移动到右侧时，影响线中产生突变，突变绝对值为 $\dfrac{a}{l} + \dfrac{b}{l} = 1$。当 $F_P = 1$ 作用在 C 点时，F_{SC} 是不确定的。

2. 伸臂梁的影响线

以图19-6所示结构为例，介绍伸臂梁的影响线。

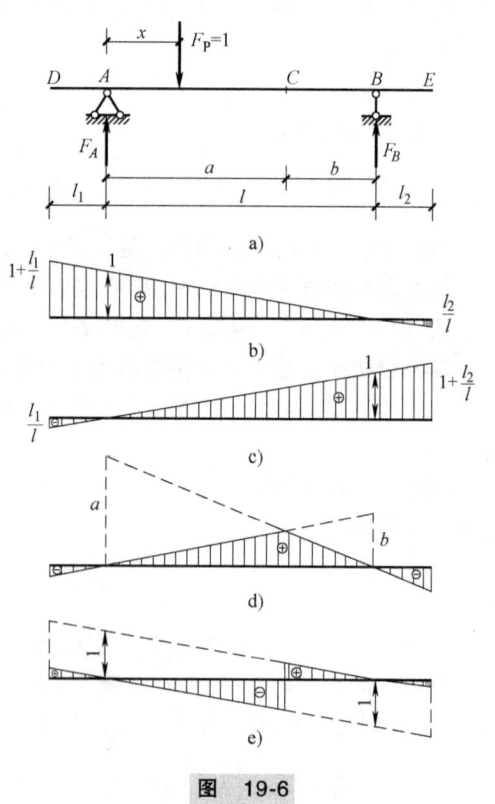

图 19-6

a) 伸臂梁　b) F_A 影响线　c) F_B 影响线
d) M_C 影响线　e) F_{SC} 影响线

（1）反力影响线　以 A 为坐标原点，横坐标以向右为正。当 $F_P = 1$ 作用于梁上任一点时，以结构整体为研究对象，由平衡条件可得

$$\begin{cases} F_A = \dfrac{l-x}{l} \\ F_B = \dfrac{x}{l} \end{cases} \quad (-l_1 \leq x \leq l+l_2) \tag{19-5}$$

式（19-5）表明，伸臂梁支座反力的影响线方程与简支梁支座反力的影响线方程完全相同，只是荷载作用范围有所扩大。因此只需要将简支梁的反力影响线向两个伸臂部分延长，就可得到伸臂梁支反力的影响线，如图 19-6b、c 所示。

（2）跨内截面 C 的弯矩 M_C 与剪力 F_{SC} 影响线　当 $F_P=1$ 在 C 截面左侧移动时，取 C 截面右侧为隔离体；当 $F_P=1$ 在 C 截面右侧移动时，取 C 截面左侧为隔离体，由平衡条件可得到截面 C 的弯矩 M_C 和剪力 F_{SC} 的影响线方程。采用间接法绘制影响线，将 M_C 影响线方程表示为反力 F_A 与 F_B 的函数。

$F=1$ 在 DC 段时：$M_C=F_B b$，$F_{SC}=-F_B$

$F=1$ 在 CE 段时：$M_C=F_A a$，$F_{SC}=F_A$

由上可知，截面 C 的弯矩 M_C 和剪力 F_{SC} 的影响线方程与简支梁相应的影响线方程相同，因此，只需将相应简支梁截面 C 的弯矩和剪力影响线向伸臂部分延长即可，如图 19-6d 所示。

（3）伸臂部分截面 K 的弯矩 M_K 与剪力 F_{SK} 影响线　为计算方便，求解伸臂部分截面 K 的弯矩与剪力影响线时，取 K 为原点，并规定 x 以向右为正。当 $F_P=1$ 在 K 截面左侧移动时，取 K 截面右侧为隔离体；当 $F_P=1$ 在 K 截面右侧移动时，取 K 截面左侧为隔离体，由平衡条件可得到截面 K 的弯矩 M_K 与剪力 F_{SK} 影响线方程。

$F=1$ 在截面 K 左侧时：$M_K=-x$，$F_{SK}=-1$

$F=1$ 在截面 K 右侧时：$M_K=0$，$F_{SK}=0$

根据影响线方程，可以得到截面 K 的弯矩 M_K 和剪力 F_{SK} 影响线（图 19-7b、图 19-7c）。

（4）支座处 A 截面的剪力 F_{SA}^L 和 F_{SA}^R 影响线　由于支座反力提供集中支反力，因此支座截面左侧和右侧的剪力需分别进行讨论。支座 A 左侧截面的剪力 F_{SA}^L 影响线可由截面 K 的影响线得到，当截面 K 趋于截面 A 左侧时，截面 K 的剪力影响线即为 F_{SA}^L 的影响线（图 19-7d）。支座 A 右侧截面的剪力 F_{SA}^L 影响线，则由 F_{SC}^R 影响线使截面 C 趋于截面 A 的右侧而得到（图 19-7e）。

3. 静力法作静定结构指定量值 S 影响线的步骤

通过以上简支梁和伸臂梁反力及内力影响线方程的确定及影响线的绘制，可以得到用静力法作静定结构指定量值 S 影响线的步骤：

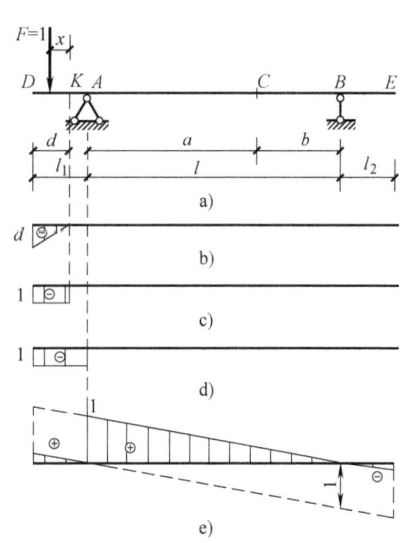

图 19-7　伸臂部分内力影响线

1）选定坐标系，将单位荷载 $F_P=1$ 放在任意位置，自变量 x 表示单位荷载的位置。

2）根据所求量值，选取合适的隔离体，应用静力平衡条件得出所求量值的影响线方程。影响线方程自变量可以是 x，也可以是某已知量值（如简支梁的反力、弯矩和剪力）。

3）根据影响线方程，作影响线。

求静定结构某一量值 S 影响线的方法与固定荷载作用下求结构反力与内力的方法相同，都是首先选取隔离体，然后由平衡条件求得反力和内力。不同之处在于：作影响线时，作用的荷载是一个移动的单位荷载，因而得的反力或内力方程是荷载位置 x 的函数，即影响线方程；而在固定荷载下，内力与反力是一个确定的值。

对于静定结构，反力和内力影响线方程都是 x 的一次函数，故静定结构的反力和内力影响线都是直线。但需注意，荷载作用在结构不同的部位时影响线方程有可能不相同，应分段写出其方程，并分段绘制影响线。

4. 影响线的意义

图 19-8a 所示为简支梁及其截面 C 的弯矩影响线，M_C 影响线表示单位荷载 $F=1$ 沿着结构移动时，截面 C 的弯矩 M_C 变化规律，M_C 影响线的任意位置处的竖标都是截面 C 的弯矩值。图中竖坐标 y_C 表示单位荷载 $F_P=1$ 移动至 C 点时截面 C 的弯矩值，y_K 表示单位荷载 $F_P=1$ 移动至 K 点时截面 C 的弯矩值。

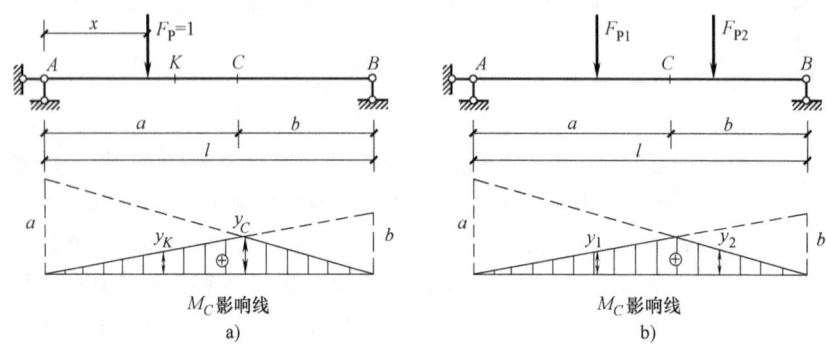

图 19-8

根据 M_C 的影响线可以较为简便地求出荷载作用下量值 S 的大小。以图 19-8a 为例，当任意集中荷载 F_P 移动到 K 点时，M_C 影响线在截面 K 处的竖坐标为 y_K，则此时截面 C 的弯矩为

$$M_C = F_P y_K \tag{19-6}$$

若简支梁上作用有两个任意荷载 F_{P1}、F_{P2}（图 19-8b），荷载作用处的影响线竖标分别为 y_1、y_2，根据叠加原理，此时截面 C 的弯矩为

$$M_C = F_{P1} y_1 + F_{P2} y_2 \tag{19-7}$$

M_C 影响线竖标的单位是长度，因此 M_C 的单位是 [力×长度]。

19.3　间接荷载作用下的影响线

图 19-9 所示为一桥梁结构主梁计算简图，纵梁简支在横梁上，横梁简支在主梁上。荷载直接作用于纵梁，当荷载在纵梁上移动时，通过横梁将荷载传至主梁。无论纵梁承受何种荷载，主梁只在结点 A、C、E、F、B 等有横梁处承受集中力。对于主梁来说，这种荷载称为间接荷载或结点荷载。

1. 支座反力 F_{RA} 与 F_{RB} 影响

以结构整体为研究对象，可知支座反力 F_{RA} 与 F_{RB} 的影响线方程与简支梁的支反力影响线方程完全相同，在此不再绘制支座反力的影响线。

2. 主梁截面 C 的弯矩影响线

截面 C 正好位于纵梁位置处，当 $F_P=1$ 在截面 C 左侧移动时，取主梁右侧为隔离体；当 $F_P=1$ 在截面 C 右侧移动时，取主梁左侧为隔离体，根据隔离体平衡条件可得到截面 C 的影响线方程。截面 C 的影响线方程与相同跨度简支梁 C 截面的弯矩影响线方程完全相同，截面 C 的弯矩影响线如图 19-9b 所示。

3. 主梁截面 D 的影响线

分两种情况讨论 M_D 的影响线：当荷载作用于结点情况与荷载作用于纵梁两种情况。

当荷载 $F_P = 1$ 移动到结点，如 C 点或 E 点，荷载直接由横梁传至主梁。此时相当于荷载 $F_P = 1$ 直接作用于主梁，截面 D 的弯矩与荷载直接作用在主梁上的情况完全相同。因此在结点荷载作用下 M_D 影响线在 C 点的竖标 y_C 和在 E 点的竖标与直接荷载作用下相应的竖标 y_E 相同。

当荷载 $F_P = 1$ 在纵梁上移动时，纵梁通过横梁将荷载传递至主梁，此时荷载为间接荷载。假设荷载移动至结点 C、E 之间，荷载到 C 点的距离以 x 表示，则主梁在结点 C、E 处分别受到了结点荷载 $\frac{d-x}{d}$ 及 $\frac{x}{d}$ 的作用（图 19-9d）。结点荷载作用于 C 点的影响线竖标记为 y_C，结点荷载作用于 E 点的影响线竖标记为 y_E。根据叠加原理，当荷载 $\frac{d-x}{d}$ 及 $\frac{x}{d}$ 同时作用于 C 点和 E 点时，截面 C 的弯矩大小为

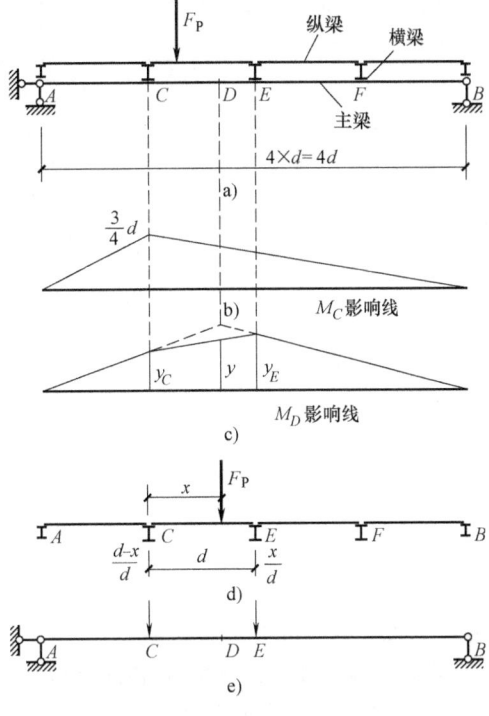

图 19-9 间接荷载作用下影响线绘制原理

$$y_D = \frac{d-x}{d} y_C + \frac{x}{d} y_E$$

上式是 x 的一次方程，表明在 DE 段内截面 C 的弯矩随 x 成线性变化

当 $x = 0$，$y = y_C$

当 $x = d$，$y = y_E$

可知，截面 D 的弯矩 M_D 影响线在 DE 段为连接竖标 y_C 和 y_E 的直线（图 19-9c）。

同理，荷载作用于其他纵梁区段时，截面 C 的弯矩影响线为 x 的一次方程，即为一条直线。

总结以上静定结构在间接荷载作用下影响线求解方法，可以得到具有一般性的结论：在结点处，间接荷载与直接荷载作用下的影响线竖标相同；间接荷载作用下，任何量值的影响线在间接作用点之间为一条直线。

此结论具有一定的共性，适用于静定结构在间接荷载作用下任何量值的影响线。由此，可得到绘制静定结构在间接荷载作用下影响线的绘制方法：

1) 做出静定结构的主梁在直接荷载作用下所求量值 S 的影响线。
2) 确定各结点处影响线竖标。
3) 将各间接作用点处的竖标用直线相连，得到间接荷载作用下量值 S 的影响线。

4. 节间剪力影响线

采用上述方法绘制图 19-10a 所示结构主梁截面 D 的剪力 F_{SD} 影响线。

首先作直接荷载作用下截面 D 的剪力 F_{SD} 影响线，找出直接荷载作用下剪力影响线结点位置处对应的竖标；用直线连接各个结点处的竖标，即得到间接荷载作用下主梁截面 D 的剪力 F_{SD}

建筑力学

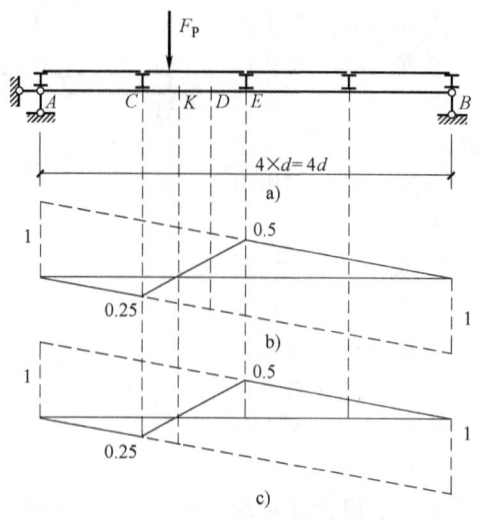

图 19-10 节间剪力影响线
a) 结构及受力 b) F_{SD} 影响线 c) F_{SK} 影响线

影响线,如图 19-10b 中实线所示。

同理,可以做出主梁截面 K 在间接荷载作用下的剪力 F_{SK} 影响线,如图 19-10c 所示。通过对比以上两图可知,主梁上位于同一节间 CE 内的截面 D、K 在间接荷载作用下的 F_{SD} 与 F_{SK} 影响线完全相同。出现这种情况的原因是因为主梁只受到横梁传来的结点荷载,在两结点之间(节间)无荷载作用,所以相邻两结点间各截面的剪力均相等,通常称为节间剪力,此处 $F_{SD} = F_{SK} = F_{SCE}$。

19.4 静力法作桁架结构的影响线

由于桁架结构中荷载是通过纵梁和横梁而作用于桁架结点上的,即桁架结构只承受间接荷载作用,桁架结构的影响线在相邻结点之间为一条直线。

静力法作桁架结构的影响线方法与前面介绍方法相同:以单位荷载 $F_P = 1$ 的位置 x 为自变量,求杆件内力的影响线方程,再据此绘制影响线;或将杆件内力影响线方程表达为支座反力或已知内力的方程,根据支座反力或已知内力的影响线绘制所求杆件的影响线;对于斜杆,可先绘制其水平分量或竖直分量的影响线,然后根据比例关系求得斜杆内力影响线。

在绘制桁架荷载内力影响线时应注意单位荷载 $F_P = 1$ 的所在位置,荷载 $F_P = 1$ 沿着桁架上弦移动(称为上承)或下弦移动(称为下承)时,杆件轴力影响线有可能不同。

下面以图 19-11 所示简支桁架为例,来介绍桁架内力影响线的绘制方法。

1. 支座反力影响线

支座反力 F_A 与 F_B 的影响线与相应简支梁(图 19-11)相同,在此不再赘述。

2. 上弦杆轴力 F_{N78} 影响线

作截面 I-I,取截面左侧或右侧为隔离体,并以结点 2 作为矩心,可求得上弦杆 F_{N78} 的轴力。当 $F = 1$ 在结点 2 左侧移动时,取截面 I-I 右侧作为隔离体;当 $F = 1$ 在结点 2 右侧移动时,取截面 I-I 左侧作为隔离体,根据平衡方程 $\sum M_2 = 0$ 可以求得上弦杆 78 的轴力

$$F_{N78} = -\frac{4d}{h}F_B \quad (F = 1 \text{ 在结点 2 左侧})$$

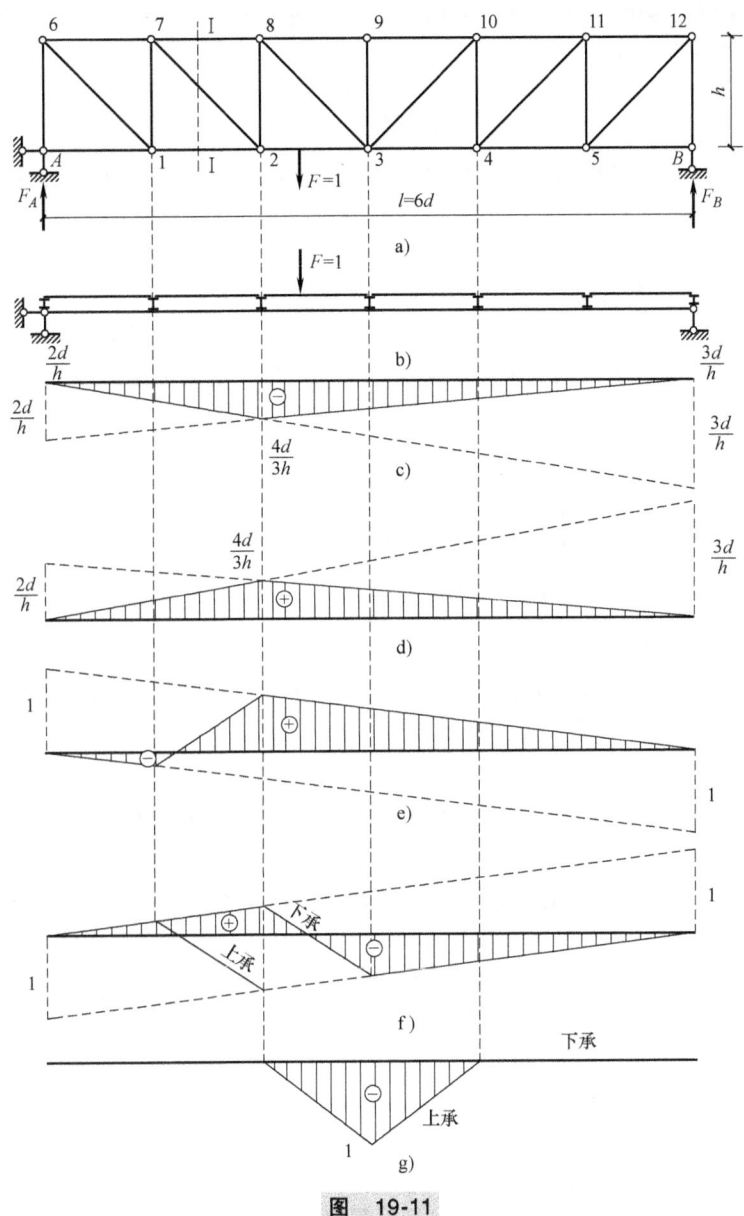

图 19-11

a) 原结构及受力 b) 相应简支梁 c) F_{N78} 影响线 d) F_{N23} 影响线
e) F_{y27} 影响线 f) F_{N28} 影响线 g) F_{N39} 影响线

$$F_{N78}=-\frac{2d}{h}F_A \quad (F=1 \text{ 在结点 2 右侧})$$

由以上两式可知,将反力 F_B 的影响线竖标乘以 $\frac{4d}{h}$,取 2 结点左侧直线并画在基线下方,可得到 F_{N78} 影响线的左直线;将反力 F_{RA} 的影响线竖标乘以 $\frac{2d}{h}$,取 2 结点右侧直线并画在基线下方,即可得 F_{N78} 影响线的右直线(图 19-11c)。F_{N78} 的影响线是一个三角形,由几何关系可知,顶点在矩心 2 的对应位置处。

简支桁架结构内力影响线的计算，采用相应简支梁进行简化。F_{N78} 的影响线左、右两条直线方程可以合并为一个公式

$$F_{N78} = -\frac{M_2^0}{h}$$

式中 M_2^0——相应梁在桁架结构结点 2 对应位置处的弯矩，三角形顶点的竖距为

$$-\frac{ab}{lh} = -\frac{2d \times 4d}{6dh} = -\frac{4d}{3h}$$

3. 下弦杆轴力 F_{N23} 影响线

作截面Ⅱ-Ⅱ，取结点 8 为矩心，当 $F_P=1$ 在结点 8 左侧移动时，取截面Ⅱ-Ⅱ右侧作为隔离体；当 $F=1$ 在结点 8 右侧移动时，取截面左侧作为隔离体，根据平衡方程 $\sum M_8=0$ 可以求得下弦杆 23 的轴力

$$F_{N78} = \frac{M_8^0}{h}$$

即 F_{N23} 的影响线可由相应简支梁上与桁架结构结点 8 对应位置处的弯矩 M_8^0 影响线竖标除以 h 得到（图 19-11d），三角形顶点的竖标为 $\frac{4d}{3h}$。

4. 斜腹杆轴力 F_{N27} 影响线

斜腹杆 27 的轴力 F_{N27} 可采用投影法求得。选取截面Ⅰ-Ⅰ，当 $F=1$ 在 12 节间以左时，选取右侧作为隔离体，由投影方程 $\sum F_y=0$ 可得

$$F_{y27} = -F_B$$

当 $F=1$ 在 12 节间以右时，选取左侧作为隔离体，由投影方程 $\sum F_y=0$ 可得

$$F_{y27} = F_A$$

由于桁架结构承受间接荷载，因此影响线在相邻结点之间为一条直线。当 $F=1$ 在 12 节间移动时，1、2 点之间的影响线为一直线，因此连接 1 点和 2 结点处的影响线顶点，即可得到单位荷载在 12 节间移动时 F_{y27} 的影响线（图 19-11e）。

F_{y27} 的影响线的左、右两直线式可以合并为一个公式

$$F_{y27} = -F_{SBC}^0$$

即 F_{y27} 的影响线与相应简支梁 12 节间的剪力 F_{S12}^0 影响线相同，只是正负号发生了改变。由于 $F_{N27}\sin\alpha = F_{y27}$，因此只需把 F_{y27} 影响线的竖标除以 $\sin\alpha$，即可以得到 F_{N27} 的影响线。

5. 竖腹杆轴力 F_{N28} 的影响线

取截面Ⅱ—Ⅱ，利用投影方程 $\sum F_y=0$ 可以求得竖腹杆轴力影响线。当 $F=1$ 在Ⅱ—Ⅱ截面以左移动时，取右侧为隔离体；则当 $F=1$ 在Ⅱ—Ⅱ截面以右移动时，取左侧为隔离体，根据投影方程可得

$$F_{N28} = F_B, \quad F=1 \text{ 在Ⅱ—Ⅱ截面左侧移动} \tag{a}$$

$$F_{N28} = -F_A, \quad F=1 \text{ 在Ⅱ—Ⅱ截面右侧移动} \tag{b}$$

对于竖杆，荷载在桁架上弦移动（上承）时的影响线与荷载在下弦移动（下承）时的影响线是不同的，因此需要区分上承和下承两种荷载情况。

1）当为上弦承载时，Ⅱ—Ⅱ截面将 78 节间截开，式（a）适用范围为 7 结点以左的隔离体，式（b）适用范围为 8 结点以右的隔离体，而 78 节间为一直线。因此，当荷载在上弦移动时，竖杆 F_{N28} 的影响线在 78 节间发生改变（图 19-11f）。

2）当为下弦承载时，Ⅱ—Ⅱ截面将下弦 23 节间截开，式（a）适用范围为 2 结点以左的隔离体，式（b）适用范围为 3 结点以右的隔离体，而 23 节间为一直线。因此，当荷载在下弦移

动时，竖杆 F_{N28} 的影响线正负号在 23 节间发生改变（图 19-11f）。

由此可见，上弦承载时，上弦各相邻结点间影响线为直线；下弦承载时，下弦各相邻结点间影响线为直线。

6. 竖腹杆轴力 F_{N39} 的影响线

选取结点 9 作为研究对象，荷载为上承时，当 $F = 1$ 作用在结点 9 处时，$F_{N39} = -1$，当荷载作用于其余结点时，$F_{N39} = 0$。由于桁架结构内力影响线结点之间是直线，因此，竖杆 F_{N39} 的影响线如图 19-11g 所示，是一个位于 8、10 节间的三角形。

荷载为下承时，无论 $F = 1$ 作用在哪个结点，竖腹杆为零杆，即 $F_{N39} = 0$，F_{N39} 的影响线与基线重合（图 19-11g）。

19.5 机动法作单跨静定梁的影响线

用静力法作静定结构影响线的方法是最基本方法，但在实际工程设计中较为常用的方法是机动法，它的优点是不需具体计算，也不需要列出所求量值的影响线方程，就能快速地绘出影响线的轮廓图。对于某些问题，如确定荷载最不利位置等问题采用机动法处理特别简便。

机动法作影响线的依据是理论力学中已经学过的虚位移原理，即刚体体系在力系作用下处于平衡的必要和充分条件是：在任何可能的微小虚位移中，力系所做的虚功总和为零。现以图 19-12 所示简支梁为例，来说明采用机动法作支座反力 F_B 影响线的原理和步骤。

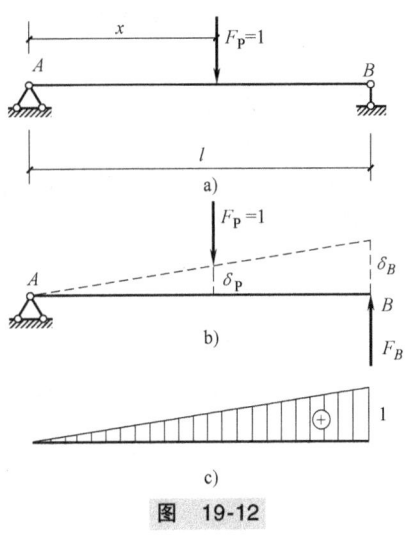

图 19-12

为了求简支梁支座反力 F_B 的影响线，首先去掉与之相应的联系即 B 处的支座链杆，同时代之以正向的反力 F_B，支座反力以向上为正。此时，原结构变为机构（图 19-12b）。然后沿着反力 F_B 的正方向给体系以微小虚位移，体系绕 A 点做微小转动。δ_B 和 δ_P 分别表示反力 F_B 和 $F_P = 1$ 的作用点处沿着力方向上的虚位移，虚位移与相应力的方向一致者为正，故 δ_B 以向上为正，δ_P 以向下为正。由于体系在力系 F_A、F_B 和 F_P 共同作用下处于平衡状态，因此力系在虚位移上所做的虚功总和为零，即

$$F_B \delta_B + F_P \delta_P = 0$$

$$F_B = -\frac{\delta_P}{\delta_B} F_P = -\frac{\delta_P}{\delta_B}$$

上式中，在给定的虚位移情况下，位移 δ_B 是一个常量；位移 δ_P 则随着单位荷载 $F_P = 1$ 的位置变化而变化，是荷载位置 x 的参数，因此上式也可表示为

$$F_B(x) = -\frac{1}{\delta_B} \delta_P(x) \tag{19-8}$$

式中，函数 $F_B(x)$ 表示支座反力 F_B 的影响线方程，函数 $\delta_P(x)$ 表示荷载作用点的竖向位移图。由此可知，支座反力 F_B 的影响线与荷载作用点的竖向位移图 $\delta_P(x)$ 成正比。根据这个特点，我们可以根据虚位移状态下荷载作用点的位移图 $\delta_P(x)$ 来绘制支座反力 F_B 的影响线，即将位移图 $\delta_P(x)$ 的竖标除以常数 δ_B 并反号，就可以得到支座反力 F_B 的影响线。为了计算方便，令常数

$\delta_B=1$，则上式变为 $F_B=-\delta_P(x)$，当支座 B 处产生正向的单位位移时，则体系的虚位移为支座反力 F_B 的影响线（图 19-12c）。

以上利用虚功原理绘制简支梁支座反力影响线的方法称为机动法。采用机动法绘制静定结构某量值 S 的影响线的步骤如下：

1）撤去与量值 S 相应的约束，代之以正向的约束力，使原结构变成具有一个自由度的可变体系或机构。

2）使体系沿着 S 的正方向发生相应的单位虚位移，荷载作用点的竖向位移图（δ_P 图）即为量值 S 影响线的轮廓图。

3）根据几何关系，确定影响线各竖标的数值。

4）基线以上的竖标取正值，基线以下的竖标取负值。

与反力及内力相应的约束及正负号规定：

结构竖向支反力以向上为正，结构中各杆件轴力以受拉为正，剪力以使隔离体有顺时针转动趋势为正，弯矩以使梁下侧纤维受拉为正；反之为负。

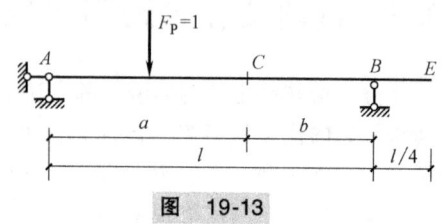

图 19-13

【例 19-1】 试用机动法图 19-13 所示梁的 M_C、F_{SC}、$F_{SB}^{左}$ 和 $F_{SB}^{右}$ 影响线。

（1）弯矩 M_C 影响线

1）撤除与弯矩相应的约束，将截面 C 改为铰接，结构变为具有一个自由度的机构，铰 C 两侧的刚体可以相对转动。截面 C 的弯矩用一对大小相等方向相反的力偶 M_C 代替。

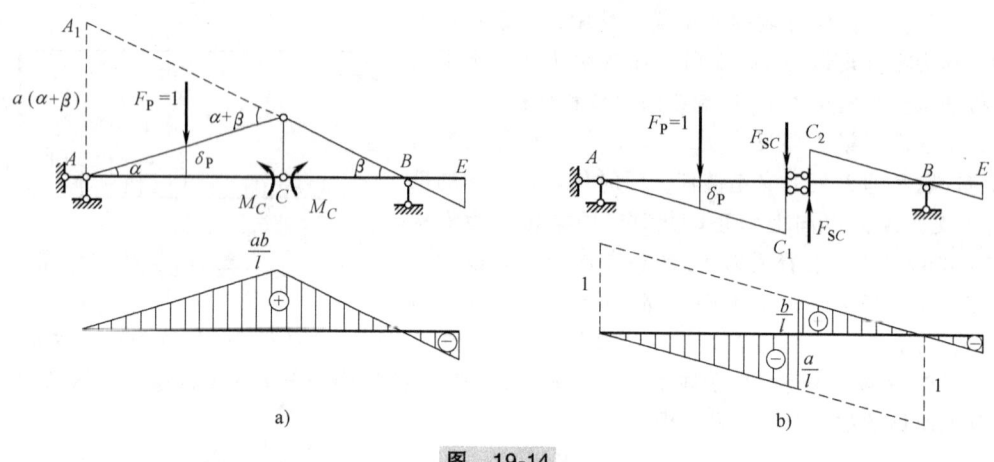

图 19-14

2）使铰 C 左右两刚片沿着 M_C 的正方向发生虚位移（图 19-14），同时令与弯矩相对应的虚位移 $\alpha+\beta=1$，此时所得到的机构竖向虚位移图即为 M_C 的影响线轮廓图。需要说明的是，令 $\alpha+\beta=1$ 并不是说相对转角 $\alpha+\beta$ 等于 1rad，而应理解为微小的单位虚位移。

3）列虚位移方程

得
$$M_C(\alpha+\beta)+F\delta_P=0$$
$$M_C=-\frac{\delta_P}{(\alpha+\beta)}=-\delta_P \qquad (19\text{-}9)$$

由上式可知，当 $\alpha+\beta=1$ 时，荷载的虚位移图即为弯矩的影响线，或机构的刚体虚位移图即为截面 C 的弯矩影响线。

4)根据几何关系确定位移图中的竖标。从图 19-14 中可知 $AA_1 = a(\alpha+\beta) = a$,按照三角形几何关系可确定 C 点的竖标为 $\dfrac{ab}{l}$。最后标注正负号。

(2)剪力 F_{SC} 影响线

1)撤除与剪力相应的约束,将截面 C 改为滑动支座(截面仍可承受弯矩和轴力),用一对大小相等方向相反的正剪力 F_{SC} 代替原有联系的作用。原结构变为具有一个自由度的机构,截面 C 仍可承受弯矩和轴力,滑动支座两侧允许发生相对竖向位移。

2)使滑动支座左、右两侧截面沿 F_{SC} 正方向发生相对竖向虚位移,并令相对虚位移 $CC_1 + CC_2 = 1$。由于 C 处的滑动支座两侧刚片在机构运动中均保持平行,因此在虚位移图中,AC_1 与 BC_2 必定是平行的(图 19-14b)。

3)列虚位移方程

$$F_{SC}(CC_1+CC_2) + F\delta_P = 0$$

得

$$F_{SC} = -\dfrac{\delta_P}{(CC_1+CC_2)} = -\delta_P \tag{19-10}$$

当 $CC_1 + CC_2 = 1$ 时,虚位移图即为截面 C 的 F_{SC} 影响线。

4)根据几何关系确定影响线竖标。即在线下方两条直线平行,且相对位移为单位 1,根据这两个条件,通过几何关系可以确定 F_{SC} 影响线各竖标的数值(图 19-14b),并标注正负号。

采用机动法绘制某量值的影响线时,均可按照以上介绍的方法进行绘制,其中列虚位移方程的推证过程可以省略不写。由上面求作影响线的过程可知,采用机动法作静定结构某量值的影响线时,结构撤除与量值相应的约束后体系变为机构,对处于平衡状态的理想机构来说,任何干扰下产生的虚位移都是一种刚体位移,机构每一刚片的刚体位移都为直线段,由此也可以推得:静定结构的反力和内力的影响线都是由直线段构成的。根据这一特性,可将影响线的静力问题转化为求作相应机构的几何问题,从而简化计算。

在用机动法作静定结构的影响线时还应当注意,静定结构在撤除一个联系后,体系可能只是在局部形成机构,而其余部分仍然保持为几何不变。几何不变的部分在机构运动时并不会发生位移,即当单位移动荷载 $F = 1$ 作用于该部分时,所求量值 S 将保持为零。

(3)剪力 $F_{SB}^{左}$ 影响线 首先去除与剪力 $F_{SB}^{左}$ 相对应的约束,将截面改为滑动支座,并代之以一对大小相等方向相反的剪力 $F_{SB}^{左}$,此时结构变为具有一个自由度的机构(图 19-15a)。使机构沿着剪力的正方向发生相对单位虚位移,由于滑动支座右侧刚片被链杆支座 B 约束竖向位移,

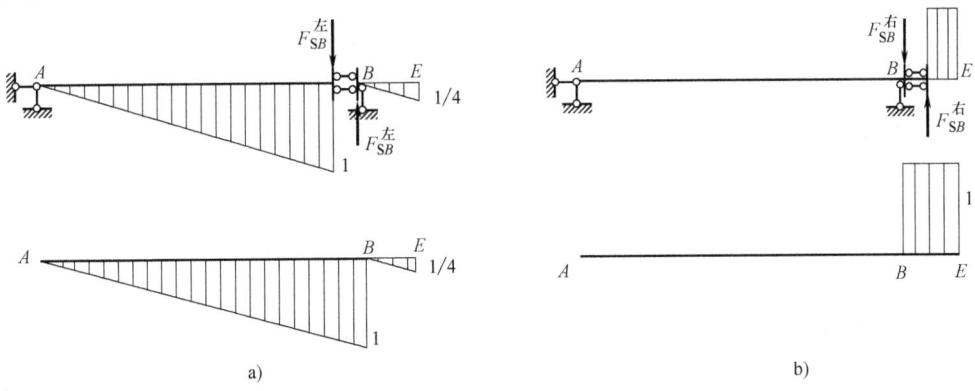

图 19-15

只能绕 B 产生转动，而不能产生竖向位移；滑动支座左侧刚片沿着剪力 $F_{SB}^{左}$ 的正方向产生单位虚位移；注意到滑动支座两端杆件必须保持平行，因此机构的刚体运动产生如图 19-15a 所示的位移，此时机构的刚体位移图即为剪力 $F_{SB}^{左}$ 的影响线。

（4）剪力 $F_{SB}^{右}$ 影响线　撤除与剪力 $F_{SB}^{右}$ 相应的约束，代之以大小相等方向相反的正向剪力 $F_{SB}^{右}$，将支座 B 左侧变为滑动支座，结构变为具有一个自由度的机构。使机构沿着 $F_{SB}^{右}$ 的正方向发生相对竖向单位位移，观察机构的左侧，AB 刚片为一几何不变部分，不能产生线位移和转动，AB 杆保持原来状态；BE 部分为可变部分，B 端沿着剪力 $F_{SB}^{右}$ 的正方向产生向上的单位位移。由于滑动支座两侧杆件在机构运动中必须保持平行，因此产生虚位移后 BE 杆与 AB 杆保持平行，机构的虚位移图即为剪力 $F_{SB}^{右}$ 的影响线，为一条平行于基线的直线（图 19-15b）。

19.6　利用影响线计算量值

影响线是移动荷载作用下结构分析的一项基本工具，它描述了单位移动荷载作用下某一量值的变化规律。在大多数情况下，移动荷载是由一组荷载组成的，如公路上行驶的车辆荷载、铁路上行驶的机车荷载等。为此在研究移动荷载对结构的影响前，先讨论当若干个固定荷载作用于某已知位置时，如何利用影响线来求量值。

1. 集中荷载作用

设某量值 S 的影响线已绘出，如图 19-16 所示，结构上作用有一组集中荷载 F_{P1}、F_{P2}、$\cdots$、F_{Pn}，位置已知，其对应于影响在线的竖标分别为 y_1、y_2、$\cdots$、y_n，求集中荷载作用下某量值 S 的大小。根据前几节的内容可知，影响线的竖标 y_1 代表荷载 $F_P = 1$ 作用于该处时量值 S 的大小，若荷载为 F_{P1} 而非单位荷载，则 S 应为 $F_{P1}y_1$。当结构上作用有一组集中荷载时，根据叠加原理可知

$$S = F_{P1}y_1 + F_{P2}y_2 + \cdots + F_{Pn}y_n = \sum_{i=1}^{n} F_{Pi}y_i \tag{19-11}$$

即在一组集中荷载作用下，S 的值为各荷载所产生影响量的代数和。在计算时应注意基线上方的竖标为正值，基线下方的竖标为负值。

当若干个荷载作用在影响线某一段直线范围内时，为了简化计算，可用它们的合力来代替，而不会改变所求量值的数值（图 19-17）。

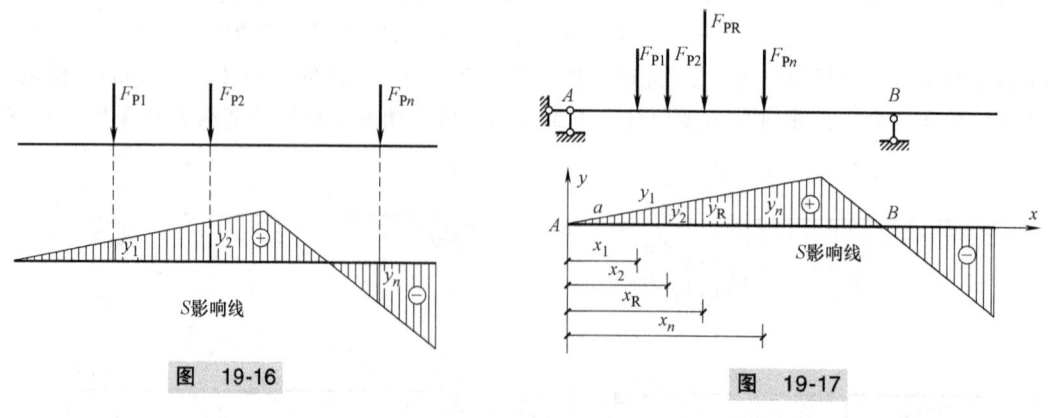

图 19-16　　　　　　图 19-17

$$S = F_{P1}y_1 + F_{P2}y_2 + \cdots + F_{Pn}y_n = (F_{P1}x_1 + F_{P2}x_2 + \cdots + F_{Pn}x_n)\tan\alpha = \sum_{i=1}^{n} F_{Pi}x_i \cdot \tan\alpha$$

式中　$\sum_{i=1}^{n} F_{Pi}x_i$——各力对 A 点的力矩之和，$\sum_{i=1}^{n} F_{Pi}x_i = F_{P1}x_1 + F_{P2}x_2 + \cdots + F_{Pn}x_n$。根据合力矩定

理,它应等于合力 F_R 对 A 点之矩,即

$$\sum_{i=1}^{n} F_{Pi} x_i = F_R x_R$$

故有

$$S = F_R x_R \cdot \tan\alpha = F_R y_R \tag{19-12}$$

式中　y_R——与合力 F_R 对应的影响线竖标。

2. 分布荷载作用

设图 19-18 所示结构在 ab 区间上作用有均布荷载 q,利用图示影响线求均布荷载下的量值 S。将分布荷载沿长度分为许多无穷小的微元段,每一微元段 dx 上的荷载 $q(x)dx$ 都可以视为一个集中荷载,则根据微积分原理,在 ab 区段内的分布荷载所产生的量值 S 为

$$S = \int_a^b q(x) y \, dx$$

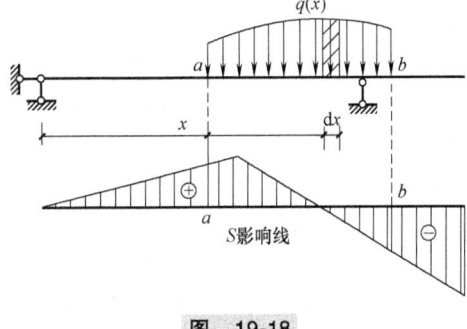

图 19-18

若为均布荷载 $q(x) = q$,则上式成为

$$S = q \int_a^b y \, dx = qA_\omega \tag{19-13}$$

式中　A_ω——影响线在均布荷载范围 ab 内面积的代数和,在基线上方的面积为正,基线下方的面积为负。

【例 19-2】　作图 19-19 所示结构 E 截面弯矩影响线,并求图示荷载作用下 E 截面的弯矩 M_E 的值。

【解】　(1) 用机动法绘制 M_E 的影响线如图 19-19 所示。

(2) 计算各荷载作用位置处影响线的竖标,根据式(19-12)及式(19-13)可计算求得截面 E 的弯矩。

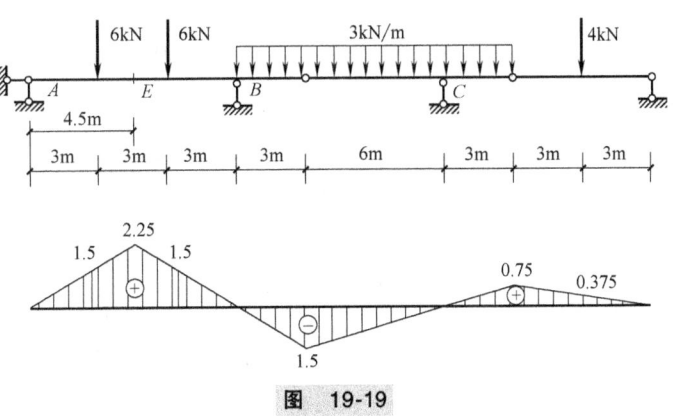

图 19-19

$$M_E = 6 \times 1.5 \text{kN} \cdot \text{m} + 6 \times 1.5 \text{kN} \cdot \text{m} + 3 \times \left(-\frac{1}{2} \times 9 \times 1.5 + \frac{1}{2} \times 3 \times 0.75\right) \text{kN} \cdot \text{m}$$

$$+ 0.375 \times 4 \text{kN} \cdot \text{m} = 2.625 \text{kN} \cdot \text{m}$$

19.7 确定最不利荷载位置

结构设计时，需要确定某量值在荷载作用下的最大值或最小值，并以此作为设计依据。当荷载移动时，结构上各种量值均将随着荷载位置的变化而变化，如何找到使某量值达到极值时荷载的位置，并确定该量值的大小是设计中最为关注的问题。这类问题即为荷载最不利位置问题，即给定荷载组在结构上移动至某一位置时，所求量值 S 达到最大值（或最小值）。只要所求量值的最不利荷载位置一经确定，移动荷载将转化为固定荷载，即可采用上节介绍的方法确定某量值的最大（最小）值。本节将讨论如何利用影响线来确定荷载最不利位置。

1. 任意间断布置的均布荷载

工程设计中，一般将移动分布荷载如人群、货物等简化为可以任意间断布置的均布荷载来考虑。对于这种荷载，使某一量值 S 达到最大值的最不利荷载分布可利用相应的影响线来确定。由 $S=qA_\omega$ 可知，当均布荷载布满相应影响线所有正面积的部分时产生 S_{max}，当均布荷载布满相应影响线所有负面积的部分时产生 S_{min}。

图 19-20b 所示为多跨静定梁截面 K 的弯矩 M_K 影响线，欲求均布活荷载下截面 K 的最大正弯矩和最大负弯矩，则最不利荷载的布置应分别如图 19-20c、d 所示。确定了活荷载的最不利荷载位置之后，可由 $S=qA_\omega$ 计算截面 K 的最不利弯矩值。

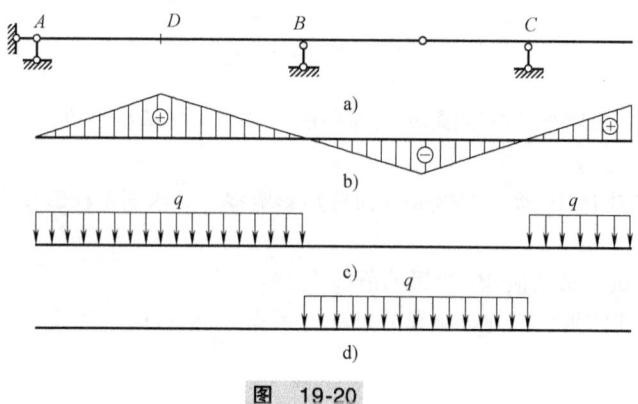

图 19-20

a) 多跨静定梁 b) M_K 影响线 c) $M_{K,max}$ 荷载位置 d) $M_{K,min}$ 荷载位置

2. 单个移动集中荷载

当单个移动荷载作用在结构上时，最不利荷载位置可凭直观判断。如图 19-21 所示为量值 S 的影响线，一个移动集中荷载 F 作用于结构，将 F_P 置于 S 影响线的最大竖标处即产生 S_{max}；将 F 置于 S 影响线的最小竖标处即产生 S_{min}。

3. 行列荷载

行列荷载是指一系列间距不变、数值不变的移动集中荷载（包括均布荷载），如列车、汽车车队、吊车组等。对于行列荷载，其最不利荷载位置很难

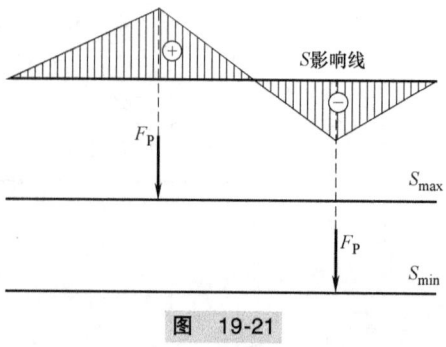

图 19-21

通过直观判断确定，但是可根据最不利荷载位置的定义来讨论确定行列荷载最不利位置的方法：当行列荷载移动到最不利荷载位置时，所求量值 S 为最大，即该行列荷载无论向左或者向右移

动微小位移后，量值 S 均减小。

设某量值 S 的影响线如图 19-22 所示为一折线，选用右手坐标系，各段直线的倾角为 α_1，α_2，…，α_n，直线倾角以逆时针为正。现有一组移动荷载处于图 19-22b 所示位置，所产生的量值以 S_1 表示。若每一段直线范围内各荷载的合力分别为 F_{R1}，F_{R2}，…，F_{Rn}，则

$$S_1 = F_{R1}y_1 + F_{R2}y_2 + \cdots + F_{Rn}y_n \tag{19-14a}$$

式中　y_1、y_2、…、y_n——荷载合力 F_{R1}、F_{R2}、…、F_{Rn} 对应的影响线竖标。

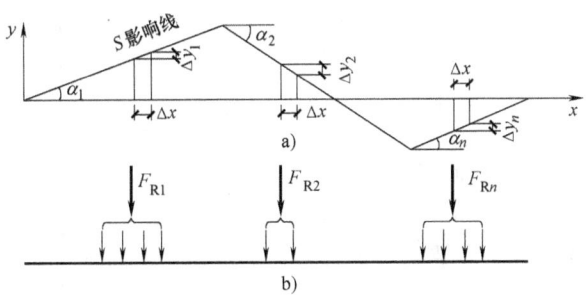

图　19-22

由于 F_{Ri} 为常数，y_i 为荷载位置 x 的一次函数，因此量值 S_1 也为 x 的一次函数，函数 S_1 存在极值点时，$\Delta S/\Delta x$ 必然改变符号，利用这一特性便可确定荷载的临界位置。

当整个荷载组向右移动一段微小距离 Δx 时，相应的量值为 S_2

$$S_2 = F_{R1}(y_1 + \Delta y_1) + F_{R2}(y_2 + \Delta y_2) + \cdots + F_{Rn}(y_n + \Delta y_n) \tag{19-14b}$$

则 S 的增量为

$$\begin{aligned}\Delta S &= S_2 - S_1 = F_{R1}\Delta y_1 + F_{R2}\Delta y_2 + \cdots + F_{Rn}\Delta y_n \\ &= F_{R1}\Delta x \times \tan\alpha_1 + F_{R2}\Delta x \times \tan\alpha_2 + \cdots + F_{Rn}\Delta x \times \tan\alpha_n \\ &= \Delta x \sum_{i=1}^{n} F_{Ri}\tan\alpha_i \end{aligned} \tag{19-15}$$

将上式写为变化率的形式

$$\frac{\Delta S}{\Delta x} = \sum_{i=1}^{n} F_{Ri}\tan\alpha_i \tag{19-16}$$

使 S 称为极大值的条件是：荷载自该位置无论向左还是向右移动微小距离，S 均将减小，即 $\Delta S<0$。由于荷载左移时，$\Delta x<0$，荷载右移时，$\Delta x>0$，故 S 为极大值时有

$$\text{荷载左移}(\Delta x<0), \quad \sum F_{Ri}\tan\alpha_i >0 \tag{19-17a}$$

$$\text{荷载右移}(\Delta x>0), \quad \sum F_{Ri}\tan\alpha_i <0 \tag{19-17b}$$

同理，使 S 称为极小值的临界荷载位置，应满足

$$\text{荷载左移}(\Delta x<0), \quad \sum F_{Ri}\tan\alpha_i <0 \tag{19-18a}$$

$$\text{荷载右移}(\Delta x>0), \quad \sum F_{Ri}\tan\alpha_i >0 \tag{19-18b}$$

下面介绍什么情况下 $\sum F_{Ri}\tan\alpha_i$ 才有可能变号。式（19-18）中，$\tan\alpha_i$ 为影响线各段直线的斜率，它们是常数，不随着荷载位置发生改变。欲使荷载向左、向右移动微小距离时 $\sum F_{Ri}\tan\alpha_i$ 的符号发生改变，就必须使各直线段上的合力 F_{Ri} 的数值发生变化，即只有当处于正负斜率影响线范围内的合力与影响线斜率乘积大致相等，且某一集中荷载恰好作用在影响线的某一个顶点处时，才有可能使得 $\sum F_{Ri}\tan\alpha_i$ 变号。当然，不一定每个集中荷载作用于顶点时都能使 $\sum F_{Ri}\tan\alpha_i$ 变号，我们把能使 $\sum F_{Ri}\tan\alpha_i$ 变号的集中荷载称为临界荷载（用 F_{cr} 表示），此时荷载的位置称为临界位置，把判断临界位置的关系式（19-16）称为临界位置判别式。

确定行列荷载临界位置一般需通过试算，只有使判别式 $\sum F_{Ri}\tan\alpha_i$ 变号的荷载位置为临界荷载位置。一般情况下，对一组行列荷载和给定的影响线，临界荷载位置可能不止一个，需要将与各临界位置相应的 S 极值求出，再从中选取最大（最小）值，最大（最小）值相应的荷载位置即为最不利荷载位置。为了减少试算次数，可先将行列荷载中数值较大且较为密集的集中荷载作用于影响线的顶点，同时注意位于正负影响线范围内的荷载尽可能的相等。

当影响线为三角形时，临界荷载位置的判别式（19-16）可以得到进一步简化。如图 19-23 所示为某量值影响线，左、右直线的倾角分别为 α、β，且 $\tan\alpha = \dfrac{h}{a}$，$\tan\beta = \dfrac{h}{b}$。欲求量值 S 的极大值，则在临界荷载位置必有一荷载 F_{cr} 位于影响线顶点上。以 F_{Ra} 表示 F_{cr} 以左荷载的合力，F_{Rb} 表示 F_{cr} 以右荷载的合力。根据临界荷载位置判别式可得

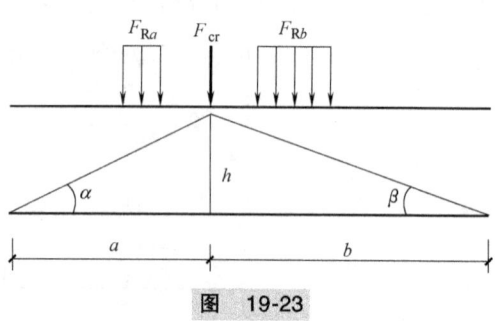

图 19-23

荷载向右移动，$F_{Ra}\tan\alpha - (F_{cr}+F_{Rb})\tan\beta \leq 0$

荷载向左移动，$(F_{cr}+F_{Ra})\tan\alpha - F_{Rb}\tan\beta \geq 0$

将 $\tan\alpha = \dfrac{h}{a}$，$\tan\beta = \dfrac{h}{b}$ 代入上式得

$$\frac{F_{Ra}}{a} \leq \frac{F_{cr}+F_{Rb}}{b}$$

$$\frac{F_{Ra}+F_{cr}}{a} \geq \frac{F_{Rb}}{b} \tag{19-19}$$

式（19-19）为当影响线是三角形时临界荷载位置的判别式。由此可见，三角形影响线临界荷载位置的特点是：行列荷载中的一个集中荷载作用在影响线的顶点，若该荷载为临界荷载 F_{cr}，将临界荷载 F_{cr} 计入哪一边（左边或右边），则哪一边的"平均荷载"大于另一边。

归结起来，确定行列荷载最不利位置的步骤如下：

1）从行列荷载中选定一个集中力 F_{cr}，并使它位于影响线的一个顶点时，同时注意使得顶点两侧的荷载合力与影响线斜率的乘积大致相等。

2）当荷载 F_{cr} 在该顶点向左或向右稍微移动时，如果 $\sum F_{Ri}\tan\alpha_i$ 满足判别式（19-17）或式（19-18），则此荷载位置称为临界位置，而荷载 F_{cr} 称为临界荷载。如果 $\sum F_{Ri}\tan\alpha_i$ 不变号，则该荷载位置不是临界位置。

3）对每个临界位置可求出量值 S 的一个极值，然后从各种极值中选取最大值或最小值，该最大值或最小值对应的位置即为荷载最不利位置。

4. 移动均布荷载

当移动荷载为有限长移动的均布荷载时（如履带车、轮轴距很密的挂车或火车），确定其临界位置的条件为

$$\frac{dS}{dx} = \sum F_{Ri}\tan\alpha_i = 0$$

对于三角形影响线（图 19-24），有

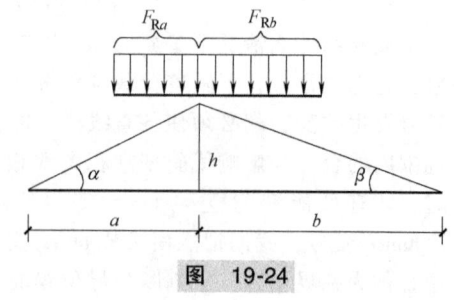

图 19-24

$$\sum F_{Ri}\tan\alpha_i = F_{Ra}\frac{h}{a} - F_{Rb}\frac{h}{b} = 0$$

$$\frac{F_{Ra}}{a} = \frac{F_{Rb}}{b} \tag{19-20}$$

上式表明：有限长均布荷载跨越三角形影响线顶点时，左、右两边的平均荷载应相等。

最后应强调，对于有竖标有突变的影响线（图19-25），临界荷载位置判别式（19-16）、式（19-19）和式（19-20）均不再适用。当荷载简单时，最不利荷载位置可直观判定。当荷载较为复杂时，可按前述估计最不利荷载位置的原则布置几种荷载位置，并计算相应的量值 S，其中最大值（最小值）为最不利荷载位置。

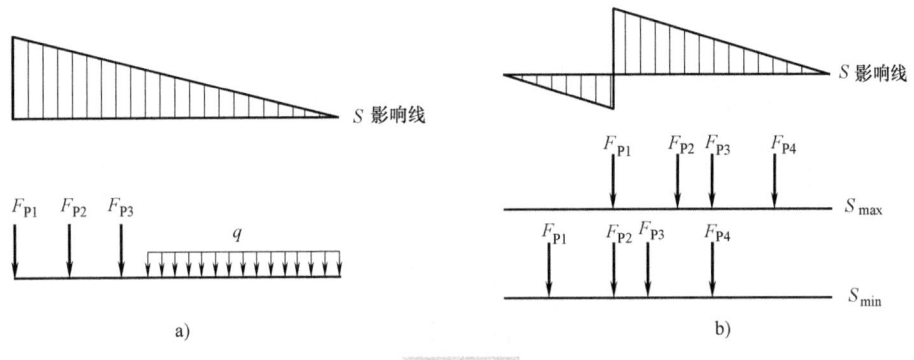

图 19-25

如图19-25a所示移动荷载，当第一轮位于影响线顶点时所产生的 S 为最大值。图19-25b所示为 S 影响线，荷载为起重机荷载，$F_1 = F_2 > F_3 = F_4$，将 F_1、F_2 置于影响线突变点的正号竖标处，分别求出量值 S 的值，则其中最大的 S 值对应的荷载位置即为使量值 S 达到最大值时的最不利荷载位置。

【例19-3】 试求图19-26所示简直梁在移动荷载组作用下 C 截面的最大弯矩，$F_{P1} = 30\text{kN}$，$F_{P2} = F_{P4} = 120\text{kN}$，$F_{P5} = F_{P6} = 140\text{kN}$。

【解】 作 M_C 影响线如图19-27所示，影响线为三角形，可根据判别式（19-19），通过试算来确定临界位置。

由于没有指定荷载移动方向，需考虑荷载左行及右行时的情况。首先考虑荷载左行时的情况，当 F_{P1} 作用于影响线的顶点时，荷载较大的 F_{P4} 与 F_{P5} 位于影响线之外，当 F_{P1} 左移或右移时

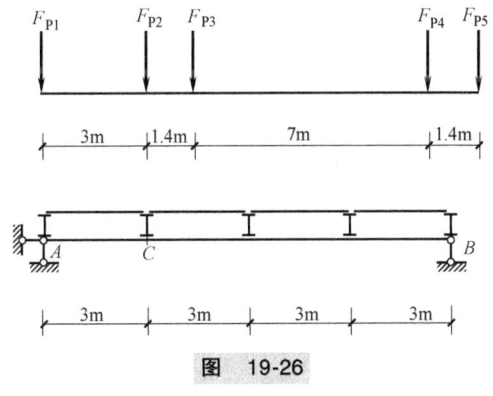

图 19-26

不能使判别式变号，因此不是临界位置。当 F_{P5} 作用于影响线的顶点时，F_{P1}、F_{P2} 与 F_{P3} 位于影响线之外，该位置不能使 M_C 达到最大或最小，因此该位置不是临界位置。

分别将 F_{P2}、F_{P3} 与 F_{P4} 置于 C 处进行试算，满足判别式的即为临界位置。

将 F_{P2} 置于 C 处（图19-27b），注意 F_{P2} 左移或右移时，F_{P5} 位于影响线之外，按照判别式（19-19）试算

$$\frac{120}{3} > \frac{120+140}{9}$$

建筑力学

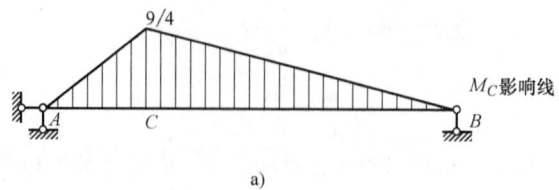

图 a) M_C 影响线

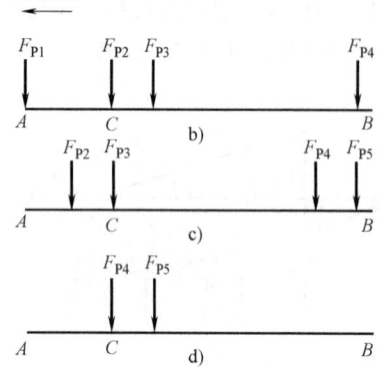

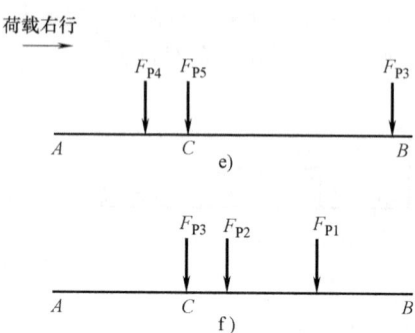

图 19-27

$$\frac{30}{3} < \frac{120+120+140}{9}$$

该位置为临界位置,有

$$M_C = 120 \times 2.25 \text{kN} \cdot \text{m} + 120 \times 1.9 \text{kN} \cdot \text{m} + 140 \times 0.15 \text{kN} \cdot \text{m} = 519 \text{kN} \cdot \text{m}$$

将 F_{P3} 置于 C 处(图 19-27c),按照判别式(19-19)试算

$$\frac{120+120}{3} > \frac{140+140}{9}$$

$$\frac{120}{3} < \frac{120+140+140}{9}$$

该位置为临界位置,有

$$M_C = 120 \times 2.25 \text{kN} \cdot \text{m} + 140 \times 0.5 \text{kN} \cdot \text{m} + 140 \times 0.15 \text{kN} \cdot \text{m} = 361 \text{kN} \cdot \text{m}$$

将 F_{P4} 置于 C 处(图 19-27d),按照判别式(19-19)试算

$$\frac{140}{3} > \frac{140}{9}$$

$$\frac{0}{3} < \frac{140+140}{9}$$

该位置为临界位置,有

$$M_C = 140 \times 2.25 \text{kN} \cdot \text{m} + 140 \times 1.9 \text{kN} \cdot \text{m} = 581 \text{kN} \cdot \text{m}$$

因此当荷载左行时,截面 C 的最大弯矩为

$$M_{C\max} = 581 \text{kN} \cdot \text{m}$$

考虑荷载右行时的情况:M_C 影响线为三角形,左直线相比右直线分布范围较小,当 F_{P1}、F_{P2}、F_{P4} 置于影响线顶点时,右直线上的荷载相对较少,不能使 M_C 达到最大或最小值;当 F_{P3}、F_{P5} 置于影响线顶点时,右直线部分的荷载较多,可能会使 M_C 达到最大或最小值,根据判别式(19-19),可以确定临界位置。

将 F_{P5} 置于 C 处（图 19-27e），根据判别式有

$$\frac{140}{3} > \frac{140+120}{9}$$

$$\frac{0}{3} < \frac{140+140+120}{9}$$

对应的 M_C 为

$$M_C = 140 \times 2.25 \text{kN} \cdot \text{m} + 140 \times 1.9 \text{kN} \cdot \text{m} + 120 \times 0.15 \text{kN} \cdot \text{m} = 599 \text{kN} \cdot \text{m}$$

将 F_{P3} 置于 C 处（图 19-27f），根据判别式有

$$\frac{120}{3} > \frac{120+30}{9}$$

$$\frac{0}{3} < \frac{120+120+30}{9}$$

对应的 M_C 为

$$M_C = 120 \times 2.25 \text{kN} \cdot \text{m} + 120 \times 1.9 \text{kN} \cdot \text{m} + 30 \times 0.15 \text{kN} \cdot \text{m} = 502.5 \text{kN} \cdot \text{m}$$

当荷载右行时，截面 C 的最大弯矩为

$$M_{C\max} = 599 \text{kN} \cdot \text{m}$$

综上所述，荷载右行时 C 截面的弯矩达到最大，$M_{C\max} = 599 \text{kN} \cdot \text{m}$。

思考题与习题

一、绘图题

1. 试绘制图 19-28 所示梁支座反力矩 M_A、支座反力 F_B 的影响线。

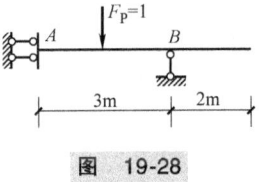

图 19-28

2. 试绘制图 19-29 所示多跨静定梁 F_{Ay}、F_{SC}、F_{SB}、M_C、M_D 的影响线。

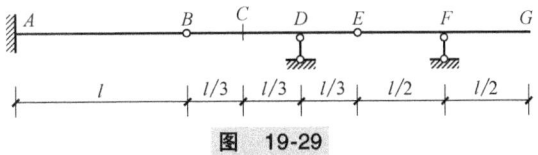

图 19-29

3. 试绘制图 19-30 所示梁 M_C、$F_{SC}^{左}$ 和 M_K 的影响线。

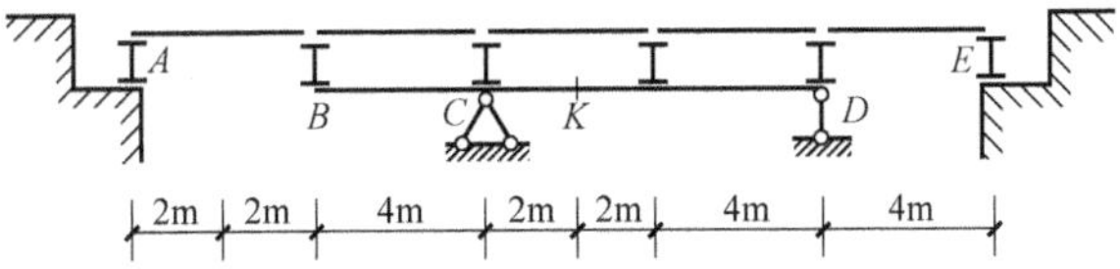

图 19-30

二、计算题

1. 利用影响线计算图 19-31 所示荷载作用下 $F_{SD}^{右}$，M_B 的值。

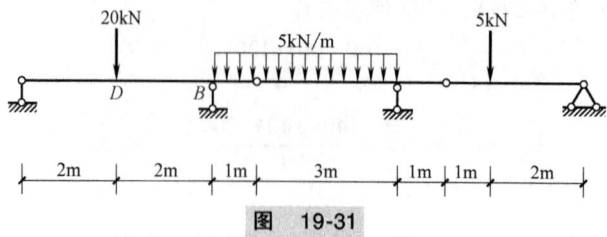

图 19-31

2. 利用影响线计算图 19-32 所示荷载作用下截面 K 的内力 M_K 和 $F_{SK}^{左}$。

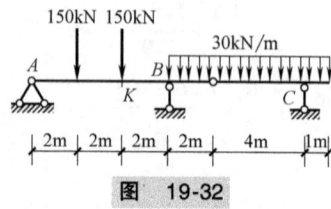

图 19-32

附录

附录 A 截面的几何性质

A.1 静矩和形心

1. 静矩

平面图形（附图 A-1），其面积为 A，在坐标 (x,y) 处，取微面积 dA，xdA 称为微面积 dA 对 y 轴的面积矩，简称静矩（或面矩）。则将 xdA 遍及整个图形面积 A 的积分，称为图形对 y 轴的静矩，用 S_y 表示。同理，图形对 x 轴的静距用 S_x 表示，则

$$\begin{cases} S_x = \int_A y dA \\ S_y = \int_A x dA \end{cases} \quad (\text{A-1})$$

2. 形心

若平面图形为一等厚均质薄片，其形心坐标为

$$\begin{cases} x_C = \dfrac{\int_A xt\rho dA}{t\rho A} = \dfrac{\int_A xt dA}{A} = \dfrac{S_y}{A} \\ y_C = \dfrac{\int_A yt\rho dA}{t\rho A} = \dfrac{\int_A yt dA}{A} = \dfrac{S_x}{A} \end{cases}$$

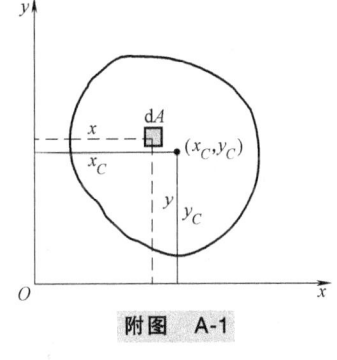

附图 A-1

由上式和式（A-1）得

$$\begin{cases} S_x = y_C A \\ S_y = x_C A \end{cases} \quad (\text{A-2})$$

由式（A-2）可知，图形对过其形心坐标轴的静矩为零；静矩不仅与图形面积有关，而且还与参考轴的位置有关。静矩可以是正值、负值或零，静矩的常用单位为 mm^3。

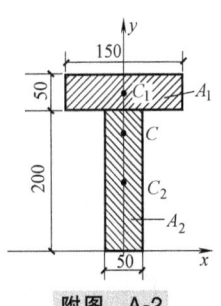

附图 A-2

【例 A-1】 求附图示 A-2 所示 T 形截面形心 C 的位置，图中尺寸单位为 mm。

【解】

1) 将 T 形分成上、下二个矩形 A_1、A_2，形心为 C_1、C_2；在图示坐标

系中，y 轴是图形对称轴，则有：$x_C = 0$

2）两个矩形的面积和形心

$$A_1 = 50 \times 150 \text{mm}^2 = 7500 \text{mm}^2, \quad y_{C1} = 225 \text{mm}$$
$$A_2 = 50 \times 200 \text{mm}^2 = 10000 \text{mm}^2, \quad y_{C2} = 100 \text{mm}$$

3）T 形截面的形心

$$x_C = 0$$
$$y_C = \frac{\sum A_i y_i}{\sum A_i} = \frac{7500 \times 225 + 10000 \times 100}{7500 + 10000} \text{mm} \approx 153.6 \text{mm}$$

【例 A-2】 试求附图 A-3 所示平面图形的形心位置，尺寸单位为 mm。

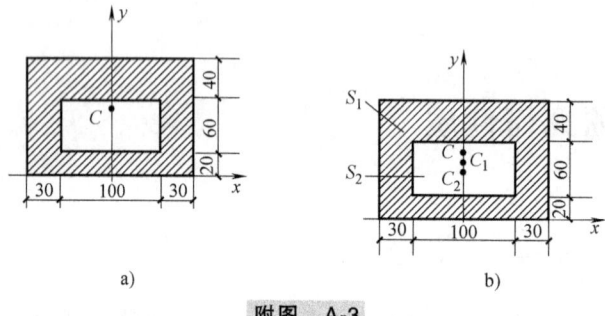

附图 A-3

【解】

1）将附图 A-3 所示图形看成大矩形 S_1 减去小矩形 S_2，形心为 C_1 和 C_2。
2）在图示坐标系中，y 轴是图形对称轴，则有：$x_C = 0$
3）两个图形的面积和形心

$$A_1 = 160 \times 120 \text{mm}^2 = 19200 \text{mm}^2, \quad y_{C1} = 60 \text{mm}$$
$$A_2 = 100 \times 60 \text{mm} = 6000 \text{mm}^2, \quad y_{C2} = 50 \text{mm}$$

4）图形的形心

$$x_C = 0$$
$$y_C = \frac{\sum A_i y_i}{\sum A_i} = \frac{19200 \times 60 - 6000 \times 50}{19200 - 6000} \text{mm} \approx 64.55 \text{mm}$$

A.2 惯性矩与极惯性矩

如附图 A-1 所示，$x^2 \text{d}A$ 称为微面积 $\text{d}A$ 对 y 轴的惯性矩。则将 $x \text{d}A$ 遍及整个图形面积 A 的积分，称为图形对 y 轴的惯性矩。用 I_y 表示。

$$\begin{cases} I_x = \int_A y^2 \text{d}A \\ I_y = \int_A x^2 \text{d}A \end{cases} \quad (\text{A-3})$$

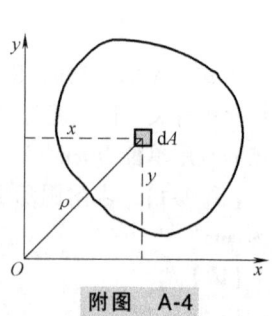

附图 A-4

如附图 A-4 所示，当采用极坐标系时，其面积为 A，在坐标 (x, y) 处，取微面积 $\text{d}A$，$x \text{d}A$ 称为微面积 $\text{d}A$ 对 y 轴的面积矩，$\rho^2 \text{d}A$ 称为微面积 $\text{d}A$ 对坐标原点 O 的极惯性矩，则将 $\rho^2 \text{d}A$ 遍及整个图形面积 A 的积分，称为图形对坐标原点 O 的极惯性矩，用 I_P 表示，即

$$I_{\mathrm{P}} = \int_A \rho^2 \mathrm{d}A \qquad (A\text{-}4)$$

将 $\rho^2 = x^2 + y^2$ 代入式（A-4），得

$$I_\rho = \int_A \rho^2 \mathrm{d}A = \int_A (x^2 + y^2) \mathrm{d}A = \int_A x^2 \mathrm{d}A + \int_A y^2 \mathrm{d}A = I_x + I_y$$

$$I_\rho = I_x + I_y \qquad (A\text{-}5)$$

由式（A-4）可知，图形对其所在平面内任一点的极惯性矩 $I_\rho = I_x + I_y$，等于其对过此点的任一对正交轴 x、y 的惯性矩 I_x、I_y 之和。

由式（A-3）和式（A-4）可知，惯性矩和极惯性矩总是正值。其常用单位为 mm^4。

【例 A-3】 试计算附图 A-5 所示的矩形对其对称轴 y、z 的惯性矩。

【解】 先求对轴 y 的惯性矩。取平行于轴 y 的狭长矩形作为微面积 $\mathrm{d}A$，则

$$\mathrm{d}A = b\mathrm{d}z$$

$$I_y = \int_A z^2 \mathrm{d}A = \int_{-\frac{h}{2}}^{\frac{h}{2}} bz^2 \mathrm{d}z = \frac{bh^3}{12}$$

用同样的方法可求得

$$I_z = \frac{hb^3}{12}$$

【例 A-4】 试计算附图 A-6 所示的圆形对过形心轴的惯性矩及对形心的极惯性矩。

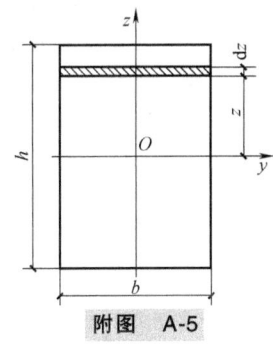

附图 A-5

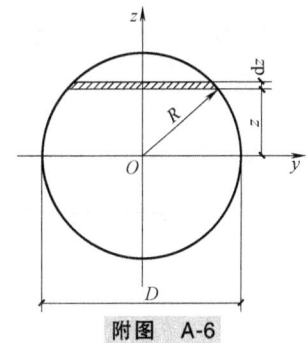

附图 A-6

【解】 取图中狭长矩形作为微面积 $\mathrm{d}A$，则

$$\mathrm{d}A = 2y\mathrm{d}z = 2\sqrt{R^2 - Z^2}\,\mathrm{d}z$$

$$I_y = \int_A z^2 \mathrm{d}A = 2\int_{-R}^{R} z^2 \sqrt{R^2 - Z^2}\,\mathrm{d}z = \frac{\pi r R^4}{4} = \frac{\pi D^4}{64}$$

由对称性有

$$I_z = I_y = \frac{\pi D^4}{64}$$

由式（A-4）有

$$I_{\mathrm{P}} = I_y + I_z = \frac{\pi D^3}{32}$$

【例 A-5】 试计算附图 A-7 所示的空心圆形对过圆心的轴 y、z 的惯性矩及对圆心 O 的极惯性矩。

【解】 首先求对圆心 O 的极惯性矩 I_P。取图中所示的环形微面积 $\mathrm{d}A$，则

$$\mathrm{d}A = 2\pi\rho\mathrm{d}\rho$$

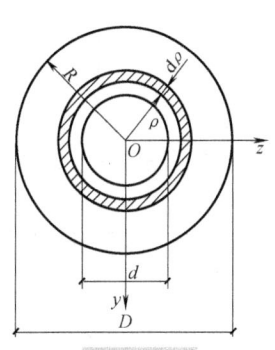

附图 A-7

$$I_{\mathrm{P}} = \int_A \rho^2 \mathrm{d}A = 2\pi \int_{\frac{d}{2}}^{\frac{D}{2}} \rho^3 \mathrm{d}\rho = \frac{\pi r}{32}(D^4 - d^4)$$

因 $I_{\mathrm{P}} = I_y + I_z$,且 $I_y = I_z$,则有

$$I_y = I_z = \frac{1}{2}I_{\mathrm{P}} = \frac{\pi r}{64}(D^4 - d^4)$$

A.3 惯性积与形心主惯性矩

如附图 A-1 所示,$xy\mathrm{d}A$ 称为微面积 $\mathrm{d}A$ 对轴 x、y 的惯性积,则将 $xy\mathrm{d}A$ 遍及整个图形面积 A 的积分,称为图形对轴 x、y 的惯性积。用 I_{xy} 表示,即

$$I_{xy} = \int_A xy\mathrm{d}A \tag{A-6}$$

由式(A-6)可知,惯性积可以是正值、负值或零,且轴惯性积中只要有一个为图形的对称轴,则图形对轴 x、y 的惯性积必等于零。

若图形对某对正交轴的惯性积等于零,则该对坐标轴就称为**主惯性轴**,简称主轴。图形对主轴的惯性矩称为主惯性矩。过图形形心的主轴称为形心主惯性轴;**图形对形心主惯性轴的惯性矩称为形心主惯性矩**。

A.4 平行移轴公式

同一平面图形对不同坐标轴的惯性矩是不同的,在工程计算中,常通过平面图形对本身形心轴的惯性矩,推算出平面图形对其他与该形心轴平行的坐标轴的惯性矩。

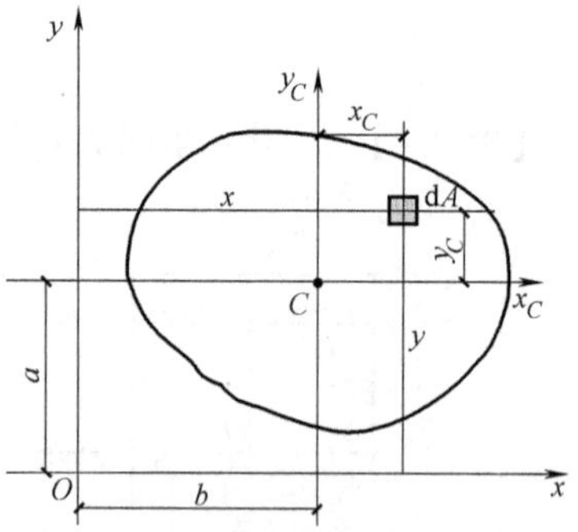

如附图 A-8 所示为任意平面图形,其形心为 C,面积为 A,x_C 轴与 x 轴为形心轴,x 轴、y 轴分别与 x_C 轴、y_C 轴平行,a、b 分别为两对平行轴的间距,则 $\begin{cases} x = x_C + b \\ y = y_C + a \end{cases}$,此平面图形对 x 轴的惯性矩为

附图 A-8

$$I_x = \int_A y^2 \mathrm{d}A = \int_A (y_C + a)^2 \mathrm{d}A = \int_A (y_C^2 + 2ay_C + a^2)\mathrm{d}A = I_{xC} + 2aS_{xC} + a^2 A$$

$$S_{xC} = 0$$

所以

$$I_x = I_{xC} + a^2 A \tag{A-7a}$$

同理

$$I_y = I_{yC} + b^2 A \tag{A-7b}$$

式中 I_x、I_y——截面对 x、y 轴的惯性矩;

I_{xC}、I_{yC}——截面对 x_C、y_C 轴的惯性矩。

式(A-7)称为惯性矩的**平行移轴公式**。此式表明平面图形对任一轴的惯性矩等于平面图形对平行于该轴的形心轴的惯性矩,加上图形面积与两轴间距离平方的乘积。

工程中经常会遇到一些截面是由矩形、圆形或型钢截面等组成的组合截面,组合截面对某一轴的惯性矩等于各简单图形对该轴惯性矩之和。

$$\begin{cases} I_x = \sum I_{xi} \\ I_y = \sum I_{yi} \end{cases} \tag{A-8}$$

式(A-8)中 I_{xi}、I_{yi}——各简单截面对 x、y 轴的惯性矩。

【例 A-6】 半径为 R 的圆截面中有一半径为 r 的偏心孔，偏心矩为 e。求该组合截面（见附图 A-9）对 x、y 轴的惯性矩。

【解】 采用负面积法（挖去部分的惯性矩冠以负号）

组合截面对 x 轴的惯性矩为

$$I_x = I'_x - I''_x = \frac{\pi R^4}{4} - \frac{\pi r^4}{4} = \frac{\pi}{4}(R^4 - r^4)$$

组合截面对 y 轴的惯性矩为

$$I_y = I'_y - I''_y = \frac{\pi R^4}{4} - \left(\frac{\pi r^4}{4} + \pi e^2 r^2\right) = \frac{\pi}{4}(R^4 - r^4 - 4e^2 r^2)$$

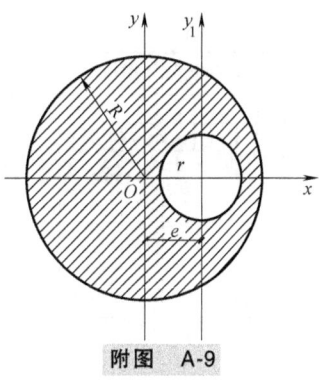

附图 A-9

附录 B　几种常用梁在简单载荷作用下的变形

序号	支承和载荷作用情况	梁端转角	挠曲线方程	最大挠度
1		$\theta_B = \dfrac{Fl^2}{2EI}$	$w = \dfrac{Fx^2}{6EI}(3l-x)$	$w_B = \dfrac{Fl^3}{3EI}$
2		$\theta_B = \dfrac{Fc^2}{2EI}$	当 $0 \leqslant x \leqslant c$ $w = \dfrac{Fx^2}{6EI}(3c-x)$ 当 $c \leqslant x \leqslant l$ $w = \dfrac{Fc^2}{6EI}(3x-c)$	$w_B = \dfrac{Fc^2}{6EI}(3l-c)$
3		$\theta_B = \dfrac{ql^3}{6EI}$	$w = \dfrac{qx^2}{2EI}(x^2 + 6l^2 - 4lx)$	$w_B = \dfrac{ql^4}{8EI}$
4		$\theta_B = \dfrac{q_0 l^3}{24EI}$	$w = \dfrac{q_0 x^2}{120EIl}$ $(10l^3 - 10l^2 x + 5lx^2 - x^3)$	$w_B = \dfrac{q_0 l^4}{30EI}$
5		$\theta_B = \dfrac{M_e l}{EI}$	$w = \dfrac{M_e x^2}{2EI}$	$w_B = \dfrac{M_e l^2}{2EI}$
6		$\theta_A = -\theta_B = \dfrac{Fl^2}{16EI}$	当 $0 \leqslant x \leqslant l/2$ $w = \dfrac{Fx}{12EI}\left(\dfrac{3l^2}{4} - x^2\right)$	$w_C = \dfrac{Fl^3}{48EI}$
7		$\theta_A = \dfrac{Fab(l+b)}{6lEI}$ $\theta_B = -\dfrac{Fab(l+a)}{6lEI}$	当 $0 \leqslant x \leqslant a$ $w = \dfrac{Fbx}{6lEI}(l^2 - x^2 - b^2)$ 当 $a \leqslant x \leqslant l$ $w = \dfrac{Fb}{6lEI}\left[(l^2-b^2)x - x^3 + \dfrac{l}{b}(x-a)^3\right]$	设 $a > b$，在 $x = \sqrt{(l^2-b^2)/3}$ 处最大 $w_{max} = \dfrac{\sqrt{3} Fb}{27lEI}(l^2-b^2)^{3/2}$ 在 $x = l/2$ 处 $w_{x=l/2} = \dfrac{Fb}{48EI}(3l^2 - 4b^2)$

序号	支承和载荷作用情况	梁端转角	挠曲线方程	最大挠度
8	(简支梁，均布载荷 q)	$\theta_A = -\theta_B = \dfrac{ql^3}{24EI}$	$w = \dfrac{qx}{24EI}(l^3 - 2lx^2 + x^3)$	$w_C = \dfrac{5ql^4}{384EI}$
9	(简支梁，端部力偶 M_e)	$\theta_A = \dfrac{M_e l}{6EI}$ $\theta_B = -\dfrac{M_e l}{3EI}$	$w = \dfrac{M_e x}{6lEI}(l^2 - x^2)$	在 $x = l/\sqrt{3}$ 处最大 $w_{max} = \dfrac{M_e l^2}{9\sqrt{3}\,EI}$ 在 $x = l/2$ 处 $w_{x=l/2} = \dfrac{M_e l^2}{16EI}$
10	(简支梁，跨中集中力偶 M_0，距 a, b)	$\theta_1 = +\dfrac{M_0}{6lEI}(l^2 - 3b^2)$ $\theta_2 = +\dfrac{M_0}{6lEI}(l^2 - 3a^2)$ $\theta_C = -\dfrac{M_0}{6lEI}(3a^2 + 3b^2 - l^2)$	$y = \dfrac{M_0 x}{6lEI}(l^2 - 3b^2 - x^2)$, $0 \leq x \leq a$ $y = -\dfrac{M_0(l-x)}{6lEI}[l^2 - 3a^2 - (l-x)^2]$, $a \leq x \leq l$	在 $x = \sqrt{\dfrac{l^2 - 3b^2}{3}}$ 处， $y_{1max} = \dfrac{M_0(l^2 - 3b^2)^{3/2}}{9\sqrt{3}\,lEI}$ 在 $x = \sqrt{\dfrac{l^2 - 3a^2}{3}}$ 处， $y_{2max} = \dfrac{M(l^2 - 3a^2)^{3/2}}{9\sqrt{3}\,lEI}$

附录 C　型钢表（GB/T 706—2016）

表 C-1　工字钢截面尺寸、截面面积、理论重量及截面特性

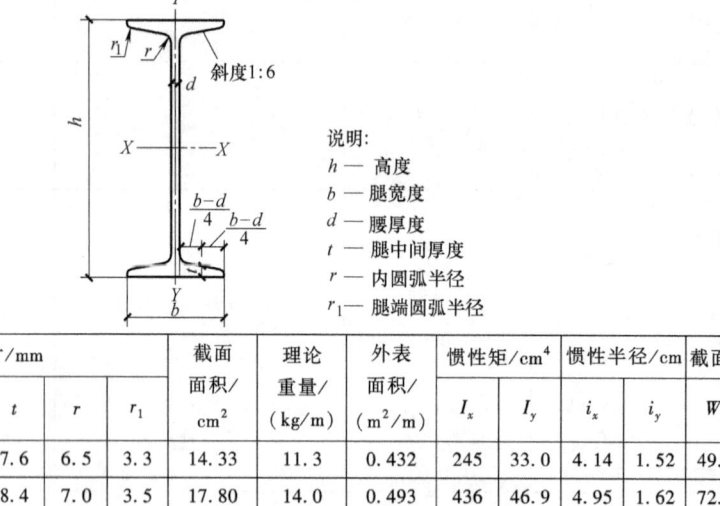

说明：
h — 高度
b — 腿宽度
d — 腰厚度
t — 腿中间厚度
r — 内圆弧半径
r_1 — 腿端圆弧半径

型号	截面尺寸/mm						截面面积/cm^2	理论重量/(kg/m)	外表面积/(m^2/m)	惯性矩/cm^4		惯性半径/cm		截面模数/cm^3	
	h	b	d	t	r	r_1				I_x	I_y	i_x	i_y	W_x	W_y
10	100	68	4.5	7.6	6.5	3.3	14.33	11.3	0.432	245	33.0	4.14	1.52	49.0	9.72
12	120	74	5.0	8.4	7.0	3.5	17.80	14.0	0.493	436	46.9	4.95	1.62	72.7	12.7
12.6	126	74	5.0	8.4	7.0	3.5	18.10	14.2	0.505	488	46.9	5.20	1.61	77.5	12.7
14	140	80	5.5	9.1	7.5	3.8	21.50	16.9	0.553	712	64.4	5.76	1.73	102	16.1
16	160	88	6.0	9.9	8.0	4.0	26.11	20.5	0.621	1130	93.1	6.58	1.89	141	21.2
18	180	94	6.5	10.7	8.5	4.3	30.74	24.1	0.681	1660	122	7.36	2.00	185	26.0
20a	200	100	7.0	11.4	9.0	4.5	35.55	27.9	0.742	2370	158	8.15	2.12	237	31.5
20b	200	102	9.0	11.4	9.0	4.5	39.55	31.1	0.746	2500	169	7.96	2.06	250	33.1
22a	220	110	7.5	12.3	9.5	4.8	42.10	33.1	0.817	3400	225	8.99	2.31	309	40.9
22b	220	112	9.5	12.3	9.5	4.8	46.50	36.5	0.821	3570	239	8.78	2.27	325	42.7

（续）

型号	截面尺寸/mm						截面面积/cm²	理论重量/(kg/m)	外表面积/(m²/m)	惯性矩/cm⁴		惯性半径/cm		截面模数/cm³	
	h	b	d	t	r	r_1				I_x	I_y	i_x	i_y	W_x	W_y
24a	240	116	8.0	13.0	10.0	5.0	47.71	37.5	0.878	4570	280	9.77	2.42	381	48.4
24b		118	10.0				52.51	41.2	0.882	4800	297	9.57	2.38	400	50.4
25a	250	116	8.0				48.51	38.1	0.898	5020	280	10.2	2.40	402	48.3
25b		118	10.0				53.51	42.0	0.902	5280	309	9.94	2.40	423	52.4
27a	270	122	8.5	13.7	10.5	5.3	54.52	42.8	0.958	6550	345	10.9	2.51	485	56.6
27b		124	10.5				59.92	47.0	0.962	6870	366	10.7	2.47	509	58.9
28a	280	122	8.5				55.37	43.5	0.978	7110	345	11.3	2.50	508	56.6
28b		124	10.5				60.97	47.9	0.982	7480	379	11.1	2.49	534	61.2
30a	300	126	9.0	14.4	11.0	5.5	61.22	48.1	1.031	8950	400	12.1	2.55	597	63.5
30b		128	11.0				67.22	52.8	1.035	9400	422	11.8	2.50	627	65.9
30c		130	13.0				73.22	57.5	1.039	9850	445	11.6	2.46	657	68.5
32a	320	130	9.5	15.0	11.5	5.8	67.12	52.7	1.084	11100	460	12.8	2.62	692	70.8
32b		132	11.5				73.52	57.7	1.088	11600	502	12.6	2.61	726	76.0
32c		134	13.5				79.92	62.7	1.092	12200	544	12.3	2.61	760	81.2
36a	360	136	10.0	15.8	12.0	6.0	76.44	60.0	1.185	15800	552	14.4	2.69	875	81.2
36b		138	12.0				83.64	65.7	1.189	16500	582	14.1	2.64	919	84.3
36c		140	14.0				90.84	71.3	1.193	17300	612	13.8	2.60	962	87.4
40a	400	142	10.5	16.5	12.5	6.3	86.07	67.6	1.285	21700	660	15.9	2.77	1090	93.2
40b		144	12.5				94.07	73.8	1.289	22800	692	15.6	2.71	1140	96.2
40c		146	14.5				102.1	80.1	1.293	23900	727	15.2	2.65	1190	99.6
45a	450	150	11.5	18.0	13.5	6.8	102.4	80.4	1.411	32200	855	17.7	2.89	1430	114
45b		152	13.5				111.4	87.4	1.415	33800	894	17.4	2.84	1500	118
45c		154	15.5				120.4	94.5	1.419	35300	938	17.1	2.79	1570	122
50a	500	158	12.0	20.0	14.0	7.0	119.2	93.6	1.539	46500	1120	19.7	3.07	1860	142
50b		160	14.0				129.2	101	1.543	48600	1170	19.4	3.01	1940	146
50c		162	16.0				139.2	109	1.547	50600	1220	19.0	2.96	2080	151
55a	550	166	12.5	21.0	14.5	7.3	134.1	105	1.667	62900	1370	21.6	3.19	2290	164
55b		168	14.5				145.1	114	1.671	65600	1420	21.2	3.14	2390	170
55c		170	16.5				156.1	123	1.675	68400	1480	20.9	3.08	2490	175
56a	560	166	12.5				135.4	106	1.687	65600	1370	22.0	3.18	2340	165
56b		168	14.5				146.6	115	1.691	68500	1490	21.6	3.16	2450	174
56c		170	16.5				157.8	124	1.695	71400	1560	21.3	3.16	2550	183
63a	630	176	13.0	22.0	15.0	7.5	154.6	121	1.862	93900	1700	24.5	3.31	2980	193
63b		178	15.0				167.2	131	1.866	98100	1810	24.2	3.29	3160	204
63c		180	17.0				179.8	141	1.870	102000	1920	23.8	3.27	3300	214

注：表中 r、r_1 的数据用于孔型设计，不做交货条件。

表 C-2 槽钢截面尺寸、截面面积、理论重量及截面特性

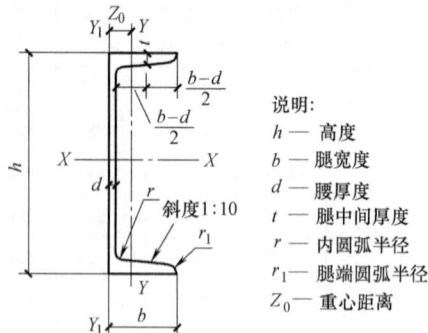

说明：
h — 高度
b — 腿宽度
d — 腰厚度
t — 腿中间厚度
r — 内圆弧半径
r_1 — 腿端圆弧半径
Z_0 — 重心距离

型号	截面尺寸/mm						截面面积/cm²	理论重量/(kg/m)	外表面积/(m²/m)	惯性矩/cm⁴			惯性半径/cm		截面模数/cm³		重心距离/cm
	h	b	d	t	r	r_1				I_x	I_y	I_{y1}	i_x	i_y	W_x	W_y	Z_0
5	50	37	4.5	7.0	7.0	3.5	6.925	5.44	0.226	26.0	8.30	20.9	1.94	1.10	10.4	3.55	1.35
6.3	63	40	4.8	7.5	7.5	3.8	8.446	6.63	0.262	50.8	11.9	28.4	2.45	1.19	16.1	4.50	1.36
6.5	65	40	4.3	7.5	7.5	3.8	8.292	6.51	0.267	55.2	12.0	28.3	2.54	1.19	17.0	4.59	1.38
8	80	43	5.0	8.0	8.0	4.0	10.24	8.04	0.307	101	16.6	37.4	3.15	1.27	25.3	5.79	1.43
10	100	48	5.3	8.5	8.5	4.2	12.74	10.0	0.365	198	25.6	54.9	3.95	1.41	39.7	7.80	1.52
12	120	53	5.5	9.0	9.0	4.5	15.36	12.1	0.423	346	37.4	77.7	4.75	1.56	57.7	10.2	1.62
12.6	126	53	5.5	9.0	9.0	4.5	15.69	12.3	0.435	391	38.0	77.1	4.95	1.57	62.1	10.2	1.59
14a	140	58	6.0	9.5	9.5	4.8	18.51	14.5	0.480	564	53.2	107	5.52	1.70	80.5	13.0	1.71
14b	140	60	8.0	9.5	9.5	4.8	21.31	16.7	0.484	609	61.1	121	5.35	1.69	87.1	14.1	1.67
16a	160	63	6.5	10.0	10.0	5.0	21.95	17.2	0.538	866	73.3	144	6.28	1.83	108	16.3	1.80
16b	160	65	8.5	10.0	10.0	5.0	25.15	19.8	0.542	935	83.4	161	6.10	1.82	117	17.6	1.75
18a	180	68	7.0	10.5	10.5	5.2	25.69	20.2	0.596	1270	98.6	190	7.04	1.96	141	20.0	1.88
18b	180	70	9.0	10.5	10.5	5.2	29.29	23.0	0.600	1370	111	210	6.84	1.95	152	21.5	1.84
20a	200	73	7.0	11.0	11.0	5.5	28.83	22.6	0.654	1780	128	244	7.86	2.11	178	24.2	2.01
20b	200	75	9.0	11.0	11.0	5.5	32.83	25.8	0.658	1910	144	268	7.64	2.09	191	25.9	1.95
22a	220	77	7.0	11.5	11.5	5.8	31.83	25.0	0.709	2390	158	298	8.67	2.23	218	28.2	2.10
22b	220	79	9.0	11.5	11.5	5.8	36.23	28.5	0.713	2570	176	326	8.42	2.21	234	30.1	2.03
24a	240	78	7.0	12.0	12.0	6.0	34.21	26.9	0.752	3050	174	325	9.45	2.25	254	30.5	2.10
24b	240	80	9.0	12.0	12.0	6.0	39.01	30.6	0.756	3280	194	355	9.17	2.23	274	32.5	2.03
24c	240	82	11.0	12.0	12.0	6.0	43.81	34.4	0.760	3510	213	388	8.96	2.21	293	34.4	2.00
25a	250	78	7.0	12.0	12.0	6.0	34.91	27.4	0.722	3370	176	322	9.82	2.24	270	30.6	2.07
25b	250	80	9.0	12.0	12.0	6.0	39.91	31.3	0.776	3530	196	353	9.41	2.22	282	32.7	1.98
25c	250	82	11.0	12.0	12.0	6.0	44.91	35.3	0.780	3690	218	384	9.07	2.21	295	35.9	1.92

附录

（续）

型号	截面尺寸/mm						截面面积/cm²	理论重量/(kg/m)	外表面积/(m²/m)	惯性矩/cm⁴			惯性半径/cm		截面模数/cm³		重心距离/cm
	h	b	d	t	r	r_1				I_x	I_y	I_{y1}	i_x	i_y	W_x	W_y	Z_0
27a	270	82	7.5	12.5	12.5	6.2	39.27	30.8	0.826	4360	216	393	10.5	2.34	323	35.5	2.13
27b		84	9.5				44.67	35.1	0.830	4690	239	428	10.3	2.31	347	37.7	2.06
27c		86	11.5				50.07	39.3	0.834	5020	261	467	10.1	2.28	372	39.8	2.03
28a	280	82	7.5				40.02	31.4	0.846	4760	218	388	10.9	2.33	340	35.7	2.10
28b		84	9.5				45.62	35.8	0.850	5130	242	428	10.6	2.30	366	37.9	2.02
28c		86	11.5				51.22	40.2	0.854	5500	268	463	10.4	2.29	393	40.3	1.95
30a	300	85	7.5	13.5	13.5	6.8	43.89	34.5	0.897	6050	260	467	11.7	2.43	403	41.1	2.17
30b		87	9.5				49.89	39.2	0.901	6500	289	515	11.4	2.41	433	44.0	2.13
30c		89	11.5				55.89	43.9	0.905	6950	316	560	11.2	2.38	463	46.4	2.09
32a	320	88	8.0	14.0	14.0	7.0	48.50	38.1	0.947	7600	305	552	12.5	2.50	475	46.5	2.24
32b		90	10.0				54.90	43.1	0.951	8140	336	593	12.2	2.47	509	49.2	2.16
32c		92	12.0				61.30	48.1	0.955	8690	374	643	11.9	2.47	543	52.6	2.09
36a	360	96	9.0	16.0	16.0	8.0	60.89	47.8	1.053	11900	455	818	14.0	2.73	660	63.5	2.44
36b		98	11.0				68.09	53.5	1.057	12700	497	880	13.6	2.70	703	66.9	2.37
36c		100	13.0				75.29	59.1	1.061	13400	536	948	13.4	2.67	746	70.0	2.34
40a	400	100	10.5	18.0	18.0	9.0	75.04	58.9	1.144	17600	592	1070	15.3	2.81	879	78.8	2.49
40b		102	12.5				83.04	65.2	1.148	18600	640	1140	15.0	2.78	932	82.5	2.44
40c		104	14.5				91.04	71.5	1.152	19700	688	1220	14.7	2.75	986	86.2	2.42

注：表中 r、r_1 的数据用于孔型设计，不做交货条件。

表 C-3 等边角钢截面尺寸、截面面积、理论重量及截面特性

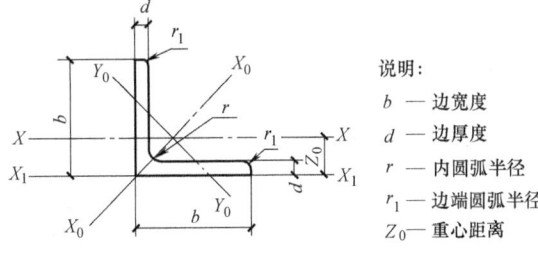

说明：
b —— 边宽度
d —— 边厚度
r —— 内圆弧半径
r_1 —— 边端圆弧半径
Z_0 —— 重心距离

型号	截面尺寸/mm			截面面积/cm²	理论重量/(kg/m)	外表面积/(m²/m)	惯性矩/cm⁴				惯性半径/cm			截面模数/cm³			重心距离/cm
	b	d	r				I_x	I_{x1}	I_{x0}	I_{y0}	i_x	i_{x0}	i_{y0}	W_x	W_{x0}	W_{y0}	Z_0
2	20	3	3.5	1.132	0.89	0.078	0.40	0.81	0.63	0.17	0.59	0.75	0.39	0.29	0.45	0.20	0.60
		4		1.459	1.15	0.077	0.50	1.09	0.78	0.22	0.58	0.73	0.38	0.36	0.55	0.24	0.64
2.5	25	3		1.432	1.12	0.098	0.82	1.57	1.29	0.34	0.76	0.95	0.49	0.46	0.73	0.33	0.73
		4		1.859	1.46	0.097	1.03	2.11	1.62	0.43	0.74	0.93	0.48	0.59	0.92	0.40	0.76

(续)

型号	截面尺寸/mm			截面面积/cm²	理论重量/(kg/m)	外表面积/(m²/m)	惯性矩/cm⁴				惯性半径/cm			截面模数/cm³			重心距离/cm
	b	d	r				I_x	I_{x1}	I_{x0}	I_{y0}	i_x	i_{x0}	i_{y0}	W_x	W_{x0}	W_{y0}	Z_0
3.0	30	3		1.749	1.37	0.117	1.46	2.71	2.31	0.61	0.91	1.15	0.59	0.68	1.09	0.51	0.85
		4		2.276	1.79	0.117	1.84	3.63	2.92	0.77	0.90	1.13	0.58	0.87	1.37	0.62	0.89
3.6	36	3	4.5	2.109	1.66	0.141	2.58	4.68	4.09	1.07	1.11	1.39	0.71	0.99	1.61	0.76	1.00
		4		2.756	2.16	0.141	3.29	6.25	5.22	1.37	1.09	1.38	0.70	1.28	2.05	0.93	1.04
		5		3.382	2.65	0.141	3.95	7.84	6.24	1.65	1.08	1.36	0.7	1.56	2.45	1.00	1.07
4	40	3		2.359	1.85	0.157	3.59	6.41	5.69	1.49	1.23	1.55	0.79	1.23	2.01	0.96	1.09
		4		3.086	2.42	0.157	4.60	8.56	7.29	1.91	1.22	1.54	0.79	1.60	2.58	1.19	1.13
		5		3.792	2.98	0.156	5.53	10.7	8.76	2.30	1.21	1.52	0.78	1.96	3.10	1.39	1.17
4.5	45	3	5	2.659	2.09	0.177	5.17	9.12	8.20	2.14	1.40	1.76	0.89	1.58	2.58	1.24	1.22
		4		3.486	2.74	0.177	6.65	12.2	10.6	2.75	1.38	1.74	0.89	2.05	3.32	1.54	1.26
		5		4.292	3.37	0.176	8.04	15.2	12.7	3.33	1.37	1.72	0.88	2.51	4.00	1.81	1.30
		6		5.077	3.99	0.176	9.33	18.4	14.8	3.89	1.36	1.70	0.80	2.95	4.64	2.06	1.33
5	50	3	5.5	2.971	2.33	0.197	7.18	12.5	11.4	2.98	1.55	1.96	1.00	1.96	3.22	1.57	1.34
		4		3.897	3.06	0.197	9.26	16.7	14.7	3.82	1.54	1.94	0.99	2.56	4.16	1.96	1.38
		5		4.803	3.77	0.196	11.2	20.9	17.8	4.64	1.53	1.92	0.98	3.13	5.03	2.31	1.42
		6		5.688	4.46	0.196	13.1	25.1	20.7	5.42	1.52	1.91	0.98	3.68	5.85	2.63	1.46
5.6	56	3	6	3.343	2.62	0.221	10.2	17.6	16.1	4.24	1.75	2.20	1.13	2.48	4.08	2.02	1.48
		4		4.39	3.45	0.220	13.2	23.4	20.9	5.46	1.73	2.18	1.11	3.24	5.28	2.52	1.53
		5		5.415	4.25	0.220	16.0	29.3	25.4	6.61	1.72	2.17	1.10	3.97	6.42	2.98	1.57
		6		6.42	5.04	0.220	18.7	35.3	29.7	7.73	1.71	2.15	1.10	4.68	7.49	3.40	1.61
		7		7.404	5.81	0.219	21.2	41.2	33.6	8.82	1.69	2.13	1.09	5.36	8.49	3.80	1.64
		8		8.367	6.57	0.219	23.6	47.2	37.4	9.89	1.68	2.11	1.09	6.03	9.44	4.16	1.68
6	60	5	6.5	5.829	4.58	0.236	19.9	36.1	31.6	8.21	1.85	2.33	1.19	4.59	7.44	3.48	1.67
		6		6.914	5.43	0.235	23.4	43.3	36.9	9.60	1.83	2.31	1.18	5.41	8.70	3.98	1.70
		7		7.977	6.26	0.235	26.4	50.7	41.9	11.0	1.82	2.29	1.17	6.21	9.88	4.45	1.74
		8		9.02	7.08	0.235	29.5	58.0	46.7	12.3	1.81	2.27	1.17	6.98	11.0	4.88	1.78
6.3	63	4	7	4.978	3.91	0.248	19.0	33.4	30.2	7.89	1.96	2.46	1.26	4.13	6.78	3.29	1.70
		5		6.143	4.82	0.248	23.2	41.7	36.8	9.57	1.94	2.45	1.25	5.08	8.25	3.90	1.74
		6		7.288	5.72	0.247	27.1	50.1	43.0	11.2	1.93	2.43	1.24	6.00	9.66	4.46	1.78
		7		8.412	6.60	0.247	30.9	58.6	49.0	12.8	1.92	2.41	1.23	6.88	11.0	4.98	1.82
		8		9.515	7.47	0.247	34.5	67.1	54.6	14.3	1.90	2.40	1.23	7.75	12.3	5.47	1.85
		10		11.66	9.15	0.246	41.1	84.3	64.9	17.3	1.88	2.36	1.22	9.39	14.6	6.36	1.93
7	70	4	8	5.570	4.37	0.275	26.4	45.7	41.8	11.0	2.18	2.74	1.40	5.14	8.44	4.17	1.86
		5		6.876	5.40	0.275	32.2	57.2	51.1	13.3	2.16	2.73	1.39	6.32	10.3	4.95	1.91
		6		8.160	6.41	0.275	37.8	68.7	59.9	15.6	2.15	2.71	1.38	7.48	12.1	5.67	1.95
		7		9.424	7.40	0.275	43.1	80.3	68.4	17.8	2.14	2.69	1.38	8.59	13.8	6.34	1.99
		8		10.67	8.37	0.274	48.2	91.9	76.4	20.0	2.12	2.68	1.37	9.68	15.4	6.98	2.03

（续）

型号	截面尺寸/mm			截面面积/cm²	理论重量/(kg/m)	外表面积/(m²/m)	惯性矩/cm⁴				惯性半径/cm			截面模数/cm³			重心距离/cm
	b	d	r				I_x	I_{x1}	I_{x0}	I_{y0}	i_x	i_{x0}	i_{y0}	W_x	W_{x0}	W_{y0}	Z_0
7.5	75	5	9	7.412	5.82	0.295	40.0	70.6	63.3	16.6	2.33	2.92	1.50	7.32	11.9	5.77	2.04
		6		8.797	6.91	0.294	47.0	84.6	74.4	19.5	2.31	2.90	1.49	8.64	14.0	6.67	2.07
		7		10.16	7.98	0.294	53.6	98.7	85.0	22.2	2.30	2.89	1.48	9.93	16.0	7.44	2.11
		8		11.50	9.03	0.294	60.0	113	95.1	24.9	2.28	2.88	1.47	11.2	17.9	8.19	2.15
		9		12.83	10.1	0.294	66.1	127	105	27.5	2.27	2.86	1.46	12.4	19.8	8.89	2.18
		10		14.13	11.1	0.293	72.0	142	114	30.1	2.26	2.84	1.46	13.6	21.5	9.56	2.22
8	80	5	9	7.912	6.21	0.315	48.8	85.4	77.3	20.3	2.48	3.13	1.60	8.34	13.7	6.66	2.15
		6		9.397	7.38	0.314	57.4	103	91.0	23.7	2.47	3.11	1.59	9.87	16.1	7.65	2.19
		7		10.86	8.53	0.314	65.6	120	104	27.1	2.46	3.10	1.58	11.4	18.4	8.58	2.23
		8		12.30	9.66	0.314	73.5	137	117	30.4	2.44	3.08	1.57	12.8	20.6	9.46	2.27
		9		13.73	10.8	0.314	81.1	154	129	33.6	2.43	3.06	1.56	14.3	22.7	10.3	2.31
		10		15.13	11.9	0.313	88.4	172	140	36.8	2.42	3.04	1.56	15.6	24.8	11.1	2.35
9	90	6	10	10.64	8.35	0.354	82.8	146	131	34.3	2.79	3.51	1.80	12.6	20.6	9.95	2.44
		7		12.30	9.66	0.354	94.8	170	150	39.2	2.78	3.50	1.78	14.5	23.6	11.2	2.48
		8		13.94	10.9	0.353	106	195	169	44.0	2.76	3.48	1.78	16.4	26.6	12.4	2.52
		9		15.57	12.2	0.353	118	219	187	48.7	2.75	3.46	1.77	18.3	29.4	13.5	2.56
		10		17.17	13.5	0.353	129	244	204	53.3	2.74	3.45	1.76	20.1	32.0	14.5	2.59
		12		20.31	15.9	0.352	149	294	236	62.2	2.71	3.41	1.75	23.6	37.1	16.5	2.67
10	100	6	12	11.93	9.37	0.393	115	200	182	47.9	3.10	3.90	2.00	15.7	25.7	12.7	2.67
		7		13.80	10.8	0.393	132	234	209	54.7	3.09	3.89	1.99	18.1	29.6	14.3	2.71
		8		15.64	12.3	0.393	148	267	235	61.4	3.08	3.88	1.98	20.5	33.2	15.8	2.76
		9		17.46	13.7	0.392	164	300	260	68.0	3.07	3.86	1.97	22.8	36.8	17.2	2.80
		10		19.26	15.1	0.392	180	334	285	74.4	3.05	3.84	1.96	25.1	40.3	18.5	2.84
		12		22.80	17.9	0.391	209	402	331	86.8	3.03	3.81	1.95	29.5	46.8	21.1	2.91
		14		26.26	20.6	0.391	237	471	374	99.0	3.00	3.77	1.94	33.7	52.9	23.4	2.99
		16		29.63	23.3	0.390	263	540	414	111	2.98	3.74	1.94	37.8	58.6	25.6	3.06
11	110	7	12	15.20	11.9	0.433	177	311	281	73.4	3.41	4.30	2.20	22.1	36.1	17.5	2.96
		8		17.24	13.5	0.433	199	355	316	82.4	3.40	4.28	2.19	25.0	40.7	19.4	3.01
		10		21.26	16.7	0.432	242	445	384	100	3.38	4.25	2.17	30.6	49.4	22.9	3.09
		12		25.20	19.8	0.431	283	535	448	117	3.35	4.22	2.15	36.1	57.6	26.2	3.16
		14		29.06	22.8	0.431	321	625	508	133	3.32	4.18	2.14	41.3	65.3	29.1	3.24

(续)

型号	截面尺寸/mm			截面面积/cm^2	理论重量/(kg/m)	外表面积/(m^2/m)	惯性矩/cm^4				惯性半径/cm			截面模数/cm^3			重心距离/cm
	b	d	r				I_x	I_{x1}	I_{x0}	I_{y0}	i_x	i_{x0}	i_{y0}	W_x	W_{x0}	W_{y0}	Z_0
12.5	125	8		19.75	15.5	0.492	297	521	471	123	3.88	4.88	2.50	32.5	53.3	25.9	3.37
		10		24.37	19.1	0.491	362	652	574	149	3.85	4.85	2.48	40.0	64.9	30.6	3.45
		12		28.91	22.7	0.491	423	783	671	175	3.83	4.82	2.46	41.2	76.0	35.0	3.53
		14		33.37	26.2	0.490	482	916	764	200	3.80	4.78	2.45	54.2	86.4	39.1	3.61
		16		37.74	29.6	0.489	537	1050	851	224	3.77	4.75	2.43	60.9	96.3	43.0	3.68
14	140	10	14	27.37	21.5	0.551	515	915	817	212	4.34	5.46	2.78	50.6	82.6	39.2	3.82
		12		32.51	25.5	0.551	604	1100	959	249	4.31	5.43	2.76	59.8	96.9	45.0	3.90
		14		37.57	29.5	0.550	689	1280	1090	284	4.28	5.40	2.75	68.8	110	50.5	3.98
		16		42.54	33.4	0.549	770	1470	1220	319	4.26	5.36	2.74	77.5	123	55.6	4.06
15	150	8		23.75	18.6	0.592	521	900	827	215	4.69	5.90	3.01	47.4	78.0	38.1	3.99
		10		29.37	23.1	0.591	638	1130	1010	262	4.66	5.87	2.99	58.4	95.5	45.5	4.08
		12		34.91	27.4	0.591	749	1350	1190	308	4.63	5.84	2.97	69.0	112	52.4	4.15
		14		40.37	31.7	0.590	856	1580	1360	352	4.60	5.80	2.95	79.5	128	58.8	4.23
		15		43.06	33.8	0.590	907	1690	1440	374	4.59	5.78	2.95	84.6	136	61.9	4.27
		16		45.74	35.9	0.589	958	1810	1520	395	4.58	5.77	2.94	89.6	143	64.9	4.31
16	160	10	16	31.50	24.7	0.630	780	1370	1240	322	4.98	6.27	3.20	66.7	109	52.8	4.31
		12		37.44	29.4	0.630	917	1640	1460	377	4.95	6.24	3.18	79.0	129	60.7	4.39
		14		43.30	34.0	0.629	1050	1910	1670	432	4.92	6.20	3.16	91.0	147	68.2	4.47
		16		49.07	38.5	0.629	1180	2190	1870	485	4.89	6.17	3.14	103	165	75.3	4.55
18	180	12		42.24	33.2	0.710	1320	2330	2100	543	5.59	7.05	3.58	101	165	78.4	4.89
		14		48.90	38.4	0.709	1510	2720	2410	622	5.56	7.02	3.56	116	189	88.4	4.97
		16		55.47	43.5	0.709	1700	3120	2700	699	5.54	6.98	3.55	131	212	97.8	5.05
		18		61.96	48.6	0.708	1880	3500	2990	762	5.50	6.94	3.51	146	235	105	5.13
20	200	14	18	54.64	42.9	0.788	2100	3730	3340	864	6.20	7.82	3.98	145	236	112	5.46
		16		62.01	48.7	0.788	2370	4270	3760	971	6.18	7.79	3.96	164	266	124	5.54
		18		69.30	54.4	0.787	2620	4810	4160	1080	6.15	7.75	3.94	182	294	136	5.62
		20		76.51	60.1	0.787	2870	5350	4550	1180	6.12	7.72	3.93	200	322	147	5.69
		24		90.66	71.2	0.785	3340	6460	5290	1380	6.07	7.64	3.90	236	374	167	5.87
22	220	16	21	68.67	53.9	0.866	3190	5680	5060	1310	6.81	8.59	4.37	200	326	154	6.03
		18		76.75	60.3	0.866	3540	6400	5620	1450	6.79	8.55	4.35	223	361	168	6.11
		20		84.76	66.5	0.865	3870	7110	6150	1590	6.76	8.52	4.34	245	395	182	6.18
		22		92.68	72.8	0.865	4200	7830	6670	1730	6.73	8.48	4.32	267	429	195	6.26
		24		100.5	78.9	0.864	4520	8550	7170	1870	6.71	8.45	4.31	289	461	208	6.33
		26		108.3	85.0	0.864	4830	9280	7690	2000	6.68	8.41	4.30	310	492	221	6.41
25	250	18	24	87.84	69.0	0.985	5270	9380	8370	2170	7.75	9.76	4.97	290	473	224	6.84
		20		97.05	76.2	0.984	5780	10400	9180	2380	7.72	9.73	4.95	320	519	243	6.92
		22		106.2	83.3	0.983	6280	11500	9970	2580	7.69	9.69	4.93	349	564	261	7.00
		24		115.2	90.4	0.983	6770	12500	10700	2790	7.67	9.66	4.92	378	608	278	7.07
		26		124.2	97.5	0.982	7240	13600	11500	2980	7.64	9.62	4.90	406	650	295	7.15
		28		133.0	104	0.982	7700	14600	12200	3180	7.61	9.58	4.89	433	691	311	7.22
		30		141.8	111	0.981	8160	15700	12900	3380	7.58	9.55	4.88	461	731	327	7.30
		32		150.5	118	0.981	8600	16800	13600	3570	7.56	9.51	4.87	488	770	342	7.37
		35		163.4	128	0.980	9240	18400	14600	3850	7.52	9.46	4.86	527	827	364	7.48

注：截面图中的 $r_1 = 1/3 d$ 及表中 r 的数据用于孔型设计，不做交货条件。

表 C-4 不等边角钢截面尺寸、截面积、理论重量及截面特性

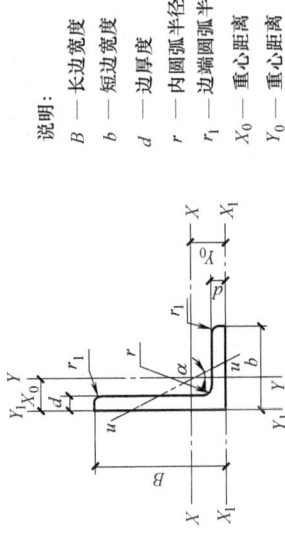

说明：
- B —— 长边宽度
- b —— 短边宽度
- d —— 边厚度
- r —— 内圆弧半径
- r_1 —— 边端圆弧半径
- X_0 —— 重心距离
- Y_0 —— 重心距离

型号	截面尺寸/mm				截面面积/cm²	理论重量/(kg/m)	外表面积/(m²/m)	惯性矩/cm⁴					惯性半径/cm			截面模数/cm³			tanα	重心距离/cm	
	B	b	d	r				I_x	I_{x1}	I_y	I_{y1}	I_0	i_x	i_y	i_u	W_x	W_y	W_u		X_0	Y_0
2.5/1.6	25	16	3	3.5	1.162	0.91	0.080	0.70	1.56	0.22	0.43	0.14	0.78	0.44	0.34	0.43	0.19	0.16	0.392	0.42	0.86
			4		1.499	1.18	0.079	0.88	2.09	0.27	0.59	0.17	0.77	0.43	0.34	0.55	0.24	0.20	0.381	0.46	0.90
3.2/2	32	20	3		1.492	1.17	0.102	1.53	3.27	0.46	0.82	0.28	1.01	0.55	0.43	0.72	0.30	0.25	0.382	0.49	1.08
			4		1.939	1.52	0.101	1.93	4.37	0.57	1.12	0.35	1.00	0.54	0.42	0.93	0.39	0.32	0.374	0.53	1.12
4/2.5	40	25	3	4	1.890	1.48	0.127	3.08	5.39	0.93	1.59	0.56	1.28	0.70	0.54	1.15	0.49	0.40	0.385	0.59	1.32
			4		2.467	1.94	0.127	3.93	8.53	1.18	2.14	0.71	1.36	0.69	0.54	1.49	0.63	0.52	0.381	0.63	1.37
4.5/2.8	45	28	3	5	2.149	1.69	0.143	4.45	9.10	1.34	2.23	0.80	1.44	0.79	0.61	1.47	0.62	0.51	0.383	0.64	1.47
			4		2.806	2.20	0.143	5.69	12.1	1.70	3.00	1.02	1.42	0.78	0.60	1.91	0.80	0.66	0.380	0.68	1.51
5/3.2	50	32	3	5.5	2.431	1.91	0.161	6.24	12.5	2.02	3.31	1.20	1.60	0.91	0.70	1.84	0.82	0.68	0.404	0.73	1.60
			4		3.177	2.49	0.160	8.02	16.7	2.58	4.45	1.53	1.59	0.90	0.69	2.39	1.06	0.87	0.402	0.77	1.65
5.6/3.6	56	36	3	6	2.743	2.15	0.181	8.88	17.5	2.92	4.7	1.73	1.80	1.03	0.79	2.32	1.05	0.87	0.408	0.80	1.78
			4		3.590	2.82	0.180	11.5	23.4	3.76	6.33	2.23	1.79	1.02	0.79	3.03	1.37	1.13	0.408	0.85	1.82
			5		4.415	3.47	0.180	13.9	29.3	4.49	7.94	2.67	1.77	1.01	0.78	3.71	1.65	1.36	0.404	0.88	1.87

（续）

型号	截面尺寸/mm				截面面积/cm²	理论重量/(kg/m)	外表面积/(m²/m)	惯性矩/cm⁴					惯性半径/cm			截面模数/cm³			$\tan\alpha$	重心距离/cm	
	B	b	d	r				I_x	I_{x1}	I_y	I_{y1}	I_0	i_x	i_y	i_u	W_x	W_y	W_u		X_0	Y_0
6.3/4	63	40	4	7	4.058	3.19	0.202	16.5	33.3	5.23	8.63	3.12	2.02	1.14	0.88	3.87	1.70	1.40	0.398	0.92	2.04
			5		4.993	3.92	0.202	20.0	41.6	6.31	10.9	3.76	2.00	1.12	0.87	4.74	2.07	1.71	0.396	0.95	2.08
			6		5.908	4.64	0.201	23.4	50.0	7.29	13.1	4.34	1.96	1.11	0.86	5.59	2.43	1.99	0.393	0.99	2.12
			7		6.802	5.34	0.201	26.5	58.1	8.24	15.5	4.97	1.98	1.10	0.86	6.40	2.78	2.29	0.389	1.03	2.15
7/4.5	70	45	4	7.5	4.553	3.57	0.226	23.2	45.9	7.55	12.3	4.40	2.26	1.29	0.98	4.86	2.17	1.77	0.410	1.02	2.24
			5		5.609	4.40	0.225	28.0	57.1	9.13	15.4	5.40	2.23	1.28	0.98	5.92	2.65	2.19	0.407	1.06	2.28
			6		6.644	5.22	0.225	32.5	68.4	10.6	18.6	6.35	2.21	1.26	0.98	6.95	3.12	2.59	0.404	1.09	2.32
			7		7.658	6.01	0.225	37.2	80.0	12.0	21.8	7.16	2.20	1.25	0.97	8.03	3.57	2.94	0.402	1.13	2.36
7.5/5	75	50	5	8	6.126	4.81	0.245	34.9	70.0	12.6	21.0	7.41	2.39	1.44	1.10	6.83	3.3	2.74	0.435	1.17	2.40
			6		7.260	5.70	0.245	41.1	84.3	14.7	25.4	8.54	2.38	1.42	1.08	8.12	3.88	3.19	0.435	1.21	2.44
			8		9.467	7.43	0.244	52.4	113	18.5	34.2	10.9	2.35	1.40	1.07	10.5	4.99	4.10	0.429	1.29	2.52
			10		11.59	9.10	0.244	62.7	141	22.0	43.4	13.1	2.33	1.38	1.06	12.8	6.04	4.99	0.423	1.36	2.60
8/5	80	50	5	8	6.376	5.00	0.255	42.0	85.2	12.8	21.1	7.66	2.56	1.42	1.10	7.78	3.32	2.74	0.388	1.14	2.60
			6		7.560	5.93	0.255	49.5	103	15.0	25.4	8.85	2.56	1.41	1.08	9.25	3.91	3.20	0.387	1.18	2.65
			7		8.724	6.85	0.255	56.2	119	17.0	29.8	10.2	2.54	1.39	1.08	10.6	4.48	3.70	0.384	1.21	2.69
			8		9.867	7.75	0.254	62.8	136	18.9	34.3	11.4	2.52	1.38	1.07	11.9	5.03	4.16	0.381	1.25	2.73
9/5.6	90	56	5	9	7.212	5.66	0.287	60.5	121	18.3	29.5	11.0	2.90	1.59	1.23	9.92	4.21	3.49	0.385	1.25	2.91
			6		8.557	6.72	0.286	71.0	146	21.4	35.6	12.9	2.88	1.58	1.23	11.7	4.96	4.13	0.384	1.29	2.95
			7		9.881	7.76	0.286	81.0	170	24.4	41.7	14.7	2.86	1.57	1.22	13.5	5.70	4.72	0.382	1.33	3.00
			8		11.18	8.78	0.286	91.0	194	27.2	47.9	16.3	2.85	1.56	1.21	15.3	6.41	5.29	0.380	1.36	3.04
10/6.3	100	63	6	10	9.618	7.55	0.320	99.1	200	30.9	50.5	18.4	3.21	1.79	1.38	14.6	6.35	5.25	0.394	1.43	3.24
			7		11.11	8.72	0.320	113	233	35.3	59.1	21.0	3.20	1.78	1.38	16.9	7.29	6.02	0.394	1.47	3.28
			8		12.58	9.88	0.319	127	266	39.4	67.9	23.5	3.18	1.77	1.37	19.1	8.21	6.78	0.391	1.50	3.32
			10		15.47	12.1	0.319	154	333	47.1	85.7	28.3	3.15	1.74	1.35	23.3	9.98	8.24	0.387	1.58	3.40

附录 273

型号	B	b	d	r	A (cm²)	重量 (kg/m)	外表面积 (m²/m)	Ix	Ix1	Iy	Iy1	Iu	ix	iy	iu	Wx	Wy	Wu	tan α	x0	y0
10/8	100	80	6	10	10.64	8.35	0.354	107	61.2	200	103	31.7	3.17	2.40	1.72	15.2	10.2	8.37	0.627	1.97	2.95
			7		12.30	9.66	0.354	123	70.1	233	120	36.2	3.16	2.39	1.72	17.5	11.7	9.60	0.626	2.01	3.00
			8		13.94	10.9	0.353	138	78.6	267	137	40.6	3.14	2.37	1.71	19.8	13.2	10.8	0.625	2.05	3.04
			10		17.17	13.5	0.353	167	94.7	334	172	49.1	3.12	2.35	1.69	24.2	16.1	13.1	0.622	2.13	3.12
11/7	110	70	6	10	10.64	8.35	0.354	133	42.9	266	69.1	25.4	3.54	2.01	1.54	17.9	7.90	6.53	0.403	1.57	3.53
			7		12.30	9.66	0.354	153	49.0	310	80.8	29.0	3.53	2.00	1.53	20.6	9.09	7.50	0.402	1.61	3.57
			8		13.94	10.9	0.353	172	54.9	354	92.7	32.5	3.51	1.98	1.53	23.3	10.3	8.45	0.401	1.65	3.62
			10		17.17	13.5	0.353	208	65.9	443	117	39.2	3.48	1.96	1.51	28.5	12.5	10.3	0.397	1.72	3.70
12.5/8	125	80	7	11	14.10	11.1	0.403	228	74.4	455	120	43.8	4.02	2.30	1.76	26.9	12.0	9.92	0.408	1.80	4.01
			8		15.99	12.6	0.403	257	83.5	520	138	49.2	4.01	2.28	1.75	30.4	13.6	11.2	0.407	1.84	4.06
			10		19.71	15.5	0.402	312	101	650	173	59.5	3.98	2.26	1.74	37.3	16.6	13.6	0.404	1.92	4.14
			12		23.35	18.3	0.402	364	117	780	210	69.4	3.95	2.24	1.72	44.0	19.4	16.0	0.400	2.00	4.22
14/9	140	90	8	12	18.04	14.2	0.453	366	121	731	196	70.8	4.50	2.59	1.98	38.5	17.3	14.3	0.411	2.04	4.50
			10		22.26	17.5	0.452	446	140	913	246	85.8	4.47	2.56	1.96	47.3	21.2	17.5	0.409	2.12	4.58
			12		26.40	20.7	0.451	522	170	1100	297	100	4.44	2.54	1.95	55.9	25.0	20.5	0.406	2.19	4.66
			14		30.46	23.9	0.451	594	192	1280	349	114	4.42	2.51	1.94	64.2	28.5	23.5	0.403	2.27	4.74
15/9	150	90	8	12	18.84	14.8	0.473	442	123	898	196	74.1	4.84	2.55	1.98	43.9	17.5	14.5	0.364	1.97	4.92
			10		23.26	18.3	0.472	539	149	1120	246	89.9	4.81	2.53	1.97	54.0	21.4	17.7	0.362	2.05	5.01
			12		27.60	21.7	0.471	632	173	1350	297	105	4.79	2.50	1.95	63.8	25.1	20.8	0.359	2.12	5.09
			14		31.86	25.0	0.471	721	196	1570	350	120	4.76	2.48	1.94	73.3	28.8	23.8	0.356	2.20	5.17
			15		33.95	26.7	0.471	764	207	1680	376	127	4.74	2.47	1.93	78.0	30.5	25.3	0.354	2.24	5.21
			16		36.03	28.3	0.470	806	217	1800	403	134	4.73	2.45	1.93	82.6	32.3	26.8	0.352	2.27	5.25
16/10	160	100	10	13	25.32	19.9	0.512	669	205	1360	337	122	5.14	2.85	2.19	62.1	26.6	21.9	0.390	2.28	5.24
			12		30.05	23.6	0.511	785	239	1640	406	142	5.11	2.82	2.17	73.5	31.3	25.8	0.388	2.36	5.32
			14		34.71	27.2	0.510	896	271	1910	476	162	5.08	2.80	2.16	84.6	35.8	29.6	0.385	2.43	5.40
			16		39.28	30.8	0.510	1000	302	2180	548	183	5.05	2.77	2.16	95.3	40.2	33.4	0.382	2.51	5.48

（续）

型号	截面尺寸/mm				截面面积/cm²	理论重量/(kg/m)	外表面积/(m²/m)	惯性矩/cm⁴					惯性半径/cm			截面模数/cm³			$\tan\alpha$	重心距离/cm	
	B	b	d	r				I_x	I_{x1}	I_y	I_{y1}	I_0	i_x	i_y	i_u	W_x	W_y	W_u		X_0	Y_0
18/11	180	110	10		28.37	22.3	0.571	956	1940	278	447	167	5.80	3.13	2.42	79.0	32.5	26.9	0.376	2.44	5.89
			12		33.71	26.5	0.571	1120	2330	325	539	195	5.78	3.10	2.40	93.5	38.3	31.7	0.374	2.52	5.98
			14		38.97	30.6	0.570	1290	2720	370	632	222	5.75	3.08	2.39	108	44.0	36.3	0.372	2.59	6.06
			16	14	44.14	34.6	0.569	1440	3110	412	726	249	5.72	3.06	2.38	122	49.4	40.9	0.369	2.67	6.14
20/12.5	200	125	12		37.91	29.8	0.641	1570	3190	483	788	286	6.44	3.57	2.74	117	50.0	41.2	0.392	2.83	6.54
			14		43.87	34.4	0.640	1800	3730	551	922	327	6.41	3.54	2.73	135	57.4	47.3	0.390	2.91	6.62
			16		49.74	39.0	0.639	2020	4260	615	1060	366	6.38	3.52	2.71	152	64.9	53.3	0.388	2.99	6.70
			18		55.53	43.6	0.639	2240	4790	677	1200	405	6.35	3.49	2.70	169	71.7	59.2	0.385	3.06	6.78

注：图中的 $r_1=1/3d$ 及表中 r 的数据用于孔型设计，不做交货条件。

参 考 文 献

[1] 范钦珊. 理论力学 [M]. 北京：高等教育出版社，2002.
[2] 单辉祖，谢传峰. 工程力学 [M]. 北京：高等教育出版社，2004.
[3] 朱照宣，周起钊，殷金生. 理论力学 [M]. 北京：北京大学出版社，1982.
[4] 哈尔滨工业大学理论力学教研组. 理论力学 [M]. 北京：高等教育出版社，1997.
[5] 单辉祖，材料力学：I [M]. 北京：高等教育出版社，1999.
[6] 殷雅俊，范钦珊. 材料力学 [M]. 3 版. 北京：高等教育出版社，2019.
[7] 孙训方，方孝淑. 材料力学 [M]. 4 版. 北京：高等教育出版社，2002.
[8] 同济大学基础力学教学研究部. 材料力学 [M]. 上海：同济大学出版社，2005.
[9] 宁艳红，韩淑芳，代洪伟. 建筑力学 [M]. 北京：北京理工大学出版社，2017.